设施果树栽培

郭大龙　编著

科学出版社

北　京

内 容 简 介

本书在总结设施果树栽培研究成果和开发进展的基础上，阐述了近年来设施果树栽培科研和生产实践的最新进展，系统介绍了现有设施果业发展中应用广泛的技术和方法，以及设施果树栽培的理论知识和技术。具体包括设施果树栽培的发展历史和现状，生产特点，所用设施的结构，设施内部小环境的调控，设施果树栽培的关键技术，草莓、葡萄、桃、樱桃、香蕉、火龙果和枣的设施栽培，盆栽果树栽培，设施果树立体栽培和设施果树异地栽培等内容。

本书可供大专院校相关专业师生、设施果树生产者、经营者，以及各级农业行政管理部门、农业技术推广部门的工作人员阅读参考。

图书在版编目（CIP）数据

设施果树栽培/郭大龙编著. —北京：科学出版社, 2018.3
ISBN 978-7-03-056489-4

Ⅰ. ①设… Ⅱ. ①郭… Ⅲ. ①果树园艺–设施农业 Ⅳ. ①S628

中国版本图书馆 CIP 数据核字(2018)第 022778 号

责任编辑：王海光 王 好 / 责任校对：郑金红
责任印制：赵 博 / 封面设计：刘新新

科 学 出 版 社 出版
北京东黄城根北街 16 号
邮政编码：100717
http://www.sciencep.com
北京中石油彩色印刷有限责任公司印刷
科学出版社发行 各地新华书店经销
*
2018 年 3 月第 一 版 开本：787×1092 1/16
2025 年 1 月第三次印刷 印张：21 1/2
字数：510 000
定价：168.00 元

(如有印装质量问题，我社负责调换)

前　言

随着经济的发展、人民生活水平的提高和对外开放的不断扩大，人们对果品的需求，不仅在数量上，而且在质量、品种多样化、淡季市场供应上都有了更高的要求，日趋高档化、多样化，在时间上也逐渐由季节性转为周年性。作为果树栽培的一种特殊形式，设施果树栽培可以根据果树生长发育的需要，调节光照、温度、湿度和二氧化碳等生态环境条件，人为调控果树成熟期，提早或延迟采收，使一些果品可以周年供应，显著提高了果树种植的经济效益；同时设施栽培还可以提高果树抵御自然灾害的能力，使一些果树在次适宜或不适宜区成功栽培，扩大了果树的种植范围。当前，我国已成为世界上设施果树栽培面积最大的国家，设施果树生产已成为一些地区促进农民脱贫致富的重要途径。

设施果树栽培的理论和技术也随着社会的不断发展而不断更新，已成了果树栽培一个极其重要的领域，但目前对设施果树栽培理论和技术进行系统总结的著作还不多，远不能满足设施果树栽培快速发展形势的需要，为了推动设施果树栽培的有序、健康和持续发展，本书在编著者多年设施果树栽培教学和实践的基础上，不仅介绍了传统的设施果树栽培实用技术，而且介绍了国内外设施果树栽培的新技术和新方法，注重突出科学性、系统性和实用性，力求全面客观的总结设施果树栽培的相关理论知识和技术，系统反映设施果树栽培的现状。本书是对设施果树栽培和设施果业的理论总结和技术概览，是一本理论参考书和应用指导书。

本书的编写得到了国家自然科学基金项目（31672106）和河南省科技创新杰出青年基金（164100510006）的资助，得到了有关同事和研究生的大力支持和帮助，参考和引用了同行的研究资料和成果及大量的图书和文献等资料，有些未能在文中一一列出，一并表示最诚挚的谢意。

由于编著者水平有限，编写时间仓促，书中错漏之处在所难免，敬请广大读者批评指正。

郭大龙

2017 年 10 月

目　　录

第一章　设施果树栽培概况

果树生产具有较高的经济效益、生态效益和社会效益。随着经济的发展、人民生活水平的提高和对外开放的不断扩大，人们对果品的需求，不仅在数量上，而且在质量、品种的多样化、淡季市场的供应上都提出了更高的要求，日趋高档化、多样化，在时间上也逐渐由季节性转为周年性。但传统的露地果树栽培较早成熟的果品季节性都很强，如桃在 6 月上旬上市、葡萄在 6 月底、杏要到 5 月中旬、樱桃最早也要到 4 月底，加之果树早熟品种多不耐储运，市场供应期较短，不能很好地满足人们的需求。因此，采用设施栽培果树，使果品上市供应时间提前或延后，成为一种发展趋向。

作为果树栽培的一类特殊形式，设施栽培已有 100 多年的历史。20 世纪 70 年代以后，随着果树栽培集约化的发展、小冠整形和矮密栽培的推广，化学调控技术及设施材料生产等技术的日益进步，加上果品淡季供应的高额利润和人们对绿色果品的迫切需求，促进了设施果树栽培的迅猛发展，设施果树栽培已成为果树生产中最具活力的有机组成部分和发展高效农业的新增长点。

第一节　设施果树栽培概述

一、设施果树栽培的概念

设施果树栽培，是指利用温室、塑料大棚或其他设施，改变或控制果树生长发育的环境因子（包括光照、温度、水分、二氧化碳等），达到特定果树生产目标（促早、延迟、改善品质、抵御不良环境等）的特殊栽培技术。

作为果树栽培的一种特殊形式，设施果树栽培可以根据果树生长发育的需要，调节光照、温度、湿度和二氧化碳等环境生态条件，人为调控果树成熟期，提早或延迟采收期，使一些果树四季结果，周年供应，显著提高果树种植的经济效益；同时设施栽培还可以提高果树抵御自然灾害的能力，防止果树花期的晚霜危害和幼果发育期间的低温冻害，极大地减少病虫鸟等的危害，使一些果树在次适宜区或不适宜区成功栽培，扩大了果树的种植范围。例如，番木瓜等热带果树，在温带地区的山东日光温室条件下引种成功；欧亚种葡萄在高温多雨的南方地区获得成功等。

设施果树栽培作为果树露地自然栽培的特殊形式，符合“三高”农业要求，在农业经济发展中有重要意义。和露地栽培相比，设施果树栽培是一个全新的体制，由于在设施栽培条件下，温度、湿度、光照、二氧化碳等环境因子的改变，导致果树的生长发育过程发生相应变化，这必然导致在这一特殊栽培形式下，从果树品种选择、栽培模式、整形修剪和树体调控、环境调控术、肥水管理到病虫害防治等一系列技术和露地栽培体系有所不同。

二、设施果树栽培的类型

目前，中国设施果树栽培的模式主要包括促成早熟栽培、延迟晚熟栽培、防护栽培（避雨保护栽培、抗灾栽培）和异地栽培 4 种栽培模式。其中，促成早熟栽培又分为冬促成早熟栽培和春促成早熟栽培，延迟晚熟栽培也分为秋延迟晚熟栽培和冬延迟晚熟栽培。目前，中国设施果树栽培以促成早熟栽培模式为主，防护栽培模式次之，延迟晚熟栽培为辅，异地栽培略有发展。

（一）促成栽培

果树的促成早熟栽培，是以提早成熟、提前上市为目的。目前，我国东北、华北地区的桃、杏、李、樱桃、葡萄、草莓等设施栽培主要为这种栽培形式，果实成熟期一般比露地栽培早 20～60 天，保证了早春、初夏果品淡季鲜果的供应。该模式主要栽培技术特点是在果树未进入休眠或未结束自然休眠的情况下，利用日光温室或者塑料大棚等设施和其他技术手段，人为抑制果树进入休眠或打破自然休眠，使果树提早进入下一个生长发育期，实现果实提前生长，果实提早成熟，提早上市，是目前设施果树栽培的主要形式。果树促成栽培技术的关键，是必须满足果树的低温需冷量后才能进行升温。

（二）延迟栽培

果树延迟成熟栽培，是以延长成熟期、延迟采收、提高果实品质为目的。通过选用晚熟品种、设施栽培和其他技术措施抑制果树生长，使果树延迟生长和果实延迟成熟，实现果实在晚秋或初冬上市，如中华寿桃、宣化牛奶葡萄和盖州红地球的延迟栽培。近年来，葡萄二次结果延迟栽培和桃早熟品种二次结果延迟栽培均发展迅速（陈海江，2005）。延迟栽培既能生产出高品质果品，又可省去或降低鲜果储藏费用，实际上起到延长鲜果货架期和降低储藏成本的作用（吴金山等，2016）。

（三）防护栽培

防护栽培利用相对开放的设施防除不良环境条件，提高果实品质和产量，减少果品损失，主要有防雹栽培、避雨栽培、遮阳栽培、防风栽培、防病虫及鸟兽危害栽培等（陈海江，2005）。近几年，由于环境的异常变化（如风、霜、雨、雪、旱、涝、雹、低温、日灼、突发性病虫害等），往往会给果树产业带来严重的经济损失。防护栽培利用坚固的设施营造的微环境可显著减少自然灾害损失。例如，在我国东南沿海台风较频繁的地区，防风抗灾设施栽培利用较多，采用的常见措施是大棚设施栽培。在雨水较多的地区，对樱桃、桃、葡萄等容易裂果的果树，通过设施防护栽培防止裂果，可提高品质和商品价值。

（四）异地栽培

异地栽培通过人为创造适宜果树生长的各种环境因子，使其不受地理经纬度和果树自然分布的制约，在不适于果树自然生长的地区栽培，扩大了果树的种植范围，打破了果树种植传统上适地适栽的模式，丰富了各地种植的果树种类，也节省了因果树种植区域的限制需要调运果品的运输费用，促进了果树产业的发展。例如，我国通过设施栽培已成功地将亚热带果树柑橘、佛手，热带水果火龙果、菠萝、木瓜在北方成功引种栽培。当前，在观光果园建设中，通过这种异地栽培的方式，丰富了园区的树种，实现了观光园区综合效益的提升。

三、设施果树栽培的意义

设施果树栽培，能获得显著的经济效益，因为设施栽培能将果树的产量效益、质量效益、时间效益、市场效益、储藏效益、地域效益、劳力资源效益、节本效益等，都综合性地发挥出来。所以，被认为是高投入、高产出、快产出、高效益的“三高一快”农业，是一种获利较高的致富形式。设施栽培果树的意义主要表现在以下方面。

（一）调控果实成熟期，调节果品供应期

设施栽培可人为地控制环境条件，来满足果树生长发育的需要，不仅可使部分果树提早或延迟成熟，而且目前的设施栽培技术已实现草莓和葡萄一年四季结果，周年供应市场，解决了果品淡季供应问题，满足了消费者对果品的需求。设施果树栽培既可进行当年定植、当年扣棚、当年见效的“速成生产”，又可在现栽成龄树基础上建造设施进行生产。一般情况下，果树经设施栽培后可提前 30～60 天上市，如油桃一般 4 月初开花，6 月底 7 月初上市，经棚栽，可于 12 月底开花，翌年 3 月底 4 月初果实成熟；再如巨峰葡萄露地生长，一般 5 月开花，果实于 8 月中旬成熟，在日光温室中可提前至 2 月下旬开花，4 月下旬果实采收上市。葡萄和桃采用延迟栽培可使葡萄和桃在元旦至春节供应市场。

（二）改善果树生长的环境条件，提高果实品质

设施栽培果树，其生长环境条件可人为调节，创造更有利于果树生长发育的环境，设施栽培后，果实单果重增大；设施内昼夜温差大，呼吸消耗少，在保证充足光照条件下，可溶性固形物含量高、果面光洁、色泽艳丽，可以提高果实品质，生产出更优质的果品。同时设施果树栽培，由于生长环境的相对封闭，一般情况下病虫发生少且频度低，有利于生物防治和人工防治。与露地栽培相比，大大减少了喷药的数量与次数，为生产无公害绿色高档果品奠定了基础，也是生产绿色果品的重要途径。

（三）提高抵御自然灾害的能力

通过设施栽培能克服南方炎热多雨和北方冬季寒冷给果树生产带来的影响。日本设施果树栽培就是从最初以防雨、防风为目的，逐渐发展成为以早熟栽培为目的的设施栽培。通过设施栽培可以防止果树花期的晚霜危害和幼果发育期间的低温冻害。我国南方的广东、福建、广西、浙江等地区夏季高温多雨，利用遮阳网等设施，进行降温、避雨，避免了直射光过强和多雨季节给果树生产带来的不利影响；在北方，冬春季可通过设施提高温度，防止花芽、枝条受冻或遭受风害。

（四）充分利用土地和人力资源设施栽培

设施栽培在人工控制环境的条件下，生产不受季节限制，如草莓、葡萄基本上可做到周年供应市场。这样就可以使土地利用率提高 1 倍左右。设施栽培还可以进行果菜、果菌套种，高矮搭配，立体栽培，如葡萄和草莓间作，果树间作蔬菜，充分利用空间，使有限的土地资源得到充分利用。由于设施栽培可在冬季生产，充分利用冬春农闲的劳动力和一些闲散人员，变冬闲为冬忙，使劳动力资源得到了充分的利用，有利于改善农村的社会治安和精神文明建设。尤其在北方地区，无霜期短，冬春季寒冷，利用温室、塑料大棚或其他设施来调控果树生长发育的环境条件，达到果树生产时间的人工调节，从而获得比露地高出几倍甚至几十倍的经济效益。

（五）扩大果树的种植范围

我国地域宽广，有北方果树，也有南方果树。受光照时间短和气温低的影响，南方果树不能在北方栽种；而北方果树在南方栽种后，常因高温、多湿而使树体旺长，影响开花结果。通过设施栽培，营造适合果树生长发育和开花结果所需要的环境条件，北果南种或南果北移的问题得以解决。一些热带和亚热带果树向北迁移，如番木瓜在山东日光温室栽培条件下引种成功；一些温带果树向南迁移，如欧亚种葡萄在高温多雨的南方地区获得成功，均扩大了果树的种植范围。

（六）提高果树栽培的经济效益

随着人民生活水平的提高，消费习惯的改变，人们对果品需求由数量型向质量型转化，在水果供应的淡季，只靠耐储藏的少数几种水果已不能满足消费者的需求，需要有更多的新鲜果品均衡上市。设施栽培的果树，可根据市场需要而进行果树生产，合理安排果实采收期，避免果实因储藏而形成的腐烂等损失，就等于不经储藏而无形地获得良好的储藏效益，保证了新鲜果品周年供应。

设施高密度栽培，集约化精细管理，合理间作套种、立体化栽培，充分利用时间、空间、土地，实现早结果、早丰产、品质优、效益高的目标。目前，草莓、葡萄、桃、杏等树种可实现当年定植，翌年达到 1000～2500 kg/亩①的高产量，比露地提早进入丰产期 1～2 年。我国绝大多数的设施果树栽培都是以提前上市，反季节销售为主，由于淡季供应，数量稀少，供不应求，果品价格高，效益好，如设施葡萄平均亩产值 3 万～5 万元，是露地栽培效益的 10 倍，再如设施栽培大樱桃 3 月底 4 月初上市，售价高达 200 元/kg。

四、设施果树栽培的技术特点

设施果树栽培因为有设施的存在，创造了适宜果树生长的特殊小环境，对果树的生长发育产生全面影响，因此综合管理技术有别于常规露地栽培，有其自身的特点，概括起来主要有以下几点。

---

① 1 亩≈666.7 m^2。

（一）果树品种选择技术

品种是果树栽培效益的内因，栽培技术只能对品种特性进行优化，而不能从根本上改变，所以品种选择的正确与否直接关系到设施栽培的成败。设施果树栽培不仅要考虑品种对当地气候和立地条件的适应性，以及品种的经济性和社会性，还应考虑栽培的目的性和特殊性。品种的选择原则包括：早熟、需冷量小、品质优、耐湿热、树形矮化、自花结实率高、耐弱光性强等。在栽培时应注意科学搭配授粉果树，授粉果树与主栽果树之间的比例一般为 1∶(10～15)，授粉果树品种的需冷量应与主栽果树品种相同或略低，且花粉量要大。

（二）设施果树的栽植技术

当下，常用的设施果树苗木栽植的模式有三种：一是在成龄大树上直接建棚进行设施栽培；二是每年都栽新苗，翌年春天或当年冬天扣棚，进行设施栽培，采收果实之后重新栽植新的苗木；三是多年栽植制，即建园栽植一次后，可多年进行设施栽培。后两种栽植模式要求壮苗建园，2 年生为宜，以便更新苗木，或更新整个设施，或通过计划密植来更新。在栽植设施果树苗木时，不仅要按照要求规划园地、改良土壤、定点挖穴挖沟、回填施肥、沉实浇水，还要适当浅栽，或起宽 50～80 cm、高 40～50 cm 的垄进行栽植，将果树苗木栽于垄上。还可采取容器栽植等限根栽培措施，在单个的陶盆、塑料箱、纸箱、木箱等容器中栽植优良果树苗木，经过育壮、促花、整形之后再定植。设施果树一般栽植密度较大，株行距为 1 m× 2 m。

（三）低温需冷量与打破休眠技术

果树需冷量的满足是保证果树自然休眠、扣棚后能够在设施条件下实现正常生长发育的关键。果树品种不同，完成自然休眠所需的需冷量也存在显著差异，这决定了设施果树栽培时的升温时间。在加温之前，应先解除设施果树的自然休眠，如果自然休眠不充分，即便通过升温为果树提供适宜的环境条件，设施果树也无法正常发芽、开花，即便发芽、开花，也不能整齐发育，花期持续时间较长，花器官也无法发育健全，坐果率较低，无法实现设施栽培的效益。所以在升温之前务必要满足其需冷量，帮助果树解除自然休眠。在升温期间，温度管理的关键时期有两个：一是从升温到果树花期前后进行的气温管理，白天保持 20～25℃的气温，夜间保持 5～10℃的气温，使果树在提前开花的同时能拥有良好的发育质量，提高其坐果率；二是果实发育的后期应注意设施的通风换气，25℃左右最佳，切忌超过 30℃，避免造成果实颜色浅、果皮粗糙、品质低劣。

设施果树栽培实践中，多采用“人工低温集中处理”技术来满足果树生长发育的需冷量，即当外界环境平均温度低于 10℃时，开始扣棚保温。多数落叶果树低温处理 20～30 天可使果树顺利通过自然休眠。实践栽培中，更多采用人工方法来实施打破休眠技术，即采用果树破眠催芽剂来打破植物休眠，刺激樱桃、李、桃、葡萄、猕猴桃、杏、梨等落叶果树提前发芽和结果，如可使用石灰氮来打破设施栽培葡萄的休眠，经此处理后，葡萄的发芽可提前 20～25 天。

（四）设施果树环境调控技术

由于薄膜覆盖造成设施内光照减弱，导致果树的光合生产能力下降，且设施的结构和形状影响光线的穿透，造成设施内光照较弱，可通过改善设施的透光材料和使用人工光源等改善设施果树的光照情况。由于日光温室或塑料大棚等设施的密闭性较高，使设施内湿度较大，对果树的花粉散开不利，花粉的生活力会下降，湿度大也极易引起一些病害。如果温室或大棚不能加温，就只能凭借空气对流来解决湿度过大的问题。为设施进行加温，可采取空气加热系统，也可覆盖地膜等以提升温度。

第二节　设施果树栽培的历史与现状

作为果树栽培的一种特殊形式，设施栽培已有100多年的历史。20世纪70年代以后，随着果树栽培集约化的发展、小冠整形和矮密栽培的推行，工业化为种植业提供了日益强大的资金、材料和技术上的支持，加上果品淡季供应的高额利润，促进了设施果树栽培的迅猛发展。与此相适应，世界各国陆续开展了设施果树栽培理论和技术的研究，经过20多年的发展，目前，设施果树栽培的理论与技术已成为果树栽培学的一个重要分支，并已形成促成、延后、避雨等栽培技术体系及其相应模式。

一、设施果树栽培的历史

设施果树栽培历史较长，早在罗马时代，果树在用称之为“白云母玻璃”的云母薄片覆盖下生长，能够使果实早熟。把果树种在坑里，上面盖上云母薄片，靠肥料分解和烟道，为果树提供热量。17世纪末，法国建立了栽培热带果树柑橘的凡尔赛大温室。此后，西欧其他国家，也相继进行了设施果树栽培，如1619年德国出现了最早利用玻璃温室保护甜橙安全越冬的技术，至今德语的“玻璃温室”原文仍为甜橙之意（orangery），英语为橙子（orange）。

19世纪初，欧洲的荷兰、比利时等国就开始在温室栽培果树，并相应选育出玫瑰香等适合温室栽培的果树品种，到19世纪末20世纪初，比利时、荷兰等国利用玻璃温室栽培葡萄已很盛行。然而，由于玻璃温室造价过高，所以生产上大面积发展果树温室栽培受到一定的限制。

1832年，荷兰在全国各地，利用木框温床和温室进行葡萄和甜瓜的早熟栽培，产品运往巴黎和伦敦出售。西欧的设施果树栽培发展到19世纪时，不仅有葡萄的设施栽培，而且还发展了草莓、桃、柑橘、石榴、无花果、凤梨等果树的设施栽培。在这个时期，比利时有6000个以上栽培凤梨的温室。

20世纪50年代，世界塑料工业开始兴起，随着塑料种类增加和质量的提高，塑料设施园艺生产开始问世。首先，在意大利、荷兰、日本、澳大利亚等国，设施果树栽培受到重视与发展，尤其是日本，1960年后，日本温州蜜柑过剩，露地栽培收益下降，甚至亏损，使柑橘栽培面积减少了约1/4。在此期间，大棚栽培日益发展，1986年，设施栽培温州蜜柑803.0 hm^2，占该品种总面积的9.45%，其他柑橘546.6 hm^2（占6.46%）；

其余设施果树栽培也迅速发展。2004年，设施果树栽培面积已占日本果树栽培总面积的50%以上。

20世纪70年代后，随着塑料薄膜在农业生产上的推广应用，温室建造成本大幅度下降，设施果树栽培随之迅速发展起来。世界设施果树栽培主要集中在日本、西班牙、中国、意大利、荷兰及东欧国家。

据记载，我国在汉代就有以油纸作为透光盖层的原始温室。到清代末期，出现了现代意义上的温室，其结构形式为一面坡式，以玻璃作为透光材料，夜间采用草帘保温。20世纪50年代，辽宁、北京、天津、黑龙江等省（市）相继开始设施果树栽培并取得一定成果，但限于当时的社会经济背景、消费水平、技术水平等原因，基本上未应用于生产。直至1978年改革开放以后，设施果树栽培技术研究与应用才活跃起来，温室（包括塑料大棚）生产面积迅速扩大，当时北京、天津、辽宁、黑龙江、河南、陕西、甘肃等地即开始温室栽培果树的研究，并在温室促成栽培和温室育苗上获得一定的进展；而全国性的果树温室栽培则始于20世纪80年代。例如，1978年，黑龙江齐齐哈尔市园艺研究所以葡萄进行日光温室的栽培试验，获得初步成功。1981～1982年，辽宁本溪市和辽宁省果树研究所先后进行葡萄塑料薄膜温室栽培成功。

进入20世纪90年代，随着经济的发展，人民生活水平的提高对反季节果品的需求增大，设施果树栽培的高额利润及各级政府的积极引导，促进了设施果树栽培的研究和发展。1991年，辽宁辽中县大棚桃树栽培成功；1994年，山东莱阳地区甜樱桃和中国樱桃设施栽培成功；1997年，河北、山东进行李、杏树设施栽培成功，1998年，安徽枇杷设施栽培成功。进入21世纪，设施果树栽培的区域和树种进一步扩展。

二、设施果树栽培的现状

目前，国外有20多个国家和地区进行设施果树栽培，欧洲设施果树栽培最为发达的是意大利，其次是法国，因为地中海冬季温暖多雨的气候最适于设施果树生产。日本、荷兰、比利时、意大利、韩国、美国是设施果业的发达国家。在这些国家发展设施果树地区的气候特点是冬季不太寒冷，而且历时较短，夏季也不炎热，气候特点有利于果品的收获期提前或延后。目前，世界各国进行设施栽培的果树达35种，其中落叶果树12种，草莓面积最大，葡萄次之。近年来，桃、李、杏等核果类果树发展迅速，成为主栽品种。另外，各国用于设施栽培的果树还有苹果、梨、无花果、枇杷、柑橘、柿子、树莓、芒果、番木瓜、无核柚、脐橙、越桔、果桑和香蕉等。

当前，我国已成为世界上设施果树栽培面积最大的国家之一。设施果树生产已成为一些地区农业生产促进农业脱贫致富的重要途径。目前，我国设施果树栽培较多的树种为不耐储运的果品，以草莓和核果类为主，如草莓、葡萄、桃、油桃、杏、樱桃（中国樱桃、西洋樱桃）、柑橘、无花果、早熟梨、枣（毛叶枣、晚熟脆枣）、猕猴桃，石榴、人参果、香蕉、枇杷等。树种之间发展不平衡，其中草莓栽培面积最大，占65%以上，葡萄、桃、油桃次之，其他树种仅是试验性的零星栽培，还未形成规模化商品生产。

我国地域辽阔，北方大部分地区秋季冷凉，冬季日照充足，非常适宜进行设施果树栽培，但各地区之间发展极不平衡，规模化生产程度也低于蔬菜和花卉。目前，设施果树栽培主要在华北、东北等地，其中山东、辽宁、河北和河南等地较为集中，形成一些较为集中的设施果树生产基地，如辽宁营口、河北唐山、山东莱西等为设施葡萄生产基地，辽宁丹东、河北保定、黑龙江尚志、山东龙口等为设施草莓生产基地，辽宁盖州、河北唐山、山东莱西、北京平谷等为设施桃生产基地；山东烟台、辽宁大连、河北秦皇岛等为设施樱桃生产基地。截至2015年，全国已有设施果树栽培面积67 000 hm^2（不含草莓），年产量202万吨（高东升，2016）。

设施果树栽培的技术已较为完善和稳定，草莓、葡萄、桃等树种基本确立了早产、高产的技术。草莓实现了周年生产，葡萄、桃、杏、李、中国樱桃的“四当”生产（当年定植、当年促花、当年扣棚、当年丰产），果树的一栽多年制，西洋樱桃的大树丰产等技术已普遍推广应用，晚熟桃、葡萄延迟栽培；葡萄、桃二次开花结果延迟栽培；桃、杏等早熟品种早秋强制休眠晚秋开花结果等技术正在完善和应用；基质栽培、起垄限根、预备苗、人工预冷等设施果树栽培所特有的技术体系逐步完善和应用。尽管我国设施果树取得了一定的技术成果，设施果树生产发展迅速，但与一些先进国家相比，在设施果树基础理论和生长发育规律研究、环境智能控制，优质生产技术体系、配套措施等方面还有较大差距。

第三节　设施果树栽培存在的问题及发展方向

一、中国设施果树栽培存在的问题

近年来，随着我国科技水平和管理技术的不断提高，设施果树栽培在我国快速发展，但在树种及品种、设施结构、专用品种资源选育、优质高效安全生产模式、果实品质、产期调控、连年丰产，以及产业化等方面仍然存在很多问题，严重影响了经济效益（王海波等，2009b；吴金山等，2016）。在设施果树基础理论和生长发育规律研究、环境智能控制、优质高效生产标准化技术体系等方面还存在许多问题，与一些先进国家相比，在生产技术、配套设施方面差距较大，总体来说目前存在如下问题。

（一）科研投入不足，总体技术含量不高

我国设施果树基础理论及技术体系研究缺乏系统化，对设施果树休眠解除技术、果实成熟期调控、花芽分化与性器官发育调控、授粉与提高坐果率技术、不同生长期环境条件控制、采后越夏与越冬管理技术等研究不够系统，无论是果树设施的类型和结构，还是栽培管理技术，多以生产经验为主，设施果树栽培缺乏系统指导（贾克功，2005），缺乏量化指标和成套技术，总体上技术含量不高，不能满现代化设施农业的要求。另外，现阶段中国农业科技推广体系已严重不适应中国发展现代农业的要求，基层科技队伍不稳定，人员数量下降，技术素质差，没有稳定充足的经费来源，严重影响了设施果树生产新技术的推广应用，导致生产者对栽培技术不能完全掌握，生产出来的果品不能达到预期要求，还处于一味追求产量阶段，对品质要求不高，从而影响其市场价值（沈威等，2015）。

在栽培技术方面，一些树种、品种完成休眠的需冷量和提前升温之间的矛盾尚未解决；各树种设施栽培的最佳树形及更新修剪技术有待进一步提高；北方地区侵染性病害严重，已成为制约设施果树栽培快速发展的重要因素；管理者技术水平及生产条件参差不齐，导致果品的产量、质量、效益差别较大，一些设施内出现土壤次生盐渍化，降低了果实品质。总体而言，中国设施果树生产技术含量不高，生产潜力远未充分发挥出来（张英杰等，2010）。

目前，中国设施果树栽培所用主要品种基本为国外引进，拥有自主知识产权的品种并不多；果树新技术育种还未有实质性突破；适应中国国情的设施果树栽培标准化生产技术体系尚无规模成果；拥有自主知识产权的重大新技术、新成果少。

（二）生产模式单一，市场竞争激烈

由于我国设施果树栽培起步较晚，1980 年前后才开始进行科研性质的试验，直到 20 世纪 80 年代末 90 年代初才得到迅速发展。设施栽培类型以日光温室为主，塑料大棚为辅；生产模式以促早栽培为主，延迟栽培为辅。在经济利益的驱动下，一些地方不顾市场需求和当地实际，一哄而上，片面追求速度、规模，技术措施跟不上，生产带有较大的盲目性。又由于生产模式单一，主要为促早栽培且大都采用早熟和极早熟品种，上市期比较集中，市场竞争激烈，生产效益迅速下降。

果树是多年生植物，与其他一二年生植物设施栽培相比，具有很大的脆弱性，更易受市场因素的影响，制约着农民的收入；从我国国情来看，人口多，耕地少，更是使农民处于增产不增收的困境。因此各地应根据自身的生态特点和优势，研究开发和推广相应的栽培模式、生产技术和经营渠道，开发并占领属于自己的市场领域与份额。

（三）生产经营产品单一，市场资源开发利用不足

设施果树栽培不仅可以生产反季节果品，而且可以生产反季节观赏果树和盆栽果树，特别是大中城市周边地区，进行盆栽果树生产，市场广阔，将获利丰厚。此外，将反季节果品、异地果品生产、盆栽果树生产与科研推广、科普教育、旅游观光、休闲度假等结合起来，不仅可以满足多领域、多层次的消费需求，而且可以充分利用市场资源，拓宽经营与获利渠道，化解市场风险，创造高额的经济效益。由于设施果树栽培高投入、高产出、高技术含量、高风险的特点，决定了走产业化发展是现代果业发展的必由之路。但目前我国的设施果树栽培仅重视生产环节，对果品采后的包装处理、销售和市场运作等不够重视，尚不能实现产业化发展。

市场对果品生产的影响越来越明显，但中国多数地区的果树栽培多为一家一户分散经营，存在市场调研与开拓力度不够的问题，这是影响设施果树生产效益的关键因素。不了解消费市场上消费者的需求，同时由于宣传和市场开拓力度不够，导致果品价格低，效益差，从而不同程度地制约了设施果树栽培的发展。

（四）栽培设施简陋，设施环境调控技术落后

大棚、温室结构的优劣，设备设施的健全是提高果树产量、品质的前提条件。但目

前多数地区设施结构基本上仍沿用蔬菜生产用塑料大棚和简易日光温室结构，这些设施虽然结构简单、成本低、投资少、保温性能好，但存在着明显的缺点，如空间利用率低、光照不良、分布不均、操作费时、费力、抗性差、抵抗自然灾害的能力低，对光照、温度、湿度等环境因素调控能力差，若管理不善，带来的是果树生长郁闭，通风透光差，影响果树的开花结果和果实品质。同时缺乏果树设施专用棚膜，棚膜透光、透湿、保温、弹性、抗老化性等都不适应果树设施栽培要求；保温材料多为传统草苫，保温性能差、沉重、不耐用。在采光、保温等方面达不到果树的要求，使设施果树栽培的发展受到一定程度的限制。

设施为果树创造了特殊的小区环境，其中的温度、湿度、光照、二氧化碳浓度与土壤对果树产生较大的影响。这些因素单独或结合调控地适宜与否，是决定设施栽培能否成功的关键。中国设施果树的环境调控技术与一些先进国家相比还有较大的差距，仍沿用温度高时开棚放风，旱了大水漫灌等老办法，缺乏机械化、自动化、智能化设备。尤其对不同发育物候期所适宜的环境因子模型，还不清楚，没有统一的适宜调控标准。

（五）树种结构不合理，缺乏设施栽培适用品种

设施栽培树种结构不合理。草莓面积偏大，葡萄、桃发展面积过猛，樱桃、杏、李发展速度缓慢，而设施梨、苹果、柿、枣、猕猴桃等尚鲜有发展。由此造成市场供应不平衡，果品开始滞销，价格下跌，效益降低。对多数品种来说，某些生物学习性（如休眠期、需冷量、花粉育性、花粉发芽力、适宜授粉组合、自花结实等）有待进一步研究，因此，生产中扣棚升温的时间带有很大的盲目性，量化管理困难，造成坐果率低、产量低的问题。生产中应用的部分品种不适宜设施栽培，如一些樱桃品种适应性差，裂果严重；一些油桃品种风味淡，不耐储运；一些葡萄品种口味偏酸，抗病性差等，适宜设施栽培的品种少、单调，缺乏配套的系列化品种，不适应栽培品种多样化的要求。

我国目前设施栽培品种很多是从现有生产品种中选用的，缺乏系统的比较和筛选，品种选用较为盲目，有的甚至不适合设施栽培，增加了生产风险。同时，中国设施果树栽培各树种普遍存在品种单一、花色少、早中晚熟不配套的问题，难以满足消费者的多样化需求，严重影响了中国设施果树栽培的经济效益和健康可持续发展。

（六）忽视采后管理

生产中大都重视升温始期至果实采收期间的管理，而忽视果实采收后树体的管理。实际上，采前采后管理同等重要。上年的管理是当年生产的基础，当年的果实产量和品质除了受当年管理水平的影响以外，在很大程度上还受上年管理水平的制约；而当年果实采后的管理则在很大程度上决定了来年的产量和经济效益，决定着是否能连年丰产。夏秋季是果树花芽分化和树体控制的关键时期，果实采收后要及时防止病虫草害和旱涝灾害，适量施肥，防止早期落叶。对于那些花芽分化对光周期敏感的树种和品种，如葡萄，果实采收后要及时对设施内形成的新梢进行更新修剪，并对更新后的树体采取复壮和促进花芽分化的措施，保证新梢生长健壮，花芽分化良好，为下年生产奠定良好的基础。

采后商品化处理尚未引起重视，果品预冷、机械化商品处理均为空白。许多地方混采、混装果实，商品性差。有些地方，分级不严格、包装粗糙、档次低，不能有效地提高商品质量，实现增值、增效。

二、中国设施果树栽培的发展方向

设施栽培果树是现代农业生产的特征，是果树生产发展的必然。中国设施果树产业发展应加强政策引导，加大生产规模，依靠设施果树新品种开发和新技术推广，实行产业化生产，大力提升中国设施果树的国内外市场竞争力，促进农民增收，农业增效，实现由设施果树生产大国向生产强国的转变。

（一）实施优势产区布局，区域化发展战略

我国地域广阔，不同地域生态环境相差很大，因此，各地应找出自身的生态优势，引入或培育相适宜的树种和品种，研究开发和推广相应的栽培模式、生产技术和经营渠道。开发利用我国丰富的气候及树种品种资源，区分规划和定位当地设施生产模式及重点发展区域，实现生产模式的多元化与区域化，树种品种与生产模式的多元化。生产模式的区域化将使设施产品的市场供应时段迅速分化，使各个气候区域者有以本区域产品为主的市场消费时段，从而降低市场竞争压力和生产经营风险。

东北、河北北部、内蒙古、山西北部、宁夏北部、甘肃北部、新疆北部等地区，应重点开发推广日光温室延迟栽培技术，使所生产果品在 11 月至春节前后成熟上市，占领全国冬季反季节果品消费市场；北京、天津、河北中南部、山西中南部、山东、河南、陕西、甘肃中南大部、宁夏中南部、新疆中南部等地应重点研究开发并推广日光温室促成栽培技术，重点占领早春、初夏的反季节果品消费市场和夏季高档果品市场；江苏北部、淮北、湖北、山东南部、河南、陕西南部重点研究开发并推广连栋温室及塑料大棚促成栽培技术，重点占领初夏反季节果品市场（王海波等，2009b）；长江及淮河流域可大力推广设施避雨栽培等（高东升，2016）。

（二）加强设施专用品种资源选育与创新

适宜设施果树栽培专用品种的培育是设施果树栽培成功与否的重要因素。设施果树专用品种资源的选育，要坚持国外良种资源的引进利用与国内果树资源的改良创新同时并举，立足育种创新；坚持常规育种技术与生物技术育种手段相结合，以增加育种的可靠性，克服盲目性，提高育种效率。充分利用中国丰富的果树资源，选育适于中国设施果树生产的优良适用品种和专用砧木，为中国设施果树产业发展提供品种资源支持。

在育种目标上重点突出 3 个方面。一是低需冷量品种的选育。需冷量的高低是自然休眠时间长短的标志，品种需冷量高，是限制扣棚保温时期的重要方面。因此，利用低或超低需冷量的品种进行设施栽培，可提前扣棚生产，从根本上解决果品成熟上市的时间。二是耐弱光型品种的选育。设施生产最突出的问题是弱光照环境，由于光照减弱，使得光合生产能力降低，果品质量受到较大制约，因此，选育耐弱光型品种成为当务之急。三是紧凑型品种和矮化砧木的选育。棚内空间有限，光照低，但果树往往旺长，造

成光照恶化和花芽难以形成。所以，利用矮化紧凑型品种或矮化砧木，控旺促花，改善群体光照状况，是提高设施空间利用率的有效途径。

（三）研发推广设施果树节本、优质、高效、安全生产技术体系

设施环境改变了设施果树的生命周期和发育周期，进而使设施果树的生长发育规律发生了根本变化。应从生产模式、栽培设施的选型、结构设计与施工、选用与生产模式相配套的专用优良品种、设施生产环境控制、土肥水管理、整形修剪、群体与树体结构控制、花果管理等方面入手，提高综合管理水平，生产优质果品。应加强树体综合管理技术，包括授粉组合、整形修剪、肥水管理、土壤制度革新、病虫害综合防治，以及间作、除膜、采收后的越夏更新等，建立各树种标准化生产技术规程，从根本上提高设施果树的果实品质，实现设施果树的节本、优质、高效和安全生产。加强研发适合中国国情的设施结构和覆盖材料，即小型化、功能强、易操作、成本低、抗性强适合设施果树生产的设施结构和覆盖材料，以解决中国设施果树生产中设施结构存在的问题。应加强设施果树产期调节技术研究、设施条件下的环境和植株控制，大力推广产期调节技术，调整设施果树产期，使设施果树产期逐步趋于合理。加强连年丰产技术的研究与推广，实现设施果树的连年优质丰产。

（四）规模化、产业化发展

市场是发展产业的关键，作为劳动密集型和科技密集型相结合的设施果树生产，具有明显的资源和环境优势及市场需求潜力，适宜集中连片发展，走集约化、规模化和产业化发展之路。应选择不同生态气候条件的适宜区，集中连片发展，实现不同树种、不同品种、不同成熟期合理搭配，开展产前、产中和产后系列化服务，建立一批具有一定规模的设施果树栽培基地，对于全面提高生产水平、果品档次和整体效益具有重要意义。但在强调规模化、产业化发展的同时，又要从客观条件和市场空间的实际出发去发展，避免盲目上马、一哄而起，给生产者造成不应有的损失。

设施果树栽培必须走产业化的道路，在适宜地区建设一批具有一定规模、各具特色的反季节水果商品基地，建立健全设施果树的良种选育、种苗繁育、区域性开发。完善资源、信息、技术交流体系，实行集约化栽培、规模化经营，加强优质高档果品生产。同时，抓紧制定设施栽培水果商品质量标准，改进和提高果品分级、包装技术，实施果品预冷处理和冷链运输，实现果品增效增值。

（五）产品经营多样化

设施栽培果树不仅可以生产反季节果品，而且还可以生产反季节观赏果树、盆栽果树，特别是大中城市周边地区，盆栽果树生产市场广阔，效益好。将反季节果品、异地果品生产、盆栽果树生产、旅游观光、休闲度假等结合起来，不仅可以满足多领域、多层次的消费需求，而且可以充分利用市场资源，拓宽经营渠道，化解市场风险，从而创造高额的社会经济效益。把设施果树生产与观光园艺有机结合，使单一的淡季果品生产向观花、观果、盆艺等领域发展，创造设施果树生产的新生长点和亮点，拓宽设施果树树种区域，南果北移。

第二章　果树栽培设施

设施果树栽培是一种高投入生产方式，要获得高效益，一方面要求有设施设计建造科学合理，另一方面要求综合栽培管理技术强。栽培技术在生产过程中可根据具体情况调整，但大棚、温室的设计建造是一次性完成后长期使用，因此，设施结构设计与建造就显得极为重要。一个设计建造合理的大棚和温室可使设施内具有良好的温光条件，否则会造成果树生长发育不良，影响产量与品质。因此，设计与建造合理的设施，是设施果树栽培获得高产、优质、高效的基础和前提。

第一节　简 易 设 施

一、直接覆盖栽培

直接覆盖栽培也称浮动覆盖或浮面覆盖，是把通气、透光、轻巧的材料（如遮阳网，聚乙烯纤维、聚酯寒冷纱等），直接覆盖在植株上，达到防寒、防霜、防风、防鸟、遮阳、降温的目的，地膜直接覆盖在植株上亦属于浮面覆盖的范畴。

最常用的覆盖材料是遮阳网，遮阳网采用高密度聚乙烯为原料，加入一定比例的色母拉丝精织而成，具有耐热、耐寒、使用方便、寿命长、价格便宜等特点。遮阳网可按大棚定制长和宽，遮光率40%～95%。颜色有黑色、银灰色、绿色。具有遮光、降温、保湿、防暴雨、防霜、保暖、防风、防虫、防鸟、防雹灾等多种作用，能够优化小气候，与苇帘、草帘相比具有寿命长，操作方便，省工、省力等优点。可直接在塑料大棚薄膜上覆盖遮阳网，天气变化和果树生产需要盖上或揭开遮阳网，既可遮住中午的强光，又可在早晚弱光时段使光照进入棚内。

二、地膜覆盖栽培

地膜覆盖具有保温、蓄水、保墒、免耕、增肥和增光等多种生理生态效应，从而提高幼树成活率，加速生长，促进成花，提早结果，提高坐果率，增加产量和提高果实品质等显著增产作用，还具有节约用水、用肥和病虫害防治费用等显著经济效果。

（一）地膜的种类及特性

地膜种类很多，随着塑料工业科技发展，应用于农业生产的地膜种类不断更新。目前，生产中常用的塑料地膜主要是无色透明地膜、有色地膜和特种地膜等。

1. 无色透明地膜

无色透明地膜是应用最普遍的地膜，因此也称为普通地膜，厚度0.005～0.015 mm，幅宽 80～300 cm 不等，其透光率和热辐射率均达 90%以上，保温、保墒功能显著，还有一定的反光作用，广泛用于春季增温和蓄水保墒。缺点是土壤湿度大时，膜内形成雾滴会影响透光。根据使用塑料原料不同，无色透明地膜分为聚氯乙烯塑料薄膜、聚乙烯塑料薄膜。聚乙烯薄膜是应用较多的类型，制造工艺简单、透气性和导热性能好，比重较小（为聚氯乙烯薄膜的 76%左右）。

2. 有色地膜

有色地膜是根据不同染料对太阳光谱有不同的反射与吸收规律，以及对果树、害虫有不同影响的原理，人们在地膜原料中加入各种颜色的染料制成的地膜（表 2-1）。主要有黑色膜、银色膜、黑白条带膜等，根据不同要求，选择适当颜色的地膜，可达到增产增收和改善品质的目的。

表 2-1　有色地膜特性一览表

地膜种类	合成材料；厚度	作用	适应地区
黑色及半黑地膜	在聚乙烯中加 2%～3%的炭黑母料；0.01～0.03 mm	灭草、保温、护根	杂草多而劳力紧张的高温季节或区域
绿色地膜	在聚乙烯中加入一定量绿色母料，价格较高，易老化；0.01～0.015 mm	抑制杂草、增温	湿润杂草多的地区
银灰色地膜	在聚乙烯中加入含铝的银灰色母料；0.015～0.02 mm	驱避蚜虫、防病、抗热、	普遍适应
银色反光地膜	在挤出吹塑过程中，混入含铝母料；镀铝或复合铝箔制成；0.02～0.025 mm	反光隔热，降低地温、除草、改进果实品质	普遍适应
黑色双面地膜	由乳白色膜和黑色膜二层复合而成；0.02～0.025 mm	增加近地面反射，降低地温、保湿、灭草、护根等	夏季高温地区
银黑双面膜	由黑色及银灰色两种地膜复合而成；0.02～0.025 mm	反光、避蚜、防病毒病、降低地温、灭草、保温、护根	夏季高温、病虫害多发地区

3. 特种地膜

特种地膜是指有特殊功能的地膜，主要有除草膜、有孔膜、反光膜、渗水地膜等。

（1）除草膜

化学除草膜是在薄膜制造过程中掺入除草剂的一类地膜。除草膜覆盖后单面析出除草剂达 70%～80%，膜内凝聚的水滴溶解除草剂后滴入土壤，或在杂草触及地膜时被除草剂杀死。因除草剂对果树有严格的选择性，用错了会使果树产生药害，故要按果树种类选择专用除草地膜，切勿盲目使用，以免造成生产损失。

（2）防虫膜

防虫膜在制造时，没有添加任何农药成分。这种膜以透明或黑色膜为底基，沿着纵长方向均匀排列银色宽条。它是利用昆虫对色彩的反应原理而设计制造的。例如，银色对菜蚜有趋避刺激作用，使有翅蚜不飞向草莓田，因而可以预防蚜虫传播草莓病毒病。除了蚜虫外，这种膜对其他害虫也有预防效果。

（3）反光膜

反光膜是采用特殊的工艺将由玻璃微珠形成的反射层和聚氯乙烯、聚氨酯等高分子材料相结合而形成的一种新颖的反光材料。银色或银灰色反光膜，能起到补光增温作用，使果树增产、提高品质，达到增产增收的目的，是一项节能、增效的新技术。尤其在冬季低温弱光照的温室内使用，补光增温效果更好。

（4）渗水地膜

渗水地膜也称为微孔地膜，是在普通地膜上用激光打出微孔（孔径 2～3 mm，200～2000 孔/m^2），可使雨水渗入膜下，有利于小雨量降水入渗。同时又能增加土壤的通透性，防止膜下土壤 CO_2 含量过高，有利于根际好气性有益微生物的活动和促进根系呼吸与活力，进而促进果树生长。渗水地膜还可调温保水，促进果树成熟，改善果树品质。

4. 多功能型地膜

世界各国在地膜覆盖技术的研究和应用过程中，为了满足多种需要，还研究开发出了一些多功能型地膜。例如，添加有机肥料型地膜，是地膜制造公司为了解决化肥污染问题，生产地膜时把粒状固体有机肥料混入到以木浆为主要原料的纸地膜中，制造有机肥料型地膜。这种地膜本身含有对果树生长所需的成分、可以被生物降解而对环境有利、又因省去施肥过程，减轻了种植负担。

（二）果树地膜覆盖栽培技术

1. 单株覆膜

定植后离树干 50 cm 周围做好树盘，然后灌水，水渗下后第二天，以树干为中心，修成 1 m^2 的树盘，四面高中间低，将的地膜平铺到树盘上，膜面拉平展，四周压土盖严。

2. 顺行覆膜

顺行做 1 m 宽的畦，然后逐畦灌水，水渗下后 2～3 天重新平整畦面，随即顺行覆盖地膜，先将地膜一边压住，再将对应树干的另一边膜横向剪开约 1/2 处，通过树干将膜面压平，用土盖住剪开的膜面，追肥时可在膜横向切口处，距树干 30 cm 左右处捅孔施入，施肥后可在膜上浇水。

第二节　塑 料 大 棚

通常把只以竹木、水泥或钢材等材料做骨架，在表面覆盖塑料薄膜的大型保护栽培设施称为塑料薄膜大棚，简称塑料大棚。我国大棚产生于 20 世纪 50 年代逐步在北方兴起，随着塑料薄膜的广泛应用，以塑料薄膜为透光覆盖材料的塑料大棚及中小拱棚在我国大面积推广。塑料大棚建造容易，投资少，其主要作用是冬季保温、夏季遮阳，用于果树的秋延后、春早熟栽培，可达到早熟、晚熟、增产稳产的目的，因此在得到了广泛应用。

一、塑料大棚的类型

根据棚顶形状分为拱圆形和屋脊形两类，以拱圆形屋顶为多。根据骨架材料分为：竹木结构、钢架（管）结构、钢竹混合结构、混凝土钢架结构、充气式等类型。根据连接方式又可分为单栋大棚、双连栋大棚及多连栋大棚。塑料大棚设施简单，一般没有环境调控设备、依靠自然光照进行生产。

二、塑料大棚的结构

骨架由立柱、拱杆（架）、拉杆（纵梁）、压杆（压膜线）等部件组成，俗称“三杆一柱”，这是塑料大棚最基本的骨架类型。由于建造材料不同，骨架构件的结构也不同。拱架是塑料大棚承受风、雪荷载和承重的主要构件，按构造不同，拱架主要有单杆式和桁架式两种形式。拉杆是保证拱架纵向稳定，使各拱架连接成为整体的构件，拉杆也有单杆式和格架式两种形式。拱架材料断面较小不足以承受风、雪荷载，或拱架的跨度较大，棚体结构强度不够时，则需要在棚内设置立柱，直接支撑拱架和拉杆，以提高塑料大棚整体的承载能力。山墙立柱常见的为直立型，大多强风地区则适于采用圆拱型和斜撑型。塑料大棚的骨架之间连接，除竹木结构塑料大棚采用线绳和铁丝捆绑之外，装配式镀锌钢管结构塑料大棚和钢筋玻璃纤维增强水泥结构塑料大棚均由专门预制的卡具连接。

从塑料大棚的结构和建造材料上分析，应用较多和比较实用的，主要有三种类型。

1. 竹木结构拱形大棚

竹木结构拱形大棚（图 2-1），各地区不尽相同，但其主要参数和棚形基本一致，大同小异。大棚的跨度为 8～12 m，高 2.4～2.6 m，长 40～60 m，每栋生产面积 333.3～666.7 m^2。拱杆是塑料大棚的骨架，可用直径 3～4 cm 的竹竿或宽 3～4 cm、厚约 1 cm 的毛竹片按照大棚跨度要求连接为一定长度构成，两端插入地中，其余部分横向固定在立柱顶端成为拱形，拱架间距 1 m，并用纵拉杆连接，形成整体；拱架上覆盖薄膜。按棚宽（跨度）方向每 2 m 设一立柱，立柱直径 6～8 cm，地下埋深 50 cm。拱架间用压膜线或 8 号铅丝、竹竿等压紧薄膜。竹木结构拱形大棚的优点是取材方便，造价较低，建造容易；缺点是棚内柱子多，遮光率高、作业不方便，寿命短，抗风雪荷载性能差。采用“悬梁吊柱”形式可使立柱减少 2/3，大大减少了立柱形成的阴影，有利于光照和作业。棚

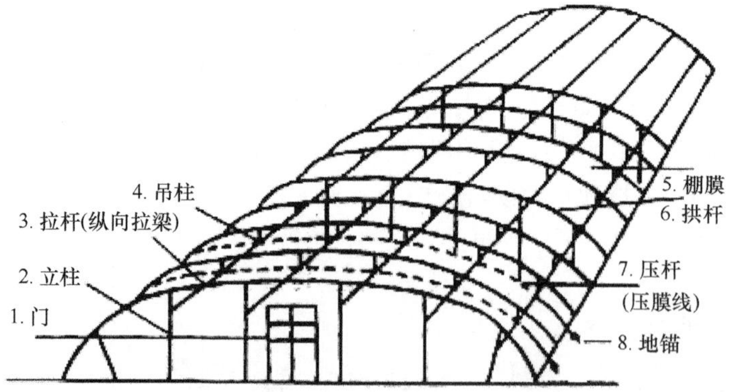

图 2-1　竹木结构拱形大棚示意图

膜可选用 0.10 mm 的聚氯乙烯（PVC）或聚乙烯（PE）薄膜及 0.08～0.10 mm 的醋酸乙烯（EVA）薄膜等专用于覆盖塑料大棚的棚膜。大棚两端各设供出入用的大门，顶部设出气天窗，两侧设进气侧窗。

2. 钢架结构单栋大棚

钢架结构单栋大棚的骨架由钢筋焊接而成，坚固耐用，中间无柱或有少量支柱，空间大，便于果树生长和人工作业，但一次性投资较大。拱架是用钢筋、钢管或两种结合焊接成的平面桁架，上弦用 16 mm 钢筋，下弦用 12 mm 钢筋，纵拉杆用 9～12 mm 钢筋。跨度 10～14 m，脊高 2.5～3.0 m（图 2-2），长 30～60 m，每隔 1.0～1.2 m 设一拱架，每隔 2.0 m 用一根纵向拉杆将各排拱架连为一体，纵向各拱架间用拉杆或斜交式拉杆连接固定形成整体，上面覆盖棚膜，外加压膜杆或压膜线。这种结构的大棚，骨架坚固，无中柱，棚内空间大，透光性好，作业方便，是比较好的设施。

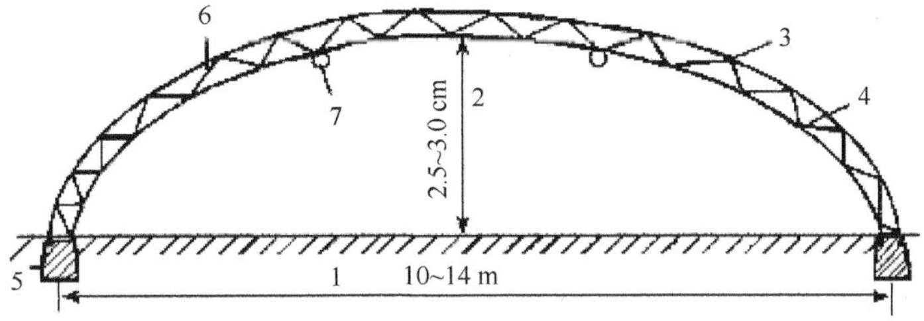

图 2-2　钢筋桁架无柱大棚示意图　（王殿友，2012）

1. 大棚跨度；2. 中高；3. 上弦；4. 下弦；5. 水泥墩；6. 上下弦间的“人”字形钢条；7. 拉杆

3. 镀锌钢管装配式大棚

镀锌钢管装配式大棚，其拱杆、纵向拉杆、端头立柱均为薄壁钢管，并用专用卡具连接形成整体，所有杆件和卡具均采用热镀锌防锈处理，是工厂化生产的工业产品，已形成标准、规范的 20 多种系列产品。这种大棚由于它具有重量轻、强度好、耐锈蚀、易于安装拆卸、中间无柱、采光好、作业方便等特点，且结构规范、标准，可大批量工厂化生产，因此，在经济条件允许的地区，可以大面积推广应用。

三、塑料大棚的性能和优点

（一）塑料大棚的性能

塑料大棚以覆盖塑料薄膜为特点，具有采光好，光照分布均匀，短波辐射易于进入，而长波辐射较难透过，密闭性好的特点。

光照：大棚内的垂直光照强度由高到低逐渐递增，以近地面处为最低。大棚内的水平光照强度，南北延长的大棚比较均匀。单栋钢材与硬塑结构的大棚受光较好。另外，大棚的跨度越大，棚架越高，棚内光照越弱。

温度：晴天白天温度上升迅速，夜间又有一定的保温作用。由于多数通过通风窗来调节温度、温度变化，室内环境要素变幅较大。晴日白天太阳出来 1～2 h 就会进入快速升温期，8:00～10:00 进入直接升温期，升温 5～8℃/h，11:00～13:00 升温速度渐缓，并达到最高温度，可高出露地 20℃以上，随后开始下降，15:00～17:00 进入快速降温阶段，平均降温幅度在 5～6℃/h，随着内外温差的缩小，夜间降温幅度会迅速变小，大约为 1℃/h，到凌晨时，室温仅比露地高 3～5℃。

湿度：由于薄膜的密闭性较好，棚内湿度与露地相比明显较大，日平均提高 35%～40%。在四季明显的北方地区，由于冬季低温期长，利用时间有限（仅比露地提早或延后 1 个月左右），塑料大棚发展相对较慢，而南方温暖地区或气候温和地区使用较多。

（二）塑料大棚的优点

塑料大棚的优点：一是采光性能好，光照分布均匀；二是保温性好；三是棚型结构抗风（雪）能力强，坚固耐用；四是易于通风换气，利于环境调控；五是利于果树生长发育和人工作业；六是能充分利用土地。与日光温室相比，塑料大棚具有结构简单、建造和拆装方便、一次性投资少等优点；与中小棚相比，又具有坚固耐用，使用寿命长，棚体高，空间大，必要时可加装加温、灌水等装置，便于环境调控等优点，在北方主要用于果树的春提前、秋延后栽培，一般比露地栽培可春提前和秋延后各 1 个月，一般不作冬用型果树促成栽培。塑料大棚在南方地区亦可用作防雨棚和遮阳棚等。

四、塑料大棚的设计和建造

塑料大棚的关键是提高采光性能和稳定性。大棚的稳固性与骨架的架材、棚面的曲线弧度、大棚的高跨比和长跨比有密切的关系。

（一）大棚场地选择

建造塑料大棚的场地要求地势平坦，土质疏松肥沃、腐殖质含量高，光照充足、东西南三面没有高大遮光物，避开风口，靠近水源，排灌方便，运输方便。

（二）大棚场地规划

大棚场地规划应根据生产规模、土地、资金等具体条件而定，对于大棚的建造及其必要的附属设施水、电、路应做出统一的安排。一般的总体规划是在确定建棚地址之后，根据地形画出纵横基线，计划建棚面积、栋数，设计出平面布置图。如果生产规模大，还需将产品临时贮存库、市场、道路、水、电等设施都安排到平面布置图中。大棚一般在冬前和早春扣棚，在建造大棚群时，既要避免棚与棚之间的遮光，又要便于清除残雪和产品运输。

（三）建造方位

塑料大棚按南北方向延长建造，光照分布均匀，果树受光好，白天温度上升快。冬春季北方多为北风、西北风，棚架与风向平行，有利于保温抗风；而东西向建造的大棚，棚内南北两侧光照差异较大，棚内有弱光带。所以，一般地区塑料大棚应南北向建造。

（四）塑料大棚间距

塑料大棚栋与栋之间的距离，既要考虑充分利用土地，又要考虑大棚采光和管理。冬季太阳高度角低，10:00 到 14:00 塑料大棚北边形成的阴影可达大棚高的 1.9 倍，中午达到 1.6 倍。因此，南北相邻塑料大棚之间距离，最好是棚高的 2 倍。东西相邻塑料大棚之间的距离可以适当减小，但为了有利于堆雪、通风和作业，也不应小于 2 m。

（五）大棚的棚型（曲线弧度）

大棚的损失主要来自于风压和雪压，其抗风压、雪压的能力与建造材料和棚型曲线弧度有关，立柱多的大棚一般不会被积雪压塌，但是大风天气棚膜破损、上天情况时有发生，其原因就是棚型不合理。

在风速等于 0 时，大棚内外空气压强相等，当风速加大时，棚外空气压强减小，但棚内压强没变，这样就造成棚内空气压强大于棚外空气压强，因而棚内就产生了举力，风速越快，举力越大，使棚膜向上鼓起，风速变小棚膜又回落到棚架上，随着风速的变化，棚膜就会不断地鼓起落下、导致棚膜破损，甚至被风刮跑。曲线弧度小，棚面平坦的棚型，棚内外的空气压差大，且压膜线不易压紧，抗风力弱。曲线弧度大，流线型的大棚，内外压差小，压膜线容易压紧，抗风力强。

（六）大棚的高跨比

塑料大棚的跨度大，棚内宽敞，水平温差小，但为保证雨雪迅速滑落，就要求有足够的棚顶高度。因此，跨度大，棚顶则高，棚体接受风压大，使棚体结构复杂化，建棚成本提高。所以，塑料大棚的跨度不是越大越好，其跨度、棚高和肩高必须有一定的比例。一般认为棚高减去肩高后的高度（圆拱高度），与大棚的跨度之比为 1.4～1.6 较为合适。在棚脊高度不变的情况下，跨度不可过大。

（七）大棚的长跨比

大棚的长度与跨度的比例（长跨比）与稳固性有关。在大棚面积不变的情况下，长跨比小，大棚的稳固性差，长跨比大，大棚的稳固性强。但长度过大，跨度小的大棚由于增加了周边长度，“边际影响”大，土地利用率低，作业也不方便。一般长跨比以 5∶1 或 6∶1 为宜。如跨度 10 m 的大棚长度为 50～60 m。一般果树大棚不宜过长，以 50～80 m 为宜，超过 100 m 不仅管理不方便，而且棚内通风不畅，湿、热空气不易排出。

（八）大棚面积

从光照、温度、湿度等综合因素考虑，单栋大棚面积在中原地区以 330～400 m^2 为宜，钢架结构可在 530～667 m^2。北方由于罩棚晚，光、温条件稳定，可适当大些，以 667 m^2（1 亩）左右为宜。连栋式大棚由于造价高，国内生产规模小，多为一家一户建棚，目前应用较少。

（九）大棚通风

大棚多采用三道缝放风，即中缝和两道边缝。中缝在棚的中部最高位置，边缝在两侧肩部，离地面 1.0～1.2 m 高。热空气由中缝排出，冷空气由边缝进入，换气效果良好。

五、塑料大棚棚膜的选择

大、中、小棚及日光温室对塑料薄膜的要求是透光率高、保温性强、抗张力、抗农药化肥强、无滴、防老化、透明度高、透气性强、质优、长寿、价廉等。目前，生产上常用的棚膜依其原料特性的不同分为聚氯乙烯薄膜、聚乙烯薄膜、和乙烯-醋酸乙烯共聚薄膜。

（一）聚氯乙烯薄膜

新膜具有较好的透光性，耐高温日晒、抗张力、伸长力强，较耐用；雾点较轻，透湿性好；折断或撕裂后，易粘补；但吸尘性强，难清洗，透光率下降很快。PVC 普通膜有效使用期 4～6 个月，厚度 0.08～0.12 mm。

（二）聚乙烯薄膜

聚乙烯膜透光性强，无增塑剂污染，不易吸尘，透光率下降慢，耐低温性强。

（三）乙烯-醋酸乙烯共聚多功能复合膜

利用乙烯-醋酸乙烯共聚物为基础原料，再添加保温剂、防老化剂、无滴剂和相关助剂组成。其增温保温性、透光性、耐老化性和机械强度也非常好。

（四）漫反射塑料薄膜

漫反射塑料薄膜是在薄膜原料中掺入对太阳光透过率高、反射率低的化学性质稳定的漫反射晶核，使膜具有抑制垂直入射光透过的作用，降低中午前后日光照入设施内的强度，防止高温危害。

（五）聚酯镀铝膜

聚酯镀铝膜是把 0.03～0.04 mm 厚的聚酯膜进行真空镀铝，光亮如镜面。这种薄膜，由于反光作用，可在一定距离内增加光照强度 40%。

此外，还有有色膜、调光膜和其他新型膜。

第三节　节能日光温室

温室是指采用透光材料作为全部或部分围护结构的覆盖材料，可在冬季或其他不适宜的季节栽培植物的设施。日光温室是一种室内不加热的温室，即使在最寒冷的季节，也只依靠太阳光来维持室内的温度水平，以满足果树生长的需要。节能日光温室是我国创造的具有中国特色的一种新型设施，能在北方寒冷的冬春季节不用人工加温进行果树的反季节生产，实现周年种植、上市供应，是一项高投入高产出的农业高新技术。由于日光温室建造和运行成本低，适合中国社会经济的需要，成为中国设施农业的主体。

一、节能日光温室的类型

日光温室按墙体材料分类，主要有干打垒土温室、砖石结构温室、复合结构温室；按后坡长度分，有长后坡温室和短后坡温室；按前屋面形状分，有二折式、三折式、拱圆式、微拱式等；按温室受力结构的用材，可分为竹木结构温室、钢木结构温室、钢筋混凝土板结构温室、钢结构温室等。

日光温室按前屋面形状可大体分为两大类。一类是半圆拱形采光屋面，多分布在辽宁中北部、吉林、黑龙江、河北、山西、内蒙古和宁夏一带。这类温室的优点是采光好，空间较大。另一类是单采光坡面脊形温室（一斜一立式），多分布在辽宁南部、山东、河南和江苏一带。这类温室由于前部低矮，薄膜不易压紧，正向拱形转化。这里主要介绍性能较好，实用性强，室内空间较大，适于设施果树栽培的结构类型。

（一）长后坡矮后墙半圆拱形日光温室

温室的跨度多为 5.5～6.0 m，中脊高 2.7 m 高，后墙高 0.5～0.6 m，后坡长 2 m，中柱在距离柁前 40 cm 处与柁连接。中柱距离温室前底角 3.5 m，距后墙内侧 2.5 m，前屋面弧长 4.5 m。拱架固定在脊檩和前屋面下的两道悬梁上，脊檩由中柱支撑，悬梁由两根立柱支撑（图 2-3）。该类温室保温性能好，室内采光好，保温能力强，在冬季不加温的条件下，可以进行某些果树生产、当外温降至–25℃时，室内仍可保持 5℃以上。但是 3 月以后，后部弱光区对一些果树生长发育不利，适于在冬、春季进行草莓、葡萄等果树的设施栽培。

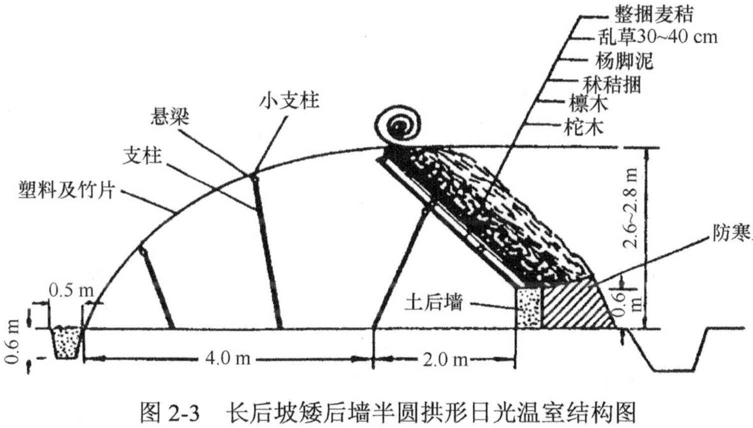

图 2-3　长后坡矮后墙半圆拱形日光温室结构图

（二）短后坡高后墙半圆拱形日光温室

温室是在长后坡温室的基础上改进而成，加长了前屋面，缩短了后坡，提高了中脊高度，因而采光面加大，透光率提高，温室内土地利用率提高。但修筑用土用工量大，夜间温度下降较快，保温性能不如长后坡温室。跨度 6.0～7.0 m，脊高 2.0～3.2 m，后坡长 1.0～1.7 m，仰角 30°～35°，后墙高 1.8～2.4 m（图 2-4）。因其拱架采用类型不同，可分为钢架型、水泥型、竹木型。该型温室由于后墙较高，后坡短，增加了采光面，冬季太阳光可直接照射到后墙，春秋光照充足，白天升温快，保温性能好，宜在北纬 35°以北地区使用。适用于我国北方广大地区葡萄、草莓、桃等果树春提前，秋延后生产。

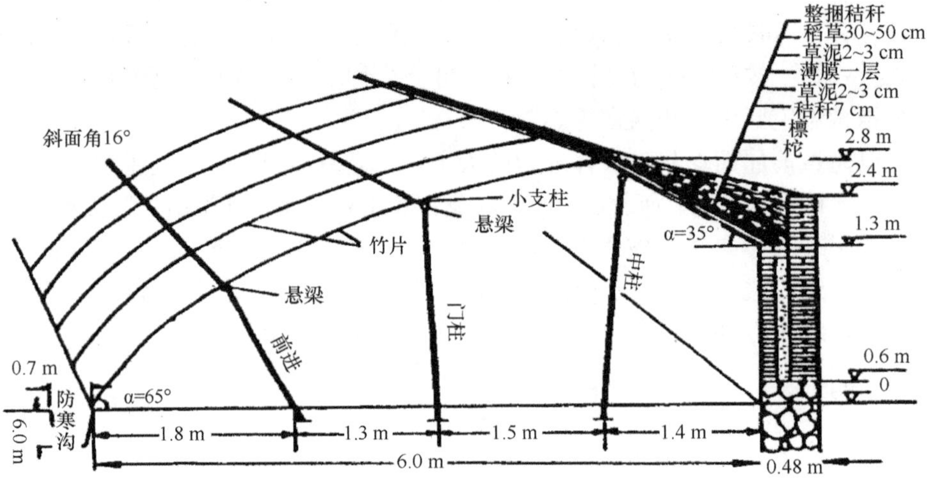

图 2-4 短后坡高后墙半圆拱形日光温室结构图

（三）无后坡半圆拱形日光温室

竹木结构，跨度 5.0～7.0 m，脊高 2.0～3.2 m。多利用山南坡，丘陵削面和已有墙壁的南侧建造。采光好，增温快，结构简单，造价低，但保温效果差，只能在特殊地势时（山地、丘陵地区）利用。适用于我国北方一些地区栽植草莓、桃、葡萄、樱桃等果树，进行春提早、秋延后生产。

（四）一斜一立式日光温室

温室脊高 3.0～3.1 m，跨度 7.0 m，前立窗高 0.8 m，采光面坡角 21°～23°，后坡长 1.5～1.7 m，后墙高 2 m。前屋面是悬索结构，在前屋面下每隔 3 m 设置一根木斜梁，再从一侧山墙经各斜梁东西向拉 14～18 道 8 号钢丝，钢丝间距为 30～40 cm，斜梁间每隔 60～70 cm 放一竹竿（图 2-5）。

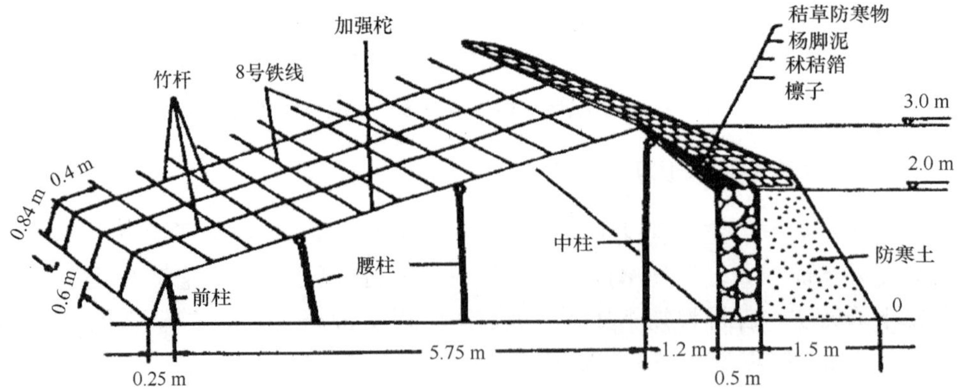

图 2-5 一斜一立式日光温室示意图

二、节能日光温室的基本特征

日光温室主要由围护墙体、后屋面和前屋面三部分组成（图 2-6），简称日光温室的“三要素”。后屋面主要起保温作用，围护墙体则既是承力构件，又是保温材料。前屋面是温室的全部采光面，温室所有自然能量的获得都要依靠前屋面。高效节能日光温室是在科学的利用太阳能的基础上形成的设施，在生产中体现了低成本、高效益的特点。其性能特征如下。

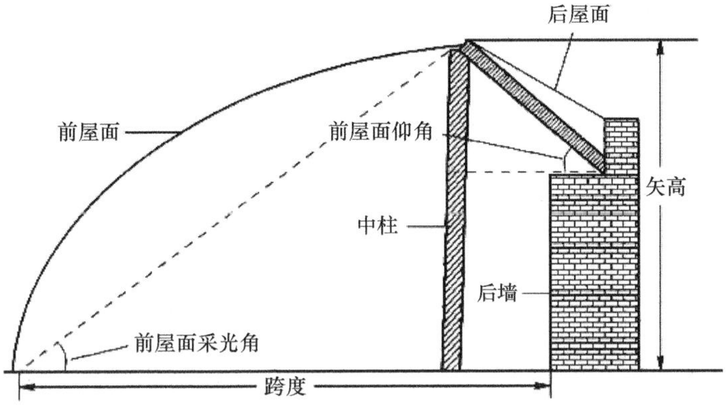

图 2-6　日光温室结构示意图

1. 采光好

高效节能日光温室的前屋面设计充分考虑到了不同纬度条件下的太阳高度角及太阳光对棚面的入射角，使其在不同的季节和不同的太阳光入射时段，都形成较理想的直射条件，尽可能减少光的散射和折射，最大限度利用太阳能。

2. 保温好

节能日光温室，利用后墙体、后屋面及前屋面的透明覆盖材料和保温材料，最大限度地把白天太阳光入射带来的辐射热保存下来，尽可能减少夜间热传导、热辐射和热量的缝隙扩散效应，使室内温度在夜间不低于 8℃，以保证冬季的安全生产。

3. 载热好（贮热好）

节能日光温室利用墙体吸热，后屋面载热等特点，在白天有太阳照射的条件下，尽可能使墙体、后屋面、地表大量吸热，采用热容量大的材料，大量储蓄热量，在夜间再不断释放出来，补偿温室气温损失的部分，以保证室内温度达到要求的区间。

三、节能日光温室的结构特征

节能日光温室能最大限度充分利用天然太阳光进行室内加温，促使果实提早成熟的一种设施类型。温室设计必须采光合理、保温效果好、经久耐用、便于操作、有利于生产，同时还应能合理利用建筑材料和最大限度地利用设施内的土地和空间。日光温室各部位的长宽、厚薄和用材就决定了它的采光和保温性能，温室的总体要求为：采光好、保温好、成本低、易操作、高效益，其具体合理结构的参数可归纳为五度、四比、三材。

（一）五度

1. 角度

方位角、前屋面角、后屋面仰角（图 2-7）。

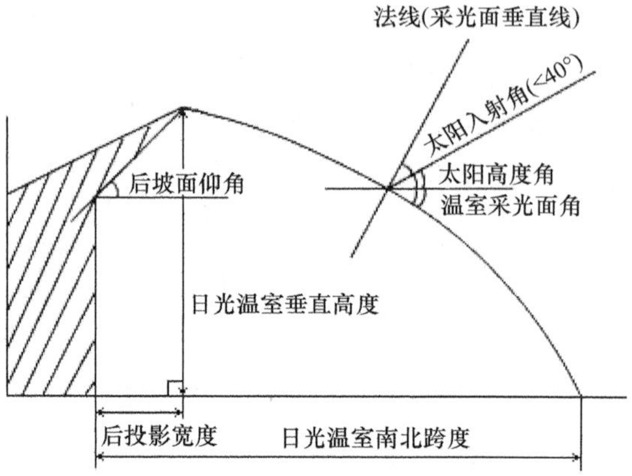

图 2-7 节能日光温室各种角的示意图

（1）方位角

节能日光温室在建造时，对温室方位有较严格的要求，一般要求坐北朝南，东西走向，正向布局，目的是尽可能延长日照时间，在具体实施时，由于地形的限制，无法做到正向布局时，可根据具体情况，向东或向西偏斜 5°，最大偏斜不可超过 10°，若偏斜角度太大，会减少日光温室的日照时间，直接影响温室的热性能。

（2）前屋面角

前屋面太阳光入射角是根据不同纬度地区冬至时的太阳高度角确定的，确定合理的前屋面太阳光入射角，是提高日光温室温光性能的基础。由于太阳高度角及入射角的年节变化和日时段变化，致使日光温室只有在冬至正午时才能达到合理的采光要求，其他节气、其他时段采光均不够理想。从果树光合强度及最佳光合作用时段看，早上即日出至正午，是光合作用最活跃的时候，这段时间需要有充足的光照和理想的温度环境，因此，可将日出至正午视为最佳采光时段，那么，在确定合理采光屋面角时，以考虑最佳采光时段（10:00）的太阳高度角及入射角最为合理。高效节能日光温室前屋面倾角应在合理采光屋面角的基础上增加 5°～7°。如果在北纬 36°地区，其最佳采光时段合理采光屋面角应为 19.5°+（5°～7°）即为 24.5°～26.5°。以计算出的采光屋面角为基础，然后确定日光温室前屋面的坡度及弧度。

（3）后屋面仰角

一般温室后屋面和后墙体的交角为 90°，后屋面对后墙体造成了很大的阴影面，因此，温光效应不好。节能日光温室后屋面和后墙体的交角为 90°+（40°±5°），也就是说形成了 125°～135°的交角，后屋面对后墙体几乎没有造成阴影面，冬至前后，后屋面和后墙体同样可有太阳光照射，容易提高后屋面和后墙体的温度，从而提高温室性能。

2. 高度

节能日光温室屋脊最高的位置为高度，即矢高。实际测定表明，温室内 55%以上的热量是从棚面散失的，而棚面大小和温室高度直接相关，所以温室高度越低，室内空间越小，就越有利于保温，但其热容性能差，往往造成骤冷骤热，夜间保温性差，容易引起冷害，同时由于空间小，水蒸气排放不流畅，造成室内湿度过大，容易结露，会引起多种病害发生，所以种植果树的温室脊高最低高度不能低于 3 m。矢高过高，温室内空间太大，早上升温速度慢，白天在日照的条件下，仍不能把室内温度提高到要求的区间，那么在夜间也无法使室内温度保持在 8℃以上，同样有造成冷害的可能。目前，生产中建造的日光温室，其矢高控制在 3.6～3.9 m 是比较理想的。

3. 跨度

跨度也就是日光温室的南北向内径，即进深。跨度过小，温室内栽培床面积小，生产能力差。跨度过大，直接影响日光温室前屋面的坡度，也就是影响了太阳光的入射角度，造成日光棚面的温室直射率底，进而影响温室的热效应，降低温室的生产性能。3.6～3.9 m 矢高的日光温室，其合理的跨度是 7.5～8.5 m。

4. 长度

长度指日光温室东西延长的长度，无论建造多么长的日光温室，其东、西两侧的山墙高度是不变的，也就是说两侧山墙在温室内造成的遮阳阴影面积是不变的，这种阴影面积在温室内属弱光照区，即低产区，温室越长，两侧山墙内造成的遮阳阴影和温室总面积的比值就小。温室越短，山墙阴影对温室生产造成的损失比例就越大。因此，原则上讲只要地形允许，日光温室越长越好。但据生产需要，为操作方便，一般日光温室的建造长度控制在 50～60 m 为宜。

5. 厚度

厚度指节能日光温室墙体的厚度和日光温室后屋面的厚度。

（1）墙体厚度

主要是为降低热传导对温室内温度损失的影响，墙体厚度不够，热传导作用频繁，保温性能差，热量损失大。墙体过厚，建造施工难度大，造价高。因此，日光温室墙体厚度一般确定为 1 m，即可达到降低热传导，提高温室保温性能的要求。

（2）后屋面草层厚度

为了提高日光温室后屋面的载热和保温作用，后屋面一般选用麦草做保温隔热层。麦草比泥土的热容大，白天在太阳照射下，可贮备大量热能，夜间随温室内气温不断下降，草层的热能不断释放出来，补偿温室内温度。同时麦草层的空隙度大，热传导小，热量对外散失的少，有良好的保温作用。一般后屋面的草层在屋面中部要达到 70 cm 厚，前沿要达到 20 cm 厚。

（二）四比

四比指各部位的比例，包括前后坡比、高跨比、保温比和遮阳比。

1. 前后坡比

前坡和后坡垂直投影宽度的比例为前后坡比。为了保温必须有后坡，而且后坡长一些能提高保温效果。但后坡过长，前坡短，又影响白天的采光，且栽培面积小。从保温、采光、方便操作及扩大栽培面积等方面考虑，前后坡投影比例以 4.5∶1 左右为宜。

2. 高跨比

日光温室的高度与跨度的比例为高跨比。二者比例的大小就决定了屋面角的大小。要达到合理的屋面角，高跨比以 1∶2.2 为宜。即跨度为 6 m 的温室，高度应达到 2.6 m 以上；跨度为 7 m 的温室，高度应为 3 m 以上。

3. 保温比

日光温室内的贮热面积与放热面积的比例为保温比。温室内的贮热面为温室内的地面，散热面为前屋面，故保温比就等于土地面积与前屋面面积之比。

4. 遮阳比

在建造多栋温室或在高大建筑物北侧建造时，前面地物对建造温室的遮阳影响为遮阳比。

（三）三材

1. 建筑材料

日光温室建设所用的材料本着因地制宜、就地取材的原则，其材料规格的选用直接影响着建筑造价的高低。基本材料为：不含有机质的土、麦草、毛竹、8 号铅丝、混凝土立柱或木立柱或金属立柱，木质框架或金属材料框架等。

（1）墙体

一般选用不含有机质的湿土夯实打起，若需提高规格、建筑坚固美观，土墙内外可用砖砌起。

（2）后屋面

一般在骨架上覆麦草封闭，麦草上用泥土覆盖，也可用混凝土板覆盖。

（3）前屋面

骨架部分一般用竹、木材料做成，也可用金属材料制作。在骨架上用 8 号铅丝制成网格状，再用毛竹分割即成。

2. 透明覆盖材料

同塑料大棚。

3. 保温覆盖材料

夜间在前屋面透明覆盖材料上再覆盖一层保温材料，降低热损失。一般选用稻草草帘，规格为长 9 m、宽 1.2 m 用七道底绳编制，编制要紧密，厚度不低于 4 cm。草帘也有用麦草、蒲草等制作，这种材料保温效果相对要差一些。

第三章　设施果树栽培的环境调控技术

设施果树栽培是区别于露地果树栽培的特殊形式，主要是利用温室、塑料大棚或其他设施，改变果树生产的局部环境，从而改变果树生长的物候期，使果品提前或推迟成熟，以调节果品的上市供应时间和售价，提高生产效益。设施果树栽培要为植株生长创造特殊的、可控的小区环境，而不是对自然环境的简单模仿和移植。因此，不同地域、不同树种、不同品种的最适环境模型不尽相同，应根据当地条件区别对待，灵活调控。影响设施果树环境的因素主要是光、温度、湿度。设施内温度、光照和空气成分等微环境调控是设施栽培成败的关键，要根据果树不同品种、不同时期（发芽、开花、坐果等）对其不同要求，进行有效的调控。

第一节　设施内温度的调控

温度作为设施果树栽培重要的环境因子之一，不仅影响果树芽的休眠与萌发，还影响花器官的发育、开花坐果及果实发育。可以说，温度调控适当与否是设施果树栽培能否成功的关键。

一、设施内温度的特点

设施内温度变化包括气温和地温。大棚内的温度变化规律是：昼夜温差大；晴天温差大于阴天，且棚温回升快；阴天棚温增温效果不明显。

大棚具有显著的增温、保温效果。一般大棚内地温和气温稳定在15℃以上的时间可比露地提早30～40天，比地膜覆盖早20～30天。大棚内温度受外界环境影响较大，尤以昼夜温差变化剧烈。室内温度在水平和垂直方向上分布不均匀，白天垂直方向上部、水平方向中部较高，夜间下部、后部较高。这种差异晴天时可达5℃。这是由于光入射量、棚架材料不均匀和棚内气流运动所造成，其中气流运动是早晨垂直和水平方向产生温差的重要原因。无风或微风时，大棚内近地面空气增热快，而靠近膜内表面的下部空气，因受外界影响温度较低。这样，中部会产生上升气流，而靠近膜内表面的空气会沿膜两侧下沉，大棚内会形成对流圈。大棚内形成垂直和水平温度差，即“上部高，下部低；中间高，四周低”。地温随气温变化而变化，但变化幅度小于气温，且夜间地温高于气温。

日光温室内热量主要来自太阳辐射，白天当太阳照到透明覆盖物表面上后，一部分光线透过覆盖物进入日光温室内，照射到地面、植物上、墙体上，地面和植物获得太阳辐射热量，地温和植物温度升高，同时地面和植物也向外释放热量，使气温升高，同时一部分热量被传导到土壤深层或墙体中而贮存，到了夜间，这些贮存在土壤、墙体等内部的热量又会随室内气温的下降而释放出来。日光温室中温度变化较为剧烈，即使在冬季，晴天的日间室内也常会出现 40℃以上的高温，而夜间又因种种放热而使室内温度下降到植物生育适宜温度以下，使植物受害。设施内温度冬春季比外界高，呈季节性变化，但设施内与外界相比春秋季延长，冬季缩短。日光温室在 12 月、1 月的温度就已经高于外界 4 月的月平均温度。温室内外月平均温度相差 7.6～21.3℃。在春末夏初要注意午后高温，及时放风降温。在秋末和初春要注意保温。一天中，日光温室内最高温度一般出现在 13:00～14:00，最低温度出现在上午日出前或保温覆盖物揭起后半小时。一天中最高地温一般比气温晚出现 2 h，即 15:00～16:00，最低地温比气温晚出现 2 h。垂直方向白天由下而上温度升高，夜间相反；水平方向白天南部温度高于北墙处，夜间相反。

二、设施内温度调控的关键时期

一般认为，设施温度管理有两个关键时期。一是从现蕾至盛花期，要求温度调控昼夜均为 20℃，或昼 20℃，但夜温稍低。温度过高将产生不利的影响。虽然高温促进开花，但花蕾没有充分发育，不完全花比例较大，花粉发芽率下降，坐果率低，且易产生畸形果。花期最低温度晚间应不低于 5℃，在晴天有风的夜晚，不加温温室易发生气温倒置（内部温度低于外部），因此花期夜间采取加温或保温措施至关重要。二是果实生育后期，昼夜最适温度 25℃左右，最高不超过 30℃。温度太高，会造成果皮粗糙、颜色浅、糖酸度下降。

棚内温度应与树种、品种、发育物候期、设施结构相结合进行适当地调控。不同树种在不同生育期的温度需求见表 3-1。

表 3-1　不同树种在不同生育期的温度需求（单位：℃）

		葡萄	桃	杏
休眠		≤7.2	≤7.2	≤7.2
萌芽期	日间	15～20	15～20	2～24
	夜间	8～10	8～20	>5
开花期	日间	25～28	18～22	20～24
	夜间	16～20	8～10	>8
幼果期	日间	25 左右	20～25	22～24
	夜间	15～20	15 左右	>8
成熟期	日间	25～28	28	24～29
	夜间	>15	>15	10～15

三、设施内温度调控标准

（一）气温控制标准

果树在露地栽培条件下，从萌芽至开花，气温有一个渐进的升高过程，但设施果树生产中，往往忽视这一过程，升温速度过快，花前和花期温度过高，导致坐果率下降等不利影响。设施栽培的核果类和浆果类果树，除葡萄和草莓外，萌芽期和开花期适宜温度均较低，且萌芽期气温升高有一个循序渐进的过程（张安宁，2010），见表 3-2 和表 3-3。

表 3-2　桃、李、杏、樱桃、葡萄、草莓萌芽期和开花期气温（单位：℃）

树种	萌芽期	开花期
桃	＞11	12～14
李	＞11	12～16
杏	＞11	7.5～13
樱桃	＞10	15 左右
葡萄	＞10	20～25
草莓	20～25	25 左右

表 3-3　设施果树栽培气温调控标准（单位：℃）

树种	萌芽期		开花期		果实膨大期		成熟期	
	日间	夜间	日间	夜间	日间	夜间	日间	夜间
桃	11～18	>6	14～17	>5	15～25	10～15	25～30	15～17
李	12～18	>3	14～20	>5	18～25	10～15	22～28	10～15
杏	10～15	>5	12～18	7～8	12～28	10～15	22～30	10～15
樱桃	18～20	2～6	20～22	5～7	12～24	10～12	22～25	12～14
葡萄	23～25	7～8	25～28	14 左右	28～30	15～17	28～32	15～17
草莓	15～25	8～10	20～25	5～9	20～25	5～8	22～25	8～10

（二）地温控制标准

大部分果树根系在土温 5℃以上开始活动，15～23℃为最适生长温度。设施栽培实践中，扣棚初期经常发生棚内气温陡然上升，地温上升缓慢的情况，二者不协调，常造成发芽迟缓，花期延长，核果类甚至出现“先叶后花”现象。此外，根系集中分布的表层土壤温度一天中变幅过大，会严重影响根系的吸收功能和生长发育。棚内升温初期一定要逐步进行，忌升温过猛、过快，并注意在扣棚前 10～15 天先覆盖地膜，至扣棚升温时使土温预先上升到 12～13℃，使根系能先于地上部活动，符合果树生长发育规律。在扣棚前 20～30 天，充分灌水后地面覆膜可使地温预先缓慢升高，至扣棚升温时地温、气温能够协调一致，并能减小地温日较差，有利于果树生长发育。为了保证地温和气温一致、果树地下部和地上部生长协调，主要做到两点。一是扣棚前 20～30 天，树冠下部覆盖地膜提高地温。二是扣棚后逐渐升温，应分 3 个步骤：第一步白天“隔二拉一”，即拉起 1/3 的草帘，维持约一周；第二步白天“隔一拉二”，即拉起 2/3 的草帘，持续约一周；第三步白天拉起全部草帘。升温后土壤温度管理标准可参照经验指标，即设施内昼夜气温的平均值即为适宜地温，这一标准在各物候期均适用。如果白天气温 20～22℃，夜间气温 6～7℃，则适宜土温为 13～15℃。如果土温低于标准，则应采取解决措施。

温度升降主要是靠揭放草苫、通风来控制。棚内夜间温度主要与保温措施有关。在保温措施较为完善的情况下，夜间气温一般可保持在 7～12℃。如果保温措施不当，棚内散失的热量不能及时得到补充，温度有时甚至低于外界自然气温，这就是设施栽培中常见的“棚温逆转”现象，即在冬春季节的夜间尤其是日出之前的黎明时刻，棚内温度会低于棚外气温。棚温逆转会对果树造成的危害很大，尤其在花期和幼果发育期，会导致花器、幼果冻伤，严重影响产量，以致设施栽培失败。

四、设施内温度调控技术

设施内温度的调控，主要是通过保温、加温或降温措施，确保设施温度维持在适宜果树生长发育的特定温度范围内，并使设施内的温度分布均匀，且变化平缓。

（一）保温或增温措施

1. 加强保温设施建设

设施结构要符合保温设计，选用导热系数小的棚膜、不透明覆盖材料（草苫、保温被等）和建筑材料，尽量减少散热缝隙，挖防寒沟截断土壤热量传导、使用风障等，适当加厚日光温室墙体和后坡等，地面覆盖黑色地膜。

2. 多层保温覆盖

多层覆盖对减少贯流放热非常有效。多层覆盖有很多种形式，如温室外加盖草苫和纸被、双层膜覆盖、挂保温幕、室内扣小拱棚等，可以单一或结合使用。

3. 正确掌握揭盖草苫、保温被的时间

冬季适时盖草苫、保温被的时间能使气温短时间内回升 3～12℃，然后非常缓慢地下降。若覆盖后气温没有回升，而是一直下降，就说明覆盖晚了。揭草苫和保温被后气温短时间下降 1～2℃，然后回升，若揭苫前室温明显高于果树生长发育的临界温度，日出后可以早揭。生产中可以根据太阳高度确定揭苫时间，一般当太阳照满整个前坡面时即可揭苫。特殊天气要区别对待。在大风或极端寒冷的天气，应适当早盖晚揭。阴天适时揭开草苫有利于散射光的利用，使室内气温升高。

4. 辅助加温

在寒冷的地区，需要设计永久加温设施，如火炉、电热线、热风炉等；在较温暖的地区，可在寒流侵袭极度降温时，燃烧乙醇、柴油等短时间临时加温。

5. 利用贮水池蓄热

在棚内挖贮水池，池底铺塑料布，注满清水，并覆盖透明薄膜（以防止水分蒸发，增加设施内的湿度）。这样，可以利用水的比热较大的原理，中午高温时可以吸热，夜间低温时则可以放热。

6. 挖防寒沟

在大棚前沿外侧挖深 50 cm、宽 40 cm，与大棚等长的平底沟，沟底铺一层旧薄膜，

填入秸草，上面再覆盖薄膜防止漏水。这种沟不仅能阻止棚内土壤热量外传，而且能防止大棚前期果树根系遭受低温伤害。

7. 其他措施

地面撒施草木灰。草木灰具有较强的吸热能力，均匀撒施于地面后，一般可提高地温 1～2℃。在寒流到来之前，在设施周围点火熏烟，可减少设施内热量的辐射损失。经常打扫、擦洗棚膜，增加光照，提高棚温，以光补热。

（二）降温措施

1. 减少光照透过率

遮光具有较好的降温效果，一般遮光 20%～40%，能降温 2～4℃。遮光主要采用覆盖苇帘、竹帘、遮阳网、普通纱网、不织布等。

2. 增大潜热消耗，减少地热贮存

地面灌井水或喷水，增大土壤蒸发耗热，且与通风结合，以避免设施内空气湿度过大。还可用井水喷淋设施屋面，达到降温效果。

3. 加强通风、换气

采用自然通风，即在棚膜落地处内侧设 80～100 cm 高的地裙，然后在其上部扒缝放风。此外，设施顶部还需扒缝放风或烟囱式放风。通风能促进设施内外热交换，利于降温。通风要根据季节、天气状况及设施内栽植的果树种类灵活掌握。冬季和早春，通风一般在外界气温较高的中午进行，而且要控制放风口的大小和通风时间的长短，以免温度急剧下降。此外，还应注意开启放风口的方向，应背风方向放风，以免冷空气大量灌入。

4. 汽化冷却

在炎热夏季，运用喷雾降温法，即在进风口安装喷雾器，然后用循环水喷洒进入室内的热空气。由于汽化需要吸收热量而使空气温度下降。采用此法，可使 32℃空气冷却降至 27℃。但需防止喷雾水滴流入设施内。

第二节　设施内光照的调控

一、设施内光照特点

设施内光照状况取决于室外自然光照状况和覆盖物的透光能力。由于覆盖物（主要是塑料薄膜）对光的反射与吸收，支柱、拱架、墙体等设施结构及附属物件的遮光，塑料薄膜内面的凝结水滴或尘埃污染等影响，设施内的光照状况明显低于自然条件，其光照强度平均为室外自然光照强度的 60%～70%。另外，设施内光照强度在空间垂直方向上变化幅度大，以近薄膜为光源点、越向下靠近地面，光照强度越弱，大约每下降 1.0 m，光照强度减少 10%～20%。除光照强度发生变化外，设施内的光照质量即光谱成分亦发生了改变。不论是玻璃设施还是塑料薄膜设施，均阻隔了部分紫外线的透入，但塑料薄膜比玻璃能透过更多的紫外线。

设施果树栽培时间多在春季、秋季和冬季。设施内光强弱，光照时间短，常不能满足果树生长发育的要求。冬季阴、雾、雪等天气经常出现，塑料薄膜还要反射和吸收一部分光，果树光环境进一步恶化。同时由于设施骨架、覆盖的薄膜及果树枝叶相互遮阴的影响，造成设施内光照分布不均匀，不仅垂直分布不均匀，水平分布也不均匀。

二、增光与补光技术

冬季或早春进行以提早成熟为主要目的的设施栽培，由于保温需要加盖保温层（草帘或草苫），导致设施内的光照时间明显变短，一般 12 月至翌年 1 月为平均每天 6～8 h，2～4 月平均每天为 8～10 h。针对果树设施内光照强度弱、光谱质量差、光照时间短的特点，在光照因子的调控上，应采取多种措施改善光照状况。

除了采用优化设施结构，减少建筑材料遮光和利用透光性能优越的棚膜外，还要采取以下几项增光措施。

1. 选择透光率高的棚膜

目前，果树设施应用的棚膜多为聚乙烯普通膜、长寿无滴膜、聚氯乙烯普通膜、聚氯乙烯无滴膜，其中聚氯乙烯无滴膜透光率高，以其覆盖大棚、温室，晴天升温快，可以大大减少低温、弱光时间，有利于果树生长发育。

2. 优化设施结构

建造一个结构合理、透光性能优良、升温快、保温性能良好、便于管理的保护设施。这样的节能日光温室，其主要参数如下。①北纬 35°左右的地区，温室东西方向可偏西 5°；东西长 50～70 m，南北跨度 8～9 m，后墙高 2～2.4 m、墙体厚 1 m 左右，温室最高点 3～3.4 m；后坡面长度的投影与采光面长度的投影比例，应达 1∶8～1∶6；采光面的平均角度 23°～25°，采光面形状应采用抛物线形（半拱圆形），采光面要选用透光性能优良，无滴效果良好、维持时间长，防尘、防老化、保温性能好的多功能膜。②北纬 40°左右地区，其墙体应适当增加厚度至 120～150 cm，南北跨度可缩小至 6～7 m，采光面的角度可提高至 25°～30°，并可适当延长后坡面长度，使其与采光面长度的投影比例降至 1∶6～1∶5。

3. 延长光照时间

在设施内温度允许的条件下，适当地早揭苫晚盖苫以增加植株光照时间。冬季日照时间短，为充分利用光能，揭盖草苫一定要及时、适时。一般只要出太阳，就要揭开草苫，让果树的叶片见阳光，进行光合作用，生产有机物质。覆盖草苫，应在日落前后进行，以便尽量延长见光时间，提高光能利用率。若遇阴雨雪天或寒冷天气，也要适时揭盖草苫，一般可比晴天推迟半小时左右揭开草苫，提前半小时左右覆盖草苫，绝不允许不拉揭草苫。因为果树的叶片只要见光，即便在 5℃的低温条件下也能进行光合作用，生产有机物，只是温度低时，生产的少些。

4. 地面铺反光膜

果实成熟前 30～40 天，在树冠下铺聚酯镀铝膜，将光线反射到树冠下部和内膛的叶片和果实上，以提高下层叶片的光合能力，从而促进果实增大和着色，既提高了产量又提高了品质。

5. 清洁棚膜

每隔 1～2 天，用拖把或其他用具将棚膜上的尘土或草叶等杂物清除掉，或于晴天设施内温度较高时，用水冲洗棚膜，使棚膜始终保持较高的透光率，以改善设施内的光照状况。清洁棚膜还包括清除棚膜内面的水滴、水膜。 最好的方式是选用无滴膜。

6. 调整设施内树体

在节能日光温室、大棚内栽培果树，为充分利用光能，实现早期丰产，应实行密植，葡萄栽培密度可达 1200～1500 株/亩，桃、杏树的栽植密度可达 200～300 株/亩，这样做能够快速增加叶面积，使果树的叶面积系数，在短期内就可达 2.5 倍左右，较大限度地提高了对太阳光能的利用率，确保栽植第二年就能实现丰产与优质。在节能日光温室、大棚内栽培果树，必须实行南北行向栽植，因为冬季太阳高度角低，南北植株相互之间遮阴重，如果实行东西行向栽植，则北行的果树被南行遮阴，光照条件严重恶化。其次，树体留枝要比露地条件下稀疏，因为设施条件下光照较弱，只有较稀疏的留枝，才能保障叶片有较高的光合效能。

7. 人工补光

长时间阴雨天气应考虑人工补光。人工补光栽培所用的光源有荧光灯（40～100 W）、水银灯（350 W）、金属卤化物灯（400 W）、钠蒸气灯（350 W）。以聚氯乙烯薄膜作棚膜的过滤紫外线，最好选用具有太阳光谱的高压汞灯或日光灯作为补充光源。金属卤化物灯光效高，光色好，功率大，是目前高强度人工补光的主要光源。挂灯的高度应低于树体顶端或接近树高，一般每 3～4 m 远挂一个 400 W 的金属卤化物灯。当用白炽灯时，应适当增加灯的数量。补光一般在 12 月至翌年 1 月白昼时间较短的月进行，每天补光 3～4 h，补光与增施二氧化碳相结合，效果会更好。

三、遮光技术

通过遮光可降低设施内温度及避免强光危害。强光和高温会降低光合速率，抑制光合作用，采用有一定遮光率的遮光材料，减弱光照强度，有效降低温度，提高光合作用速率。研究表明，遮光 20%～40%，温度下降 2～4℃；目前，设施果树栽培在育苗特别是扦插育苗中采用遮光较多。

第三节　设施内湿度的调控

一、设施内湿度的特点

设施内维持一定的空气湿度对果树是有利的，由于设施内比较密闭，空气湿度的变化较大，主要受以下因素影响。

1）昼夜　白天湿度低，夜间湿度高。温度低，湿度大；温度高，湿度小。

2）灌溉　灌水后湿度大，因此早晨浇水要结合通风，湿度大是病害发生的先决条件，是侵染性孢子吸水、膨大、发芽的必需条件。

3）外界条件　阴雨天，湿度大；晴天、风天湿度小。

4）覆盖材料　农膜覆盖比玻璃覆盖的设施空气相对湿度大。

日光温室内湿度的主要特点是，空气湿度大、土壤湿度易偏高。一天中温室空气相对湿度最大值出现在设施升温前。不通风时相对湿度在95%以上，中午当气温达最大值时，空气相对湿度降到一天中最小值，一般在75%左右。夜间相对湿度由于温度的下降而增大。绝对湿度随温度升高而加大，中午达最大值，夜间温度下降绝对湿度也随之降低。日光温室内，空气湿度除受温度影响外，还受土壤湿度、植株高度、薄膜表面水滴、温室大小和薄膜类型的影响。

设施内空气湿度调控的重点时期是开花期，如湿度过大，则花粉黏滞、扩散困难，如湿度过小，柱头干燥，不利于授粉受精，因此开花期湿度一般应控制在50%左右。果实发育期如湿度过大，易引起新梢徒长，影响光照，且争夺营养，造成生理落果，湿度应控制在60%左右。萌芽期湿度稍高有利于花芽萌发，湿度可控制在80%左右。根据露地栽培湿度条件和设施果树生产调查结果，设施果树栽培相对湿度调控标准见表3-4。

表3-4　设施果树栽培相对湿度控制标准（单位：%）

树种	萌芽期	开花期	果实膨大期	成熟期
桃	80左右	50～60	<70	<70
李	<80	45～55	50～60	50～60
杏	<80	44～55	50～65	50～60
樱桃	70～80	50～60	60左右	50左右
葡萄	70～80	60～65	70	60～65
草莓	85～90	50左右	60～70	60～70

空气相对湿度过高、过低都会影响果树的生长发育，光合作用需要60%～70%的湿度，85%～100%会抑制呼吸。因此10:00后通风降湿有利于光合作用，夜间控制通风、保湿、降温可抑制呼吸减少消耗。

二、设施内空气湿度的调控技术

设施内空气湿度的调控仍较传统，湿度过高时可通过通风降湿来调控，而湿度低、空气干燥时主要通过地面浇灌和空间喷雾来调控。

（一）降低空气湿度的措施

1）通风换气　一天中，中午通风排湿，效果最佳，此时设施内外的空气湿度差异最大，湿气容易排出，但应根据栽培季节和果树种类灵活掌握。秋冬季栽培果树，定植时外界湿度较高，通风应降湿、降温相结合；寒冷天气通风以降湿为目的，同时注意保温。

2）加温　温度升高相对湿度降低。适宜温度范围内，适当提高温度，增大湿空气饱和水蒸气压，从而降低空气相对湿度。

3）减少地面水分蒸发　主要措施是地膜覆盖，还可以全园覆草。

4）控制灌水　改变灌水方式，采用滴灌、膜下灌溉（沿沟灌水），既可保证果树生长，又可降低湿度。

5）合理使用农药和叶面肥　低温期设施内尽量采用烟雾法或粉尘法使用农药，叶面追肥应选在晴天 10:00 到 15:00 进行，保证在日落前能一定时间行通风排湿。

6）排除膜表面的流水　在前柱南面拉一道薄膜水槽，西高东低，将水流到外面。

7）减少薄膜表面的聚水量　选无滴膜，保持膜表面排水流畅。

8）利用吸湿物降低空气湿度　在行间或株间放置或吊挂麦秸、稻草、活性白土等吸湿物，吸足水分后及时取走，换上新的干燥的材料。

（二）增加湿度的措施

1）喷水或洒水。

2）滴灌。

3）控制灌水温度，提倡浇温水（≥15℃）。

三、设施内土壤湿度调控技术

土壤湿度的调控主要通过控制浇水的次数和每次浇水量来实现。

1）用高畦或高垄栽培，增加地面水蒸发量减少土壤湿度。

2）适量浇水，隔畦、隔沟浇水，微灌溉浇水，浇小水。

3）适时浇水，晴暖天气适宜浇水，低温阴雪天不宜浇水。

第四节　设施内气体成分的调控

由于设施果树栽培是在一个相对独立、封闭的环境中进行的，而设施内气体主要来自室外环境中的大气，但设施并非随时与室外保持连通，所以设施内的空气组成与外界有明显的差异，其中表现最突出的是二氧化碳气体；其次是有害气体，如氨气、一氧化碳气体、亚硝酸气体等。

设施气体成分调控。一是增加设施内二氧化碳浓度。主要方法有通风换气、增施有机肥、施用二氧化碳肥、利用硫酸和碳酸盐反应、燃烧煤油和液化气等。二是排除设施内有毒气体，主要方法有及时通风换气、使用腐熟有机肥、减少氮肥施用量、不直接用采暖火炉加温等。

一、二氧化碳气体的变化规律及调控技术

（一）二氧化碳气体的作用

二氧化碳作为植物光合生产的原料，对果树的生长发育尤其是经济产量的构成具有重要意义。设施栽培，由于覆盖物使光照减弱，设施内光照强度是自然光照的60%～70%，相应的光合强度也降低。在密闭条件下通过提高二氧化碳浓度，可以弥补由于光照不足而导致的光合作用下降。一般地，当温室内的二氧化碳浓度达到室外的2倍以上时，即使在弱光下，增产效果也非常明显。

（二）设施内二氧化碳浓度变化特征

自然条件下大气中二氧化碳的含量通常为 0.030%～0.034%。在密闭条件下，温室二氧化碳主要来源于土壤有机肥料的分解、土壤微生物及果树植株的呼吸作用。经测定发现，扣棚保温后至开花期后 10 天左右，温室内外二氧化碳浓度差异不大。白天二氧化碳浓度低于适宜浓度，夜间浓度越来越高，在揭苫后 0.5 h 达最高。而且一天内二氧化碳浓度变化较大，日出前高达 0.034%～0.038%，9:00 开始急剧下降，10:00～14:00 仅为 0.0075%～0.0180%，在 18:00 闭棚后，棚内二氧化碳浓度逐渐增加，到 22:00 后达 670 ml/m^3，至日出后达 700 ml/m^3，达到最高峰。所以大棚内二氧化碳浓度在白天是亏缺的。浓度过低会使果树叶片处于光合生产的“饥饿状态”。人工增加二氧化碳，提高温室的二氧化碳浓度，能提高光合能效，增加碳营养，有利于果实生长、花芽分化和其他生长发育过程。

（三）二氧化碳气体调控技术

1. 通风换气

在适宜温度范围内，加强通风，靠自然通风补充二氧化碳。

2. 增施有机肥

有机肥料施入土壤以后，经土壤微生物的作用，可转化成腐殖质，腐殖质进一步分解，不但可释放出氮、磷、钾、钙、镁、硫、硼、铁、锌、铜等肥料元素，供果树不断地吸收利用，而且有机质分解后还能释放出二氧化碳和水分，为果树的光合作用，源源不断地提供原料。

由于温室、大棚等保护设施具有封闭严密的特点，有机肥料分解释放出的二氧化碳，大部分留在设施之中，设施内二氧化碳气体的浓度远高于露地条件下二氧化碳气体的浓度，能较大幅度地提高设施果树的光合能效和产量。同时土壤有机质还可改善土壤的理化性状，促进团粒结构的生成，增加土壤的孔隙度，改善土壤的通气性能，提高土壤的保肥、保水能力，对果树的生长发育都极为有利。

3. 实行行间膜下覆草

设施果树栽培，升温以后，要在行间撒一层 10～15 cm 厚的碎草，然后覆盖地膜。杂草在膜下吸收湿土的水分后，会缓慢发酵分解，既能不断地释放二氧化碳，提高设施内二氧化碳的浓度，促进果树的光合作用，又能不断释放热量，提高土壤温度，促进根系的生长发育。

4. 施用二氧化碳气肥

购买成品白色固态二氧化碳气肥，一般每粒为 10 g，可产气 35 天左右。在设施内每 1 m^2 放置 1 粒，埋入土中 3～4 cm，保持土壤湿润即可。一般于花前 10 天左右施放。使用二氧化碳气肥时应注意：施入后，土壤要保持湿润，疏松；设施内的通风可正常进行，但以中上部通风为好；勿将气肥撒到果树的叶、花、根上，以防烧伤。

5. 化学法

生产中常用的方法有两种。一是石灰石与盐酸反应。将石灰石粉碎成 2～3 cm 的碎块，放入塑料桶内，再把盐酸与水按 1∶1 的比例稀释摇匀，倒入塑料桶内，便可产生二氧化碳气体。二是碳酸氢铵与硫酸反应。用农用化肥碳酸氢铵与工业硫酸反应，产生二氧化碳气体。先取 3 份水放入非金属容器内，再将 1 份工业硫酸缓缓倒入容器内，边倒边搅拌，直到冷却。然后放入碳酸氢铵。设施内每 40～50 m^2 放置 1 个塑料桶（柴全喜和宋素智，2011）。

6. 燃烧施气法

在设施内，燃烧一定量的其他物质，如液化石油气、沼气、白煤油、干粪便等，也可以产生二氧化碳。

7. 注意事项

无论采用哪种施用方法，一定要控制好二氧化碳的浓度。因二氧化碳浓度过高会对果树造成危害，甚至导致果树死亡，所以施放浓度宁可低些，也不要过高。同时要充分考虑经济效益问题。

（四）施用二氧化碳气肥的时间

二氧化碳肥料主要以物理、化学反应产生气体的方式在空气中施入，必须连续使用才能收到良好的效果。根据果树的生理特点，在光照强度 1000～3000 lx，才能开始吸收二氧化碳进行光合作用，因此，日出后 0.5～1.0 h 可以开始施用二氧化碳气肥。就一天而言，下午覆盖草苫后，设施的二氧化碳浓度开始急剧上升，最高时可达 0.1%，到第 2 天早晨日出后降至自然标准浓度，然后随着光合作用增强而逐渐降低。由于上午的同化量占全天的 60%～70%，因此，为节约气肥用量，在上午施用 2～3 h 即可。

就果树的生长时期而言，落花前不必施用二氧化碳，落花后开始补充二氧化碳。严寒季节通风量小，二氧化碳的施用时间可延至中午，开始通风换气时即停止施用。具体时间为 11 月至翌年 1 月，每天 9:00 开始施用；2 月每天 8:00 开始施用，3～4 月每天 7:00 开始施用。

（五）二氧化碳的用量

在光照较强的春秋季，设施施用二氧化碳气肥的浓度一般为 0.1%，即 1000 mg/L。

二、有害气体成分调控技术

（一）有害气体成分

1. 氨气

氨气主要来源于未经腐熟的动物粪肥，如鸡粪、鲜猪粪、马粪、饼肥等，这些肥料经高温发酵会产生大量氨气。另外，大量施入碳酸氢氨化肥，也会产生氨气。温室内氨气逐步积累，当浓度达到 5～10 mg/L 时，就会对果树的幼嫩组织（如花、幼果、幼叶叶缘等）产生危害，受危害的组织先变褐色，后变白色，严重时萎蔫枯死（生产中极易把氨气危害与高温危害相混，应加以区别）。不同种类的果树对氨气的反应不同，毒害产生的临界浓度也不同，当浓度达到 30～40 mg/L 时，就会对树体产生严重危害，甚至造成整株死亡。

为了减轻氨气危害，设施内要施用充分腐熟的有机肥料，少用或不用碳酸氢铵化肥；在温度允许的情况下，开启风口通风调节。生产中检测设施内是否有氨气积累，可采用简单的 pH 试纸法。在日出之前（放风前）把设施内的水珠滴在 pH 试纸上，呈碱性反应就证明有氨气积累。

2. 一氧化碳与二氧化硫的危害及控制

一氧化碳与二氧化硫气体是因设施内加温用燃料燃烧不完全或燃料质量不好而产生的。其中一氧化碳对人体危害极大，严重时能致人死亡；二氧化硫气体对人、畜及植株危害也非常大，严重时会使植株死亡。对一氧化碳与二氧化硫危害的控制，主要是切断产生一氧化碳与二氧化硫气体的来源，在给设施增温时，尽可能不直接采用暖火炉；在使用燃料时，要注意使其完全燃烧，并注意及时通风换气。

3. 亚硝酸气体

在设施果树栽培中，设施内的亚硝酸气体主要来源于对氮肥的不合理施用，即土壤中连续大量施入氮肥，使亚硝酸向硝酸的转化过程受阻，而铵向亚硝酸的转化却正常进行，这样会导致土壤中亚硝酸的积累，挥发后造成亚硝酸气体的危害。亚硝酸气体主要从叶片的气孔侵入叶肉组织，最初使气孔附近的细胞受害，进而毒害海绵组织和栅栏组织，使叶绿体结构破坏，受害后叶片呈褐色，出现灰白斑。一般其对果树的危害浓度为 2～3 mg/L。浓度再高叶脉也会变白色，甚至全株死亡。防止亚硝酸气体危害的方法一是要合理追施氮肥，不要连续大量的追施氮肥；二是要及时通风换气。若确定亚硝酸气体存在并发生危害时，设施内土壤可适量施入石灰。

（二）有害气体成分调控措施

有害气体成分调控的主要任务是控制其发生数量和将其排除，具体措施如下。

1. 通风换气

在果树适宜温度范围内，加强通风换气，及时排除有害气体。

2. 合理施肥

施用充分腐熟的有机肥料，少用或不用碳酸氢铵化肥，可以减少氨气发生。不连续大量追施氮肥，有利于减少亚硝酸气体，亚硝酸气体发生危害时，可在设施土壤中适量施入石灰。

3. 不用或少用采暖火炉直接加温

一氧化碳主要来源于加温用煤的不充分燃烧，短时间临时加温可采用燃烧乙醇等清洁材料完成。

第五节　设施内土壤盐渍化的调控

由于设施栽培改变了土壤生态环境，其温度、光照、湿度等发生了很大变化，土壤经常处于高温、高湿、高蒸发、无雨淋溶的环境中。同时设施周年生产，土壤利用率高，施肥量大，造成设施内土壤环境与设施外露地土壤明显不同，导致表层土壤盐分高，产生次生盐渍化、土壤酸化、连作障碍突出等问题。随着果树栽培年限的延长，盐渍化程度会不断加重，从而对果树的生长产生不良影响，导致果树产量降低、果实品质变差。在设施果树生产中应重视土壤盐渍化的问题并采取措施加以预防。

一、土壤盐渍化的原因

（一）环境密闭、自然降雨淋溶作用减轻

由于设施密闭的环境条件，湿度大，蒸发量小，且不受降雨等自然环境的影响，土壤中的盐分不能随雨水冲刷流失，也不能淋溶渗透到深层土壤中去，而是残留、聚集在耕作层土壤内，使表层土壤终年处于积盐过程。

（二）灌水次数频繁

设施栽培的果树，因温度高、湿度大、生长期长，其生长量要比露地栽培大，灌水次数较多。加之环境条件密闭，致使设施内土壤的团粒结构遭到破坏，土壤渗透能力降低，吸附作用下降，水分蒸发后使盐分积聚下来。

（三）灌水较多或用水质不佳的水灌溉

设施果树因设施内温度高，树常出现生理干旱现象，经常浇水，使土壤团粒结构遭

到破坏，土壤渗透力降低，吸附作用下降，水分蒸发后盐分积聚，会使土壤盐渍化。用含氯、磷有机化合物及某些重金属元素含量高的污水、废水灌溉果树，也能使土壤次生盐渍化加剧。

（四）地势低洼

由于多数设施内地势低洼，地下水位升高，通透性差，使土壤耕层内积蓄了大量的盐分而不能下渗，造成耕层土壤板结盐化。

（五）化肥施用量大

设施果树需肥量较大，但大多数果农不注重有机肥的施用，偏施化肥，尤其是过量施用硫酸铵、氯化钾、硝酸铵等化肥，使土壤硝态氮含量过高，同时这些化肥又易溶于水，不易被土壤胶体吸附，加之果树根系不吸收硫酸根离子、氯离子而使之滞留在土壤溶液中，使土壤溶液浓度升高。因此，过量施用化肥和偏施氮肥是引起设施内土壤盐渍化的直接原因。

（六）施用人畜粪尿

由于设施内温度高，人畜粪迅速挥发分解后，大量的氨被挥发掉，使一些硫化物、硫酸盐、有机盐和无机盐残留于耕作层土壤中，导致设施内土壤板结盐渍化加剧。

（七）土壤类型及栽培年限

沙质土与黏质土缓冲能力差，土壤易盐渍化；而有机质含量高的壤土盐渍化程度轻。另外，果树进行设施栽培的年限越长，其土壤盐渍化的程度越高。

二、土壤盐渍化对果树生长发育的影响

果树种类不同，抗盐性不同，桃、杏的抗性较差，葡萄则较强。另外，同一种果树和砧木，在不同类型的土壤中栽培，其抗盐性表现也不同。沙质土、黏质土中栽培的果树其抗盐性较差，而有机质含量高的土壤上栽培的果树其抗盐性能力较强。一般情况下，土壤盐类浓度（盐渍化程度）对果树生长发育的影响可分为 4 个梯度：① 总盐浓度在 3000 mg/L 以下，果树一般不受危害；②总盐浓度在 3000～5000 mg/L 时，果树对水分养分的吸收失去平衡，生长发育不良；③总盐浓度在 5 000～10 000 mg/L，土壤中铵离子积累，果树对钙的吸收受阻，叶片变褐，出现焦边，引起坐果不良，幼果脱落；④总盐浓度达 10 000 mg/ L 以上时，果树根系细胞普遍发生质壁分离，新根产生受阻，植株枯萎死亡。

在设施果树栽培中，经常出现果树“生理干旱”现象，即虽然经常浇水，但只有土壤表层湿润而根系集中分布层或较深层仍干旱少水。这种现象的发生，主要是由于反复浇水，表层土壤孔隙度减少，盐分在土表积聚而形成一层“硬壳”，使水分难以下渗所致。

三、预防措施

（一）深翻掺沙降水

采取深翻的措施，结合整地，适量掺沙（对黏质土尤为重要），改善设施内土壤的物理形状，降低地下水位，增强设施土壤通透性。

（二）增施有机肥料，提高土壤有机质含量

主要是在设施休闲季节，埋施半腐熟有机肥或果树秸秆，因其 C/N 较大，在进一步腐熟过程中，土壤微生物吸收土壤溶液中的氮元素，并加以固定，从而降低了设施土壤中硝酸盐的含量及渗透压。就设施栽培果树而言，重视有机肥料的施用具有特殊的意义，它不仅能提高土壤有机质含量，改善土壤理化性状，增加有效微生物的数量，增强土壤的缓冲能力，而且可以增加设施内二氧化碳的浓度，有利于果树生长发育。增施有机肥，是防止设施土壤盐渍化的根本途径。设施中生长季施用的有机肥料，必须是经过充分腐熟的优质有机肥，特别是人粪尿，施用前必须充分腐熟发酵。

（三）地面覆盖

用地膜覆盖或地面撒施木屑、铺盖秸秆，不仅可以保温、保水、保肥，还有抑制土表盐渍化的效果。特别是覆盖秸秆，既可以减少土表水分蒸发，又可以增加土壤有机质含量，培肥土壤。

（四）合理施用化肥

设施栽培中由于自然淋溶作用减弱，化肥的有效期延长和利用率提高。因此，设施果树的化肥施用量比露地栽培可适量减少，一般为自然条件下的一半左右。同时，要注意选择化肥的种类。硫酸盐、氯化物、硝酸盐类化肥要尽量少施或不施，可选用磷酸类化肥，如磷酸铵、磷酸二铵、磷酸二氢钾及尿素、碳酸氢铵等，忌偏施氮肥。施用化肥时，最好采用穴施、沟施等方法，施后覆土。大量施用化肥是设施土壤次生盐渍化的重要人为条件。需要注意的是，不同肥料即使施用量相同时，它们所导致的土壤溶液中渗透压的增加也不同，通常用肥料的盐效指数表示。某种肥料的盐效指数越大，其导致果树盐害的可能性也就越大。因此，在集中施肥或大量施肥时，一定要考虑化肥的种类，与此同时应根据前茬残留的硝态氮总量和目标产量确定最佳施氮量，充分利用土壤中残留的硝态氮，这是防治设施土壤盐渍化和硝酸盐积累的重要途径。

（五）换土消盐改质

对盐渍化程度较高的土壤，可采用换土消盐法，即铲除设施中 15 cm 内的表土层，用肥沃优质的田土进行更换。换土时注意保护果树的浅层根系，尤其是不能损伤粗大根系。换土后应立即浇水。

（六）合理用水，以水化盐

设施土壤中累积的硝酸盐原本是果树易吸收的养分，只是因为浓度过高才导致根部吸收障碍。所以，设施栽培的水分管理应与露地有所不同。根据果树在不同生育时期对养分和水分的需求，每次浇足浇透。这样可将表土积聚的盐分淋洗下移，供根系吸收。在果树休眠期或设施栽培结束后，向大棚土壤灌水，使地表水层保持 3～5 cm，浸泡 1～3 天，然后排出积水，或在设施外挖沟，增加灌水次数，使 20 cm 内的盐分可减少 30%～40%。

（七）采用土壤改良剂，降低土壤中全盐含量

土壤改良剂的原理是利用一些有机酸络合土壤中的成盐离子，从而暂时解除盐分对果树的毒害，此外，它还具有间接调节土壤的理化性质，改善土壤结构的作用。

（八）及时揭膜，降雨淋溶

无论是春提早或是秋延后的设施栽培，在果实成熟或采收后，只要外界自然条件允许，就应及时揭膜通风，尤其是在高温多雨季节（北方一般 7～8 月），在不影响果树生长的情况下，将膜揭去，增加自然降雨淋洗的机会，减少土表盐分的积累。

第四章　设施果树栽培关键技术

设施果树的栽培管理与露地栽培不同，露地栽培的果树在外界条件对其生长发育不利时，被迫处于休眠状态，而设施栽培就是人为创造一个可调控的环境条件，使果树顺利度过其自然休眠期，通过人为创造环境促使果树提早发芽、开花、结果，实现反季节生产。

第一节　品种选择技术

设施栽培的特点：一是在人为控制的环境下生长结果；二是设施栽培是高效益生产，对果树品种的成熟期、品质、外观、耐储运性等都比露地栽培有更高的要求。因此，在一个地区，设施栽培的品种选择与露地栽培中品种选择就有明显的不同，往往一个地区露地不适宜栽培的品种在设施栽培中可能十分适宜，而在露地栽培表现良好的品种在设施栽培中却不一定完全适宜。在设施栽培时，品种选择适当与否对栽培效益的高低有着决定性的作用。树种与品种的选择是设施栽培果树成功的基础。

一、品种选择的原则

露地自然栽培品种的选择，主要考虑品种对区域气候与立地条件的适应性，以及品种的经济性与社会性，而设施栽培在品种选择上，则首先应该考虑栽培目标的定向性（指促成栽培或延迟栽培）与产量形成的预见性，以及经济条件、市场需求和交通运输状况，根据品种的果实生育期，生产出适时、适口、适量的超时令果品，以便获得高效益。由于设施栽培的特殊性，在选择设施中栽培的品种时必须注意以下几点。

（一）目标定向

根据设施栽培目的选择两极品种，促成栽培要以早熟品种为主，延迟栽培要以晚熟品种为主。设施栽培（促成或延迟）以产期调节为主要目的，因此在促成栽培品种选择时，要突出强调一个“早”字，使早熟、特早熟果树品种通过设施栽培成熟更早，以填补初夏淡季果品市场。同时，对于早熟品种还要注意果实的品质和丰产性，达到温室栽培成熟早、品质好、产量高的栽培目的。在延迟栽培中，则要强调以晚熟和极晚熟品种为主，尽量延迟、延长果树采收时间。同时，对晚熟品种还要重视果实的品质和耐储运性，这样才能充分体现延迟栽培的特点，增强产品在市场上的商品供应时间和竞争能力。

（二）选择需冷量低的品种

促成栽培扣棚时间愈早，成熟上市时间愈提前，效益就越高。但设施栽培中扣棚时间是有限制的，并不是可以无限提前和随意而定的。因为果树落叶后即进入自然休眠状态，只有满足一定量的低温，解除休眠后才能正常萌芽开花，这种必须满足休眠所需的低温量叫作需冷量。通常用 0～7.2℃累积低温时数来表示，简称 CR 值。如果低温累积量不足，果树需冷量不够，没有通过自然休眠，即使扣棚保温、升温，给予生长适宜的环境条件，果树也不能萌芽开花。即使萌发，也往往不整齐，童期滞长，坐果率低，生产中常出现扣棚时间不当，尤其是过早扣棚，而导致果树设施栽培失败的问题。

不同树种、品种的需冷量各不相同，这也就决定了不同树种、品种在设施栽培中的扣棚时间的早晚。品种的需冷量越低，通过自然休眠的时间就越短，扣棚升温的时间也就可以相应提早，它的果实成熟期比露地果实成熟期提早的时间就越多。所以，进行设施果树栽培，要尽可能选择需冷量低的品种。

（三）选择花粉量大、自花结实力强、早实丰产的品种

设施栽培没有昆虫传粉，设施内相对湿度较高，要尽可能选择复花芽多，花粉量大，自花授粉坐果率高，能连年丰产的品种。对于以雌能花品种为主栽品种的，必须配置授粉树。授粉树应选花量大，与主栽品种花期相同，果实成熟期基本一致的品种。

（四）选择综合性状良好的品种

由于设施栽培的果品主要用于鲜食，因此，要选择那些果个大、色泽艳丽诱人、果型整齐、果面光洁、含糖量较高、糖酸比适度、耐储运、商品性强、货架寿命长的优质品种。

（五）选择树体紧凑矮化的品种

设施空间有限，加之光照状况较差，故需选择树体矮小、紧凑，当年形成花芽，第二年开花结果的品种。矮化砧木的应用与紧凑型品种的选育，树体矮化是设施果树栽培品种选择的重要目标。

（六）选择适应性强的品种

设施内温度高、湿度大，加之采取了密植栽培方式，对土壤条件要求高，因此应选择对温、湿环境条件适应范围较宽、对土壤适应性强，对病害抵抗能力强，花芽抗寒性较强的品种。

二、设施果树栽培的主要树种和品种

目前，世界各国进行设施栽培的果树有落叶果树，也有常绿果树，涉及树种达 35 种之多，其中落叶果树 12 种，常绿果树 23 种。落叶果树中，除板栗、核桃、梅、寒地小浆果等未见报道外，其他均有栽培，其中以多年生草本的草莓栽培面积最大，葡萄次之。树种或品种选择的原则是：需冷量低，早熟，品质优，季节差价大，通过设施栽培可提高品质，增加产量及适应栽培等。常见落叶果树及主要品种见表 4-1。

表 4-1 设施果树栽培主要树种及其品种

树种	主要品种
草莓	春香、丰香、宝交早生、星都一号、星都二号
葡萄	巨峰、乍娜、凤凰 51、里扎玛特、京亚、京秀
桃，油桃	砂子早生、春蕾、雨花露、早风王、曙光、艳光
樱桃	大紫、红灯、雷尼尔、那翁、莱阳矮樱
李	大石早生、红美丽、苏鲁达、蜜思李
杏	骆驼黄、凯特杏、新世纪、红丰、金太阳
梨	新水、幸水、二十世纪
苹果	嘎拉、拉里丹
柿	西村早生、刀根早生、前川次郎、伊豆、平核无

第二节 设施果树休眠调控技术

木本植物芽休眠是植物生长发育过程中的一种暂停现象，是植物经过长期演化而获得的一种对环境及季节性变化的生物学适应性。植物的这种生物学适应性对物种的生存繁衍具有特殊的生物学和生态学意义，但对设施生产而言，是一项重大的挑战。植物一旦进入休眠就必须满足其需冷量后才能解除休眠，方可正常生长发育；否则，植株不能完成正常的自然休眠，必然引起生长发育障碍，即使条件适宜，也不能适期萌发或萌发不整齐，引起花器官畸形或严重败育，影响果实的产量和品质。目前，由于需冷量的限制使大多数果树，如桃、杏、李和樱桃等促成栽培的果实成熟期最早提前到 3 月，制约了许多果树鲜果的周年供应。

一、果树的休眠

果树休眠是指果树的芽或其他器官生长暂时停止，仅维持微弱生命活动的时期，是适应不良的生态环境，如低温、高温、干旱时所表现的一种特性。落叶果树进入休眠是对低温适应的一种表现，而打破休眠也必须有一定的低温需求量才能完成树体内部物质转化。

（一）休眠期的特点

果树叶片脱落，新梢成熟，冬芽发育完善，根系暂时处于生长停止状态是果树休眠的反映，落叶是果树进入休眠的标志。根据休眠期果树的生态表现和生理活动的特点，分为自然休眠和被迫休眠两种类型。

1. 自然休眠

在自然界树种形成了适应外界生态环境的特性，要求一定的低温条件才能顺利通过休眠，为自然休眠。此时即使给予适合树体生长活动的条件，也不能萌芽生长。一般果树自然休眠期多在 12 月到翌年 1～2 月，但果树种类不同进入自然休眠的时间有差别，且休眠深度、通过休眠所需时间也各异。枣、柿、板栗、葡萄 9 月下旬至 10 月下旬开始休眠并立即进入深度自然休眠。梨和醋栗在 10 月，桃在 10 月上旬至 11 月上旬，苹果在 10 月中旬至 11 月上旬。苹果、梨、醋栗自然休眠的深度较浅。诱发果树芽自然休眠的条件是短日照、干旱和低温等。芽休眠的开始是渐进的，在同一枝条上的芽从枝基部向上顺次进入休眠。

2. 被迫休眠

果树通过自然休眠，开始或完成生长所需的准备，但外界生态条件不适宜萌芽生长，被迫呈休眠状态，为被迫休眠（根系休眠）。

一般幼年果树进入休眠期迟于成年树，而通过休眠也晚于成年树。小枝、细弱枝比大枝、主干休眠早。早形成的芽比晚形成的芽休眠早；花芽较叶芽、顶花芽较腋花芽休眠早且萌芽早。根颈部进入休眠最晚，完成休眠最早，所以根颈容易遭受冻害。枝条内皮层和木质部进入休眠较早，形成层、髓部较迟，所以初冬遇到低温严寒，后两者容易受冻，而一旦进入休眠后，形成层比皮层、木质部抗寒，深冬冻害多发生在木质部。

（二）果树休眠的生态条件

1. 低温

果树进入休眠需要一定的低温，才能完成自然休眠，一般在 12 月到翌年 2 月，平均气温在 0～4.4℃，可以顺利完成自然休眠，翌年可正常萌芽。各种果树完成自然休眠的时间不尽相同（表 4-2）。

表 4-2　果树解除休眠所需的低温时数

树种	＜7.2℃温度的时间（h）	树种	＜7.2℃温度的时间（h）
苹果	1200～1500	欧洲李	800～1200
梨	1200～1500	中国李	700～1000
桃	500～1200	杏	700～1000
甜樱桃	1100～1300	美洲种葡萄	1000～1000
酸樱桃	1200	无花果	200

葡萄在自然条件下 20℃比 24℃进入休眠早，若平均温度不低于 20℃，则葡萄几乎不进入休眠，即使进入也极浅。休眠解除须有低温要求，大多数果树芽的休眠解除需经过一定时间冰点以上的低温期。低温对休眠的解除作用是逐渐积累的，不同休眠阶段低温的效率不同，在果树基点温度左右的温度对休眠解除最有效，而且部分低温积累效应可被其他措施所代替。

一定范围内的变温比连续低温解除休眠效果更好，但变温中如果高温过高或者循环周期过短则会延迟休眠解除，当变温循环周期加长时（如 4℃/24℃的温度 16 h/8 h 循环变温改为 48 h/24 h 或 96 h/48 h），因低温所产生的效应已被固定而不可逆，就不会为接下来的高温所抵消逆转。因此，在暖冬地区和设施栽培过程中，可人工创造适宜的温度环境以加快果树的休眠解除，从而使树体能够正常进入下一轮开花结果的发育循环。

2. 日照

短日照也是影响果树休眠的一个重要生态因子，气温下降到 15℃以下，日照缩短果树即开始落叶，所以果树休眠需要一定暗期。

3. 水分

果树生长后期树体组织缺水，发生生理干旱，会减弱树体的生理活动，使其提早进入休眠。如果生长后期雨水过多，使新梢旺长，会延迟进入休眠期。

二、果树的低温需冷量

（一）低温需冷量的概念

在设施栽培中，在以提早成熟为目的的情况下，正确判断休眠的解除时期，科学地运用解除休眠的措施，是设施栽培首先要解决的问题。为了结束自然休眠，必须经历一定的低温期。果树解除自然休眠（内休眠）所需的有效低温时数称为果树的低温需冷量（chilling requirement），又叫需寒量、低温需求量或需冷积温。

（二）几种主要的需冷量估算模型

不同果树树种、品种的需冷量存在差异；即使同一树种、品种在年际间也存在差异，不同地区之间差异更大。说明需冷量与植物本身的生态适应性有关。目前，还未找到一个适合各个树种、品种和地区的统一的有效的估算需冷量的模型。目前的需冷量估算模型即休眠解除模型主要是物候学模型，而不是生态生理学模型，没有以休眠的生理进程为基础（赵海亮等，2007），应用最多的有以下 3 种形式。

1. 低于 7.2℃模型

由美国 Weinberger 于 1905 年提出。该模型以秋季日平均温度稳定通过 7.2℃的日期为有效低温累积的起点，以打破生理休眠所需 7.2℃或以下的累积低温值作为品种的需冷量。Weinberger 采用 7.2℃作为有效低温的上限值，并于 1956 年用相关性分析的方法检验了这个临界低温值的实用性。结果表明，以 7.2℃为临界低温值计算得到的累计低温时数与延长休眠的严重程度相关性很高（负相关）。但 7.2℃是不是有效低温的最恰当的上限值，低于 7.2℃的温度与 7.2℃本身在有效程度上是否相同，以及有效低温有没有下限值这些问题尚未解决。后来一些休眠研究者又提出了 0～7.2℃模型，即 0～7.2℃温度范围是打破生理休眠的最有效温度范围，其他温度范围均无效。

2. 犹他模型

美国犹他州立大学 Richardson 提出了计算需冷量的“冷温单位模型”，又称“犹他模型”。该模型规定对破眠效率最高的最适冷温一个小时为一个冷温单位；而偏离适期适温的对破眠效率下降甚至具有负面作用的温度其冷温单位小于 1 或为负值。以秋季负累积低温单位绝对值达到最大值时的日期为有效低温累积的起点，单位为 CU。不同温度的加权效应值不同（即不同温度对需冷量累积的贡献大小不同）。只有当积累的冷温单位之和达到或超过最低需冷量时数时，才能解除休眠，才能进行促成栽培。目前该模型相对来说是较为完善的，也是应用最普遍的。虽然犹他模型比 0～7.2℃模型注意到了有效温度的效果变化，更符合实际，但不同树种、品种有差异；犹他模型只能有效预测高和中需冷量品种休眠的结束，不能有效预测低需冷量品种休眠的结束；并且犹他模型在暖冬或低纬度地区不适用。因此，犹他模型还需进一步研究和完善。

3. 动力学模型

基于高温对低温的抵消效应的作用机制提出了一个所谓的动力学模型（以冷温单位反应曲线为基础，它考虑到了冷温对时间的非线性反应），对非洲南部的 5 个地区进行试验，发现动力学模型对冬季有效低温积累指示性很好，在冬季较冷或较温暖地区均表现适合。动力学模型是一个复杂的模型，休眠解除包括两个步骤：第一个步骤是可逆的步骤，速度系数遵循 Arrhenius 规则；第二个步骤是协同转变。动力学模型的计算是比较复杂的，目前在国内应用的还比较少。

落叶果树需冷量属于生态生理指标，在气候与生态型稍有不同的地区会造成差异；0～7.2℃模型虽然被广泛采用，但在休眠期间，不同年份昼夜温差越大时，由于高、中、低温间的抵消作用，计算结果就会出现差异；而犹他模型对低温转换的范围分得较细，因此计算结果更符合自然规律。动力学模型，由于考虑到的因素较其他模型要更多，且无论在寒冷地区还是温暖地区重演性均比较好，因此，优于其他的需冷量估算模型。由于休眠打破的生物学进程及温度对该进程的影响还不太了解，所有的需冷量模型都依赖于实验验证，没有估算模型间的比较和大量的物候学数据将很难决定哪个模型更合适（庄维兵等，2012）。

（三）一般果树的需冷量

近年来，国内外不少学者对诸多果树树种、品种和砧木的需冷量进行了研究。一般认为，在 0～7.2℃条件下，多数果树 200～1500 h 可以通过休眠（表 4-3），如苹果、梨为 1200～1700 h，无花果、草莓为 100～300 h，葡萄需冷量为 600～1600 h。不同品种低温需冷量也不完全一致。如果冬季有暖冷间歇交替的情况出现，则会增加需冷量。

表 4-3　设施果树低温需冷量（0～7.2℃）

树种	品种	需冷量（h）	果实生育期（天）
普通桃	春蕾	800～810	55～60
	雨花露	830	70～73
	砂子早生	850	77～80
油桃	五月火	550～620	60～62
	早美光	690～700	60～65
	瑞光 3 号	850～875	85～90
葡萄	巨峰	1000～1600	85～95
	先锋	1100～1650	90～95
草莓	丰香	170～250	40～42
	春香	140～210	33～40

果树的低温需求量作为一种生物发育性状，受多基因控制，并表现为累加效应和记忆效应。当秋天果树临近休眠或进入休眠后，只要有低于 7.2℃的温度，哪怕每天只有几小时或几十分钟，作为其低温积累值的一部分，都会被准确地记忆并按物候期的进程而累加。

不同果树树种、品种的需冷量存在差异；同一果树树种、品种在年际间存在差异，不同地区之间差异更大，这可能与植物本身的生态适应性有关。不同地区有不同的气候和环境，环境因子影响相关基因的表达程度和进程、影响树体的生理代谢，进而影响植物本身的生物学特性；短暂高温能抵消低温结束休眠的作用而使休眠期延长。因此，每年冬季最高、最低温度变化所引起的影响，很可能就是年际间测定同一品种需冷量时发生差异的重要原因；任何低温标准都有一定的气候适应范围，如我国北方地区冬季温度偏低，而长江以南地区冬季温度略偏高，用统一的 0～7.2℃标准就会忽略 7.2℃以上温度打破休眠的效应，估算结果就会出现差异。因此，在设施果树栽培和南方地区果树引种栽培过程中，对所选品种的需冷量必须重新确定，以适应当地的气候和环境条件，避免栽培中因需冷量不足而造成损失。

三、休眠期的调控

果树休眠期开始和结束的早晚，在设施果树栽培中有着非常重要的意义。因此，生产上常采取多种措施对果树的休眠期进行调控。

（一）促进休眠

对幼年树或生长旺盛树，须促其正常进入休眠。可在生长后期限制灌水，少施氮肥，也可使用生长抑制剂或其他药剂，以抑制其营养生长。例如，葡萄使用抑芽丹，核桃使用硫酸锌均可促进休眠，减少初冬的冻害。

（二）推迟进入休眠

对花期早的树种、品种，适当推迟进入休眠期，不仅可以延长营养生长期，还可以延迟翌年萌芽和开花的物候期，避免早春的冻害。主要的方法是采取适当的夏季重修剪，后期加施氮肥或加强灌水。

（三）延长休眠

果树在通过自然休眠期以后如遇回暖天气，有利于开始萌芽活动，这时若遇春寒，将会出现芽和花受冻现象。为避免上述灾害，可采用树干涂白，早春灌水等办法防止春天树体增温过速，推迟花期，减少早春冻害。秋季使用青鲜素或多效唑，早春使用赤霉素、萘乙酸或 2, 4-D 等也可起到延长休眠，推迟开花。此外，葡萄于休眠期喷布硫酸铁也可延迟萌芽。

（四）打破休眠

打破休眠是设施果树栽培常采取的方法。一些国家在温室或大棚内栽培葡萄，未经低温处理，用石灰氮处理可使80%植株于30天后萌芽。南非栽培苹果，因低温量不足，为使其生长正常，用二硝基邻甲酚打破休眠已是生产上的常规措施。除此，尚有用细胞分裂素打破葡萄和苹果芽的休眠，用亚麻仁油、矿物油、鲸油等促进萌芽的报道。

四、打破休眠的方法

（一）施用外源化学物质缩短（即替代）低温处理

自20世纪40年代以来，人们已开始用外源化学物质替代低温处理以解除果树的休眠。

1. 石灰氮

石灰氮俗称乌肥或黑肥，主要成分为氰氮化钙或称氰氨基化钙，其他成分有氧化钙和碳等。1963年，黑井等报道了用石灰氮对葡萄催芽的效果，其后石灰氮广泛地应用于葡萄催芽。促成栽培中提前升温时，树体需冷量往往不够，导致萌芽缓慢、不整齐，萌芽率和成蔓率降低，花量减少，影响产量，使用石灰氮涂芽可代替部分低温的生物学效应，打破休眠，其原理是石灰氮溶于水后，生成的 $Ca(OH)_2$ 和ABA（脱落酸）反应，降低ABA的活性，促进了GA（赤霉素）生理功能的发挥；Ca^{2+} 被芽体吸收后，有可能参与芽分化。生成的液体氰胺液转成的尿素被芽体吸收后，调节芽内C/N，促进芽的进一步分化。

使用要点：浓度以15%～20 %为好，长势弱的品种浓度宜低些，否则易引起药害，抑制萌芽。配制方法：用50.0～70.0℃的温水慢慢倒入石灰氮中，轻轻搅拌均匀后，盛有石灰氮的水桶封口静置3 h以上，待水温冷却后，再次将静置的溶液搅拌均匀，用刷子蘸取悬浮液轻轻涂于枝芽，或取其澄清液用喷壶喷施枝条。使用时间：萌芽前20～35天。涂抹部位：涂在芽体上，结果母枝顶端芽可不涂（顶端优势）。

2. 氨基氰

实验证明，氨基氰在葡萄、猕猴桃、苹果、李和杏，以及某些需冷量较高的桃和梨品种、树莓和无花果上都表现了良好的效果。在巴西，1%和1.5%的氨基氰处理嘎拉苹果，侧芽和顶芽的萌发率明显提高，每株的短枝数和花序数也显著增多，树龄越大，效果越明显。但是不同的树种、品种对喷洒氨基氰的效果不同，这可能与果树芽休眠的早晚有关。

3. 激素类物质

落叶果树开始休眠时树体内生长抑制剂含量增多，而生长促进剂则含量下降。许多研究表明，休眠开始时，树体内 GA_3 含量的下降往往和ABA的积累相平衡。运用外源 GA_3 有打破果树芽休眠的能力，但其作用并不普遍有效，以100 mg/L GA_3 处理尚未完成自然休眠的桃树芽，明显促进叶芽的萌发，但对花芽的影响效果较差，对欧洲种葡萄休眠期的处理，不仅不解除休眠，反而抑制了芽的萌发。100 mg/L的玉米素和6-BA（细胞分裂素）也可促进尚未完成休眠的桃树芽的萌发，但效果不如 GA_3 好。此外，乙烯可打破扁桃芽的休眠。

4. 硝酸类物质

硝酸类物质也可促进果树萌芽。用不同浓度的硝酸盐处理葡萄，发现 NH_4NO_3 处理对葡萄催芽的效果最佳，展叶要比对照提早 14～16 天。另外，KNO_3 也可打破果树休眠，即使用 10% 的浓度也不会危害花芽。

此外，硫脲、乙醚、乙醇、二氧化硒等化学药剂也可用于打破果树的休眠。

（二）打破休眠的物理方法

1. 低温集中预冷法

果树的需冷量是指有效低温在 0～7.2℃的累积时间，高于 10.0℃或低于 0.0℃以下的低温是没有效果的。生产中采用的“低温集中预冷法”，其主要操作步骤为：露地温度在 7.0～8.0℃时，开始上棚膜，棚膜外加盖草苫棉被，但草苫是晚上揭开、早上放下，正好与生长季节相反，夜晚利用设施外低温，同时结合打开风口等降温措施。多数落叶果树经过上述处理 20～30 天后，其需冷量都基本能满足，然后就可破眠或升温。在秋天，时时监测夜间温度，看是否能下降至 7.2℃左右，当温度下降到规定要求，即可上膜扣棚，加盖草苫，此时扣棚后不在白天揭去草苫，此种做法是为了积蓄夜间的冷量，延长低温时间，进行预冷，以提前打破休眠。

2. 创造有效低温

采取简单经济的人工措施，也可创造打破休眠所需的低温环境，如在果树落叶后，随即采用冰块降温的办法，来促使其温室内的果树尽快度过休眠期。以色列园艺学家在约旦河流域，利用短距离大温差的气候优势，将桃树种植在容器中，到了秋天，用大卡车把桃树拉至高海拔山区放置 40 天左右。在低海拔地区也可在 4℃以下的冷库中放置 15～20 天，从而满足桃的低温需求量。

3. 变温处理

经研究发现变温处理对休眠有两种作用，一是可以延迟打破休眠，二是提早结束休眠，即在一定范围内的低温，相较连续低温可促进结束休眠。短周期的变温，高温值较高时，高温会抵消低温的作用，但是长周期的高低温交替却与持续冷温的效果无异。

4. 间歇式喷水

间歇式喷水是通过蒸发冷却进行田间降温的一种方法。当果树进入休眠期后，每天监测夜间温度，当夜温低于 12.0℃时，每天对果树树干进行间歇式喷水，间隔时间为 40～50 min，可促进果树芽萌发，打破果树休眠。通过实验验证，利用间歇式喷水的方法，对葡萄进行处理，得到了良好的效果，打破了葡萄休眠，极大地促进其萌发。

5. 强迫树体落叶

大多落叶果树在低温来临前的初冬，会以落叶、停止生长的方式来抵御冬季的严寒进入植株休眠，这是植物在长期进化过程中形成的一种对外界生态适应的行为。落叶果树的落叶休眠是对环境的一种适应，是在进化过程中形成的一种本能，但如果采用人工调控的方法，可以使这种本能被打破。在入冬前，叶片还未掉落时，人为的摘除叶片，以阻截叶内脱落酸等抑制芽休眠物质的回流。

脱叶一般在花芽分化完成后自然休眠发生前进行，这样可以使树体避开休眠，进入下一生长周期。脱叶时间过早影响花芽分化，过晚则休眠深度过深降低萌芽率，这就需要根据不同树种的花芽分化进程和休眠发展进程的界定选择各自合适的脱叶时间。

一般采取人工摘叶或化学脱叶，两者效果相同，化学脱叶常用 10%硫酸铜、10%尿素、10%二硝基邻甲酚和矿物油混合物及 1%～2%的单氰胺。在菲律宾，苹果的化学脱叶则推荐使用 4%～6%的硫酸铜和氯酸镁，但氯酸镁仅在部分地区有效；也可通过喷施 5 波美度石硫合剂或高浓度尿素的方法进行化学脱叶。

第三节　设施果树树体调控技术

设施栽培应以矮化、密植、早果为目标。但是在设施条件下，由于温度高，湿度大，生长周期长，光照弱，因而树势生长非常旺盛，枝梢容易徒长，造成树冠密闭、遮阴，枝条生长细弱，花芽分化不良，树体抗性降低，裂果、落果等生理病害多。设施果树生长期较露地延长 2～3 个月，年生长量大，进行合理的树体调控显得特别重要。

一、设施果树树体结构的调整

果树地上部分的生长发育，要依赖于树体地下部（根系）供给部分的营养。树体结构的调整和控制，就是为了保持果树地上部的需求营养，与地下部的营养供给，相对平衡。设施栽培果树更需在对树加强土、肥、水管理的基础上，要及时对树体结构和枝、叶生长加以有效调整和控制。

（一）选好树形与创建良好的结构

调控树体生长发育节奏，创建和维持良好的树形结构与适宜的树冠大小，改善通风透光条件一直是设施果树高产优质的重要保证。高密度设施栽培果树的整形原则应该是矮干、窄冠和少主枝。根据这个原则，目前设施果树所采取的主要树形有圆柱形、自然开心形、“Y”形及丛状形等。

1. 圆柱形（主干形）

整形方法是，接芽萌发后，不摘心，使其保持中央领导干自然生长。侧枝按自然状态在主干上错落排列，一般不摘心。当中央主干长至理想高度（即根据设施高度，靠边 1～3 行主干高度应控制在距棚膜 30～60 cm，中间几行主干距棚膜高度不应小于

70～100 cm 时摘心，整个树冠呈圆柱形。这种树形的特点是无主枝，结果枝直接着生在主干上，受光均匀，果个大（图 4-1）。该树形建造快，修剪量小，花芽质量高，横向枝更新容易。

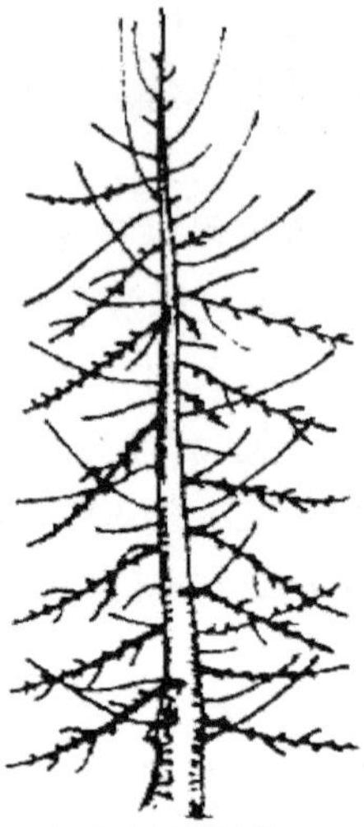
主干形树形结构

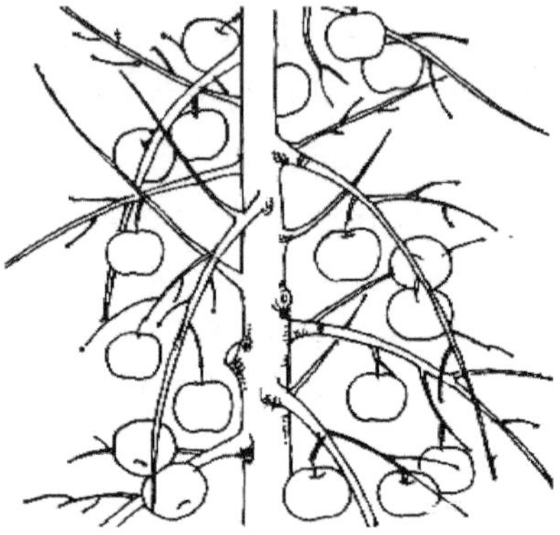
主干形结果状况

图 4-1　主干形树体结构

2. 自然开心形

自然开心形特点是干高 30～50 cm，在主干顶端均匀分布 3 个主枝，各主枝以 45°角延伸。每主枝上分别留 2 个侧枝，其开张角度为 60°～70°。在主侧枝上培养大、中、小型结果枝组（图 4-2）。常规的整形方法是，嫁接苗定干后的第一年冬剪时，选留在主干上错落生长的 3 个主枝，剪留长度一般为 40 cm 左右。定植的第二年冬剪时，在 3 个主枝的顶端，每主枝留 2 个方向合适的侧枝，侧枝开张角度 70°左右，剪留长度视生长势而定。在管理好的条件下也可进行快速整形。当春季的嫁接苗长至 60 cm 时摘心；当第一次副梢长至 40 cm 时，对副梢摘心，8 月上旬进行主梢、副梢的第三次摘心。对不作为主枝、侧枝的进行拉枝、扭枝、别枝。这样整形时间可缩短一年。在施肥条件好的情况下可在当年形成花芽。

3. “Y”形

“Y”形是只留两个主枝的开心形（图 4-3）。定植当年于 60 cm 处定干。定植第一年冬剪时选留方向相反并伸向行间的两个主枝，角度为 40°左右，剪留长度 40～50 cm。其余枝条可根据树种进行缓放、拉枝、短截等，培养成不同类型的结果枝组。第二年冬剪时，在两个主枝上个选留 2～3 个侧枝，侧枝角度为 60°左右，剪留长度视枝条生长势而定。在主枝、侧枝上培养大、中、小型结果枝组。具有冠幅窄、光照好、产量高、果实品质好、整形修剪费工少、适宜机械疏花和机械修剪等优点。

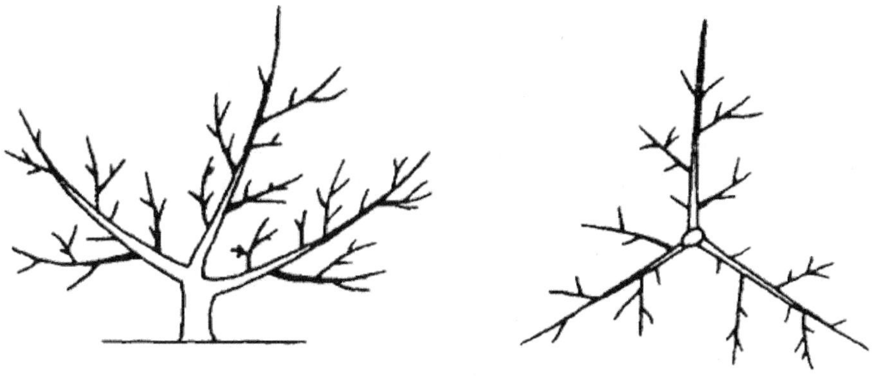

图 4-2　自然开心形树体结构（冯孝严，2010）

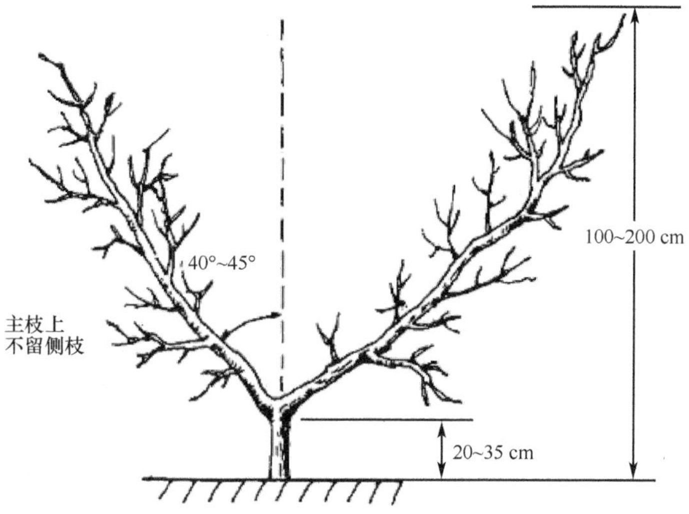

图 4-3　“Y”形树体结构（冯孝严，2010）

4. 丛状形

丛状形树形为矮主干或无主干，在主干上可留 4～5 个主枝（图 4-4）。原整形方法是主枝上留 2～3 个侧枝，现在就在主干上留 3～5 个主要骨干枝，在骨干枝上发生结果枝。修剪方法是，在设施条件下，5 月采收完后，截取全部树冠，在树干上只留 3～5 个长度为 5～10 cm 的短枝。这些短枝于 6～10 月又长出新枝，形成新的树冠，新发出的枝当年可形成花芽。截顶后第一年形成的分枝较少，以后逐年增加。

对桃、李、杏、樱桃，设施内部空间大的地方，可选择主干形；边缘低矮处，可选自然开心形。在整形过程中简化树形结构，不留侧枝和大枝组，在主枝上直接着生枝组和各类果枝。主枝开角时应较露地树形稍小，一般开心形主枝开角 40°～55°，主干形下部三主枝开角 45°～60°，向上逐渐加大到 60°～80°，避免上强。各级枝粗度比控制在 1/3～1/2。要求上稀下密，外稀内密；行间稀，株间密。一般要求行间距 15～30 cm，株间允许适度交叉。设施边缘处树高距屋面 30～50 cm，中部距屋面 50～100 cm，以利通风透光。

图 4-4　丛状形树体结构（冯孝严，2010）

（二）设施果树修剪注意事项

设施栽培的果树，树体高度应调整成南低北高的状态，使北半部树的树冠也能得到阳光；春暖棚中的植株，棚内两侧的树要低些，中间的树要高些。修剪时，应先看是否已长到适宜的高度，是否应落头开心，改善来自上面的光照条件。要严格控制树体高度和树冠冠径，防止结果部位外移。

其次要考虑中心干的长势是否比主枝强，经过修剪调整，一定要保证中心干的生长优势。要调整主枝的数目和在主干上的分布，要考虑主枝的层间距是否合适。主枝过多时，应及早疏剪多余的主枝，调整主枝与主枝的层间距。

调整主枝长势很重要，主枝延伸生长和加粗生长过快时，则要控制主枝的旺长。也可坚持对主枝留 10～15 cm 长，进行重短截。

主枝的开张角的调整也很重要，主枝开张角度小的，能拉枝开角的，尽量用拉枝的办法开张角度，如主枝生长过粗且开张角度小时，可以拉开主枝的腰角。

设施栽培的果树，在幼树期、结果期和盛果期，各时期树体结构调整时修剪重点不同，幼树期修剪重点是培养树形，增加枝量，拉枝开角；结果期树的修剪重点是控制树高、冠径、枝量、长势，以缓势修剪为主，改善通风透光条件；盛果期树的修剪重点是，隔行或隔株间伐过密植株、以疏为主，改善光照条件，进行枝组更新。

二、设施果树矮化密植栽培

（一）矮化密植栽培的优点

果树矮化密植栽培与乔砧稀植栽培相比，矮化密植栽培具有下列优点。

1. 早果丰产性好

果树密植栽培可使果树的初产期、丰产期大幅度提前。该模式是以追求果树群体产量来取得经济收益的最大化，所以具有很强的技术优势。设施果树密植栽培当年或翌年就可达到常规果园 6 年树龄的经济产量。

2. 管理方便简单

矮化密植栽培果树树体简化，管理方便又简单，因此劳动强度有所降低。如设施桃树树高只有 1～1.5 m，主干形的树冠仅相当于常规果树的 1 个主枝，便于管理与采摘果实。

3. 果实品质提高

设施果树矮化密植栽培的树简约紧凑，叶幕结构合理，果实光照充足，果品的色泽、糖度和商品率大幅度提高，果品质量好于常规栽培模式。

（二）合理密植

合理密植可充分利用有限空间，提高产量。一般桃可采用（1.0～1.5）m ×（1.5～2.0）m，樱桃可采用 1.5 m ×2.0 m 或 2.0 m ×3.0 m，李、杏采用 1.5 m ×2.0 m，葡萄采用（0.5～1.0）m ×（2～3）m 株行距。为提高前期产量，可采用计划密植，定植时栽植临时株，后期郁闭时间伐；或事先在露地培养至 2～4 年生后再移入设施内栽培。

（三）矮化栽培的途径

1. 利用矮化砧木

利用矮化砧或矮化中间砧可使嫁接在其上的普通型品种树体矮小紧凑。这种矮化途径是目前世界上果树矮化栽培中采用最多、收效最显著的一种。矮化砧木不仅能限制枝梢生长、控制树体大小，又能促进果树早结果、多坐果、产量高、品质好，而且矮化效应持续期长而稳定。还可根据不同的立地条件、栽培要求选用不同矮化效应的砧木。

2. 利用短枝型品种

短枝型品种是指树冠矮小，树体矮化，密生短枝，且以短果枝结果为主的矮型突变品种。它主要包括两方面的含义，即生长习性方面的矮和结果方面的短果枝结果。现有的短枝型品种都是由普通型品种变异而来的，其特点是枝条节间短，易形成短果枝，树体矮小、紧凑，只有普通型树体的 1/2～3/4 大小。此外，也具有结果早、果实着色好等优点。若选择适当的砧穗组合，将其嫁接到矮化砧木或矮化中间砧上，树体更矮小，更适于高密度栽植。由于短枝型品种自身具有矮化特性，可以选用适应性好的砧木，因而有广泛的应用前景，国内外都很重视。

3. 采用矮化栽培技术

利用栽培技术致矮，主要包括三方面：一是创造一定的环境条件，以控制树体生长，使其矮化；二是采用致矮的整形修剪技术措施；三是采用化学矮化技术。

（1）环境致矮

选择或创造不利于营养生长的环境条件，如易于控制肥水的沙质土壤，利用浅土层限制垂直根生长；适当减少氮肥，增加磷、钾肥用量，控制灌水等，控制树体生长，使树体矮化。

（2）修剪致矮

致矮的修剪技术措施很多，如环状剥皮、环割、倒贴皮、绞缢、拉枝、拿枝、扭梢、短枝修剪和根系修剪等。

（3）化学致矮

在果树上用喷施植物生长延缓剂，如 CCC（矮壮素）、MH（青鲜素）和 PP_{333}（多效唑）等可以通过抑制枝梢顶端分生组织的分裂和伸长，使枝条伸长受阻碍，达到树体致矮的作用。

4. 采用矮化栽培方式

矮化密植栽培，大都采用长方形栽植，宽行密植，行向一般采用南北向，植株配置可分为双株丛栽、单行密植、双行密植和多行密植等方式，其中单行密植是主要栽植方式。

三、树体调控综合配套技术

（一）限根栽培

设施密植栽培，单靠地上部措施控冠效果差，甚至失败，通过控制根系生长，可使营养生长适度减缓，树体变小，促进早果丰产。

1. 起垄栽培

建园时用表土添加有机肥堆积起垄成行，垄底对应定植穴的地方最好铺垫水泥瓦等阻根物（图 4-5），阻止主根向下生长。垄高 40 cm、垄宽 80～120 cm。果树栽植于垄上，有利于提高地温、增强土壤透气性，可使根系分布浅、范围小、吸收根发生量大，树体矮化紧凑、易花早果。但作业时间长了，垄上土回落，根系易外露，应经常培土维护，采用滴灌和随水施肥效果好。

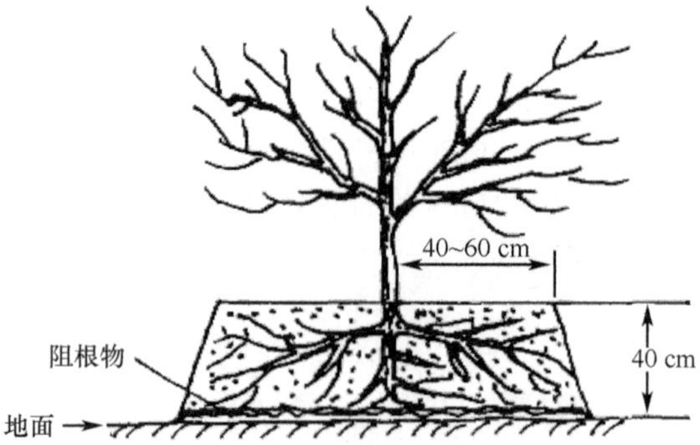

图 4-5 起垄栽培（冯孝严，2010）

2. 容器栽培

把果树栽植于单个容器中，限根效果最为显著。主要有 3 种形式。①盆式栽培（图 4-6）：

选口径 30～50 cm、深度 40 cm 左右陶盆。盆底钻 1～2 个透水孔，盆壁钻多个通气孔（孔径 1.0～2.0 cm）。盆中填充肥沃基质土，其中栽植果树，按设计株行距排列，或把盆按株行距埋入土中。②袋式栽培：将编织袋填充基质土，果树栽入袋中后按株行距植入设施内。③坑式栽培（图 4-7）：选耐腐烂的塑料箱、木箱等，箱壁钻多个透气孔，在箱内栽果树埋入土中即可。

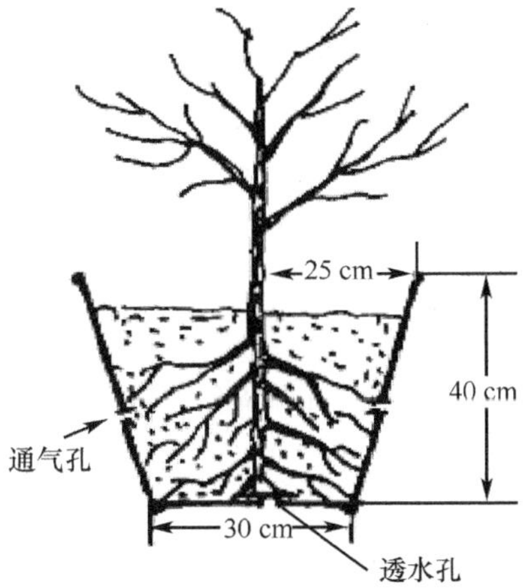

图 4-6　盆式栽培（冯孝严，2010）

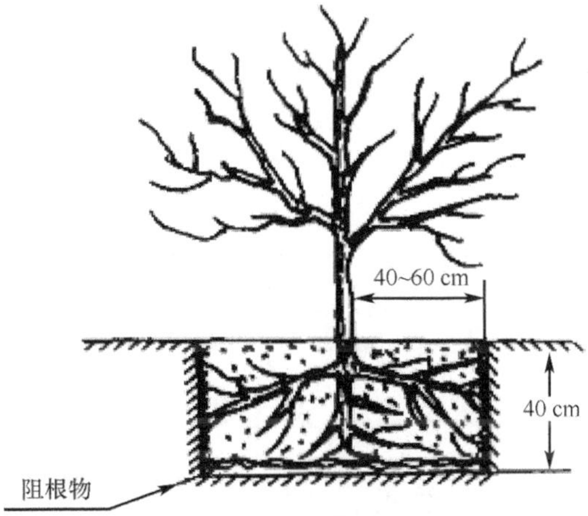

图 4-7　坑式栽培（冯孝严，2010）

3. 台式砖槽栽培

在设施内栽培区开挖宽 80～120 cm、深 40 cm 的土槽（图 4-8），并按行距南北向砌砖槽，槽沿与地平面相平，槽底铺砖、石板或苯板等阻根物，回填营养土（表土加有机肥、沙、草炭土等），按设计株行距定植苗木。台式砖槽栽培限根效果好，又有利于提高地温和改善根系透气性，便于作业和有利于树冠通风透光，兼有起垄和容器栽培的诸多优点。

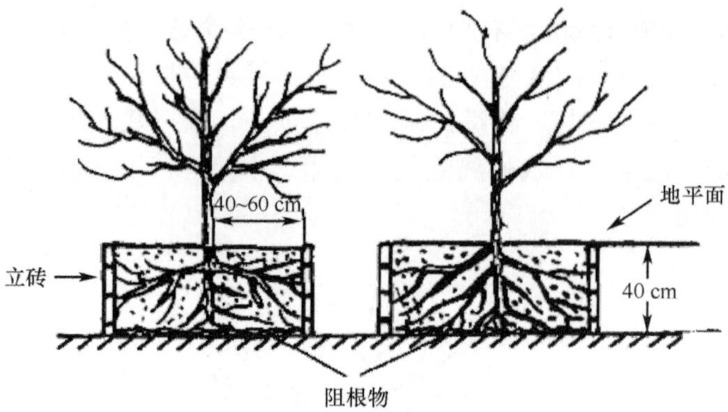

图 4-8　台式砖槽栽培（冯孝严，2010）

（二）断根（根系修剪）

通过根系修剪调节根系生长发育，进而调控地上部生长发育状况，比直接对地上部采取措施，效果更为直接有效。根系修剪可产生一系列良性反应：使树体营养生长减弱，树体矮化，短枝比例增加，花芽分化多；树体中氮营养水平下降，碳营养水平提高，有利于成花。设施果树栽培中，可较多地利用根系修剪技术，以利于控旺促花，安全越夏。

1. 断根时间

一般定植当年不断根，第 2 年以后，在每年 6～7 月花芽分化前进行，旺长树可在萌芽前再进行 1 次。弱树不断根，徒长树在每次施肥时都可有意识适度断根。

2. 断根方法

密植栽培需在行间和株间开深 30～40 cm、宽 15～25 cm 的条沟（图 4-9）；稀植栽培需在冠缘滴水线以内 10 cm 开环状深沟，切断部分根系，均可结合施有机肥。对生长过旺的植株，可于断根后晒根 2～3 天再回填，并结合中耕翻土切断表土层部分根系。

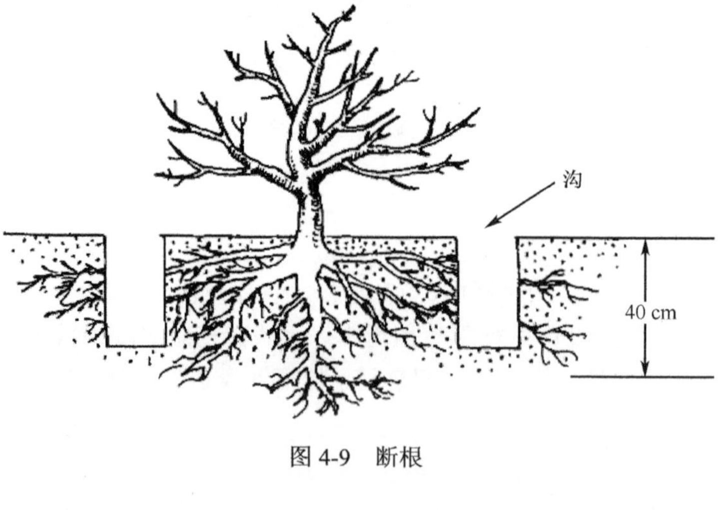

图 4-9　断根

根系修剪的时间以花期和新梢旺长期为宜，旺树可修剪 2 次，中庸偏旺树可修剪 1 次，弱树不修剪。根系修剪后的效应时间一般持续 30～45 天，之后即恢复根系建造。

根系修剪的方法主要有两大类。

（1）物理修剪法

利用人工或机械等物理手段将根（尤其是垂直根、粗大根）切断损伤，以达到修剪的目的。可用手工法把根系挖出，并用剪刀或其他工具将根切断；也可用特制的机械装置将根系在一定范围内切断。

（2）化学修剪法

利用一些化学药品将根致死或抑制其生长，以实现修剪的目的。常用的化学药物主要是铜离子制剂，如碳酸铜、硫酸铜、环烷酸铜等。这些化学制剂既可用于抑制侧根，也可用于除去直根。

不论哪种根系修剪法，在具体应用时，都应根据树体年龄、生长发育状况、生产的目的等因素综合考虑、灵活掌握，切勿使用过限，导致伤害大、副作用多，达不到应有的效果。

（三）树体刻伤

通过刻伤韧皮部，阻碍光合产物向根系输送而在枝内增加积累，可抑制徒长、促进成花和果实生长。刻伤措施有环剥、环割、环扎、倒皮、砍伤等。常用的是环剥、环割。

1. 处理时间

定植当年树形培养过程中不处理。第 2 年以后，在 5～7 月树冠大小适宜时，对旺长树主干或主枝可进行环剥或环割；花期到幼果期，对健壮树的直立旺枝、辅养枝可进行环剥或环割。

2. 处理方法

环剥宽度通常为枝干直径的 1/8～1/15，一般最宽 1 cm。剥口位置主干在距地面 15～30 cm 处，主枝在距基部 5～10 cm 处。环剥过程应避免损伤木质部及形成层，可环剥一圈或相对的两个半圈，环剥后立即用薄膜包扎环剥口。对环剥口长期不愈合的，可涂赤霉素并用塑料条包扎。环割是用刀切割枝干皮层 2～3 环，间距 5 cm，深达木质部表层。环割对树体损伤小但效果不如环剥明显。一般对易流胶和伤口不易愈合的树种和品种，尽量少用环剥多用环割，确需环剥时，注意环剥口要窄，处理枝数要少，尽量不进行主干环剥。

（四）化学控冠

抑制营养生长和促进成花应用较多的是多效唑，其效果优于比久、矮壮素等，但存在残效期长，使用不当时易导致果树生长停滞，树势衰弱，部分品种果实畸形有异味等弊端。使用方法分土施、喷施、主干涂抹和注射 4 种方法。其中叶面喷施见效快，用量容易掌握，应用较多。旺长树一般在 7 月上旬至 8 月初，树冠大小适宜时喷布 15%多效唑可湿性粉剂150～300倍液1～2次，间隔期10～15天。

第四节　设施果树花果管理技术

现代果品生产的主要目的是获得优质、高产的商品果实。加强果树的花期和果实管理，对提高果品的商品性状和价值，增加经济收益具有重要意义，也是实现优质、丰产、稳产和壮树的重要技术环节。

花果管理主要指直接用于花和果实上的各项技术措施。在生产实践中，既包括生长期的花、果管理技术，又包括果实采后的商品化处理。

一、适宜负载量的确定

（一）适宜负载量的含义

确定某一树种的适宜负载量是较为复杂的，因为它依品种、树龄、栽培水平、树势和气候条件而不同。通常确定果实的适宜负载量应考虑3个条件：①保证当年果实数量、质量及最好的经济效益；②不影响翌年必要花果的形成；③维持当年的健壮树势并具有较高的储藏营养水平。

（二）过量负载的不良后果

产量不足使果树应有的生产潜力得不到充分发挥，造成经济上的损失，过量负载同样会产生严重的不良后果。

首先，结果过多易造成树体营养消耗过大，果实不能进行正常的生长发育，导致果实偏小，着色不良，含糖量降低，风味变淡，严重影响果实的商品品质。

其次，在超量负载的情况下，易引发果树大小年结果现象。由于结果过多，树体营养物质积累水平低，同时，源于种子和幼果内的抑花激素物质GA_3、IAA等含量增加，在树体内激素平衡中占优势，不利于当年花芽形成，导致第2年或第3年连续减产而成为小年。

再次，过量结果树，树势明显削弱。树体营养水平低，新梢、叶片及根系的生长受抑制，不利于同化产物的积累和矿质元素的吸收。此外，过量负载还会加剧风害和加重果树病害的发生。

（三）确定负载量的依据

负载量即留果量的多少，是影响果实质量、产量和树势的重要因素，合理留果量的确定要根据品种、树龄、树势、栽培管理水平及历年产量和质量等情况综合考虑。

1. 根据产量确定留果量

合理的留果量，是在保证枝、叶正常生长和花芽分化的基础上，使当年生产的果实个头大、产量高、品质好。产量法是以单位面积产量确定留果量的方法。进入盛果期的树，产量不是越多越好，在当前市场经济条件下，果实品质是决定市场占有率和经济效益高低的主要因素。根据品种、树龄、树势及栽培管理水平等，确定每亩产量（也可根据往年产量）；再根据产量和单果重确定每亩留果量。然后再根据每亩栽植株数、各株的生长情况，具体确定每株的留果数量。做到“因树定产，按枝留果，看枝疏花，看梢疏果”的方法。

2. 按照果间距留果

按照果间距留果即按照一定的距离留果，这是目前生产上较普遍采用的方法。其要求是，果与果之间应根据不同品种果个的大小来确定。可通过疏除花序、花朵及幼果 3 个步骤，到定果时使每个果实之间相距 15～20 cm。一般大型果要求果间距 20 cm 左右，中小型果的果间距在 15 cm 左右，每个花序只留一果为宜。当然，要根据树龄、管理水平等适当增减。

3. 干周法或干截面积定量法

目前，比较精细的计算合理负载量的方法用干周法。具体做法是测定树干中部的干周长，代入公式：

$$y = fc^2$$

式中，y 为单株留果数，f 为系数（不同品种间较有差异，应做试验总结），c 为干高 1/2 处的主干周长。

对早酥梨试验总结出其系数为 0.25，如 6 年生树主干周长为 20 cm，代入公式 $y=0.25\times20^2$，单株留果数为 100 个，以早酥单果重 250 g 计，单株产量为 25 kg，每亩 55 株中等密度的亩产量约为 1375 kg。进入盛果期树（树龄 10～12 年生）干周长度可达 30 cm，代入公式计算后，单株留果数为 225 个，单株产量 56.3 kg，亩产 3090 kg。

用此方法较为科学合理，在初果盛果期树上较易实行，简单可靠。具体操作时还应把留果量分配到各主枝上和大型结果枝组上。同时还应考虑到要有一定的肥、水保证，以保持树势中健和加强病虫害的防治。如果树势衰弱，就要适当调低留果量。

4. 叶果比法或枝果比法

按叶果比、枝果比确定留果量，是我国多年应用的保证树势、防止大小年和增进果实品质的方法。由于果实发育主要依靠叶片的光合作用来提供营养物质。所以，留果多少在很大程度上取决于新梢数和叶片数的多少及其质量。叶果比就是一个果实需多少片叶供给营养，枝果比是一个果枝需要几个生长新梢。根据各地资料：大型果品种每个果实需要 50～60 片叶，中、小型果品种每个果需要 30～50 片叶，才能保证一个果实生长发育所需营养的供给。冬剪时要把花芽和叶芽的比例调整到 1∶5～1∶3，即留一个花芽，要配比 3～5 个叶芽，将来长成枝条后即可有 3～5 个新梢的叶片来保证果实的营养物质供给。

二、提高坐果率

（一）加强综合管理，提高树体营养水平

良好的肥水管理条件、合理的树体结构、及时防治病虫害，是保证树体正常生长发

育的前提条件；增加果树储藏养分积累，改善花器发育状况，是提高坐果率的基础措施。

（二）创造良好的授粉条件

设施果树花期长，一般一个设施设持续开花 15～20 天。温度影响果树花粉发芽和花粉管的伸长，影响果树的授粉受精效果。一般桃在 10～22℃，李、杏、甜樱桃在 10～20℃，葡萄在 15～28℃，随气温升高，授粉受精越好。桃、葡萄大部分品种为自花结实，即相同品种间传粉即结果。但也有个别品种无花粉或自花不实，李、杏、甜樱桃大部分品种自花不实，需配置授粉品种，异花授粉才能结果。

1. 人工辅助授粉

（1）采集花粉

1）采花　选择花粉量大且亲和力强的品种的树采花。若同时给几个品种授粉，采用混合花粉效果更好。在授粉前 2～3 天，采集花瓣已松散而尚未开放的铃铛花。采花时花多的树要多采，可起到疏花作用。采花量要根据授粉量而定，一般每 25 kg 鲜花可出花药 2.5 kg、干花粉 0.5 kg，可供 20～30 亩盛果期树授粉用。

2）采花药　刚采下的鲜花呼吸旺盛，不能堆放，不能装在塑料袋内。要及时在室内将花蕾倒入细铁丝筛中，用手轻轻揉搓。长花丝上的花药一搓即掉，剩下短花丝上的花药比较难搓，可把搓过的花蕾晾晒一会儿再搓，花药即能搓下。然后将搓下的花药簸一遍，去掉杂质后即送到烘干室制粉。采用“搓取法”使取花药的工效提高十几倍，同时，花药损伤很轻，对出粉量无影响。

3）制粉　将花药摊晾在干燥、通风、温暖而又洁净的室内白纸光面，温度保持在 22～25℃，两天后花药即裂开散粉，然后将花粉杂物去除，只剩花粉。为节约花粉，可用淀粉、滑石粉作为填充剂稀释花粉，花粉与填充剂比例根据不同授粉方法稀释倍数不同。制粉后，将花粉装在暗色瓶内放在低温处保存备用。

（2）花粉低温储藏

当年采集的花粉要到冬天或翌年春天才能使用，必须妥善保存，以防生活力下降。目前广泛使用的是低温保存法。经过低温保存的花粉，其生活率一般保持在 70%以上，完全可以满足人工辅助授粉的需要。人工低温保存花粉应注意以下几个问题。

1）保存温度　极端低温对花粉没有不良影响，如苹果花粉在–19℃的条件下经 2 年仍保持新鲜状态，储藏在–20℃中经 9 年仍具发芽力。大多数果树的花粉在–20～0℃的低温下，空气相对湿度 10%～30%时，能较长期地保持生活力。所以，建议设施果树用于人工辅助授粉的花粉保存温度为在–20～0℃，以–20℃为最佳。

2）保存湿度　湿度高时花粉经储藏后生活力降低。花粉储藏时应保持空气相对湿度在 20%～30%，防止湿度过高。一般做法是：将收好的花粉贮放于干燥的玻璃瓶中密封或放在信封、纸袋中，外面包裹塑料膜以防潮、防湿，然后将它们放在低温条件下保存。

3）保存花粉的使用　使用时，先做发芽试验，鉴定其现有生活力，然后再行使用。

（3）人工授粉

在缺乏授粉品种或花期天气不良时，应该进行人工授粉，常用方法如下。

1）人工点授　将花粉人工点在柱头上。为了节省花粉用量，可加入填充剂稀释，一般比例为 1（花粉并带花药外壳）：4 填充剂（滑石粉或淀粉）。人工点授的优点是送粉到柱头，坐果可靠，果实发育整齐。将稀释好的花粉装入干燥小瓶中，用干净毛笔或铅笔的橡皮头蘸花粉，在雌蕊柱头上轻轻一抹即可，每蘸一次花粉可授约 5 朵花。点花距离要根据树种、品种、果实大小和花量多少而定。

2）机械喷粉　此法比人工点授所用花粉量多，喷时加入 50～250 倍填充剂，用农用喷粉器喷施。宜现配现用。用 1 份花粉加 100 份滑石粉充分混合进行喷授。方法有 3 种：①用喷粉器喷粉；②用纱布震粉，将已稀释过的花粉装入有 2～3 层纱布的袋中，用细绳把袋口扎紧，系在长竹竿上，将袋子高举到树冠上和树冠内，轻敲竹竿，花粉即可由袋中飞散出进行授粉；③用小喷子改造成喷粉器，即将喷雾器拧开，将吸药管剪留 1 cm，用自行车气门胶管 10 cm 左右，插在吸药管上即成为喷粉器，授粉时拉动压气柄即可喷粉。

3）喷雾法授粉　在需授粉面积大、花粉量充足时采用液体喷雾法授粉，可以省工省时。气温在 22～25℃时进行流体授粉效果最佳。要注意花粉水悬浮液的配制。先将白糖 500 g、尿素 30 g、水 10 kg 配成混合液，临喷雾前再加入 25 g 干花粉和 10 g 硼砂，用 2～3 层纱布滤出杂质。花粉水溶液要随配随用。

4）掸授粉　在长杆一端用稻草绑成掸子状，外面用白毛巾包紧，用毛巾端于盛花期在授粉品种和主栽品种之间交替滚动，以达授粉目的。此法简便易行，速度快，但效果不及人工点授，

5）花期喷水　花期的气候条件直接影响坐果率，如枣的花粉发芽需要温度 24～26℃，空气湿度 70%～80%，若花期高温（36℃以上）干燥，则花期缩短，焦花多，影响坐果。因此，在盛花期（6 月上中旬）用喷雾器向枣花上均匀喷清水，可提高坐果率。

6）人工授粉注意事项

注意气候因素。果树人工授粉要在天气晴朗、风和日丽的上午进行最好，阴雨、风沙气候不宜授粉。

注意花粉的亲和力。同一品系不同品种不能互相授粉，如苹果富士系各品种间不宜互相授粉。

注意授粉位置。苹果以授中心花为主，结果个大、端正、高桩。梨以授第一、二朵花开的边花为好，如鸭梨其特征明显。

花期喷保花保果剂不能代替授粉，可以在人工授粉的同时，结合喷保花保果剂，如喷硼砂、920、美果露等。

掌握授粉时间和次数。一般掌握在花开 30%～40%开授，花期整齐时授 1～2 遍，花期不一致时授 2～3 遍为宜。以花开 1～2 天授粉坐果率最高。

2. 花期放蜂

大多数果树为虫媒花，花期放蜂对提高坐果率有明显作用。即使风媒花（如核桃、杨梅等）花期放蜂也有提高坐果率的明显效果。放蜂期间果园切忌喷农药，阴雨天气影响放蜂效果。

（1）释放蜜蜂传粉

拉运蜜蜂的时间要在晚上 7 点至翌日清晨 7 点。一般情况下每个温室放 1 箱蜜蜂，连体大棚或防鸟、防雨的设施每亩放 1 箱蜜蜂。将蜂箱均匀放置在有利于蜜蜂起飞的地方。蜂箱放好后，不能再移动，否则蜜蜂无法顺利返回蜂箱。蜜蜂活动温度较高，在晴朗、无风的天气访花效果好。注意在放蜂前 10 天内停止使用农药，并将配药的缸（池）盖好，以防止蜜蜂中毒。

（2）释放壁蜂传粉

角额壁蜂是访花授粉中应用最多的一种壁蜂，其活动温度低，适应性强，访花频率高，繁殖和释放方便。

放蜂前，将内径为 5～7 mm 的芦苇锯成一端留茎节的 15～16 cm 长的巢管，开口端用火将毛刺烧平，用广告色按 1∶4∶3∶2 的比例把管口染成红、绿、黄、白 4 种颜色，然后按每 50 支扎成1捆，开口向外放入 30 cm×15 cm×20 cm 的纸箱内，箱内放巢管量为放蜂量的 3～4 倍，多者可达 500 个。将装入巢管的纸箱放置在果园内，箱口向东或东南方向，每亩放 15～30 箱蜂，箱用支架抬高，距地面 60～100 cm，箱的支架上每隔 1 天刷 1 遍废机油，防止蚂蚁等爬到箱上。为了供壁蜂筑巢用，在箱前人工造 1 穴黏泥，每晚加水 1 次，以保持黏度。

（三）喷施植物生长调节剂和矿质元素

落花落果的直接原因是果柄离层的形成，而离层形成与内源激素（如生长素）不足有关。此外，外界条件（如光照、温度、湿度、环境污染等）都可引起果柄基部产生离层而脱落。应用生长调节剂，可以通过改变果树体内内源激素的水平和不同激素间的平衡关系，以提高坐果率。在生理落果和采收前是生长素最缺乏的时期，这时在果面和果柄上喷生长调节剂，可防止果柄产生离层，减少落果。但生长调节剂种类、用量、时间等，应按照具体条件和对象进行必要的预备试验。

用于提高坐果率的生长调节剂有 GA_3、B_9、PP_{333} 和 BA 等。防止果树采前落果的生长调节剂主要有 NAA（萘乙酸）、MCPB（2-甲基-4-氯丁酸钠）、PR-04、HOK-813（酚噻嗪）等。

目前，在应用生长调节剂保花保果方面，已由单一种类向多种类混合及调节剂与矿质元素混合使用的趋势发展，在提高坐果率的同时，改善果实品质。用于喷施的矿质元素主要有尿素、硼酸、硼酸钠、硫酸锰、硫酸锌、钼酸钠、硫酸亚铁、醋酸钙、高锰酸钾及磷酸二氢钾等，生长季节使用浓度多为 0.1%～0.5%，一些微量元素与尿素混喷，有增效作用。喷施时期多在盛花期和 6 月落果以前，以1～3 次为宜。

（四）其他措施

通过摘心、环剥和疏花等措施，引导树体内营养分配转向开花坐果，使有限的养分优先输送到子房或幼果中去，以促进坐果。

此外，及时防治病虫害，预防花期霜冻和花后冷害，避免旱涝等，也是保花保果的必要措施。

三、疏花疏果

（一）作用及意义

花芽过多的树，如留花芽过多，就会因树体积累的养分不足而迫使花朵或幼果互相争夺养分，从而出现大量的无效花和自疏果，或成为“满树花，半树果”，既白耗养分，又不能丰产。因此，对开花过多的树，进行适量的疏花疏果，控制花果数量，就能减少养分的无效消耗，增加有效花，提高坐果率，且又协调了后期生殖生长和营养生长的矛盾。这样，可以有充足的养分来供给树体生长和花芽分化，树势稳定，连年丰产稳产，有效地克服“大小年”结果现象。在花量过大、坐果过多、树体负载量过重时，正确运用疏花疏果技术，控制结果数量，使树体合理负担，是调节大小年和提高果实品质的重要措施。其主要作用如下。

1. 可使果树连年稳产

花芽分化和果实发育往往是同时进行的，当营养条件好或花果负载量适当时，既可保证果实肥大，又可促进花芽分化；而营养不足或花果过多时，则营养的供应与消耗之间发生矛盾，过多的果实抑制了花芽分化，易削弱树势出现大小年结果现象。因此，进行合理疏花疏果，是调节生长与结果的关系，达到连年稳产，提高产量的必要措施。不然，即使肥水充足，因受根和叶功能及激素水平的限制，坐果过多，也会导致大小年。

2. 提高坐果率

疏花疏果尽管疏去了一部分果实，但它的作用在于节省了养分的无效消耗，减少了由于养分竞争而出现的幼果自疏现象，并且减少无效花，增加有效花比例，从而可提高坐果率。

3. 提高果实品质

由于减少了结果数量，使留下的果实肥大，整齐度增加。此外，疏果时疏掉了病虫果、畸形果和小果，提高了好果率。

4. 使树体健壮

开花坐果过多，消耗了树体储藏营养，叶果比变小，树体营养的制造状况和积累水平下降，影响翌年生长；疏去多余花果，提高树体营养水平，有利于枝、叶和根系生长，树势健壮。

（二）生理落果

坐果量过大时要进行疏果。桃、李、杏、甜樱桃、葡萄等果树在开花后1～2周内，均有第1次生理落果。主要是因为雌蕊发育不健全，没有受精能力所致。造成雌蕊发育不良的原因很多，如桃、杏幼树栽植过晚、孕花时间短，或结果树上年结果较多，后期管理较差，早期落叶造成树体储藏养分不足等。第2次生理落果在开花后5～6周，一些无花粉的品种因不受精，或者受精的花因树体营养不良而造成落果，这也是由于开花期树体营养不良引起的落果，所以在土壤贫瘠、施肥量不足的设施，应在花前适量追施速效性氮肥。第 3 次生理落果在开花 8 周后。这次落果的原因是，受精之后，胚迅速发育。胚的主要成分是蛋白质，合成蛋白质需要氮和碳水化合物。这一时期正是种子迅速生长的硬核期和新梢迅速生长期，当氮元素不足时，两者即发生营养物质的竞争，胚停止发育而造成落果。这次落果量比较大。早期使用氮肥有利于坐果，而施肥量过大反而引起生理落果。

设施果树在阴天、雪天多的年份生理落果严重。除了土壤水分过多、湿度大、光照不足外，同化作用差也是一个原因。所以应当保持土壤稳定的水分状况和适宜的氮肥水平，改善树体光照条件，尤其是控制新梢旺长，以减少生理落果。

（三）疏花疏果的方法

疏花疏果必须严格依照负载量指标确定留果量，以早疏为宜。具体方法分为人工疏花疏果和化学疏花疏果两种。

1. 人工疏花疏果

人工疏除花果可从花前复剪开始，以调节花芽量，开花后可行疏花和疏幼果，直到生理落果以前结束，若发现留果仍然偏多时，则于生理落果后再定果一次。疏果应于幼果第一次脱落后及早进行，早疏果可以减少产生赤霉素的种子数目；减少对光合产物和养分的竞争；增大留在树上的果实体积；去除形状不正和偏小的果实。疏果不仅影响当年果实的品质，更重要的是决定翌年结果的多少，人工疏花疏果目的明确，但费时费工，对劳动力紧缺和面积较大的果园有一定的困难，必须及早作好计划和安排。

2. 化学疏花疏果

用化学药剂疏除花果，在一些国家已作为果树生产中的常规措施，可大大提高劳动效率。

（1）药剂种类和疏除机理

1）西维因　西维因原是一种高效低毒氨基甲酸酯类杀虫剂，效果温和而稳定，西维因曾一度成为美国最好的疏果剂。有效喷施时期为盛花后 1～4 周，以盛花后 2～3 周喷布效果最好；有效喷施浓度为 600～3600 倍（85%有效成分），当浓度为 1200 倍左右时，具有疏果和治虫兼顾的效果；加用界面活性剂可以提高疏除效果；西维因对温度不太敏感，喷施温度对疏除效果影响不大；副作用较小，不容易发生果锈、畸形果及药害等。其作用机理是它具有内吸作用，在树体内进入维管束后，干扰幼果里的养分和激素的运输，阻塞营养物质的运输，使部分幼果因缺少发育所需的营养物质而脱落。但它进入树体后移动性较差，应直接喷到果实和果柄部位。

2）石硫合剂　石硫合剂的疏果机制在于直接抑制花粉发芽和抑制花粉管伸长，从而阻碍受精。此外，还有杀死柱头的作用。因其疏除的果实脱落较迟，人工补充疏果要在盛花后 25 天以后才能进行。

为提高疏除效果，石硫合剂应喷于柱头上，其药效较稳定，安全性较高，且兼有防治病虫的作用。缺点是必须确切掌握开花状况，才能准确喷药，且施用期太短。

3）萘乙酸及萘乙酰胺　萘乙酸及萘乙酰胺的疏除机制可能与促进乙烯形成有关。萘乙酸在一定浓度范围内，从花瓣脱落期到落花后 2～3 周施用，都有相同效果，但越迟，疏果作用越弱，浓度需相应增加。例如，对鸭梨在盛花期用 40 mg/L 有疏除效果。萘乙酰胺是一种比萘乙酸较缓和的疏除剂，对萘乙酸易敏感的品种应用萘乙酰胺较安全，但萘乙酰胺疏果会使部分果实产生缩萼现象，元帅上使用易产生畸形果。

（2）影响疏除效果因子

时期、药量、品种、气候、树势。

3. 疏花

桃、李、杏一节双花或三花留一朵，疏去过密花、畸形花；甜樱桃一般不疏花；葡萄一个结果蔓留一个花序，疏除其他花序。桃、李、杏树疏花的适宜时期在花蕾开始露红、开花前 4～5 天，此时只需用手指轻轻一推，很容易将花蕾去掉。蕾期容易区分花蕾质量，发育差的花蕾个体小、发育慢，有的变为畸形。在各种果枝上疏去后部的、背上的花蕾，双花其中一个花蕾和畸形花蕾。长果枝留 20～30 个花蕾，中果枝留 10～20 个花蕾，短果枝留 6～10 个花蕾，花束状果枝留 3～5 个花蕾。

4. 疏果

疏果一般分两次进行。第 1 次在落花后 20 天前后进行，此时已能分辨果的大小，要疏掉发育不良果、畸形果、双果和病虫果。留果标准一般按果枝长度每隔 3～5 cm 留一个果。疏花蕾的树和坐果少的树，这次可以不疏果。第 2 次疏果，也称定果，在第 2 次生理落果后进行。定果应根据树种、品种、树势、树龄和生产条件等确定留果量。在生产上，也可根据果枝长度确定留果量。桃结果枝每隔 10～15 cm 留一个果；李结果枝每隔 6～8 cm 留一个果；杏结果枝每隔 3～5 cm 留一个果；甜樱桃结果量大时，每花序留 3～4 个果，一般情况下可以不疏果；葡萄每个结果蔓留 1 穗果。各类果枝留果量还取决于果实大小，即大型果少留，小型果多留。疏果时，树体上部枝光照好，果实大，应多留果；下部枝光照差，果实小，应少留果。温室前部通风透光好，光合作用强，应多留果；后部通风透光差，光合作用弱，应少留果。

第五节　设施果树采后管理技术

由于设施栽培改变了果树的生长发育的环境条件，使果树的生长及自身营养规律发生了变化，特别是在展叶之后由于光照减弱、湿度增加等因素不能满足其生长发育需要，影响了其光合作用，使设施内萌发枝条质量降低，在翌年不能正常开花结果，即使坐果其质量也很差。因此，采果后加强设施果树的栽培管理有效地提高果树营养储备，从而确保翌年的高产稳产成为设施果树栽培管理中最重要的环节技术之一。

一、采后回缩修剪

进行选择性重回缩，留 1/3 去 1/3 重回缩 1/3，平斜、中庸、30 cm 以下的枝可以保留来供养根系，背上直立枝如影响透光则去掉以防旺长，树上枝角度转平斜，结果枝组留 1～2 个重截，培养平斜结果枝。

核果类应根据单株所在的位置，确定树形，前沿 1～2 株，采用二主枝开心形，第 3 株到设施中间应采用三主枝开心形，中间向后采用纺锤形。采果后在保持拟定树形的同时，对其主枝上的结果枝组或结果枝进行全面重回缩，新梢留 1～3 个芽回缩，促发新梢，培养成结果枝组，供来年使用。杏多数品种以短枝和极短枝结果为主，对过多、过密主枝或辅养枝、大型枝组进行疏除，在维持原树形基础上，对主枝上的枝组、新梢进行回缩、短截和截梢（极重摘心）；樱桃采果后疏除过密过强、紊乱树形的大枝，调整树体结构，促进花芽分化，到 8 月下旬至 9 月，进行拉枝开展开张角度，防止枝条生长过旺，加快花芽的形成。

根据桃、油桃生长量大、次生枝成花力强和温室栽培延长了树体全年生育期的特点，Bellini 等（1986）经过近 10 年的系统研究，创立并肯定了桃、油桃设施促早栽培的一种专用修剪系统 PCR（postharvest canopy removal）修剪系统，即采果后，除去全部树冠，利用再生枝条构成翌年的结果枝组。这一系统较好地解决了设施高密度栽培条件下的控冠问题，既有利于早期丰产，又无碍于后期管理。

目前，这一修剪系统已逐渐被一些国家研究采用，并称之为“Bellini 系统”。河南省林业科学研究所和中国农业科学院郑州果树研究所也将此技术应用于油桃设施栽培中，取得了显著的效果（樊巍，1998；王志强和樊巍，1999）。而且，这种修剪方式对李、杏等当年生新梢成花能力强的果树也十分有效。

二、采后施基肥

设施内果树树体养分消耗大，一般在采后进行重回缩，因此必须加强营养，恢复树势。这就要求每年施两次基肥，在秋施基肥的基础上于采果修剪后再施一次，一般亩施优质农家肥 1500 kg，掺入 50 kg 氮磷钾复合肥或果树专用复合肥。此次施基肥多用撒施，施后浅刨，整平后浇水，也可以采用树冠外围环状沟施。

三、采后病虫害防治

（一）加强管理

加强设施管理，集中烧毁落叶、病枝（果）、杂草和病树皮，通过杀死越冬蛹、幼虫和消灭病源的方法来减轻蚜虫、桃潜叶蛾、桑白蚧、杏仁蜂、桃小食心虫、大青叶蝉等害虫和炭疽病、细菌性穿孔病、腐烂病、疮痂病、杏疔病、李红点病等病害的发生。秋冬季结合施肥进行深翻深耕土地（深度大于 15 cm）将表层土中的虫果、虫茧翻入土下，可减轻杏仁蜂和李实蜂的发生。落叶后封冻前树干涂抹白涂剂、叶芽萌动前喷 3～5 波美度石硫合剂，可以铲除病源虫卵。

（二）虫害防治

喷洒 10%氯氟菊酯乳油 1500～2000 倍液或 40% 溴氰菊酯 2000 倍液或喷 20%灭扫利乳油 2000 倍液，防治桃潜叶蛾、刺蛾、大青叶蝉、毛虫等害虫。针对红颈天牛，可在幼虫孵化期和成虫出现期，人工查找杀死或向蛀孔注射毒液，并用泥块堵死；在成虫发生前，于树干或大枝涂抹白涂剂防治成虫产卵。

（三）病害防治

如有细菌性穿孔病、李红点病、叶斑病和流胶病等各种病害发生，可每 15 天喷一次 65%代森锌可湿性粉剂 500 倍液或 0.3～0.4 波美度石硫合剂防治。

第六节　设施果树滴灌技术

滴灌技术是当今世界上节水效果最好的灌溉技术，其主要特点是利用低压管道系统，使滴灌水成点滴地、缓慢地、均匀而又定量地浸润果树根系最发达区域，使果树主要根系活动区的土壤始终保持在合理含水状态。

一、滴灌的种类

（一）固定式地面滴灌

一般是将毛管和滴头都固定在地面（干、支管一般埋在地下），整个灌水季节都不移动，其优点是节省劳力，施工简单而且便于发现问题（如滴头堵塞、管道破裂、接头漏水等），但是毛管直接受太阳曝晒，老化快，而且对其他农业操作有影响，还容易受到人为的破坏。

（二）半固定式地面滴灌

为降低投资只将干管和支管固定埋在田间，而毛管及滴头都是可以根据轮灌需要移动，优点是投资仅为固定式的 50%～70%，但增加了移动管的劳力，易于损坏。

（三）膜下滴灌

在地膜栽培地块，将滴灌毛管布置在地膜下面，这样可充分发挥滴灌的优点，不仅克服了铺盖地膜后灌水的困难，而且大大减少地面无效蒸发。

（四）地下滴灌

地下滴灌将滴灌干、支、毛管和滴头全部埋入地下，这可以大大减少对其他耕作的干扰，避免人为的破坏，避免太阳的辐射，减慢老化，延长使用寿命。其缺点是不容易发现系统的事故，如不作妥善处理，滴头易受土壤或根系堵塞。

地下滴灌是通过果园地头或井旁修建较高蓄水池，使灌溉水在较低压力作用下，经过滤后通过末级管道（毛管）上的灌水孔（一般 1.0 mm 左右），小流量、均匀、准确地直接输送到果树根部附近的土壤中，再借助土壤的毛细管作用扩散到毛管周围，供果树吸收利用，常见布置形式如图 4-10 所示。

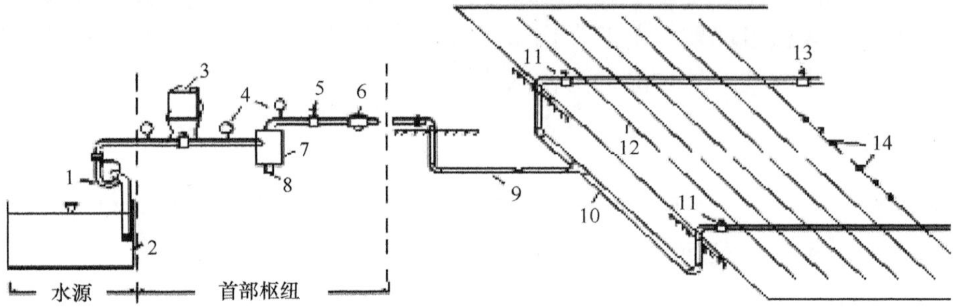

图 4-10　地下滴管系统结构图

1. 水泵；2. 蓄水池；3. 施肥罐；4. 压力表；5. 控制阀；6. 水表；7.过滤器；8. 排沙阀；9. 干管；10. 分干管；11. 球阀；12. 毛管；13. 放空阀；14. 滴头

二、滴灌的特点

滴灌是通过滴头点滴的方式，缓慢地把水分送到果树根区的灌水方法。过去滴灌多是用微管式的滴头，滴头的一端固定在输水管道的支管上，一端放到果树的根区附近。由于这种微管滴管滴头很细，很容易堵塞，特别是在我国北方水质比较硬，含有大量的钙、镁离子，更容易发生堵塞；另外，滴头的出水均匀性也较差。所以，近几年开始使用塑料薄膜带状软管，在其上直接打孔出水，出水比较均匀，而且安装方便，造价低。设施栽培采用滴灌的好处主要如下。

（一）节水、节肥、省工

滴灌分全管道输水和局部微量灌溉，使水分的渗漏和损失降低到最低限度。同时，又能做到适时地供应果树根区所需水分，不存在外围水的损失问题，使水的利用效率大大提高。灌溉可方便地结合施肥，即把化肥溶解后灌注入灌溉系统。由于化肥同灌溉水结合在一起，肥料养分直接均匀地施到果树根系层，真正实现了水肥同步，大大提高了肥料的有效利用率，同时又因是小范围局部控制，微量灌溉，水肥渗漏较少，故可节省化肥施用量，减轻污染。

（二）控制温度和湿度

采用膜下滴灌，即把滴灌管（带）布置在膜下，效果更佳。滴管灌溉水量少，而且不是短时间一次性灌入，所以灌水对地温的直接影响小。而且滴灌是把水灌在地下根区，地面蒸发水量小，减少了土壤蒸发耗热，所以滴灌的温室地温一般要比传统地面灌溉的高。滴灌避免了输水损失和深层渗漏损失，地表部分湿润，减少了地面蒸发。滴头的灌水率小于土壤入渗速度，避免了径流损失，没有水分的漂移损失。

由于地面蒸发大大减少，温室内空气相对湿度比地面灌溉低10%左右，从而减轻了病害的发生和蔓延，特别是减少了某些靠灌溉水传播病害的再侵染机会。除以上优点外，地下滴灌还具有灌水质量好、灌水操作简单、灌水不误田间作业、有利于田间管理、节省土地等优点。

（三）保持土壤结构

滴灌不仅不会造成土壤板结，而且还可以大大改善土壤的理化性能。在传统沟畦灌较大灌水量作用下，使设施土壤受到较多的冲刷、压实和侵蚀，若不及时中耕松土，会导致严重板结，通气性下降，土壤结构遭到一定程度破坏。而滴灌属微量灌溉，水分缓慢均匀地渗入土壤，对土壤结构能起到保持作用，并形成适宜的土壤水、肥、热环境。

（四）改善品质、增产增效

滴灌能依照果树耗水规律，适时适量地、均匀而又缓慢地供水、供肥，使果树根层土壤经常保持最佳的水分、通气和养分状态，为果树生长发育创造了良好环境。滴灌时地面湿润范围较小，因而还能减少病虫危害和产量损失。由于应用滴灌减少了水肥、农药的施用量及病虫害的发生，可明显改善产品的品质。

三、滴灌制度的确定

滴灌制度是指果树全年每次灌水量、灌水时间间隔、一次灌水时间、灌水次数等。一次灌水量受果树树种（品种）、树龄、土壤类型（土壤的田间持水量）影响，幼龄果树一次灌水量宜小，成龄果树宜大；根系分布浅的树种（品种）一次灌水量宜小，根系分布深的宜大；黏土类宜大，沙土类宜小，根据经验每667 m^2（亩）一次灌水量黏土类为17～26 m^3、黏壤土12～18 m^3、壤土13～20 m^3、砂壤土10～16 m^3、砂土4～6 m^3。灌水时间间隔和灌水次数可根据果树全年的需水量、当年降雨情况、水资源条件和管理水平等因素确定。

系统的工作制度分续灌和轮灌两种，续灌是系统内全部管道同时供水、轮灌是支管分成若干组轮流供水，这样工程的投资、水源、经济状况不同确定。

四、滴灌设备的组成

滴灌系统主要由供水装置、输水管道（干、支管）和滴水软带组成。

（一）供水装置

供水装置指水源、水泵、流量和压力调节器、肥料混合箱、肥料注入器。进入滴灌管道的水必须具有一定的压力才能保证灌溉水的输送和滴出。要获得具有一定压力的水可以采取以下方法。

1. 利用现有水塔

需要计算水塔与灌溉管道的相对高程差，一般要求送水的压力达到 0.1～0.2 MPa，这相当于要求水塔与灌溉区的相对高度差达到 10 m 以上。

2. 机井旁设置压力罐

压力罐容量 2～8 m^3，机井水抽入以后加压至 0.2～0.5 MPa。压力罐应安有自动补水装置，以保证不间断地均匀供水。

3. 土造贮水罐

在温室旁设置土造的贮水罐，如铁桶、水缸、塑料罐、水泥池等，一般容量要达到 5 m^3 以上。贮水罐的高度要距地面 1.5 m 左右，使用时用微型水泵不断地把水注入贮水罐中。

4. 微型水泵直接供水

用微型水泵直接泵入输水管道，省去各种贮水设备。

（二）输水管道

输水管道是把供水装置的水引向温室等滴灌区的通道。对于温室来说，一般是二级式，即干管和支管。滴灌管带直接安装在支管上。滴灌管一般是由专业厂家提供的高压聚乙烯或聚氯乙烯管，管的内径有 25～100 mm 不同的规格。

设施外的输水干管要埋入土中 0.8～1.0 m（东北地区）或 0.5～0.6 m 深处（冻土层以下）。不同内径的干、支管用二通、三通、四通、旁通等连接。输水管道上引至温室出水管的内径可选取 37.5～50 mm，输水管道上需要安装过滤器，以防铁锈或泥沙堵塞。最简单的过滤器是用 80～100 目的纱网过滤，同时要安装压力表阀门和肥料混合箱。肥料混合箱容积一般为 0.5～1 m^3。进入温室后的管道一般是设置在温室中部或通道前的地面上。

对于幼树，一般可采用单行毛管直线布置，即一行果树布置一条毛管，一棵树安装 2～3 个单口出水口滴头，沿毛管等距安装滴头，也可采用多孔毛管（滴灌管或滴灌带）作灌水器。滴头（或灌水点）与树干的距离通常为树冠半径的 2/3。成龄果树或果树行距较大时，可采用双行毛管平行布置，即沿树行两侧布置两条毛管，每棵树两边各安装 2～4 个滴头；也可采用单行毛管带环状管布置，即沿一行树布置一条输水毛管，在输水毛管上用三通接出围绕每一棵树布置一条环状毛管，并在环状毛管上打 5～6 个滴头。

（三）滴水软带

目前，多用聚乙烯塑料薄膜滴管带，厚度一般为 0.8～1.2 mm，折径有 16 mm、20 mm、25 mm、32 mm、40 mm、50 mm 等规格。管壁为黑色，以防止管内滋生绿苔，堵塞管道。日光温室中可以选用折径小的软管。滴管软带的左右两侧各打有一排直径 0.5～0.7 mm 的滴孔，每侧孔距 25 cm，两侧滴孔交错排列。当水压达到 0.02～0.05 MPa 时，软带便起到输水作用，并将软带的水从滴孔滴入植株根际土壤中。

滴水软带的布置和安装根据设施内果树栽植的行向布置支管，一般情况下支管布置在温室南北两侧，滴水软带依株行（畦）距布置。滴水软带与支管连接有两种方法。一是用异径三通连接，流速快，特别适于长度超过 60 m 的温室。如果温室过长，可从温室中部分成东西 2 组，安装 2 个阀门，分别将水输向两边，实行分组灌溉。另一种安装方法是，将输水支管按软带的布设位置打孔，在孔上安装旁通，将滴水软带接在旁通的出水口上并扎紧。旁通价格便宜，安装时比异径三通要省事得多。日光温室滴水软带的输送水距离较小，一般都采取这种连接方法。

果树为多年生，滴灌使用环境差，要求滴灌管壁厚一些，使用寿命 5～10 年，壁薄的滴水软带则不适宜。一般树形较小（如葡萄树）土壤为壤土每行铺一条滴灌管，形成一条湿润带能满足灌溉要求，苹果和柑橘等大株距果树或土壤沙性较严重时铺两条滴灌管，避免果树根系发育过于集中。如果果树株距超过 5 m，干旱严重，可能考虑采用环树盘绕滴灌管的布置方式。

五、注意事项

1）要防止滴孔堵塞。滴灌系统中过滤装置一定不可缺少，要定期清理。追肥时一定要溶解充分、无沉淀，并清除杂质。毛管灌水孔的堵塞主要是尘土和灌溉水中带有的藻类有机物所致，水池加设盖板，沉淀池、滤网过滤等净化设施，可以有效地防止尘土入池和藻类的生长，避免进入管网造成灌水孔堵塞。其次要尽量少用易锈蚀的金属管件和管段，采用聚乙烯管材；在干支管的高处安装进、排气阀，以保证地下滴灌系统安全输水、配水，并能有效地防止灌水孔处泥水倒抽回管内造成堵塞。

2）压力要适中，避免软带破裂。

3）使用滴灌时，要在基肥中施足有机肥和复合肥，以免在只能通过滴灌施溶解性较好的化肥时，出现脱肥和营养比例失调的问题。

4）结合滴灌铺设覆盖地膜。温室中湿度过高对果树生长不利，因此应尽量覆盖地膜。这对于一些容易裂果的品种和易患病的品种尤为重要。注意保管好软带和塑料管材。夏季不用时，应将布置在地面部分的管材和软带收集起来，放到避光和温度较低的地方保存，再使用时要检查是否有破裂漏水或堵塞的地力，并维修后再重新布设。

5）防止根系集中生长措施。应正确布置灌水孔，尽量使其在平面上分布均匀，且埋深不能太浅，一般应在 40 cm 左右。另外，对于在没有充分冲洗条件的地区或是秋季无充足降雨的地方，则不要在高含盐量的土壤上进行地下滴灌或尽可能减少地下滴灌。

第五章　设施草莓栽培

第一节　概　　述

一、草莓的经济价值

草莓为蔷薇科宿根性多年生常绿草本植物，具有较高的经济价值，园艺学一般将其划分为浆果。在世界小浆果生产中，草莓的产量及栽培面积一直居于首位，是世界各国普遍栽培的一种浆果植物。

草莓果实柔软多汁，色泽鲜艳，香味浓郁，甜酸适口，营养丰富，深受国内外消费者的喜爱，被誉为“水果皇后”。据测定，每 100 g 浆果含糖 5～10 g，有机酸 0.8～1.5 g，粗纤维 1. 4%，蛋白质 0.4～0.6 g，维生素 C 50～120 mg，磷 34 mg，钾 172 mg，还含有丰富的维生素 A、维生素 B 和铁等。草莓还有较高的药用和医疗价值。草莓味甘酸，性凉，无毒，能润肺、生津、利痰、健脾、解酒、补血和化脂，对胃肠病和心血管病有一定的防治作用。食用草莓鲜果，对治疗积食胀痛、食欲不佳、营养不良或病后体弱消瘦均有疗效。草莓汁还有滋养皮肤的功效，用它制成各种高级美容霜，对减缓皮肤皱纹出现有显著效果。

草莓果实无核，除鲜食外，还适于加工，可制成草莓酱、草莓汁、草莓酒、草莓露、糖水草莓、草莓蜜饯、草莓脯和各种草莓冷饮。草莓是一种经济价值较高的小浆果，与其他果树相比，草莓适应性强，繁殖容易，它具有周期短、见效快、上市早、投资少、售价高、管理方便等优点，产量高，收益既快又好。

草莓是果品中上市较早、生长周期较短的水果。露地栽培从前一年 8 月底到 9 月初定植，翌年 5～6 月果实成熟，此时正是水果供应的淡季，售价高，且在保证果品周年供应中起到一定作用。它不仅可以进行商品性生产，也适合庭院栽培和盆栽制作，以美化环境和增加家庭收入。近年来，为提早供应市场需求，采取现代化设施栽培技术，从 1 月至 6 月均有草莓上市。每亩收入万元以上。

目前，草莓栽培方式除露地栽培外，设施栽培包括日光温室、塑料大棚等发展迅速，已实现草莓四季生产与全年供应。

二、草莓的栽培历史

草莓属于蔷薇科草莓属，原产美洲，世界上约有 50 种。我国有 7 种，其中以森林草莓和东方草莓 2 种最多，分布在东北、西北和西南等地区的山坡、草地或森林下。此外，还有黄毛草莓、西南草莓、五叶草莓、纤细草莓和西藏草莓。其他各国栽培的草莓，主要是 18 世纪培育出的大果草莓，即凤梨草莓。草莓栽培始于 14 世纪的欧洲，最初在法国栽培，直到 18 世纪培育出大果草莓以后，才逐渐传播到世界各地并扩大栽培面积。草莓在我国有近百年的栽培历史，最早于 1915 年由苏联侨民引入东北。由于适应性广泛，从热带至寒带几乎都可栽培。

20 世纪 80 年代以来，我国从欧美、日本引进的一些新品种在生产上迅速取代了过去的老品种，成为生产上的主栽品种，并不断发展和更新。20 世纪 80 年代，宝交早生在全国栽培面积较大；80 年代中后期，全明星成为华北、西北生产中主栽品种，东北地区以戈雷拉、全明星、宝交早生为主，中南部地区以宝交早生、春香、丽红、硕丰为主；20 世纪 90 年代，华北、华东及西北产区，露地及半促成栽培仍以全明星、宝交早生为主，而促成栽培则以丰香为主；特别是 1995 年以后，华东、华中地区以丰香为主栽品种，占生产栽培面积的 70%～90%或以上；2000 年以后，由于丰香易感白粉病，所以它在全国各地的栽培面积开始减少，而达赛莱克特、卡麦若莎、枥乙女、章姬、幸香的生产面积正在不断扩大。加工品种则多以哈尼、森加森加拉、达赛莱克特、达善卡为主。与此同时，20 世纪 80 年代以来我国一些高等农业院校和科研单位还开展了新品种选育工作，选育出了一批适合我国不同气候条件的优良新品种。

我国南北气候条件差异较大，加之生产力水平参差不齐，栽培形式多种多样，既不像日本以塑料大棚为主体，又不像美国以露地栽培为主体，而是各种形式并存，代表了我国不同地域气候特点和生产发展水平。20 世纪 80 年代以前，我国的基本栽培形式为露地栽培；80 年代初期，生产上开始推广地膜覆盖栽培；80 年代中期，开始推广小拱棚栽培；80 年代末至 90 年代初，南方推广塑料大棚，北方推广塑料日光温室，使我国露地栽培的主体地位发生了根本变化，从简单的地膜覆盖、小拱棚、中拱棚、大拱棚，到金属材料组装的塑料大棚、竹木或钢筋骨架的日光温室，应有尽有。在我国设施栽培形式中，北方地区以日光温室及中、大拱棚为主，南方地区以塑料大棚及小、中拱棚为主。目前，浙江、上海、江苏、山东、河南成为大棚草莓生产基地，河北、辽宁、北京等北方地区成为日光温室草莓生产基地，四川成为小拱棚草莓生产基地。另外，在山东、北京、辽宁等地还进行了抑制栽培 。

三、中国草莓栽培分区

依据地理位置和自然条件，将我国的草莓产地划分为 3 大产区，即北方产区、中部产区和南方产区。

北方产区包括秦岭—淮河以北、东北、华北、西北诸省（自治区、直辖市），主要有东北地区的辽宁、吉林、黑龙江，华北地区的河北、内蒙古、山东、河南、山西和北京，西北地区的甘肃、陕西和新疆。北方产区秋冬气温低，1 月平均气温–17～–1℃，气温及日照长度均能满足普通草莓品种休眠与花芽分化的需求；由于气候寒冷且降水量少，为方便防寒及灌水保水，常采用高畦边的低畦栽培，冬天畦面上覆盖地膜或地膜+果树残枝。北方产区栽培方式多种多样，常见方式有露地栽培、小拱棚促成栽培、大棚半促成栽培、无加温日光温室半促成栽培及加温日光温室促成栽培等。由于秋冬低温来临时间早，与南方产区和中部产区相比较，定植时期明显前移，华北地区的定植适期为

8 月中旬至下旬，东北、西北地区为 8 月上旬至中旬。露地栽培的收获期，华北地区为 5 月上旬至 6 月上旬，东北、西北地区为 5 月中旬至 6 月下旬。小拱棚促成栽培的采收期比露地栽培提早 15～25 天。大棚半促成栽培以冬季气温较高的山东沿海地带（如烟台、青岛等地）居多，11～12 月覆盖两重塑料保温膜，采收始期为翌年 3 月中旬。由于日光温室保温效果好，利用深休眠品种进行无加温半促成栽培时，4 月上旬果实即开始成熟；利用日光温室与加温相结合，浅休眠品种（如丰香、静香等）可在 11 月上旬开始采收上市。近年来，辽宁、河北及山东等地大规模利用保温性良好的日光温室进行促成与半促成栽培。目前，北方产区设施栽培的主要品种有丰香、弗吉利亚和吐德拉等，露地栽培的主要品种有全明星、宝交早生和玛丽亚等。

中部产区包括秦岭—淮河以南、长江流域诸省（自治区、直辖市），主要有安徽、江苏、上海、四川、浙江、湖北和江西。该产区 1 月平均气温 0～5℃，属非寒冷地区，秋冬气温与日照长度能使普通草莓品种正常花芽分化及顺利通过休眠，露地栽培无须覆盖物即可完全越冬；因降水量明显多于北方产区，常采用排水良好的深沟高畦式栽培。该产区以地膜覆盖露地栽培、小拱棚促成栽培、大棚促成与半促成栽培等多种栽培方式共存。由于该产区大多施行草莓与水稻轮作栽培制，因此定植时期常受到前作的限制，促成栽培的定植期多在 9 月中下旬，半促成与露地栽培的定植期为 10 月上旬至 10 月下旬。小拱棚促成栽培的采收期通常比露地栽培提早 10～15 天，浙江、上海、江苏、四川、安徽等地区利用浅休眠品种或休眠性较深的品种与赤霉素的使用相结合，使成熟初期提早到 12 月上旬甚至 11 月中下旬，每亩产量为 1.5～2.0 吨。中部产区促成栽培的主要品种有丰香、宝交早生、明宝和丽红，近年来章姬和幸香的面积正在增加，露地栽培主要品种为宝交早生，半促成栽培主要品种为宝交早生及丽红，小拱棚栽培主要品种为宝交早生。

南方产区包括南岭山脉以南、华南诸省，主要有台湾、广东和海南。该产区冬季温暖，1 月平均气温 10℃以上，秋冬气温不能满足草莓植株休眠与花芽分化所需的低温量。利用现有品种于当地低海拔平原地带育苗并进行生产栽培时，一般产量较低，每亩收获量仅 0.33～0.4 吨。因此，早期的生产用苗全部调自长江流域或北方产区。南方产区秋冬自然气温高，无须特别保温，早期的栽培方式几乎全为地膜覆盖的露地栽培，近年来大棚栽培也逐步成为该地区的一种主要栽培方式。浅休眠品种 10 月下旬至 11 月上中旬定植，12 月下旬开始采收，一直可延续至翌年 5 月。如果利用中部或北方产区调运苗，集中采收期可调节至翌年的 1～3 月。目前，该产区的主栽品种为丰香、弗吉利亚、达赛莱克特与宝交早生。

第二节　设施草莓栽培的主要品种

设施栽培时品种选择非常重要，品种选择准确与否是设施栽培成功与否的关键。适于设施栽培的草莓品种应具有花芽分化容易，休眠浅或不需休眠，休眠容易打破，生长发育及开花结实对温度要求低，花器官抗低温的能力强，抗病、早熟、丰产、优质等优良性状。适于促成栽培的品种，需冷量必须在 500 h 之内，生产上常用的有丰香、春香、静香、秋香、宝交早生、弗杰利亚等。适于半促成栽培的品种，需冷量可适当增加，明星、哈尼、戈雷拉、红衣等品种均可用于半促成栽培。不同地区，温度条件不同，栽培方式不同，在品种选择上应有所区别。另外，在选择品种时还要根据品种搭配的原则，在同一个温室中不应少于三个品种，以便互相授粉。

现将适于设施栽培的部分品种介绍如下。

1. 红颜

红颜，又称红颊，是日本静冈县用章姬与幸香杂交育成的早熟栽培品种。具有叶绿、花白、果红、味佳的品质。优质特点是个大、色红、味甜。味浓，甜度能达 14%～16%。植株长势强，株态直立易于栽培管理。叶片大，新茎分枝多。休眠浅，可抽发 4 次花序，各花序可连续开花结果，连续结果能力强。果形果色明显优于丰香。果实较硬，耐储运。

2. 章姬

日本引进品种，由原章弘先生于 1985 年，以久能早生与女峰两品种杂交育成的早熟品种。果实整齐呈长圆锥形，果实健壮，色泽鲜艳光亮，香气怡人。果色鲜红美观，果实充分成熟后品质极佳。由于该品种柔软多汁，耐储运性较差，因此，长距离运输时，需在七成熟时采摘。第一级序果平均重 35 g，最大单果重 50 g，单果重和产量均高于丰香。该品种对白粉病、黄萎病、灰霉病抗性较强，但对炭疽病抗性弱，栽培时需注意防治。章姬草莓的缺点是果实太软，不耐运，休眠期浅，适宜礼品草莓和近距运销温室栽培。

3. 甜查理

果实圆锥形，成熟后色泽鲜红，光泽好，美观艳丽；果面平整，种子（瘦果）稍凹入果面。果肉橙红色，髓心较小而稍空，硬度大，甜脆爽口，香气浓郁，适口性极佳。浆果抗压力较强，摔至硬地面不破裂，耐储运性好。成熟后自然存放 7～10 天仍然保持原色、原味，口感好，品质优良。浆果较大，第一级序果平均重 50 g，最大单果重 83 g。甜查理草莓休眠极浅，与丰香近同，适于设施（大棚）促成栽培。抗设施内常见的白粉和萎黄病，抗高低温能力强，采果期也早，既适于露地，更适于设施促成栽培。

4. 丰香

日本品种，我国于 1987 年引种。植株开花早，属早熟品种，果大，休眠很浅。果实圆锥形，鲜红色；果面平整，有光泽，外观艳丽。果肉浅红色，硬度中等，不耐长途运输。果实风味优，香甜适口；果实糖度高而稳定，可溶性固形物为 11.25%。该品种适应性强，在我国南北方均可栽植，抗寒、抗旱，花期较抗晚霜危害，抗病性极强。丰香为塑料大棚促成栽培的优良品种，也适于南方的露地栽培，在大棚促成栽培时，果实可在 11 月中下旬采果上市；抗病力中等，但极易感白粉病，在栽培管理时要特别注意防治。

5. 法兰地

果实圆锥形，单果重 42 g。果色艳红色，味浓香甜润爽口。硬度大，非常适合长途运输，商品货架期长。花粉量大，易授粉、无畸形果、不歇茬，可连续结四茬果，亩产达 4500 kg。法兰地草莓苗植株生长健旺根系发达，抗高温、高湿能力较强，连续雨天不裂果。高抗白粉病、灰霉病。休眠浅，比丰香成熟上市早 10 天以上。近两年该品种已成为华南地区的主栽品种，综合性状表现特别优秀。

6. 女峰

日本品种。果实圆锥形，整齐，平均单果重 12～13 g。果面鲜红色，鲜艳，光泽强；果肉淡红色，质细、较致密，风味甜微酸，香气浓郁。含可溶性固形物 9.8%，维生素 C 49.8 mg/100g。露地栽培生长茂盛，结果不良。在设施栽培中花芽分化早，开花早，前期产量高，为早熟、品质佳的设施促成栽培品种，主要用于鲜食。适于我国南部及中部草莓种植区作促成栽培，果实耐储性较好。此品种设施栽培时会出现无雄蕊的雌性花，影响早期产量，需进行人工辅助授粉。

7. 鬼怒甘

日本品种，女峰的株变，也叫日本 1 号。果实短圆锥形或扁楔形，第一级序果平均单果重 17 g；果面红色，有光泽；萼片反卷；果实硬度中等，果肉粉红色，多汁，风味酸甜，有香气，品质上等。极甜，含糖量高达 12%～18%，（一般草莓为 7%～12%）。12 月到翌 2 月采收的果实可自然存放 7～10 天，3 月以后采收的果实存放 4～7 天。花序多，每株 2～3 枝，连续抽生能力强，可连续结果 6 个月。该品种适应能力强，既耐高温，又抗寒，适合我国南北各地露地、小拱棚、温室栽培，休眠浅，特别适合大棚早熟栽培。抗白粉病、灰霉病能力均强。繁殖能力强，栽种时宜稀植。

8. 幸香

日本中早熟品种，系丰香与爱美杂交育成，1996 年定名。其主要特点为果实在低温少日照期仍着色良好，果形整齐，糖度稳定，耐储运，易栽培，是目前发展潜力较大的品种。果实长圆锥形，果型整齐，具有光泽，外形美观，果肉浅红色，有香味，果肉细腻，味道较浓，糖度较高，一般在 10℃以上，高于丰香 12%，维生素 C 含量高于丰香 15%～30%，果肉硬度大于丰香 30%。第一级序果平均重 35 g，亩产 2 吨左右。适宜温室栽植，亩定植 9 000～11 000 株，注意防治白粉病，生产中要控制氮肥的使用，特别在花芽分化期间更要控制氮肥的使用，否则易造成熟期推迟。该品种克服了丰香品种不抗白粉病、授粉能力差、畸形果多、着色不良、长势弱、繁殖系数低等缺点。

9. 港丰

也称丰香变异。植株生长势健强，植株半开张，叶片椭圆形，较大，叶色浓绿，匍匐茎抽生能力特强，花序抽生量大，平于或高于叶面。果色鲜红，果肉浅红，果实甜香，口感好，果实硬度好，可长距离运销。第一级序果平均重 42 g，最大单果重 98 g。该品种对白粉病抗性较强，适宜温室栽培，亩产可达 3000～3500 kg。

10. 哈尼

美国中早熟品种。植株生长势较强，株态半开张，繁殖力强，抗蛇眼病；叶片中等偏大，叶较厚，深绿色，光滑。果实圆锥形，果面深红色，有光泽，果肉全红，口味酸甜有香味，果实硬度好，耐运输。较丰产，果个大，一级序果平均重 19 g，最大单果重 38 g，亩产 1.5 吨以上。适应性强，既可露地栽培，又可温室栽培，是深加工极佳品种。

11. 星都 2 号

北京市林业果树研究所培育出的新品种。早熟，果形为圆锥形。一级序果平均重 27 g，最大单果重 59 g，一般亩产 1800～2000 kg。果面浓红色，果肉红，酸甜适中，香味较浓，肉质较细。可溶性固形物含量 8.72%。适合露地栽培。

12. 弗杰尼亚

又名杜克拉。果实长圆锥形。果实鲜红色，外表鲜艳；果肉粉红色。果实硬度大，耐储运性极强，但品质稍差。植株健壮，叶片大，呈黄绿色。花序抽生能力强，可连续结果，丰产性强，适合日光温室栽培，亩产可超过 5000 kg，是目前日光温室中最高产的草莓品种。适应性强，抗病性强，易于栽培管理，匍匐茎繁殖能力强。第一级序果平均单果重 12 g，最大单果重超过 100 g。

13. 宝交早生

早中熟品种。果实圆锥形，果基有颈。果面鲜红艳丽，种子红色、黄绿色均有，凹入或平嵌果面；果肉橙红色，髓心稍空，汁液红，质地细，香甜味浓，品质优。萼片平贴或反卷。植株生长较开张，分枝力中等。叶片椭圆形，呈匙状。托叶淡绿稍带粉红色，花序等于或稍低于叶面。适于露地和设施栽培。第一级序果平均重 17.2 g，最大单果重 24 g。

14. 春香

果实圆锥形，果面红色，味香甜，品质上。分枝力中等，叶片较大，椭圆形。花序低于叶面，植株直立，繁殖力较强。抗寒和抗病力较弱，易得白粉病和灰霉病，为四季品种。6 月上旬成熟。第一级序果平均重 17.8 g，最大单果重 32 g。

15. 明宝

早熟品种。果实圆锥形，鲜红色，有芳香。植株生长直立，结果期开张。叶部性状与春香相似，即叶片大、叶色稍淡，但叶片数稍少。抽生匍匐茎的能力比宝交早生稍弱但匍匐茎节间长。根系发达，粗根较多。顶花序出现比宝交早生早 10 天，每个花序着生的花朵数少，一般 9～14 朵，大果率高，几乎所有的花都能结实，畸形果少，丰产。果实耐储运性差，抗病性强；休眠性比宝交早生浅，在 5℃下经 70～90 h 即可打破休眠。适于露地及设施栽培。

16. 丽红

果实圆锥形，鲜红色，有光泽，外观美丽。果肉硬度中等，肉质细，味香甜。植株生长势强，叶片大，深绿色，单株花序 2～4 个，丰产性中等。休眠浅，仅需 50 h 左右。

第一级序果平均重 18.2 g，最大单果重 26.4 g。

17. 全明星

中晚熟品种。大果型，植株生长旺，匍匐茎繁殖能力强，叶片椭圆形，深绿色，有光泽，叶脉明显，果实橙红色，长椭圆形，不规则。种子少黄绿色凸出果面，萼片大，果肉特硬淡红色，酸甜适口汁多，有香味含可溶性固形物 6.8%，高产，耐储运，常温可贮 2～3 天。第一级序果平均重 21 g，最大单果重 32 g，不同序级间果实大小差别较小。抗病性强，能抗叶斑病、黄萎病等，为鲜食加工兼用品种。适合半促成栽培和露地栽培。

第三节　草莓的生物学特性

一、形态特征

草莓是多年生常绿草本植物。植株矮小，呈半平卧丛状生长，株高一般 20～30 cm，短缩的茎上密集着生叶片，并抽生花序和匍匐茎，下部生根。盛果期 2～3 年。草莓分为地下和地上两部分，由根、茎、叶、花、果实等器官组成。根、茎、叶为营养器官，花、果实、种子为生殖器官。草莓植株的形态特征见图 5-1。

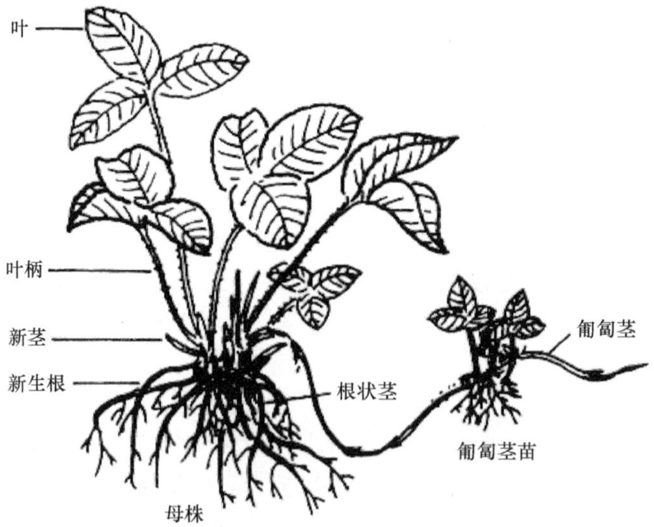

图 5-1　草莓植株（唐梁楠和杨秀瑗，2013）

（一）根

生产上栽培草莓是由茎生根形成的根系，即由新茎和根状茎上发生粗细相近的不定根组成的，主要分布在距地表 20 cm 深的土层内。草莓定植后不久，从根状茎上产生 1.0～1.5 mm 的初生根。一株草莓有 30～50 条初生根。初生根上发生侧根，侧根上密生根毛。新根呈乳白色至浅黄色，老根呈黑褐色。当新根生长到一定粗度后，就不再加粗生长，加长生长也逐渐停止。新茎于翌年成为根状茎后，须根就逐渐衰老枯死，而由上部的根状茎再长出新的根系来代替。随着新茎部位的不断升高，发生不定根的部位也相应升高，甚至露出地面，因而会影响新根的产生和正常生长。因此，需要采取培土护根措施，以使植株健壮生长和安全越冬。

草莓的根系比地上部开始生长早，春季当 5 cm 地温达到 5℃左右或 10 cm 地温基本稳定在 1～2℃时，根系已经开始生长。当 10 cm 地温稳定在 13～15℃时，根系的生长达到第一次高峰，这时正是初显花序至开花盛期。当地温在 15℃以上时，草莓进入开花结果期，不仅根系生长缓慢，而且有些新根从顶部开始枯萎，变成褐色，最后死亡。直到 7 月上中旬，根才出现第二次生长高峰，以新茎基部发生新根为主，老根继续死亡。

（二）茎

草莓的茎分新茎、根状茎和匍匐茎 3 种，前两种生长在地下，也统称为地下茎。

1. 新茎

新茎是草莓芽萌发后当年抽生的短缩茎，呈弓背形，加长生长速度缓慢，年生长仅 0.5～2 cm，加粗生长较旺盛，节间极短，呈短缩状。新茎上密生具有长柄的叶片，每片叶的叶腋部位着生腋芽，腋芽具有早熟性。当年形成的腋芽，有的当年就会发出新茎分枝或萌发成匍匐茎。新茎的顶芽到秋季可形成混合花芽，成为主茎的第一花序，花序均发生在弓背方向，栽植时常根据这一特性确定苗的定植方向。新茎下部产生不定根。

2. 根状茎

根状茎是草莓二年生及二年生以上的茎。新茎在第二年叶片全部枯死脱落后，成为外形似根的根状茎。它是一种具有节和年轮的地下茎，是储藏营养物质的器官。植株生长的第三年，首先从下部老的根状茎开始，逐渐向上枯死。根状茎越老，地上部生长越差。草莓新茎上未萌发的腋芽，是根状茎的隐芽，当草莓地上部受损伤时，隐芽能发出新茎，并在新茎基部生出新的不定根，很快恢复生长。根状茎与新茎的结构不同，根状茎木质化程度高，而新茎内皮层中维管束状的结构较发达，生活力也较强。

3. 匍匐茎

匍匐茎是草莓一种特殊的地上茎，由草莓新茎的腋芽萌发形成。茎细，节间长，萌发初期向上生长，超过叶面高度后便垂向株丛少而日照充足的地方，顺着地面匍匐生长。匍匐茎是草莓的营养繁殖器官。在匍匐茎的偶数节上能发生不定根，向上长出正常叶，当不定根扎入土中，便形成新苗即匍匐茎苗。当年形成的健壮匍匐茎苗，其新茎腋芽当年还能抽生匍匐茎，称为二次匍匐茎，二次匍匐茎上形成的健壮匍匐茎苗有的当年还能抽生三次匍匐茎（图 5-2）。在营养条件正常的情况下，一根先期抽出的匍匐茎，能向前延伸形成 3～5 株匍匐茎苗。因此草莓利用匍匐茎能很快地获得营养繁殖苗。

匍匐茎的发生要求长日照和较高的温度条件，16 h 的日照条件下，14℃以上温度时可发生；12 h 的日照条件下，须高于 17℃温度时方能发生；8 h 日照条件下，匍匐茎完全不发生；温度低于 10℃时，即使 16 h 日照也不发生匍匐茎。叶面喷洒 30～50 ml/L 的赤霉素 1～2 次，能促进匍匐茎的发生。叶面喷洒 2 次 250 ml/L 的多效唑，能够抑制匍匐茎的发生。

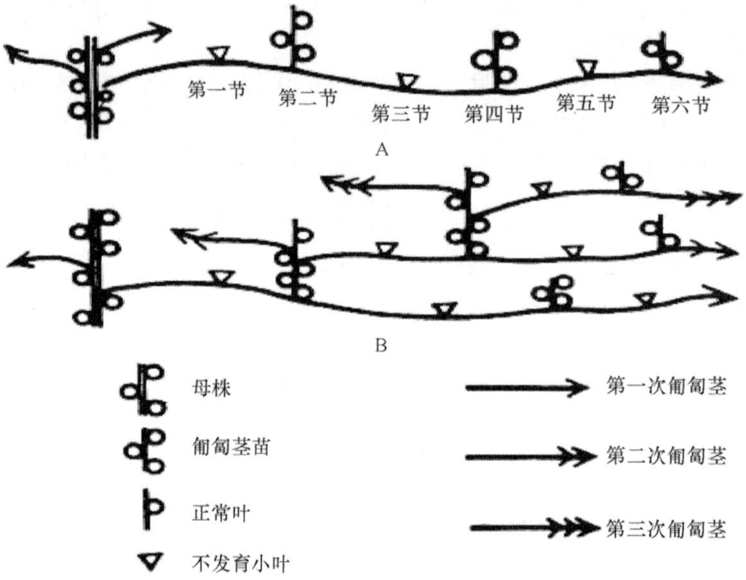

图 5-2 草莓的匍匐茎（唐梁楠和杨秀瑗，2013）

A. 匍匐茎生长模式；B. 匍匐茎多次生长模式

（三）叶

草莓的叶属于基生三出复叶，叶柄较长，一般 10～20 cm，叶着生于新茎上。总叶柄基部与新茎相连部分，有两片托叶鞘包于新茎上。托叶鞘的色泽是品种的特征之一。生长期间每棵草莓经常有 6～8 片功能叶，从心叶向外数到第三片至第五片叶光合效率最高。新叶展开后约 30 天达到最大叶面积，叶片平均寿命为 60～80 天。不同时期长出的叶，寿命长短有差异。从坐果到采果前的叶片较典型，能反映品种的特征。草莓叶片具有常绿性，秋季生出的叶片，在环境适宜和保护条件下，能保持绿色越冬，寿命可延长到 200～250 天。越冬叶片保留多，对提高产量有显著作用。

草莓叶片表面密布细小茸毛，小叶多数为椭圆形，因品种不同也有圆形、长椭圆形、菱形等（图 5-3）。叶缘有锯齿状缺口，有的边缘上卷，呈匙形；有的平展，也有两边上卷、叶肩部分平展等形状，这些都反映了品种特征，生产上要定期摘除老叶、病叶，以减少养分消耗和病害传播的机会。育苗期为了促进花芽分化要进行摘叶处理，花芽分化后再采取相应的栽培措施促进叶的生长。

（四）芽

草莓的芽分为顶芽和腋芽。顶芽着生于新茎的顶端，向上长出叶片和延伸新茎。顶芽在夏季结果后进入旺盛生长，秋季随温度下降，日照缩短，开始形成混合花芽，为顶花芽。第二年混合花芽萌发先抽生新茎，在新茎长出 3～4 片叶后，即抽出花序。腋芽着生在新茎叶腋里。腋芽具有早熟性，在开花结果期可以萌发抽生匍匐茎。秋末，新茎

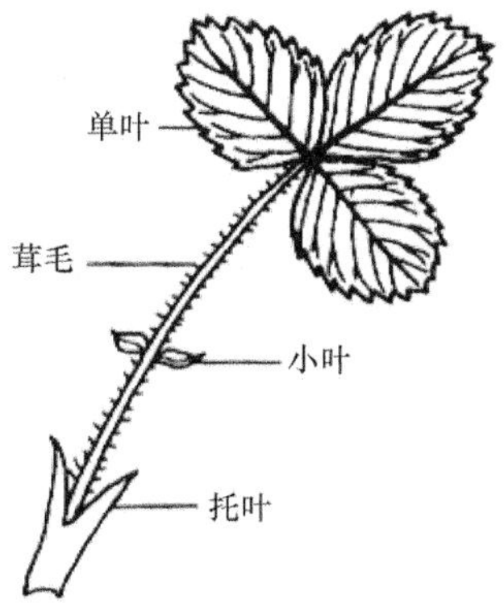

图 5-3　草莓叶的形态（范兰礼，2011）

上的腋芽不再萌发匍匐茎，有的可以形成侧生混合花芽，为侧花芽，来年春萌发并形成花序。未萌发的腋芽，有的成为潜伏芽，当植株顶芽受损时可以萌发，使植株得以继续生存。

（五）花

草莓花序为聚伞花序或多歧聚伞花序（图 5-4）。花轴顶端发育为 1 朵花后，停止生长，然后在下面同时推出两个等长的分枝，每分枝顶端各发育出 1 朵花，然后以同样的方式再产生分枝，所形成的花依次为第一花序、第二花序等。品种间花序分歧变化较大，一个花序上可着生 3～30 朵花，一般为 7～15 朵。花 5 瓣，雄蕊多数；雌蕊多数，离生于凸起的花托。在 1 个花序中，第一花序首先开放，然后是第二花序，依此类推。花的级次不同，开花的先后也不同，因而同一花序上果实大小和成熟期也不同。级次越高，开花越晚，果实越小，成熟期也越晚。草莓花为白色，少数黄色，5～8 瓣，大多数品种为两性花，自花能结实。少数品种雄蕊发育不完全或没有雄蕊。

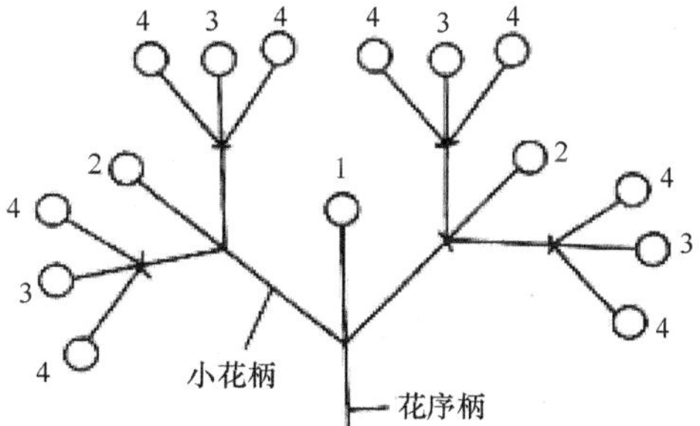

图 5-4　草莓各级花序示意图（范兰礼，2011）
1. 第一级花序；2. 第二级花序；3. 第三级花序；4. 第四级花序

在露地条件下，越冬后，日平均温度达 10℃以上时开始开花。草莓 1 朵花能开放 3～4 天，雌蕊在开花后 7～8 天均有受精能力。果实为聚合果，由花托肥大发育而成。开花后至 15 天果实发育缓慢；花后 15～25 天迅速肥大。草莓果实的大小和种子数量与温度关系密切，授粉充分、种子数量多果大，反之果则小，畸形果多。草莓的花期很长，在露地条件下，整个花序全部花期20～25天，整株花序的花期可长达40余天。在设施栽培条件下，因其日照时间短，夜温低，温差大，草莓在结果的同时可以不断地分化花芽，其开花时间可长达4～5个月。

（六）果实

草莓果实柔软多汁，由花托膨大形成，植物学上称为聚合果，属于假果，果树学上称为浆果。幼果绿色，经过一段时间后由绿变白，最后变红，成熟果实的颜色表面为粉红至深红，果肉多为白色、橙红或白中透红。果心充实或稍有空心。浆果表面嵌生着300～500粒硬而小的，多由离生雄蕊发育而成的像芝麻似的种子（称瘦果，是真正的果实）（图5-5）。瘦果在浆果表面嵌生深度不同，或与果面平，或凸出果面，或凹入果面。瘦果凸出果面的品种一般较耐储运。果实由外部的皮层和内部的肉质髓（或叫心）组成。髓部有维管束与嵌在皮层中的种子相连，髓部有的充实，有的则不同程度空心，如春香空心较大，而宝交早生空心较小。果实一般重15～30 g，空心大的品种虽然果个很大，重量却很轻。

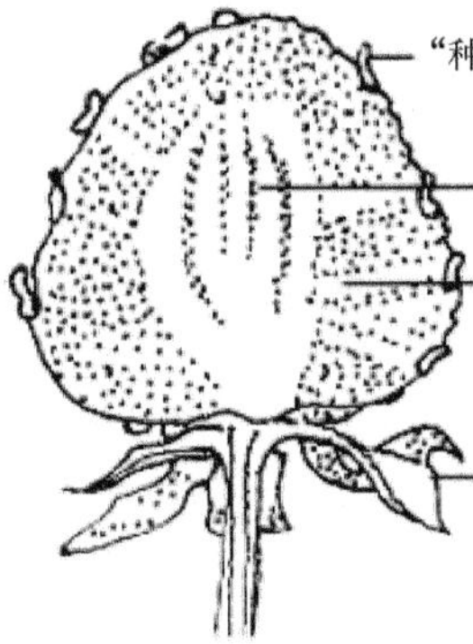

图5-5　草莓果剖面（杨力等，2006）

果实大小因品种而异，同一花序中以第一级序果最大，级数越高，果个越小。大果品种第一级序最大单果重可超过60 g。果实大小也受其他因素影响。草莓鲜果中约90%是水分，果实膨大期水分不足会使果实变小。

长日照和较强的光照可以促进果实成熟，低温管理配合强光照能提高果实品质，获得香味浓郁的果实维持土壤湿度，小水勤浇灌，随水间隔冲施适量腐熟粪稀，可促进果实膨大，提高果实品质。

二、物候期

草莓为常绿植物，在一年中的生长发育过程可以分为萌芽和开始生长期、现蕾期、开花结果期、旺盛生长期、花芽分化期和休眠期。

（一）开始生长期

此期是指早春地下部分根系首先活动，地上部分萌芽至花蕾出现。草莓根系开始活动大约在2月下旬，此时的地温稳定在2～5℃，根系开始生长。当温度升至5℃时，根系生长1周后，地上部分才开始萌芽，并逐渐发出新叶。根系生长7天左右茎顶端开始萌芽，先抽出新茎，随后陆续出现新叶，越冬叶片逐渐枯死。

（二）现蕾期

地上部生长约1个月后，花梗伸长，露出整个花序为现蕾期。当新茎长出3片叶，而第四片叶未全长出时，花序就在第四片叶的托叶鞘内显露，之后花序梗伸长，露出整个花序。显蕾后植株仍以营养生长为主。此期随着气温升高和新叶相继发生，叶片光合作用加强，根系生长达到第一个高峰。

（三）开花期和结果期

草莓的开花期与气候有关。温度高，开花早。单花花期3～5天，花期一般持续20天左右。在一个花序上有时甚至第一朵花所结的果已成熟，而最末的花还正在开。因此草莓的开花期与结果期很难截然分开。此期也有少量匍匐茎抽生。由开花到果实成熟约需1个月，由于花期长，果实成熟期延续的比较长，采收期可持续约20天。

（四）旺盛生长期

自浆果采收后到匍匐茎、新茎大量发生为旺盛生长期。浆果采收结束后，在长日照和高温条件下，首先腋芽开始大量发出匍匐茎，随后腋芽发出新茎，新茎基部又相继长出新的根系。匍匐茎和新茎的大量产生，匍匐茎偶数节上形成新的幼株，为分株繁殖及花芽分化奠定了基础。

（五）花芽分化期

草莓花芽为混合芽。据研究，草莓的花芽分化受温度和日照的共同影响。在10～24℃的温度条件下，经12 h以下的短日照诱导，开始进行花芽分化。温度高于30℃时，不管日照长短，花芽均停止分化。草莓的花芽分化是在较低的温度（气温17℃以下）和短日照（12 h以下）的条件下开始的。对于形成花芽，低温比短日照更为重要。草莓植株的健壮程度，对花芽影响较大，生长健壮，叶片数量多的植株，花芽分化早、分化速度快、花数多。6叶大苗可比4叶苗提前7天进行花芽分化，且花数多。分化后的花芽发育所需条件，与花芽分化所需条件恰好相反，适宜的高温、长日照能促进花芽的发育。分化后，及时适当追施氮肥，能促进植株的营养生长和花芽的发育。

（六）休眠期

花芽形成后，随气温降低，日照变短，草莓的生长发育逐渐减弱，以至相对地停止，进入自然休眠期。此期植株表现为叶柄短，叶片少，叶面积小，叶片发生的角度由原来的直立、斜生，发展到与地面平行，呈匍匐生长，全株矮化成莲座状，生长极其缓慢。此时给予适合生长发育的条件也不能正常生长结果。不同品种休眠时间不同，休眠时间少于200 h的品种称为浅休眠品种，如丰香和枥乙女；休眠时间在1000 h以上的品种称为深休眠品种，如北辉。在草莓栽培中，可根据休眠期的深浅采取不同的栽培方式，对于休眠浅的品种可以进行促成栽培，对于中等休眠的品种可以进行半促成栽培。

三、对环境条件的要求

（一）温度

草莓植株对温度的适应性比较强，生长的适宜温度为 18～25℃。草莓喜欢温暖的气候，不抗高温，有一定的耐寒性。早春当地温达 2℃时根系便开始活动，10℃时发出新根，根系生长的最适温度为 15～20℃，冬季土壤温度下降到–8℃时，根部就会受到危害。温度 5℃时，地上部开始生长，当气温降至–30～–1℃时，植株就会受冻害。草莓苗生长的最适温度为 18～23℃，光合作用的最适温度为 15～25℃，夏季气温超过 30℃生长受抑制。开花期低于 0℃或高于 40℃都会阻碍授粉的进行，影响种子发育，导致畸形果，果实膨大期昼温 18～20℃时是最适宜的温度，较高的昼温能促进果实着色和成熟，但果个小，采收期提早。在 17～30℃的范围内积温达 600℃左右可以着色成熟。平均气温为 20℃时需 30 天成熟，30℃时只需 20 天就可成熟。秋末经过霜冻和低温锻炼的草莓苗，抗寒力可大大提高，草莓芽能耐–15～–10℃的低温。

（二）水分

草莓根苗期缺水，阻碍茎、叶的正常生长，开花和结果期缺水，花期缩短，果实的膨大受影响，严重地降低产量和质量。另外，草莓又不耐涝，因其不仅需要土壤中有适当的水分，还要求有足够的空气。长期积水会影响植株的正常生长，降低抗寒性，严重时会使植株窒息死亡，因此雨季应注意排水。相对湿度 40%左右时最适宜花药开裂和花粉萌发，随着空气相对湿度的增加，花药开裂率直线下降，当相对湿度达到 80%时，花药开裂率和花粉萌发率均很低。

（三）光照

草莓是喜光植物，但又比较耐荫，草莓果实发育期需要充足的光照，如果植株长期处于弱光条件下，光合作用受抑制，果实中的糖分含量明显降低，严重影响果实品质。在强烈阳光下草莓易受干旱与酷热危害，根系受高温伤害生长差，叶片变小，严重时成片死亡。而草莓根系浅、植株矮小，与其他果树不会产生光照、水分、养分的矛盾，故适宜作幼年果园的间作或在葡萄园大、小棚架的架下栽植，提高土地利用率。光周期对草莓植株的生长发育具有重要影响，一般品种的花芽分化需要 10～12 h 的短日照，而匍匐茎是长日照、温度较高的条件下发生较多。

（四）土壤

草莓最适宜栽植在疏松、肥沃、通气良好、保肥保水能力强的沙壤土中，黏土地虽具有良好的保水性，但透气不良，根系呼吸作用和其他生理活动受到影响，容易发生烂根现象，结出的果实味酸，着色不良，品质差，成熟期晚。如果在黏土地上栽种草莓，就需要采用黏掺沙或增施有机肥，小水勤灌，以使草莓果色好，含糖量高，成熟期提前。草莓适于地下水位不高于 80～100 cm，pH 5.6～6.5 的土壤中生长。沼泽地、盐碱地、石灰土、黏土和砂土不经改良都不适宜栽植草莓。土壤是否适于草莓生长，主要取决于表土层，因为这是草莓根系主要分布的地方。

四、苗木繁殖技术

（一）母株选择

因为草莓病毒病是草莓最重要的病害，一般造成减产 20%～30%，严重时达 50%以上，但目前国内外还没有理想的防治药剂，随着草莓生产的发展，草莓病毒病也随之加重，致使品种退化，严重地影响了草莓的产量和质量。所以最好从科研单位选择脱毒的健壮苗木作为繁殖母株进行苗木繁育。

健壮母株的标准是：植株完整，无病虫害，具有 4～5 片或以上正常的复叶，植株矮壮，有较多的新根，多数根系达 5～6 cm，植株黄绿色，全株重量在 25 g 以上，地下部分重在 10 g 以上，新茎粗度在 1.2～2.0 cm。

（二）繁殖方法

草莓的繁殖方法目前主要有 4 种，即老株分株法、匍匐茎分株法、种子繁殖法和组织培养法。由于老株分株法、种子繁殖法和组织培养法繁殖草莓的制约因素较多，因此生产上多选用匍匐茎分株法。

（三）匍匐茎苗的繁殖技术

1. 苗圃地的选择

一般选择地势平坦，土壤肥沃疏松，灌溉条件好，未种过草莓或已轮作过其他果树的地块。母株定植前整地做畦，将圃地耕翻 30 cm 深，每亩施农家肥 3000 kg，过磷酸钙或其他复合肥 50 kg，把肥料撒匀，整地做高畦，畦宽 1 m，长 5～10 m，高 15 cm。

2. 种苗选择

繁育苗的第一步是获得较多而健壮的匍匐茎苗，所以种苗应选择组织培养的脱毒苗。因为脱毒苗恢复了原品种的特性，品种纯正，生长势旺盛，发生匍匐茎多且壮。

3. 栽植

河南 3 月中下旬栽植母株，繁殖系数高的品种，每畦栽 1 行，株距 60～80 cm；繁殖系数较低的品种，每畦栽 2 行，行距 30 cm，株距 80 cm。每亩定植 700～1800 株。

栽植方法：在畦中间按栽植密度刨穴，将苗木放入穴中，培土一半时浇透水，水渗后再培土封穴，栽植时，应使植株根系自然舒展。栽植深度以“深不埋心，浅不露根”为宜（图 5-6）。

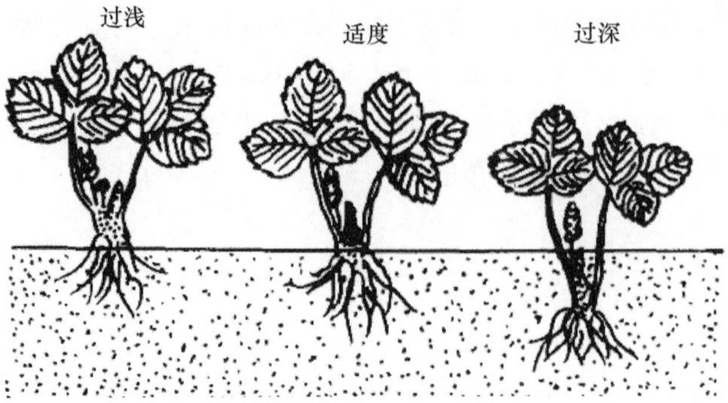

图 5-6　草莓的栽植深度（李世一等，1994）

4. 苗期管理

秧苗缓苗后，如果叶色较淡，叶柄较细，应进行追肥。如果采用根外追肥，尿素浓度应控制在 0.3%，追肥间隔 10～15 天。在苗木生长期间要经常中耕除草，保持土壤疏松，水分良好。匍匐茎大量发生则不能再锄地，但要及时用手拔草，以免影响幼苗生长。

母株管理过程中为了节省营养，促进匍匐茎抽生和培养健壮子苗，要经常去老叶，及时摘除母株上的花序，以提高苗木繁殖率。匍匐茎发生以后应及时将其沿畦面两侧均匀理顺，引茎、压土（图 5-7），避免交叉在一起及不能发不定根等，还应摘除匍匐茎上发生的子茎（二次匍匐茎）和孙茎（三次匍匐茎），使大约 10 cm^2 的面积长一株匍匐茎苗。当产生的匍匐茎苗数量已达到繁殖系数时（30～60 株），对匍匐茎摘心，此后再发匍匐茎也应及时去掉，以利于匍匐茎苗生长，使之更加粗壮，以利于生产田使用。

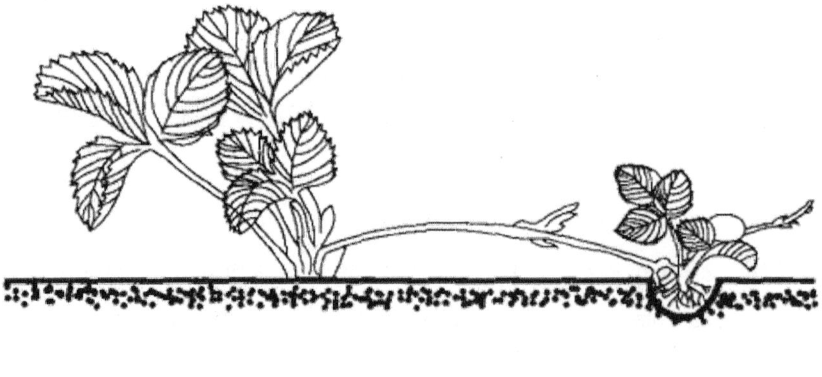

图 5-7　草莓匍匐茎压茎示意图（黄国辉，2010）

（四）假植育苗

假植育苗就是把匍匐茎苗在栽植到生产田之前，先移栽到固定的场所进行一段时间的培育。假植育苗的时期以定植前 50 天为宜（河南一般在 7 月下旬）。假植育苗有利于花芽分化，而且秧苗大小均一。

1. 营养钵假植育苗

营养钵假植育苗时，选取两叶一心以上的匍匐茎苗，栽入直径 10 cm 或 12 cm 的塑料营养钵中。基质以无病虫的肥沃表土，加入一定比例的有机物料，以保持土质疏松，此外基质中还要加入优质腐熟农家肥 20 kg/m^2。将栽好苗的营养钵排列在架子上或苗床上，株距 15 cm。栽植后浇透水，第一周必须遮阴，定时喷水以保持湿润，每天喷水 2～3 次，成活后，每天喷水 1～2 次。栽植 15 天后喷施一次 0.3%尿素，以后每隔 10 天叶面喷施一次复合肥。在花芽分化前，停止使用氮肥，只使用磷钾肥，每隔 7 天追施一次。及时摘除抽生的匍匐茎和枯叶、病叶，并进行病虫害综合防治。促成栽培最适合采用营养钵假植育苗，钵苗带土定植后，不缓苗，生长发育快，结果早。

2. 高山育苗

高山育苗是在海拔 1000 m 以上，交通方便，有灌溉条件及土壤肥沃的地块育苗，其目的是利用高山的冷凉条件使草莓苗提早进行花芽分化和打破自然休眠。高山育苗分早期育苗和晚期育苗。早期育苗有利于花芽形成，要求用大苗，即有 3～4 片叶，根系多的苗进行培育，在 7 月上旬对苗进行假植培育，8 月上中旬把苗运送到山上。由于在山上培育的时间较长，故应施足肥料，加强水分管理。11 月下旬下山，下山后立即定植在已安装好的大棚中。晚期育苗只是为了满足草莓所需的低温积累量。可在 8 月中下旬取较大的苗，在 11 月上旬上山，12 月上旬即可下山定植。

（五）无病毒苗木培育

1. 茎尖组织培养法

茎尖组织培养法又叫离体培养法，植物的茎尖分生组织不含有病毒，通过茎尖培养，诱导出新的植株是培育草莓无毒苗的常规方法。

接种时，所取茎尖越小越好，茎尖大小在 0.2 mm 时，分化的植株无病毒率可达 100%，但接种时操作困难，且成活率低。相反，取材过大，如在 1 mm 以上成活率较高，但去病毒作用差。实践证明以带一个叶原基的生长点为宜，长度为 0.3～0.5 mm。在解剖镜下接种，先剥去幼叶和鳞片，露出茎尖生长点，用解剖针取出生长点于培养基上，每个培养基可接种 5～7 个茎尖。培养室内温度一般保持在 22～25℃，光照时间为 18 h，光照强度为 3000 lx。1～2 个月后，可直接分化出小植株，再经 1～2 个月的培养可展叶 4～5 片。在繁殖培养基中去掉 6-BA 就是生根培养基，可获得发根苗。一般无根苗在培养基中培养 2～4 周即生根完毕，进行移植。在生根培养时，培养瓶可置于室内自然散射光之下。

2. 热处理

1963 年，Posnette 首次发现，用蒸汽处理可以使草莓脱毒，后来发现用热水处理也可以脱毒。在 35～40℃的条件下，草莓的一些病毒钝化。因此，这时分裂形成的细胞含病毒较少或无病毒，从而起到脱毒作用。病毒种类不同对热处理的耐性不同，如草莓镶脉病毒在 37℃的温度下，需经 10～24 天，整株的病毒被钝化。草莓斑驳病毒在 37℃的温度下经几周也可钝化。但有些病毒在41℃下经20天的热处理也不能钝化。

脱毒最有效的方法是热处理结合茎尖培养。具体方法是：把盆栽草莓放入35℃的温度条件下，每天升高1℃，直至升到38℃时保持恒温，或38℃/37℃的昼夜变温处理1～2个月。用此法12天后草莓斑驳病毒可脱除，50天后可脱除皱缩病毒。用经热处理后植株长出的匍匐茎作材料，取0.5 mm长的茎尖进行培养，可得到较高比率的脱毒株率。

（六）苗木出圃

1. 出圃时间

常规育苗，出圃的时期可分为两个时期。

一个时期是花芽分化前的8月上中旬。这时匍匐茎苗已长出5～6片复叶，生长比较健壮，出圃后马上移栽到生产园。出圃时期过早，秧苗生长不充实，子苗质量差，气温仍较高，影响成活率。出圃过晚，移栽后子苗生长期短，会影响花芽分化，降低草莓产量。这个时期出圃的秧苗更有利于促成栽培，但子苗的利用率稍低。

另一个时期是花芽分化后移栽，在北方地区一般在9月下旬进行。过早花芽发育不充分，过晚气温低，不利于缓苗生长。这时出圃的子苗可直接定植于生产园，也可以置于低温库中冷藏打破休眠后定植，定植后马上保温。这时出圃的秧苗可以充分利用后期产生的子苗，在苗圃内应采取促进花芽分化的措施。①要及时与母株分离。当匍匐茎苗长出4片复叶后，可将其同母株连接的匍匐茎切断，使脱离母体，成为一株独立生长的秧苗，有利于子苗的发育和健壮生长。②断根。在花芽分化前的10～14天，对生长健壮的具有4～5片复叶的子苗进行断根处理，减少根系对氮素的吸收。抑制地上部的营养生长，有利于花芽分化。

2. 起苗技术

起苗前应浇水，以免起苗时伤根过多，并在距苗木新茎2～3 cm处切断两侧匍匐茎，起苗深度不能低于15 cm，以免切断苗木根系。

3. 苗木标准

苗木等级标准见表5-1。

表5-1　草莓苗木等级的划分指标

项目	分级	一级	二级
根	初生根数	5条以上	3条以上
	初生根长	7 cm以上	5 cm以上
	新茎粗	1.0 cm以上	0.8 cm以上
	根系分布	均匀舒展	均匀舒展
叶	成龄叶片	4个以上	3个以上
	叶色	正常	正常
芽	中心芽	饱满	饱满
苗木	机械伤	无	无
病虫	检疫病虫	无	无

（七）苗木包装运输

将起出的苗木去掉老叶，每 50 株捆一捆，最好用水清洗，装入湿草袋中，挂上注明品种、等级的标签，保湿运输。

第四节　设施草莓栽培模式及技术

一、栽培模式

虽然草莓是多年生植物，具有栽植后能连续多年结果的特性，但是目前生产上一般采用一年一栽制。草莓栽培分为促成、半促成、抑制栽培和露地栽培等模式。

（一）促成栽培

选用休眠浅或较浅的品种，通过各种育苗方法促进花芽提早分化，定植后直接保温，防止植株进入休眠，促进植株生长发育和开花结果，使草莓鲜果提早上市的栽培方式。

（二）半促成栽培

选用休眠较深或深的品种，定植后在自然条件下基本上满足草莓植株对低温量的需求，在自然休眠通过之前开始保温，使草莓植株提早生长发育和开花结果的栽培方式。半促成栽培的果实采收期较促成栽培推迟，但比其他栽培方式要早，一般在 3 月中下旬鲜果开始上市。半促成栽培又可分为北方地区的日光温室半促成栽培和南方地区的塑料大棚半促成栽培两种形式。

（三）抑制栽培

主要是指在草莓植株充分形成花芽以后，起苗储藏于冷库中，7～9 月随时定植于露地，9 月初至翌年 1 月采收鲜果上市的栽培方式。

（四）露地栽培

秋季定植草莓植株，冬季休眠越冬，第二年春季恢复生长，开花结果，5～6 月采收鲜果。无论在温暖地区还是严寒地区，露地栽培都是十分流行的草莓栽培方式，具有投资成本低、花费人工少、栽培容易等许多优点，而且容易与其他果树进行轮作和套种。

二、品种选择

促成栽培选择休眠浅的品种，半促成栽培选择休眠较深或休眠深的品种。北方露地栽培选择休眠深或较深的品种，南方露地栽培选择休眠浅或较浅的品种。品种选择时还应考虑品种的抗性、品质等性状。

三、生产苗定植

（一）土壤消毒

草莓忌重茬，重茬后黄萎病、根腐病、革腐病等土传病害发病严重，为了确保优质、丰产，每年在定植前要实施温室土壤消毒。目前，最安全、无公害的方法是利用太阳热进行土壤消毒，具体做法是：将土壤深翻，灌透水，土壤表面覆盖一层地膜或旧棚膜，为了提高消毒效果，将用过的旧棚膜覆盖在温室的钢骨架上，密封温室。土壤太阳热消毒在 7～8 月进行，利用夏季太阳产生的高温，杀死土壤中的病菌和害虫。消毒的时间至少为 40 天。

（二）定植时期

假植苗在顶花芽分化后定植。对于非假植苗，北方设施栽培在 8 月下旬至 9 月初定植，南方大棚栽培在 9 月中旬至 10 月初定植，北方露地栽培在 8 月上中旬定植，南方露地栽培在 10 月中旬定植。四季品种在 8 月上中旬定植。

（三）栽植方式

采用大垄双行的栽植方式，一般垄高 30～40 cm，上宽 50～60 cm，下宽 70～80 cm，垄沟宽 20 cm。株距 15～18 cm，小行距 25～35 cm。设施栽培定植 105 000～135 000 株/hm^2，露地栽培定植 120 000～150 000 株/hm^2。

栽植深度是草莓栽后成活的关键之一，栽植时要求使苗心基部与土壤表面平齐。定植过浅，部分根系外露，吸水困难且易风干；定植过深，生长点埋入土中，影响新叶发生，时间过长引起植株腐烂死亡。合理深度是根颈部与地面平齐，做到深不埋心，浅不露根。

四、促成栽培

促成栽培指通过各种育苗方法促进花芽提早分化，在草莓进入自然休眠之前进行保温、防止其休眠，使植株连续生长，开花结果，达到极早熟，提早上市（最早可在 11 月）的一种设施栽培方式。在我国北方地区，利用日光温室进行草莓促成栽培的方式比较普遍，而在我国南方地区，由于冬季气候不是十分寒冷，因此利用塑料大棚进行草莓促成栽培。促成栽培草莓主要有两个优点。①鲜果上市早、供应期长。鲜果最早可在 11 月中下旬开始上市，陆续采收可延长到翌年 5 月，果收期长达 6 个月，比露地栽培早 5～6 个月，供应鲜果时间比露地栽培延长 5 个月。②产量高、效益好。采用促成栽培可使草莓植株花序抽生得多，连续结果，产量高，株产可达 500 g 以上；鲜果上市正值水果生产淡季，单价高，因此经济效益十分可观。日光温室促成栽培和塑料大棚促成栽培这两种栽培方式的栽培技术基本一样，其丰产、高效的栽培技术要点如下。

（一）品种选择

进行促成栽培时，对品种的选择要求比较严格，要求选用休眠浅或较浅的品种。目前，生产上适合促成栽培的草莓品种主要分为两类：一类是日本品种，其特点是休眠浅、早熟、香甜、品质好。但是果实较软，不耐储运，因此，一般在大城市郊区或经济发达地区种植；另一类是欧美品种，其特点是休眠较浅，一般比日本品种晚熟，品质略差，但产量高，果实硬度大，耐储运，因此一般在较偏远地区种植。最常用的品种有丰香、春香、静香、明宝等，而宝交早生、丽红等品种经过一定的处理措施也可用于促成栽培。

（二）定植

1. 土壤消毒

可参照本节“三、生产苗定植”。

2. 选苗与整地

草莓栽植前，首先要选好苗木。苗木质量的好坏关系到日后的产量，因此栽植时应选用健壮优质、品质纯正的苗木，秧苗要求最好有 6～8 片叶，根茎粗度在 1.7 cm 以上，全株重在 35 g 以上，叶色黄绿，花芽分化良好。在栽植前进行整地，每亩施优质农家肥 5000 kg，整平、耙细，起垄，垄高 10 cm 左右，垄面宽 50 cm，垄间距 20 cm 左右，垄向以南北向为宜。

3. 定植时间

原则上是保证在低温（10℃）到来前，使新栽苗能够恢复正常发育。通常假植苗在顶花芽分化后 9 月中旬定植，对于非假植苗应在 8 月中下旬定植。

4. 栽植方式

采用垄上双行栽植，一般垄台高 30～40 cm，上宽 50～60 cm，下宽 70～80 cm，垄沟宽 20 cm。株距 15～18 cm，小行距 25～35 cm，每亩栽 7000～9000 株。

5. 栽植方法

按照设计好的株行距在垄上挖穴栽植，栽植时将苗木根系舒展，苗木的新茎弓背应在垄沟的方向（以利于管理和采收）（图 5-8），培细土，使秧苗新茎基部与床面平齐，即“深不埋心，浅不露根”。定植过浅，部分根系外露，吸水困难且易风干；定植过深，生长点埋入土中，影响新叶发生，时间过长引起植株腐烂死亡。

（三）扣棚保温

当外界最低气温降到 8～10℃的时候覆盖棚膜，在河南大致在 10 月下旬。保温过早，设施内温度过高，植株徒长，不利于草莓的腋花芽分化，保温过晚，植株进入休眠，不利于正常生长结果，从而影响植株产量。

（四）地膜覆盖

地膜覆盖是草莓设施栽培中的一项重要措施，不仅可以减少土壤中水分的蒸发，降

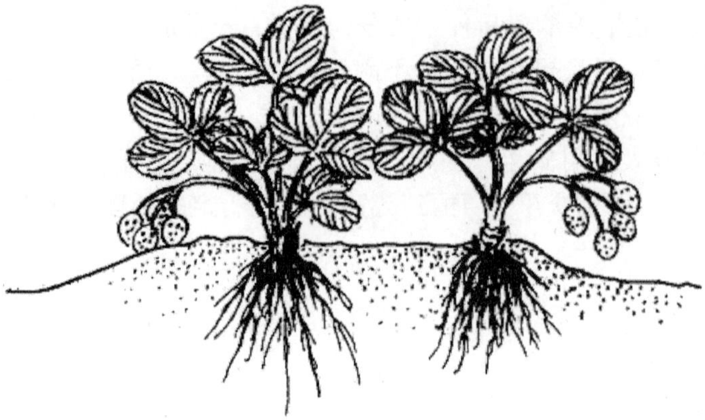

图 5-8 定植方向（弓背向外）（黄卫东，2004）

低日光温室中的空气湿度，减少病虫害的发生率，而且能够提高土壤温度，促进草莓根系的生长，从而使植株生长健壮，鲜果提早上市，此外覆盖地膜可以使花序避免与土壤直接接触，防止土壤对果实的污染，提高果实的商品质量。一般在扣棚 10 天后覆盖地膜，宜在早晨、傍晚或阴天进行，盖膜后立即破膜提苗，地膜平展后，立即进行浇水。

（五）温度、湿度及光照管理

依据草莓的生育特点，促成栽培的温度管理指标如下。①显蕾前：白天温度保持在 24～30℃，夜间保持在 12～18℃，这样的温度条件可以保证草莓植株快速生长，提早开花。温度低时应加盖保护设施，如塑料大棚内温度夜间低于 5℃时，要加盖小拱棚。②显蕾期：白天温度保持在 25～28℃，夜间保持在 8～12℃。③开花期：白天温度保持在 22～25℃，夜间保持在 8～10℃。④果实膨大期和成熟期：白天温度保持在 20～25℃，夜间保持在 5～10℃。此期温度过高，果实膨大受影响，造成果实着色快，成熟早，果个小，品质差。设施中最好配备加温设施，以备灾害性天气到来时使用。

整个生育期内都要尽可能降低设施内的湿度，因为设施内湿度过大，容易发生病害，影响草莓的正常生长发育。除了通过覆盖地膜及膜下灌溉来降低设施设湿度以外，还要特别注意换气，即使在寒冷的冬季，也要在近中午时放顶风换气，这样做可以大大降低设施内的湿度。保温初期空气湿度保持在 85%～95%，开花期白天的相对湿度保持在 50%～60%，果实膨大期为 60%～70%。

光照不足一直是草莓促成栽培中的一个重要问题。冬季日照时间短，揭放草帘进行保温更易引起日光温室内日照时间不足。棚膜表面吸附灰尘后降低透光率，造成设施内光照强度不足，影响叶片光合作用，从而影响植株的生长发育。长日照对于维持草莓植株的生长势非常重要，为了维持植物后期的生长势，可采用电照补光方法来延长光照时间，在后坡、后墙内侧挂反光幕，以及墙上涂白等方法可以增加日光温室内的光照强度，提高草莓果实品质。

（六）水肥管理

1. 水分管理

在生产上，判断草莓植株是否缺水不仅是看土壤是否湿润，更重要的是要看叶边缘是否有吐水现象（图 5-9），如果叶片没有吐水现象，说明应该灌溉了。草莓促成栽培采用滴灌可以使植株根茎部位保持湿润，利于植株生长，既节约了用水又防止土壤温度过低。前期因外界气温较高，灌水一般在傍晚进行；冬春季节因室内气温均较低，灌水宜在上午进行。在缓苗期、萌芽展叶期、花期和浆果膨大期应加大灌水量。

图 5-9 苗木生长期缺水判断（黄卫东，2004）

2. 施肥

草莓栽培除了在定植前施入基肥（每亩施农家肥 5000 kg 及氮磷钾复合肥 50 kg，氮磷钾的比例以 15∶15∶10 为宜）外，在整个植株生长期还要及时追施肥以补充养分的不足。一般追肥与灌水结合进行，注意肥料中氮、磷、钾的合理搭配。追肥时期分别是：第一次追肥，顶花序显蕾时；第二次追肥，顶花序果开始膨大时；第三次追肥，顶花序果采收前期；第四次追肥，顶花序果采收后期；以后每隔 15～20 天追肥一次。

（七）赤霉素处理

在草莓促成栽培中喷洒赤霉素可以防止植株进入休眠，促使花梗和叶柄伸长生长，增大叶面积，促进花芽发育。赤霉素的处理时期以保温后 1 周为宜，使用浓度为 5～10 mg/L，使用量为 5 ml/株，要把药液喷在苗心（图 5-10），而不要喷在叶片上。对于休眠浅、长势强的草莓品种，如丰香，喷施一次即可；对于休眠略深、生长势弱的品种，可以喷施两次，间隔时间为 1 周。

（八）植株管理

从定植到采收，促成栽培草莓植株生长发育时间很长，在此期间，植株一直进行着叶片和花茎的更新，为保证草莓植株处于正常发育状态，具有合理的花序数，要经常进行植株管理工作。

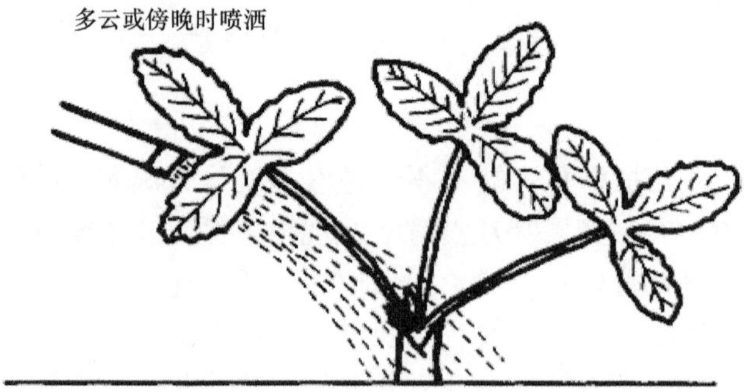

图 5-10　喷洒赤霉素的时间和方式（张志宏等，2009）

1. 摘老叶、病叶

草莓一生中叶片不断地在更新。在新生叶片逐渐展开时，要定期去掉病叶、黄叶和老叶（图 5-11），以减少养分消耗，改善植株间的通风透光情况和减少病害。

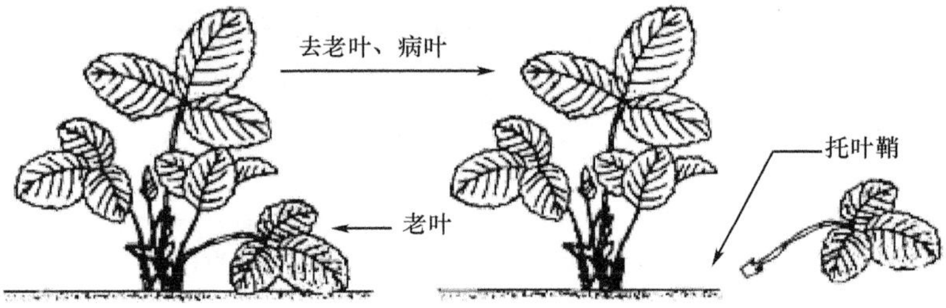

图 5-11　除去繁苗母株上的老叶和病叶（张志宏等，2009）

2. 掰芽

在顶花序抽生后，每个植株上选留两个方位好且粗壮的腋芽，其余全部掰除，以后再抽生的腋芽也要及时掰除。

3. 摘匍匐茎

匍匐茎是草莓的营养繁殖器官，但大量发生匍匐茎会大量消耗母株的养分，影响腋花芽分化，从而降低产量，因此在植株的整个发育过程中要及时摘除匍匐茎。

4. 疏花疏果

通常在花序分离期，最晚不迟于第一朵花开放时，将花序高级次的无效花及时摘除，在幼果期疏除无效果，每个花序保留 7～12 个果实。疏除的时间宜早不宜迟。这样可以使保留下来的花果，营养充分，果个大，且大小均匀，果实品质好，还可以使成熟期相对集中，节省采收劳力。

（九）辅助授粉

通过辅助授粉可以大大提高坐果率，减少畸形果数量，保证丰产优质。目前，生产上推广使用蜜蜂辅助授粉技术。一般的设施内每亩放 1～2 箱蜜蜂，蜜蜂总数在 1 万～2

万只，保证一株草莓有 1 只以上的蜜蜂。蜂箱应在草莓开花前一周放入设施中，以便使蜜蜂能更好地适应设施中的环境。

（十）施用二氧化碳

在设施内施用二氧化碳可以增强草莓植株的生长势，增加产量，提高草莓果实品质。

施用二氧化碳的方法很多，可以用燃烧煤、煤油、液化石油气、沼气等产生二氧化碳，也可用工业硫酸或盐酸同碳酸氢氨或碳酸钙进行化学反应产生二氧化碳。后者的方法是：在塑料大棚或日光温室内每亩均匀放置 6 个 10 kg 左右的塑料桶，然后将 4 kg 的碳酸氢氨和 1.75 kg 的工业硫酸分别放入 6 个桶中，搅拌使之充分反应，便可产生二氧化碳。

（十一）增光和补光技术

1. 白炽灯补光

在 12 月上旬至翌年 1 月下旬期间，利用 60 W 或 100 W 的白炽灯进行补充光照，可以维持结果期草莓的生长势，防止植株衰弱，增加大果的比例和果实的光泽。白炽灯距地面 1.5 m，均匀分布即可。补光的方式有 3 种，一是延长光照，即日落到 22:00，约 5 h 的连续光照；二是中断光照，即 22:00～2:00，4 h；三是间歇光照，即日落到日出，每小时照 10 min，停 50 min，累计光照约 20 min。无论哪种方法均有明显效果，但以间歇光照最经济。

2. 挂反光膜

在日光温室的后墙挂反光膜，可增加室内光照强度 30%以上，在生长旺盛期可提高光合作用的性能，在果实成熟期有利于果实着色。

3. 清除棚膜外表面尘土

棚膜外表面吸附和沉积的大量尘土应及时清除，以免时间一长，附土过多影响光照。

4. 减少棚膜内表面附着水滴

由于设施内湿度大，水分向外面扩散难，在膜的表面上会附着大量水珠，影响光照，必须采取综合措施，减少水珠，如选用无滴膜；使棚面角度合理；覆盖地膜，减少空气湿度；注意通风换气。

五、半促成栽培

半促成栽培是指利用保温设施，在草莓通过自然休眠以后进行保温，使草莓提前萌芽生长，从而比露地栽培提早开花结果的一种栽培方式。半促成栽培包括地膜覆盖栽培、塑料小拱棚半促成栽培、塑料大棚半促成栽培、日光温室半促成栽培。

（一）日光温室、塑料大棚半促成栽培

1. 品种选择

半促成栽培适宜选择休眠较深或休眠深的品种，如宝交早生、全明星、星都 2 号等。同样要注意一棚内至少要配置两个以上的品种，以便于授粉。

2. 培育壮苗

半促成栽培时要求的壮苗标准是：5～6 片叶，根茎 1～1.5 cm，苗重 20～30 g；根系多、粗壮；要求花芽分化早，且花芽多、质量好。

3. 栽植方式

可参照本节“四、促成栽培”。

4. 栽植方法

可参照本节“四、促成栽培”。

5. 定植时间

原则上在花芽分化以后要尽早定植，使新栽苗能够恢复正常发育，半促成栽培草莓的定植时期主要与地区有关。在我国北方地区，通常在草莓花芽分化前定植半促成栽培的生产苗，辽宁地区一般在 8 月中旬，华北地区一般在 8 月下旬，在河南可在 9 月中旬前后定植，在我国南方地区，通常在草莓花芽分化后定植生产苗，江浙一带以 10 月下旬为宜，再往南可稍后定植。也可在草莓花芽分化前定植，定植时间与露地栽植基本相同。

6. 扣棚保温

扣棚的早晚依据品种休眠期的长短而定。在自然条件下通过休眠的，当已满足其对低温量的需要之后，即可以马上扣棚。采用人工方法将草莓的休眠已打破的，定植后马上就可以扣棚。在河南可在 12 月中旬至 1 月上旬开始扣棚保温，时间不可过早或过迟。

7. 地膜覆盖

为了保持地温和提高果实品质，在保温后不久可覆盖地膜。覆膜应在早晨、傍晚或阴天进行。盖膜后立即破膜提苗，地膜展平后，立即浇水。

8. 温度管理

升温后的温度管理指标如下。①显蕾前：白天温度保持在 24～30℃，超过 30℃要及时放风降温，夜间保持在 8～10℃。②显蕾期：白天温度保持在 25～28℃，夜间保持在 8～12℃。③开花期：白天温度保持在 22～25℃，夜间保持在 8℃～12℃。开花期若经历–2℃的低温，会出现雄蕊花药变黑、雌蕊柱头变色现象，严重影响授粉受精和草莓前期产量。④果实膨大期和成熟期：白天温度保持在 20～25℃，夜间保持在 5～12℃。

此期温度不宜过高，否则会使果实膨大受影响，造成果实着色快，成熟早，果个小，品质差。开花期设施内的湿度应控制在50%左右。

9. 水肥管理

灌溉时通常采用膜下滴灌的方式。定植时及时灌水，上冻前灌封冻水。升温后的灌水做到“见干见湿”为宜。施肥方法参照促成栽培。

10. 赤霉素处理

在草莓半促成栽培中喷洒赤霉素可以促进植株结束休眠，进而促进开花结果。赤霉素的处理时期是升温后植株开始生长时，浓度为5～10 mg/L，使用量为5 ml/株，要把药液喷在苗心，而不要喷在叶片上。

11. 植株管理和辅助授粉

参照本节“四、促成栽培”。

（二）小、中拱棚半促成栽培

1. 定植时间

一般情况下可以和露地栽植基本相同，大体上是在草莓花芽分化前定植。若采用经假植培育的草莓苗，定植的时期可晚些，即在花芽分化后进行，但必须带土移植，否则伤根多，影响草莓的开花结果。所用的秧苗必须是生长健壮，有5～6片完全展开的叶，根系发育好，单株重在30 g左右，并且秧苗的大小要一致，小苗可以采取一穴双株。定植前要施足底肥，每亩施用5000～6000 kg的农家肥，并加氮、磷、钾速效性肥料。

2. 扣棚时间

扣棚时期分两种，早春扣棚和晚秋扣棚。秋季扣棚可延长草莓花芽分化的时间，增加花芽分化数量，增加产量。扣棚的具体时间应以当地的气温为指标，当最低气温降至5℃时，即开始扣棚。白天要注意通风，防止温度过高，烧伤草莓叶片及影响花芽分化。河南可在10月下旬或11月上旬扣棚。早春扣棚应在早春草莓新叶萌发前扣棚，如果扣棚过早，虽然植株能提早生长发育和开花结果，但早春低温易造成花器官和幼果受害。在扣棚前应先覆地膜。

3. 扣棚后管理

扣棚后草莓即转为设施栽培，温度管理是栽培成功的关键，温度应保持在15～20℃。温度管理的关键时期有两个，即扣棚后及撤棚前。扣棚后，这段时间温度较高，容易伤叶，因此要严格控制温度，白天棚内温度最好在28℃以下，绝不能超过30℃。越冬前，如果夜间棚内温度低于5℃，夜间可加盖草帘等覆盖物保温。翌年春季，当最高气温在0℃以上时，白天要去覆盖物，夜间再盖上。当白天气温升至28℃以上时，要注意通风，夜间温度高于5℃时，即可去掉覆盖物。当夜间最低温度在8℃以上时，即可撤棚。当植株萌芽后，将覆盖在畦面上的地膜，在每株苗的上方破一个小孔，将苗扒出膜外，同时清除老叶、枯叶。

从萌芽、现蕾到开花期，是对肥水比较敏感的时期，应保证肥水供应。但这段时间，棚内地温较低，根系吸收能力差，不宜大量施肥，可以浇灌少量的化肥液。

扣棚保温后，杂草和草莓苗同时生长，要拔除株行间杂草，一般要拔两次，以减少杂草与草莓争夺养分和水分。此外，在开花期，可以喷 0.2%左右的硼砂或硼酸溶液，以提高坐果率，确保果实正常发育。

小、中拱棚栽培，由于棚内温度及湿度较高，植株生长旺盛，抗病能力下降，同时环境条件又有利于病害的发生。有的年份或地段，地下害虫也较多，因此，要加强病虫害的防治，并做到以预防为主，即定植前进行土壤消毒，定植后可以根据病虫害发生情况，采用药剂防治，一般喷 2～3 次药即可。

（三）地膜覆盖栽培技术

1. 地膜选择

一般选用 0.008～0.015 cm 厚的地膜。可选用升温效果好的无色透明地膜，也可选黑色地膜。黑色地膜覆盖有极好的除草效果，也有升温作用，且地温比较稳定，国外普遍采用黑色地膜覆盖。地膜的宽度要比畦面、垄面宽 20 cm 左右，便于压土。

2. 覆膜时间

确定覆膜时期的原则是，覆膜后保温节水，但不至于灼伤叶片。一般有两个覆膜时期，即秋季定植后越冬前覆膜和春季萌芽覆膜。越冬前覆膜应在平均气温降至 5℃时进行。如果覆膜时间过早，由于膜内温度高，湿度大容易出现沤叶现象，即叶片变色腐烂；覆膜时间过晚，植株绿叶保存率低，甚至植株不同程度受冻，覆膜前要灌一次封冻水。春季覆膜应在土壤解冻后，除掉防寒物后进行。

3. 覆膜方法

首先应平整土地，打碎土块，选择无大风天气进行。顺行把地膜平铺覆盖在草莓植株上。要求膜面平展，地膜周围用土压实。如果膜面过长，可每隔一段距离横向压土，避免膜被大风刮起撕破。在进行垄栽时，要把垄面做成略微拱起，以便于膜与地面接触。

4. 破膜与撤膜

春季土壤解冻后，先除掉膜上的覆盖物。去覆盖物时，要把膜面清理干净，同时要注意不损坏薄膜，以确保地温回升得快，草莓提前萌芽。破膜的时间宜在草莓展开 2 片新叶时进行。方法是：正对植株处的地膜破一个孔，让植株露出，植株基部的膜用土压实。当草莓进入初果期时就可以撤除地膜。如果破膜过晚，使膜内温度过高（＞30℃），会导致植株灼伤。

5. 肥水管理

当草莓现蕾后，可以进行施肥灌水。施肥量每亩用尿素 10 kg，并配合施入少量磷、钾肥，或者用氮磷钾复合肥 20 kg/亩。施肥后浇一次水。

6. 清除残膜

果实采收后应除去残膜，把土壤中的破损膜块全部清除干净。因为残膜不易分解，不仅污染分解，甚至会影响下茬果树的播种质量和根系的生长。

六、抑制栽培

抑制栽培是将前一年已经分化好花芽的植株于早春解冻后发芽前挖出，进行长期冷藏，抑制植株生长和开花，于 8 月中下旬从冷库中取出定植于生产园的一种设施栽培方式。抑制栽培是以满足 11 月采收为目的。

（一）品种选择

抑制栽培需要对植株进行长期冷藏，因此要求品种休眠程度要深，即需冷量要高、抗寒性强的品种。但就目前已有的品种来说，往往是休眠深的品种，成熟期一般都较晚。因此可选择成熟早而比较耐寒的品种，如宝交早生。

（二）培育壮苗

冷藏苗必须有充足的营养，使秧苗多积累一些养分更为重要。壮苗标准是：根、颈均要求较粗，根系粗而多。入库时，要求秧苗达到中等大小，有 5～8 片叶，营养充足，生长充实，根系多，初生根多且粗。苗重 30 g 以上，如宝交早生 35～40 g 为宜。花芽分化不能过度，以雌、雄蕊形成期为宜，如花芽分化过深，冷藏时期易产生冻害。一般可以采取摘叶、断根的方法，适当追施氮肥、灌水都可抑制花芽分化。摘叶会减少花序数，应用时要慎重。

（三）入库冷藏时间

入库时间依据不同地区的气候条件而定，可以在秋末冬初进行，也可在冬末解除休眠前进行。一般在土壤解冻前进行。

（四）起苗和包装

起苗一定认真，尽量少伤根或不伤根。起出的苗将根部抖干净，再用水冲洗。摘除基部老叶，保留 3 片叶，有的植株现蕾时一定要摘除。苗洗净后，按大小苗分开，用 1000～1500 倍的甲基托布津或多菌灵喷雾防腐，并放在阴处风干无水滴。再装箱。

苗箱大小要适宜，木箱、纸箱均可，在箱内铺上报纸或有孔的塑料薄膜。装法是：把草莓叶片靠箱两侧，成二行横放，根系在中间相互交错。箱要装紧实，不应松散，每箱装 500 株。如装苗过少过松，苗易干。如过多过紧水分过多，易结冻，并且定植后易早出蕾。

（五）冷库适宜温度

冷藏期间的温度和稳定性是冷藏成功的关键。最适合的植株冷藏温度为–2～0℃。

温度上升至 1℃以上时，芽开始萌动，3℃以上新芽生长，新根出现。这时病菌会繁殖，草莓根、叶会腐烂；如温度再高植株会枯死。温度降到–3℃以下，根和芽易引起冻害。因此要严格掌握冷藏温度和稳定性，这是冷藏抑制栽培成功的重要技术。

（六）出库和栽植

出库定植日期应视不同地区的气温而定。在北方，可在 8 月上中旬出库定植；郑州以南地区可延迟到 9 月中旬左右。

长期冷藏的秧苗，出库后还处于冷冻状态，而外界气温仍然较高，剧烈的温度变化使秧苗不能马上适应，会带来极大的危害。因此，在定植的前一天傍晚将秧苗从冷库中取出，在室内放置一夜，使植株体温与外界气温逐渐相接近，使其缓慢适应外界气温。也可出库后在遮阴处放置 2～3 h，使之适应外界条件，再开箱取苗直接放在水槽中，用自来水缓缓冲根，傍晚定植。长期冷藏苗失水也较多，为了补充水分，保证栽植后成活，可将出库苗的根系在流动的水中浸泡 3～4 h，然后进行定植。

定植最好在傍晚进行，也可在午后定植。定植后白天温度较高时，应搭棚遮阴，约 1 周左右撤除荫棚。定植后要及时灌水，在定植一周内可灌 3～4 次小水，或叶面喷水，以保证成活和生长良好。

（七）保温和温度控制

抑制栽培开始保温的时期应以地区来定。在河南可在 10 月上中旬左右进行，此时夜间已降至 8℃左右。郑州以南地区可在 10 月中下旬进行。总之，开始保温时间应比促成栽培早 10 天左右，以保证秧苗正常生长和安全开花。

开始保温的时间，除了应考虑气温外，还应考虑从定植到开始保温所经过的日数。一般认为，定植 30 天后开始保温比较合适。若定植晚，而保温早，定植后不到 30 天就保温，不利于腋花芽的分化，对产量和质量都有不良影响。因此，定植时期和保温时期应结合起来考虑，才能得到良好的效果。

定植以后的温度控制与促成栽培相同。其他管理措施按常规进行。

采用冷藏抑制栽培可以延长草莓的供应期。如果配合露地栽培、地膜覆盖栽培、小拱棚栽培、塑料大棚及日光温室栽培，加之选用四季草莓品种，早、中、晚熟品种相互配合，基本上可以达到周年供应市场，满足人们对草莓的需要。

七、露地栽培

（一）越冬防寒

在北方地区，当外界气温降到–7℃前要浇一次封冻水，保持土壤的含水量，防止因低温引起的生理性干旱。一周后在草莓植株上覆盖一层塑料地膜，地膜上压一层稻草、枯秆或杂草等覆盖物，厚度达 10～12 cm。

（二）去除防寒物

当春季平均气温稳定在 0℃左右时，分批去除已经解冻的覆盖物，当地温稳定在 2℃

以上时，可全都去除覆盖物，并对全园进行清理。

（三）植株管理

春季草莓植株萌发后，破膜提苗，及时摘除病叶、植株下部呈水平状态的老叶、黄化叶片及抽生的匍匐茎。全园浇一次透水，喷一次杀菌剂，保证植株正常生长。开花期摘除偏弱的花序，保留 2～3 个健壮的花序。花序上高级次的无效花、无效果要及早疏除，每个花序保留 7～12 个果实。

（四）水肥管理

在植株旺盛生长期、果实膨大期等时期进行灌溉，建议采用微喷设施，并结合灌水进行追肥。如果在果实生长后期正逢雨季，过多的水分易造成根系窒息，影响养分的吸收，长时间甚至导致植株死亡，因此在雨季要随时注意排涝。

基肥的使用量和施用方法与促成栽培相同。早春草莓植株萌发后对养分需求大，要及时追肥一次，尿素 150 kg/hm^2；开花前追施尿素 150～225 kg/hm^2；果实开始膨大期追施磷钾复合肥 300 kg/hm^2。

八、采收

（一）草莓的成熟

判断草莓成熟与否的标志是着色与软化程度。草莓果实成熟时最显著的特点是果实着色，果面由原来的绿色逐渐变白，最后成为红色或浓红色，并具有光泽。最先是受光一面着色，随后是侧面，最后是背光一面，有些品种背光一面不易着色。果实内部也着色，这时果实就完全成熟。种子最初也是绿色，在果实成熟的同时，种子也逐渐变成黄色或红色。只有个别品种的种子在成熟时保持绿色，如绿色种子。随着果实的成熟果实硬度减小，逐渐软化，并释放出特有的香味，成为酸甜适度、美味可口的草莓。果实成熟后即可采收，但采收时的成熟度应由果实的用途、运输的距离和环境条件来定。一般来说鲜食、运输距离近采收时的成熟度要大一些，成熟度应以九成熟时为好，即在果面着色部分达 90%左右，但果实向阳面尚未成紫红色时采收，要力争在采收的当天或第二天清早上市，时间过长会影响草莓的商品价值。运输距离远或用于加工采收时的成熟度要小。

（二）采收时间

在一天内，采收果实的时间在露水已干的上午或下午，中午前后不要采果，因为中午气温高，果实硬度减小，果梗变软，不仅采摘费工，还易碰破果皮，且日照强烈，容易灼伤果面和引起烂果，影响草莓商品价值。而早晨的气温较低，果实较硬，果梗较脆，容易采摘，并且在采摘和运输的过程中不易碰伤果皮，可延长货架寿命。

（三）采收容器

草莓采收对容器的选择性不强，凡是容器均可使用，如洗脸盆、竹篮、筐等，但要求装载鲜果的容器一定要浅、底要平、壁要光。如果容器较深，采收时不能装得过满，若容器底、壁不平，可事先垫上些旧报纸、旧布等，防止果实的压伤、碰伤。现在市场上销售的一种浅塑料盘，高 10 cm 左右，宽 30～40 cm，长 40～50 cm，很适合作草莓的采收容器。

（四）采收技术

果实达采收成熟度时用大拇指和食指指甲将果柄摘断或用剪刀将果柄剪断（图 5-12），不能硬拉，否则会拉下果序和碰伤果皮，影响草莓的产量和品质，一般每 1～2 天采摘一次，均选成熟好的果采摘。每次都要把成熟的草莓果实全部采完，以免因其过熟而腐烂。采收时，剔除小果、畸形果、病虫果，轻拿轻放，把成熟度适宜的或过熟的分开放置，以保证果品质量和减少腐烂，并分级包装。

图 5-12　草莓的采收方法（张志宏等，2009）

九、分级

分级是按果实的品种、大小、形状、色泽、机械损伤程度、有无病虫害、畸形果与杂质多少等分成等级。

草莓果实的等级标准大致可分为以下几级。

一级果：单果重 15 g 以上。鲜红，饱满，有光泽。均匀整齐，成熟适中，无杂质、畸形果、烂果，芳香浓郁。

二级果：单果重 7～15 g，鲜红，较饱满，成熟度一致，无杂质、烂果，基本无畸形果。

三级果：单果实 6 g 以下。深红色，外观较差，有少量杂质、泥沙粘果，有畸形果。

等外品：果实甚小，成熟度不一，破损或次果及有杂质果占 25%左右。

十、包装

包装标准化、商品化是保证安全运输、储藏和销售的重要措施。

运输、储藏包装可选用大而坚固的容器，如选用长 50～70 cm、宽 30～40 cm、高 15～20 cm 的塑料箱或硬纸板、薄木箱。箱内嵌衬软纸或塑料泡沫。将果实同方向排齐，使上层果柄处于下层果的空隙间。大型果排放 3～5 层，小型果排放 5～7 层。也可选用小的包装（1～2 kg 装），装果要定量，然后封盖、挂标签（注明产地、品种、等级、重量等）。

销售包装应小而美观，目前我国草莓鲜果多采用容量 0.25 kg 或 0.5 kg 的无毒透明塑料盒包袋，这即可提高商品质量，也便于出售和短时间储藏。

十一、运输

在运输上市过程中应遵循少震动、少挤压、少层次的原则，从而保证草莓上市的商品质量，减少运输和销售中的损耗。

长途运输上市，草莓果实要预先经过保鲜处理。用冷藏车或有棚的卡车，途中不能日晒，在车厢内，底垫草帘，上放一层果箱（5 kg），果箱间要挨紧。第一层排好后，上盖一层纸，再摆放第二层果箱，如此装箱 3～5 层，最上层果箱加盖防尘罩，封车，启运。运输时要选择最佳线路，并尽量选择平路，控制车速，减轻颠动，降低机械损伤，缩短运输时间。最好选择清晨或晚间气温较低时运行。

第五节　设施草莓病虫害绿色防控技术

草莓是冬春季特色鲜果，种植规模不断扩大。由于多为设施栽培、重茬普遍，因此草莓病虫害发生种类多、危害风险高，一些管理不善及病虫重发田块，不仅产量损失大，而且增加农药使用，影响质量安全。设施草莓病虫害绿色防控技术，是保障草莓高产优质和产业稳定发展的重要措施。

一、农业生态防治

（一）园地选址

选择道路便捷，沟渠配套，排灌方便的地块；宜采用水旱轮作田，前茬不宜种瓜果、茄科蔬菜；土壤为偏酸性至中性的中壤土或轻黏土田块种植。

（二）品种选择

选用早熟、优质、高产、抗病的草莓品种，如红颊、章姬、宁玉、甜查理等。

（三）平衡施肥

一般采用鸡粪、猪粪等有机肥 2000～3000 kg/亩施入设施内深翻，结合盛夏太阳能高温消毒处理，使其充分腐熟且杀死病原菌；或在草莓定植前半个月左右耕翻前，施用腐熟鸡粪肥等有机肥 1500～2000 kg/亩，加腐熟饼肥 200 kg/亩或生物有机肥 200～300 kg/亩作基肥；同时增施氮磷钾复合肥 30～40 kg，过磷酸钙 70～100 kg 等。草莓定植缓苗后和开花结果期间每隔 20～30 天追施腐殖酸复合冲施液肥 3～5 kg 或追施高含量氮磷钾复合肥

5～10 kg。同时可以根外喷施 0.3%磷酸二氢钾溶液或氨基酸叶面肥 500 倍液等。

（四）植株管理

在大棚草莓生长期间，应及时摘除衰老叶、弱叶和病果；及时剪（拨）除带病的匍匐茎及病株，并清除田边腐枝烂叶，一起带到棚外烧毁。

（五）控湿防病

在冬前垄面覆盖黑色或银黑色地膜，棚内沟中铺园艺地布或无病稻草，滴灌方式补水补肥，棚周开好沟系，采用无滴农膜，保持设施整洁通透，雨后及时排水通风换气，降低设施湿度。

（六）清除杂草和人工捕杀害虫

清除园内外杂草并集中销毁；结合除草或中耕松土捕杀地下害虫，发现有缺叶、断苗现象，立即在苗附近找出幼虫，并将其消灭（如蛴螬、地老虎等）；对草莓田间发生的斜纹夜蛾等食叶害虫可人工摘除卵块或捕杀低龄幼虫。

（七）水旱轮作

有条件的地方可采用草莓与水生蔬菜或与水稻进行轮作。水旱轮作可有效减轻草莓土传病害，如根腐病、黄萎病、枯萎病、炭疽病的发生。

二、物理防治

（一）太阳能高温消毒

草莓重茬田在草莓采收结束后立即拔除植株，拆除地表覆盖物，如黑地膜等。撒施剥除颖壳后的米糠，撒施米糠量为 300～500 kg/亩、米糠欠缺地区改用石灰氮 70～100 kg/亩，同时增施优质有机质肥如未腐熟饼肥 200 kg/亩或新鲜家禽家畜粪肥 1500～2000 kg/亩，采用机械或人工的方法进行中耕，将米糠、优质有机肥等翻拌入土壤中，棚内地表面也覆盖农膜，棚内垄沟与棚四周沟灌足水。大棚上薄膜盖严，四周壅土压实，防止空气进入，使土壤温度达到 50～60℃，进行土壤高温消毒，杀灭连作田病原菌。连续高温处理 25～30 天后，要尽早揭去地表覆盖的薄膜，土壤耕翻后任其日晒雨淋。

（二）调控温湿度控病

开花结果期灰霉病等病害发生期，将棚内湿度降到 50%以下，温度提高到 35℃，闷棚 2 h，然后放风降温，可有效控制灰霉病等发生蔓延。

（三）驱避阻隔

颜色趋避：蚜虫可采用银灰色薄膜进行地膜覆盖或在通风口挂 10～15 cm 的银灰色薄膜条驱避。防虫网阻隔：在设施放风口处设 40～60 目防虫网防蚜虫等迁入草莓上危害。

（四）诱杀害虫

1. 色板诱杀

购置专用黄板和蓝板，也可自行制作，用废旧纸板或纤维板正反面涂黄或蓝广告色，干后再涂凡士林加机油；黄、蓝板插入棚内田间，或悬挂在草莓行间，黄板主要粘杀蚜虫、蓝板主要粘杀蓟马，30 cm×20 cm 的大小的黄、蓝板按每亩各挂 30～40 块，高于草莓植株 30～50 cm，利用趋性粘杀蚜虫和蓟马；开花放蜂后要在黄、蓝板外加网罩，防止蜜蜂黏上；当蚜虫、蓟马黏满板面时，需及时更换或重涂胶。

2. 糖醋瓶诱杀

利用成虫的趋性，用糖醋酒液诱杀越冬成虫。成虫期将酒、水、糖、醋按 1∶2∶3∶4 比例，加入适量敌敌畏，放入盆中，每 5 天补加半量诱液，10 天换全量，诱杀夜蛾、地老虎等成虫害虫。

三、生物防治

（一）性诱剂诱杀

7 月至 10 月，在育苗或定植草莓田间挂置斜纹夜蛾等性诱剂，性诱剂的最佳使用高度 1.2 m 左右，每 2～3 天清理一次诱杀的蛾子，20 天左右及时更换诱芯，田块四周放置密度高，田块内诱捕器放置密度低，一般每亩放置 1～2 只性诱剂。

（二）释放天敌

在开花至果实生长期释放捕食螨，按照益害比 1∶30～1∶10 释放捕食螨，防治红蜘蛛等。

（三）生物药剂防治

设施草莓采果全生育期均可使用生物药剂进行防治，选择毒性低的微生物农药和植物源农药等，掌握生物药剂的特性合理使用，微生物农药在阴天或傍晚使用，合理组合与交替使用。

1）土传病害　如枯萎病、黄萎病、根腐病等。选用 1000 亿活芽孢/g 枯草芽孢杆菌可湿性粉剂 500～1000 倍液、100 亿活芽孢/g 多粘芽孢杆菌可湿性粉剂 500 倍液，3 亿活孢子/g 哈茨木霉菌可湿性粉剂 500 倍液浸根 5～10 分钟后再栽植，并在栽种后 5～7 天灌根 1～3 次，每株用药水量 200 ml。

2）炭疽病、灰霉病、白粉病等病害　选用 1000 亿活孢子/g 枯草芽孢杆菌可湿性粉剂 500～1000 倍液、3 亿活孢子/g 哈茨木霉菌可湿性粉剂 600 倍液、3%多抗霉素水剂 800 倍液、1.5%苦参·蛇床素水剂 1500 倍（白粉病等）、2%武夷菌素水剂 200 倍液（灰霉病、白粉病等）、3%中生菌素可湿性粉剂 500 倍液（炭疽病、白粉病等）、0.4%低聚糖素水剂 250～400 倍液（炭疽病、白粉病等）、竹醋液 200～400 倍液等进行均匀周到喷雾，重点对发病中心在及时摘除病叶、病花、病果后，间隔 5～7 天连续防治 2～3 次。

3）蚜虫、蓟马　选用 60 g/L 乙基多杀菌素悬浮剂 1500～2000 倍液、1%印楝素水剂 800 倍液、0.3%苦参碱水剂 800～1000 倍液等防治。

4）红蜘蛛　选用 0.5%藜芦碱水剂 500 倍液、0.3%苦参碱 200 倍液、1%苦参碱·印楝素悬浮剂 1000 倍液等，可结合 99%矿物油 150～200 倍液等防治。

5）斜纹夜蛾　选用 100 亿芽孢/g 短稳杆菌可湿性粉剂 1000 倍液、2.5%多杀菌素悬浮剂 1000 倍液、16 000 IU/g 苏云金杆菌可湿性粉剂 1000～1500 倍液、300 亿/g 斜纹夜蛾核型多角体病毒 5000 倍液等防治。

6）地下害虫（蛴螬、地老虎等）　在草莓移栽前每亩沟施 20 亿个活孢子/g 白僵菌粉剂 1500 g 拌细土 15～20 kg、1%苦参碱拌细土 5～10 kg；生长期发生危害，可用 50 亿个活孢子/g 白僵菌粉剂 800～1000 倍液等进行灌垄、灌根。

对于上述推荐农药品种及用量用法，必须经过本地试验示范后方可使用。

四、化学防治

（一）防治要求

选择高效低毒低残留农药，严格禁止使用高毒高残留农药，优先使用烟熏法，喷雾法施药后，要及时通风降湿。要根据病虫发生情况选择药剂，病害发生前或发病初期提早预防，害虫在低龄幼（若）虫期要及时用药控制。在草莓开花前要重点预防，盖棚保温后 5～7 天一次，根据病虫情安排防治次数，采果期严格控制用药，如要用药必须在成熟果实采完后用药防治，同时注意交替用药，合理混用，用药后至少 10～15 天才能采收上市。

（二）药剂选择

下列药剂只作生产建议，各地选用前必须进行试验示范，确认并确保安全有效后方可使用，以免出现药害影响生产。

1）土传病害（枯萎病、黄萎病、根腐病等）　选用 25%吡唑醚菌酯悬浮剂 2000 倍液，或 25%嘧菌酯悬浮剂 2000 倍液，或 1.8%辛菌胺醋酸盐水剂 300 倍液等灌根，每株用药量 200 ml，浇灌病株穴周进行消毒。

2）炭疽病　选用 70%丙森锌可湿性粉剂 500 倍液、80%代森锰锌可湿性粉剂 700 倍液、75%肟菌·戊唑醇水分散粒剂 3000 倍液、60%吡唑·代森联水分散粒剂 1 200 倍液、50%咪鲜胺可湿性粉剂 1500～2000 倍液、25%吡唑醚菌酯乳油 1500～2000 倍液、15%烯唑醇可湿性粉剂 1500～2000 倍液等喷雾，在病害发生期每隔 7 天喷 1 次，连续防治 2～3 次；在草莓育苗期的高温季节，每次雷阵雨或台风过后及时施药控制炭疽病发生，选择药剂 1～2 种混用并交替使用。

3）灰霉病　选用 50%嘧菌环胺水分散粒剂 800～1000 倍液、42.4%唑醚·氟酰胺悬浮剂 1500～2000 倍、50%啶酰菌胺水分散粒剂 1000～1500 倍液、40%嘧霉胺悬浮剂 1000 倍液等药剂喷雾，也可在草莓棚内使用腐霉利或其复配剂等烟雾剂 80～120 g/亩，于傍晚时，分散放置于棚内点燃闭棚过夜，连熏 2～3 次。

4）白粉病　选用 42.8%氟菌·肟菌酯悬浮剂 2000～3000 倍液、36%硝苯菌酯乳油 1000 倍液、24%嘧菌·已唑醇悬浮剂 3000 倍液、25%乙嘧酚悬浮剂 1000 倍液、10%苯醚甲环唑水分散粒剂 2000 倍液等喷雾防治。白粉病防治时叶背和叶面均匀都要喷到，一旦发现植株发病，应先采收完成熟果，然后抓紧喷药防治。

5）蚜虫、蓟马　50%氟啶虫胺腈水分散粒剂 5000 倍液、240 g/L 螺虫乙酯 4000～5000 倍液、25%噻虫嗪水分散粒剂 5000～8000 倍液等进行喷雾，各种药剂应交替使用，或在设施内每亩用 10%异丙威烟剂 250～300 g 分放 8～12 处，傍晚点燃，闭棚过夜、熏蒸。注意保护好蜜蜂，放蜂期间严禁使用吡虫啉等新烟碱类药剂。

6）斜纹夜蛾　选用 15%茚虫威悬浮剂 3500～5000 倍液、20%氯虫苯甲酰胺悬浮剂 3000 倍液等喷雾防治，用药时间选在傍晚前后。

7）螨类　选用 20%丁氟螨酯悬浮剂 1500～2500 倍液、43%联苯肼酯悬浮剂 2000～3000 倍液、240 g/L 螺螨酯悬浮剂 4000～5000 倍液等进行喷雾防治，喷雾时注意将喷头插入植株下部朝上喷，使药剂喷布叶片背面，在喷药前最好先进行清除老叶工作，然后再喷施药剂，大棚内防治注意对蜜蜂的保护。

8）地下害虫（蛴螬、地老虎等）　在草莓移栽前每亩沟施 3%～5%辛硫磷颗粒剂 1.5～2 kg；生长期发生危害用 90%晶体敌百虫 1000 倍等低毒药剂，进行灌垄、灌根。

第六章　设施葡萄栽培

第一节　概　　述

葡萄是一种味美且营养价值高的水果，它含有大量的葡萄糖、果糖和对人体有益的矿物质。葡萄适应性广、结果早、丰产早，成熟期也较早，并且一年可以多次结实，非常适于设施栽培。葡萄设施栽培是指人们为了提早或延迟葡萄成熟上市的时间，在不适合葡萄生长发育的寒冷季节，利用特制的具有一定防寒保温和采光性能的保护设施，人为地创造适合葡萄生长发育的小气候条件，进行葡萄生产的一种特殊栽培方式。

葡萄通过设施栽培，不仅能使其浆果提早或延迟成熟上市，调节市场供应，满足人们的需要，而且还能获得高产、稳产的栽培效果。露地栽培条件下，在其开花授粉期间，经常遭受低温、降雨和大风的危害，致使坐果不良，穗形不整齐，产量不稳定。而在设施栽培条件下，由于设施的存在，有力地抵御了这些自然灾害，从而保证了葡萄的授粉、受精生理过程得以顺利进行。又加上在设施条件下，浆果成熟采收后的营养累计生长期较长，下一年萌芽及萌芽后新梢初期生育阶段的营养供应就比较充足，花器分化就比较充分，坐果率也较高。

一、葡萄栽培

（一）葡萄栽培现状

中国人民共和国成立后，葡萄生产开始迅速发展，在 20 世纪 50 年代后期、70 年代、80 年代末至 90 年代初出现了几次发展高潮。例如，1980 年底，我国葡萄面积为 3.16 万 hm^2，产量为 11 万吨；到 2003 年全国的葡萄栽培面积为 42.10 万 hm^2，产量为 517.6 万吨。1993～2003 年，全国葡萄产量平均年增长 38.2 万吨，年增长率 12.5%。根据中国农业统计年鉴的数据，2015 年全国葡萄栽培总面积（不含港、澳、台地区）已达 79.92 万 hm^2（1199.8 万亩），产量达到 1367 万吨，现在我国已成为世界葡萄生产第一大国。在产量和单产提高的同时，由于市场需求变化及栽培技术的提高，果品质量逐年改善，葡萄生产开始由数量效益型向质量效益型转变，栽培面积渐趋合理，生产进入产业化新阶段。

除港、澳外，全国几乎各个省、市、自治区均有葡萄的栽培，但葡萄主要产区分布相对集中于若干优势产区，全国基本形成了以新疆及西北黄土高原产区（鲜食、酿酒、制干），辽宁北部、吉林、黑龙江产区（鲜食、酿酒），华北、环渤海湾产区（鲜食、酿酒）和南方及云贵高原地区（鲜食）为主体的几大产区。其中环渤海湾和西北及黄土高原两大优势产业带种植面积占全国葡萄总种植面积的 66.23%，产量占全国葡萄总产量的 69.2%。

目前，葡萄栽培已从单纯的露地栽培模式发展到露地与设施栽培模式并存，设施栽培模式又分为促成栽培、延后栽培及避雨栽培等多种形式。截至目前，葡萄设施栽培面积已经超过 4 万 hm^2。设施葡萄栽培的发展，不仅扩大了栽培区域，延长了果品上市供应期，而且显著提高了葡萄产业的经济效益。

（二）设施葡萄栽培

葡萄的大棚、温室栽培始于 19 世纪末，先从荷兰、比利时、日本等国开始。据资料介绍，1940 年，荷兰已有种葡萄的玻璃温室 5000 个，占地 860 hm^2，主要分布在海牙郊区，到 20 世纪 80 年代，荷兰的玻璃温室面积发展到 1000 hm^2，大多用于种植葡萄和草莓。目前，荷兰的鲜食葡萄几乎都是用温室生产的，并能做到周年均衡供应鲜食葡萄。意大利用于栽培葡萄的玻璃温室不多，但塑料温室和大棚发展很快，到 20 世纪 80 年代后期，意大利有 9000 hm^2 的塑料温室，其中就有 7500 hm^2 用于栽培鲜食葡萄。西班牙的塑料温室发展极为迅速，到20世纪80年代末期，塑料温室的面积已达38 000 hm^2，其中用于生产鲜食葡萄的比例也不少。

在亚洲，日本在 1882 年就开始用温室栽培葡萄了，其发展也很快。先是用玻璃温室栽培，后来主要改用塑料温室。据资料介绍，1982 年，日本用于果树栽培的温室总面积为 4750 hm^2，其中用于栽培葡萄的面积只占 24%，到 80 年代末期。用于果树栽培的温室面积增至 6147 hm^2。其中葡萄的栽培面积增至 80%。

我国大棚、温室葡萄栽培起步较晚。黑龙江省齐齐哈尔园艺试验站于 1979 年在日光温室中中栽培葡萄成功，是我国设施葡萄栽培的一个先例。接着，该站又在塑料大棚内试种，再次取得良好结果。随后大庆在加温温室内种植葡萄也获得设施葡萄栽培的发展。进入 20 世纪 80 年代以后，辽宁、吉林、天津等地也先后开始发展大棚、温室葡萄栽培、并取得了很好的经济效益、积累了一些栽培管理经验，有力地促进了设施葡萄栽培的生产。近年来，大棚、温室葡萄栽培还在北京、河北（唐山、滦县、卢龙、怀来等）、山东（青岛）、宁夏（银川）发展、不少地区已出现成片栽培。南方地区的上海、浙江（金华）等地也试栽成功、使我国大棚、温室葡萄栽培开始步入规模发展阶段。设施栽培包括日光温室、塑料大棚等设施，促成（提前）栽培或抑制（延后）栽培，使得葡萄鲜果供应期由原来的 4 个月延长到 10 个月（4 月下旬到翌年 2 月）。

二、我国葡萄设施栽培的类型

我国地域辽阔，自然气候类型多样，葡萄品种繁多，市场需求复杂。目前，我国葡萄设施栽培主要有 3 个发展方向。一是以提早上市为目的的促成早熟栽培，主要分布在山东、辽宁、北京、河北、青海、宁夏等地，分布范围广，栽培技术较为成功，也是设施栽培的主要方向。二是以提高品质和推迟成熟期为目的的延迟栽培，主要集中在河北张家口地区及甘肃等地。三是以扩大栽培区域、提高品质的避雨栽培，主要集中在江南的上海、浙江、福建等地。

（一）促成栽培

以提早成熟、提前上市为目的促成栽培，是我国葡萄设施栽培的主流。它保证了早春、初夏果品淡季葡萄鲜果的供应，已成为葡萄生产中不容忽视的栽培形式。

葡萄促成栽培据设施类型的不同，主要分为两类，即塑料大棚和日光温室。

1. 塑料大棚

塑料大棚是用竹木或钢架结构形成棚架，覆盖塑料薄膜而成，一般每个大棚占地一亩左右，可单独建棚，也可多个大棚联结成连栋大棚，大棚的结构、构件有各种不同的类型，大棚内葡萄多用篱架栽植。塑料大棚一般仅能提早 10～15 天。南方各地用大棚进行避雨栽培有明显的防雨效果。

2. 日光温室

日光温室接收日光能较为充分，加之温室便于进行草帘覆盖，所以保温性能较好，促成栽培提早成熟的效果也比较显著，是当前葡萄设施栽培中应用最多的设施类型。

塑料薄膜覆盖的日光温室根据加温方式可分为日光温室和人工加温温室两种。①日光温室：温室内不专门设置加热装置，而靠日光能加温，是我国北纬 40℃以南地区普遍采用的温室类型，为了最大限度地接受日光能和保存热量，各地在设施建造、棚膜选择、保温材料等方面进行了许多研究，从各地调查情况表明，高效节能型日光温室是葡萄设施栽培中应用最为广阔的一种设施类型。不同的促成方式提早的程度不同（表 6-1）。②人工加温温室：采用各种人工加温设施为温室加温，促进设施内温度提高，常用的加温方式分为空气加温和土壤加温，空气加温是利用在设施内增设火炉、火道或输送热风或设置暖气管道的方法增加设施内气温。土壤加温是在温室土层下铺设送热管道，采用专用的锅炉进行输送热水、热气给土壤表层加温。

表 6-1　中部产区不同设施形式及效应

栽培形式	开始时间	收获期（旬/月）	提早成熟的天数
加温温室	12～1 月加温	上/5～下/5	50～60
日光温室	1～2 月扣棚	中/5～上/6	40～50
塑料大棚	3 月扣棚	上/6～下/6	20～30
露地		中/7～下/7	0

（二）延迟栽培

以延长葡萄浆果成熟期、延迟采收、提高葡萄浆果品质为目的的延迟栽培，既能生产出高品质葡萄，又可省去鲜果储藏费用，提高葡萄鲜果货架期和降低葡萄商品成本。这一栽培方式主要用于品质特优、但不耐储的品种，如牛奶、无核白、红脸无核等品种。采取保护设施能防止早霜，延迟采收，延后上市，可获得较高的市场差价。

（三）避雨栽培

避雨栽培即在原有葡萄支架上增加支撑塑料拱棚的结构，上铺设塑料薄膜，在阴雨天进行覆膜防雨，同时在树盘内铺设地膜，以防止根部过多吸收水分，减少雨水对植株和果穗生长、成熟的影响，从而达到避雨防湿效果的一种栽培方式。以设施遮住葡萄植株、躲避雨水、防菌健树、保护葡萄、提高葡萄品质和扩展栽培区域为目的的避雨栽培，是我国长江流域及其南方栽培欧亚种高品位葡萄的一项有效措施。目前，在上海、无锡、苏州、杭州、嘉兴、金华等地避雨栽培发展迅速。近几年来在华北、华中地区发展很快，尤其是由于采用了避雨栽培设施使原来不能栽培欧亚种品种的地区也能栽培品质优良的欧亚种品种，从而扩大了我国优质葡萄的生产区域。

第二节　设施葡萄栽培的主要种类和品种

一、主要种类

葡萄在分类上属于葡萄科（Vitaceae）葡萄属（*Vitis*）。本属包括 70 多种，分布在我国的约有 35 种。其中仅有 20 多种用来生产果实或作为砧木，其他均处于野生状态，无栽培及食用价值。葡萄属的各个种按照地理分布和生态特点，一般划分为三大种群：欧亚种群、北美种群和东亚种群，另外还有一个杂交种群。

（一）欧亚种群

欧亚种群目前仅存一个种，即欧洲种或欧亚种（*Vitis vinifera* L.），起源于欧洲及亚洲。世界上著名的鲜食、加工、制干品种大多属于该种。该种品种极多（5000 多个），其产量占世界葡萄产量的 90%以上。我国栽培的龙眼、牛奶、玫瑰香、无核白等品种均属于该种。

欧洲种果实品质好，风味纯正，但抗寒性较差。成熟的枝条和芽眼能耐–18～–16℃的低温，根系能耐–5～–3℃的低温。该种对真菌性病害抵抗能力弱，不抗黑痘病、白腐病等，不抗根瘤蚜。抗石灰质土壤能力强。该种适于在气候比较温暖、阳光充足和较干燥的地区栽培。

（二）北美种群

北美种群包括 28 种，多分布在北美洲的东部。在栽培和育种上有利用价值的主要种如下。

1. 美洲种（*Vitis labrusca* L.）

又称美洲葡萄，原产北美东部。该种果实具有浓厚的麝香味。叶背密生灰白或褐色毡状茸毛，卷须为连续性着生。抗病性强，耐潮湿。抗寒性较强，成熟的枝条和芽眼耐–22～–20℃低温，根系能耐–8～–7℃的低温。该种对石灰质土壤敏感，易患失绿病。

2. 河岸葡萄（*Vitis riparia* Michaux.）

原产北美东部。果实小，品质差，无食用价值。叶三裂或全缘，叶片光滑无毛，生长势强。抗旱、耐热湿，抗病性强，对扇叶病毒有较强的抗性，高抗根瘤蚜。抗寒性较强，成熟的枝条和芽眼能耐–30℃以下的低温，根系耐–13～–11℃的低温。喜土层深厚肥沃的冲积土，不耐石灰质土壤。该种主要用于抗寒、抗旱及抗根瘤蚜砧木。

3. 沙地葡萄（*Vitis rupestris* Scheele.）

原产美国中部和南部。果实小，品质差，无食用价值。叶片光滑无毛，全缘。抗寒性较强，根系可耐–10～–8℃的低温，枝、芽可耐–30℃的低温。该种抗旱性强，抗根瘤蚜、白粉病和霜霉病。该种及其杂种主要作抗旱、抗根瘤蚜砧木，圣乔治（St. George）是其代表性的品种。

（三）东亚种群

东亚种群包括39种，生长在亚洲东部，原产于我国的有10余种，主要如下。

1. 山葡萄（*Vitis amurensis* Rupr.）

分布在我国的东北、华北及韩国、朝鲜、俄罗斯的远东地区。尤以东北长白山区最多，主要生长在林缘与河谷旁。

该种是葡萄属中抗寒性最强的一个种，成熟的枝条和芽眼能耐–50～–40℃的低温，根系可耐–16～–14℃低温。对白粉病和霜霉病的抗性较差。多属雌雄异株，但已发现了两性花类型（双庆），并选育出了两性花品种（双优）等。山葡萄种内类型较多，类型间性状变异较大。果粒圆形，呈紫黑色。扦插发根能力较弱，多采用实生播种繁殖，但种内也发现一些扦插发根能力较强、成活率较高的株系和类型。 山葡萄主要用作寒冷地区的抗寒砧木，抗寒育种的原始材料和酿酒原料。

2. 蘡薁（*Vitis thunbergii* Sieb. et Zucc）

又名董氏葡萄，产于华北、华中及华南各地，日本、朝鲜也有分布。浆果圆形，黑紫色。果汁深红紫色。该种扦插不易发根，抗寒性较强，在华北一带可露地安全越冬。可作抗寒、抗病育种的原始材料。

东亚种群中可供酿造和利用的种还有刺葡萄（*Vitis davidii* Foex）、葛藟葡萄（*Vitis flexuosa* Thunb）、秋葡萄（*Vitis romanetii* Romen）和毛葡萄（*Vitis quinquangularis* Rehd.）等。

（四）杂交种群

杂交种群是葡萄种间进行杂交培育成的杂交后代，如欧洲种和美洲种的杂交后代称欧美杂种，欧洲种和山葡萄的杂交后代称欧山杂种。其中欧美杂种在葡萄品种中占有相当的数量，这些品种显著的特点是：浆果具有美洲种的草莓香味。具有良好的抗病性、抗寒性、耐湿性和丰产性。使欧美杂种能在较大的地区种植。目前，在我国、日本和东南亚地区，欧美杂种已成为当地的主栽品种。它主要用作鲜食和制汁，但品质不及欧洲葡萄。目前我国和日本栽培较多的欧美杂种品种有巨峰、京亚、藤稔等。

二、优良品种

（一）葡萄品种的分类

目前，全球栽培的葡萄品种约有1.4万个，其中在资源圃中保存或在栽培上应用的品种有 7000～8000 个，他们主要来源于欧洲种、美洲种和欧美杂交种。

目前，我国栽培的葡萄品种主要分为两大类，即欧亚种品种和欧美杂交种品种。欧亚种葡萄品质优良，但抗病、抗湿性较差；而欧美杂交种葡萄抗病性、抗湿性均较强，但品质相对较差。因此，欧亚种品种主要栽培在我国东北、华北及西北气候较为干旱的地区。而欧美杂交种品种除新疆等干旱地区以外，在全国各地基本上都可以栽培。

1. 按用途分类

可分为鲜食品种、酿酒品种、制干品种、制汁品种、制罐品种、砧木品种等。类与类之间有时很难分开，常常可以兼用。

2. 按成熟期分类

主要是根据葡萄从萌芽至果实充分成熟的天数和所需积温进行分类，可分为以下五类。

（1）极早熟品种

葡萄从萌芽到果实充分成熟的天数为 110 天以下，大于 10℃有效积温为 2100～2500℃，如 90-1，洛浦早生、87-1 等。

（2）早熟品种

葡萄从萌芽到果实充分成熟的天数为 110～125 天，大于 10℃有效积温为 2500～2900℃，如京亚、京秀、金星无核等。

（3）中熟品种

葡萄从萌芽到果实充分成熟的天数为 125～145 天，大于 10℃有效积温为 2900～3300℃，如巨峰、藤稔、红脸无核等。

（4）晚熟品种

葡萄从萌芽到果实充分成熟的天数为 145～160 天，大于 10℃有效积温为 3300～3700℃，如意大利、晚红、黑大粒、夕阳红等。

（5）极晚熟品种

葡萄从萌芽到果实充分成熟的天数为 160 天以上，大于 10℃有效积温为 3700℃以上，如秋红、圣诞玫瑰、红鸡心等。

3. 按果实有无种子分类

可分为有核品种和无核品种。

（二）设施栽培葡萄品种

设施栽培葡萄生产条件与露地栽培差异很大，开展设施栽培时应选择适合设施生态条件、能在设施内能正常生长结果的品种。另外，设施栽培投资大、成本高，相应要求有较高的生产收益，因此设施栽培品种的果穗、果实外观要艳丽，品质一定要优良，这样才能有较高的商品价值和较高的经济收益。

1. 葡萄设施栽培品种选择的原则

①适应设施内的弱光环境，耐高温、耐高湿、抗病力强；②在散射光条件下容易着色，而且着色整齐一致；③由于设施内温湿度高，葡萄生长势强，这就要求选用生长势中庸、健壮的品种；④设施是集约经营，单位面积投入的生产费用较高，因此应栽培粒大、穗大、优质、经济效益高的优良品种；⑤早熟促成栽培必须选择生育期较短的早熟、特早熟品种，而延迟栽培时应选用晚熟和极晚熟品种。总之，设施栽培品种的选择应突出早熟、耐弱光照、耐热，大穗、大粒、成熟整齐、优质丰产等几个主要指标。

2. 适于在设施中栽培的葡萄品种

适合促成葡萄栽培的宜选择早熟、大粒、优质的品种，如京亚、京秀、紫珍香、乍娜、凤凰 51、洛浦早生、玫瑰牛奶、87-1、矢富罗莎、京玉、京优、红双味、无核白鸡心等。延迟栽培宜选择晚熟、大粒、质优、颜色好、易多次结果的品种，如红地球、秋红、秋黑、黑大粒、瑞必尔、泽香、红意大利、玫瑰香、黑奥林等晚熟品种；避雨栽培的宜选择在多雨地区感病较轻、品质优良的欧亚种品种，如玫瑰香、意大利、红意大利、玫瑰牛奶、红地球、秋红、秋黑、黑大粒、瑞必尔、京秀、美人指、矢富罗莎等。

（1）早熟品种

1）乍娜　品种来源不详、与绯红品种极为相似。其主要特点是早熟、大粒、色艳、质优，成为目前广泛栽培的早熟鲜食品种之一。果穗长圆锥形，果粒着生稀疏至中紧密。果粒近圆形或椭圆形，粉红色，有时具紫红色条状色晕。果皮中等厚，肉质脆，多汁，味甜，具清淡的香味。可溶性固形物含量 15.0%。树体生长势中等，萌芽率高，

2）87-1　该品种发现于辽宁鞍山市。果穗宽圆锥形，有歧肩或副穗，果穗大，平均果穗重 550 g，果粒着生紧密。果粒长卵圆形，平均单粒重 5.5 g。果皮紫红色，果肉脆，味甜，有浓厚的玫瑰香味，可溶性固形物含量 15.0%～16.0%。植株生长势中等，结果能力较强。结果枝率 86%，每果枝平均着生 1.6 个果穗，在北京地区 4 月上旬萌芽，5 月中旬开花，7 月底果实成熟。

3）京亚　中国科学院北京植物园培育的葡萄新品种。果穗圆锥形或圆柱形，平均果穗重 480 g，最大穗可达 650 g，果粒着生较紧密，果粒大而均匀。果粒短椭圆形，平均单粒重 9.5 g，最大粒重 15 g。果皮紫黑色，果粉厚，果肉较软、汁多，可溶性固形物含量 15.0%。味偏酸，略有草莓香味。树势中等，结果枝率占总芽眼数的 55%，每果枝平均着生 1.6 个花序。在北京地区 4 月上旬萌芽，5 月中下旬开花，8 月上旬果实成熟。抗病性强。

4）里扎马特　苏联品种，我国先后从苏联和日本引入，目前全国各地均有栽培。果穗特大，圆锥形，果穗稍松散，平均果穗重 850 g，最大穗重可达 2500 g。果粒长椭圆形，平均单粒重 12.0 g，最大粒重 20.0 g 左右，有时果粒大小不太整齐。果皮鲜红色至紫红色，清香味甜，可溶性固形物含量 14.0%～16.0%。树势极旺，结果枝率 45.0%，每果枝平均着生 1.13 个果穗，副梢结实能力弱。在华北地区 4 月上旬萌芽，5 月下旬开花，8 月中旬果实成熟。采收后果实不耐储藏和运输。

5）京早晶 中国科学院北京植物园培育的品种。果穗大，圆锥形，平均果穗重 450 g，果粒着生中等紧密。果粒中小，卵圆形至长椭圆形，平均单粒重 3.0 g。果皮绿黄色，果皮薄，果肉脆，酸甜适口，味浓。可溶性固形物含量 20.5%。成熟后易落粒。植株生长势强，结果枝率为 30%，每果枝平均着生 1.1 个花序。在北京地区 4 月上旬萌芽，5 月中下旬开花，7 月下旬果实成熟。植株抗寒、抗旱力强，但易感霜霉病和白腐病。

6）京秀 中国科学院北京植物园育成。果穗圆锥形，平均果穗重 400～500 g，最大穗重可达 1000 g。果粒着生较紧密，果粒椭圆形，平均单粒重 5.0～6.0 g。果皮玫瑰红色或鲜紫红色，肉脆味甜，可溶性固形物含量 15.0%～17.5%。植株生长势较强。结果枝率中等。在北京地区 4 月上中旬萌芽，5 月中下旬开花，8 月初果实成熟。

7）洛浦早生 河南科技大学园艺研究所于 1996 年在京亚品种上发现的极早熟芽变。果穗圆锥形，紧凑，平均果穗重 456 g，最大达 1060 g。果粒短椭圆形，果皮紫红至紫黑色，平均单粒重 11.7 g。果粉厚，果肉软而多汁，味酸甜，稍有草莓香味。可溶性固性物含量 13.8%～16.3%。每果粒含种子 2～3 粒。生长势较强，芽眼萌发率高，枝条成熟较早，隐芽萌发力中等。结果枝率为 66.8%，每果枝平均着生 1.65 个花序，副梢结实率中等。不脱粒，耐储运。丰产，抗炭疽病、白腐病、黑痘病。在洛阳地区 4 月上旬萌芽，5 月中旬开花，6 月底至 7 月初成熟，从萌芽至成熟 90 天，浆果发育期 45 天。

8）高墨 日本品种。果穗圆锥形，中等大小，平均果穗重 375 g。果粒椭圆形，平均单粒重 10.0 g。果皮紫红色，果肉较软，果汁多，味酸甜，有草莓香味。可溶性固形物含量 15.0%。植株生长势旺，结果枝率为 60.0%，每果枝平均着生 1.5 个花序。在上海地区 3 月下旬萌芽，5 月中旬开花，8 月中旬果实成熟。抗病性强，耐潮湿。

9）紫珍香 辽宁省农业科学院园艺研究所培育成的四倍体葡萄品种。果穗圆锥形，平均果穗重 450 g，果粒着生中密。果粒大，长卵圆形，平均单粒重 10 g 左右。果皮紫黑色，果肉软，多汁，可溶性固形物含量 14.5%～16.0%。具有玫瑰香味。植株生长旺盛，结果枝率为 76%，每果枝平均着生 1.56 个花序，副梢结实能力中等。在辽宁沈阳地区 5 月初萌芽，6 月上旬开花，8 月中、下旬果实成熟。抗病性强。

（2）中熟品种

1）巨峰 日本品种。四倍体。果穗大，圆锥形，平均果穗重 450 g，果粒着生稍疏松或紧密。果粒大，近圆形或椭圆形，平均单粒重 9.0 g。果皮厚，紫黑色，肉质软，有肉囊，果皮与果肉，果肉与种子均易分离，味酸甜，可溶性固形物含量 16.0%左右。有明显的草莓香味。植株生长势强，结果枝率为 57%，副梢结实能力中等。在黄河中下游地区 3 月底萌芽，5 月下旬开花，8 月中旬果实成熟。适应性强。

2）京优 中国科学院北京植物园选育的品种。果穗大，圆锥形，平均果穗重 566 g，最大穗重 850 g，果粒着生稍紧密。果粒大，果粒近圆形或卵圆形，平均单粒重 10.5 g。果皮红紫色，肉厚而脆、味甜，可溶性固形物含量 15.5%左右。植株生长势较强，结果枝率为 54%，每果枝平均着生 1.4 个花序，副梢结实能力中等。在北京地区 4 月上旬萌芽，5 月下旬开花，8 月中旬果实成熟。抗寒、抗旱力强。

3）玫瑰香 英国品种。果穗较大，圆锥形，平均果穗重 350 g，果粒着生疏散或中等紧密。果粒椭圆形或卵圆形，平均单粒重 4.5 g。果皮黑紫色或紫红色，果皮中等厚，韧，易与果肉分离。果肉黄绿色，汁液多，具有浓郁的玫瑰香味，可溶性固形物含量18.0%～20.0%。果粒含种子 1～3 粒。植株生长中等。结果枝率 75.0%，每果枝平均着生 1.5 个果穗，副梢结实能力强，丰产。在北京地区 4 月上旬萌芽，5 月下旬开花，8 月下旬至 9 月上旬果实成熟。

4）藤稔　日本品种。果穗呈圆锥形，穗大，平均果穗重 600 g。果粒极大，平均单粒重 15 g 左右。果皮暗紫红色，肉质较致密，果汁多，可溶性固形物含量 15.0%～17.0%。稍有异味。植株生长势较强，结果枝率为 70%，每果枝平均着生 1.6 个花序。在北京地区 4 月上旬萌芽，5 月下旬开花，8 月下旬果实成熟。适应性强。但易感黑痘病、灰霉病和霜霉病。

5）先锋　日本品种。果穗圆锥形，中等大小，平均果穗重 389 g，最大可达 650 g。果粒着生中等紧密。果粒圆形，平均单粒重 10.0 g。果皮黑紫色，果肉脆，果汁多，味酸甜，可溶性固形物含量 16.0%。微有草莓香味。植株生长势中等，结果枝率为 54%，每果枝平均着生 1.5 个花序。在上海地区 3 月下旬萌芽，5 月中下旬开花，8 月中下旬果实成熟。抗黑痘病能力较强，但易感炭疽病和霜霉病。

6）意大利　意大利品种，是欧洲各国栽培的主要晚熟鲜食品种。果穗大，圆锥形，平均果穗重约 830 g，果粒着生中等紧密。果粒大、椭圆形，平均单粒重 6.8 g，黄绿色。果皮中厚，果肉肥厚，味酸甜，充分成熟后有玫瑰香味。树势中强，结果枝率占总芽眼数的 15%，每果枝平均着生 1.3 个花序。在北京地区 4 月中旬萌芽，5 月下旬开花，9 月下旬果实成熟。丰产、穗大、粒大、外形美观。果实耐储运，是优良的晚熟鲜食良种。抗白腐病、炭疽病能力中等，叶片易感白粉病及霜霉病。

7）金星无核　欧美杂种，美国品种。果穗圆锥形，紧密，平均果穗重 350 g。果粒近圆形，平均单粒重 4.4 g，经膨大剂处理后果粒可达 7.0～8.0 g。果皮蓝黑色，肉质软，味香甜，可溶性固形物含量 16.0%～19.0%。植株生长势强，萌芽率 90%，结果枝率 86%，每果枝平均着生 1.6 个花序。在沈阳地区 4 月底萌芽，5 月底 6 月初开花，8 月中旬果实成熟。抗寒性强。

8）无核白鸡心　又名世纪无核、森田尼无核，美国品种。果穗大，长圆锥形，平均果穗重 620 g，果粒着生中等紧密。果粒鸡心形，平均单粒重 4.5 g，果皮绿黄色或金黄色，肉质硬脆，味甜。可溶性固形物含量 16.0%。植株生长势强，芽眼萌芽率高，结果枝率 52%左右，每果枝平均着生 1.2 个花序。在北京地区 4 月上旬萌芽，5 月下旬开花，8 月上旬果实成熟。

（3）晚熟品种

1）牛奶　欧亚种。二倍体。果穗长圆锥形或分枝形，松散，平均穗重 400～800 g。果粒圆柱形，平均粒重 5～7 g，果粒呈黄绿至黄白色，皮薄肉脆，可溶性因形物含量为15%～22%，味纯甜，品质极佳。

2）红地球　又名红提、晚红，美国品种。果穗极大，长圆锥形，果穗松散或较紧凑，平均果穗重 600 g。果粒圆形或卵圆形，平均单粒重 12.0～14.0 g。果皮鲜红色或暗紫红色。果肉硬脆，味甜，可溶性固形物含量 17.0%。该品种树势较强，结果枝率为 70%，每果枝平均着生 1.3 个果穗。在北京地区 4 月上旬萌芽，5 月下旬开花，9 月下旬果实成熟。果实耐贮性好，抗病性较弱，枝条成熟较晚。

3）瑞必尔 又名美国黑提，美国品种。果穗中大，圆锥形或带副穗，平均果穗重720 g，果粒着生中密。果粒近圆形或长圆形，平均单粒重6.5 g。果皮紫红色至紫黑色。果肉脆，味酸甜爽口，可溶性固形物含量16.0%。树势中强，结果枝率高，每果枝平均着生1.4个花序。在华北地区4月上旬萌芽，5月下旬开花，9月下旬果实成熟。抗病、抗寒力较强。极耐储运。

4）美人指 日本品种。果穗中到大，圆锥形，无副穗，平均果穗重580 g，最大穗重可达1850 g。果粒长椭圆形，平均单粒重10.0 g。果粒先端果皮鲜红色，基部稍淡，如美女手指。果肉脆甜，无香味，可溶性固形物含量16.0%～19.0%。该品种生长势旺，成枝率高，果枝率中等，每果枝平均着生1.1个果穗。在华北地区4月中旬萌芽，5月下旬开花，9月下旬果实成熟。果实耐贮性好，抗病性较弱，枝条成熟较晚。

5）黑奥林 日本品种。果穗中大，圆锥形，平均果穗重500 g，最大果穗重785 g。果粒着生较紧密，近圆形，平均单粒重10 g。果皮黑紫色，果粉中厚，肉质稍脆，果汁多，有草莓香味，可溶性固形物含量 14.0%～16.0%。该品种树势旺盛，结实力强，结果枝率高，结果枝率为75%，每果枝平均着生1.3个花序，副梢结实力一般，产量高。在陕西关中地区4月上旬萌芽，5月中旬开花，8月中旬果实成熟。适应性强。

6）绯红无核 又名克瑞森无核，美国品种。果穗中等大，圆锥形，有歧肩，平均果穗重500 g，果粒着生中等紧密。果粒椭圆形，平均单粒重4.0 g。果皮亮红色。果肉黄绿色，细脆，味甜。可溶性固形物含量19.0%。植株生长势强，萌芽率、成枝率均较强。在北京地区4月上旬萌芽，5月底开花，9月上旬果实成熟。

7）红宝石无核 又名大粒红无核，美国品种。果穗大，圆锥形，有歧肩，平均果穗重850 g，最大可达1500 g。果粒较大，卵圆形，平均单粒重4.2 g。果皮亮红紫色，果肉脆，可溶性固形物含量17.0%。植株生长势强，萌芽率高，每果枝平均着生1.5个花序。在华北地区4月中旬萌芽，5月下旬开花，9月中下旬果实成熟。

8）红脸无核 美国品种。果穗大，长圆锥形，平均果穗重650 g，最大可达2150 g，果穗较松散。果粒中大，椭圆形，平均单粒重4.2 g，果皮鲜红色。果肉脆，味甜，可溶性固形物含量15.5%。植株生长势强，萌芽率高，结果枝率80%，每果枝平均着生1.5个花序。在沈阳地区5月上旬萌芽，6月中旬开花，9月中旬果实成熟。丰产，抗病。

9）皇家秋天 美国品种。果穗大，圆锥形，平均果穗重1000 g，果穗较松散。果粒大，椭圆形，平均单粒重7.0 g，果皮紫黑色。果肉脆甜，可溶性固形物含量17.0%。植株生长势强。在山东莱西地区4月中旬萌芽，5月中下旬开花，9月下旬果实成熟。抗病性弱。

第三节 葡萄的生物学特性

一、生长习性

（一）根及其生长习性

葡萄的根系发达，为肉质根，髓射线发达，能储藏大量的有机营养物质，还能合成多种氨基酸和激素类物质，对地上部新梢和果实的生长及花芽分化等起重要的调节作用。

1. 实生根系

由种子播种长成的葡萄根系称实生根系。其主根发达，根系较深，有明显的根颈（根与茎的交界处），分枝角度小。它由主根、侧根和幼根组成（图 6-1）。

2. 茎源根系

用扦插或压条繁殖形成的葡萄植株的根系为茎源根系。其没有真根颈，而把扦插（或压条）时插入地表下的一段称为根干。它没有主根，侧根发达，根系分枝角度大，由侧根和幼根组成（图 6-1）。

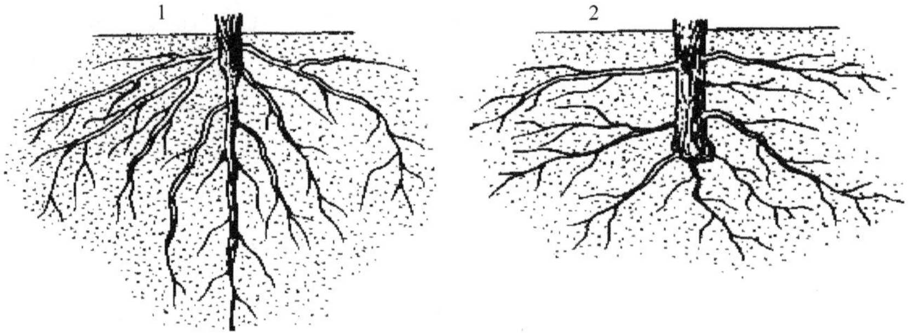

图 6-1　葡萄的根系（严大义，1997）

1. 实生根系；2. 茎源根系

葡萄的根是肉质的，是重要的储藏器官。冬季，在根的皮层薄壁细胞、韧皮部、木质部及髓射线中积累大量的淀粉、蛋白、单宁等营养物质。因此越冬时葡萄根系的严重伤亡对翌年的生长结果有很大影响，不仅吸收作用大为减弱，而且营养物质也将大量丧失。葡萄是深根性树种，其根系的分布与品种、树龄、栽培技术、土壤质地、地下水位高低、定植沟大小、肥力多少有直接关系。在土壤质地疏松、地下水位较低、排水良好的地方葡萄根系分布范围较广。其主要根群分布深度在 30～60 cm，少数根达 1～2 m，水平分布 3～5 m。例如，龙眼、新玫瑰、无籽露等品种的根系比玫瑰香、莎巴珍珠等品种的根系大；成年树的根系比老弱树或幼树的大。一般树冠大，根系也大，所以棚架葡萄的根系往往比篱架大。

当葡萄根系分布层的土壤温度升至 5～7℃时，根系开始活动，一般美洲种品种早于欧亚种品种。此时，地上部枝蔓的新鲜剪口处容易产生伤流。伤流对葡萄植株的生长发育影响很大。所以春季对葡萄枝蔓不进行修剪。土温升至 12～14℃时，根系开始生长，地上部也开始萌芽。最适宜葡萄根系生长的土温为 21～24℃。葡萄根系的生长有两个高峰，一个是开花至幼果期，另一个是硬核至果实成熟期。在炎热的夏季和秋后土温过高或下降时，根系生长较缓慢。到秋冬季节地温降至 12℃以下时，根系停止生长。

露地条件下地温与气温基本同步变化，葡萄生长发育也较为正常，器官建造的顺序节奏协调一致。在设施栽培中，尤其是促成早熟生产，在扣棚保温的前期，往往出现气温上升快而地温上升慢，导致设施栽培的葡萄新根发生受阻或量少，细胞分裂素合成供应不足，发芽迟缓或萌芽不整齐，花序抽生慢，坐果率低，落花落果严重等现象。因此设施促成栽培的前期，应注意提高地温。

（二）茎及其生长特性

葡萄的茎包括主干、主蔓、侧蔓、结果枝组、结果母枝、结果枝、营养枝、延长枝和副梢（图 6-2）。通常把植株从地面长出的枝叫主干，主干上的分枝叫主蔓。如果植株没有主干从地面即长出几个枝，习惯上只称主蔓，属无主干整形类型。在主蔓上着生侧蔓，侧蔓上再着结果枝组，结果枝组着生结果母枝。由结果母枝的冬芽抽出的带叶新枝称为新梢，其中带果穗的称结果枝，没有果穗的称发育枝或营养枝。从生长年限上也称一年生、二年生和多年生枝蔓。

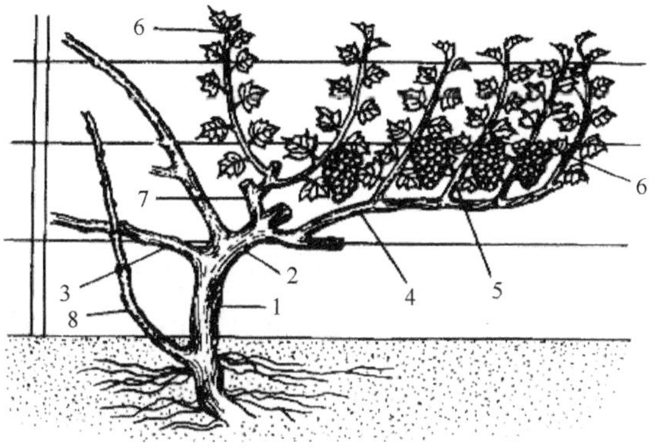

图 6-2　葡萄的枝蔓（严大义，1997）

1. 主干；2. 主蔓；3. 侧蔓；4. 结果母枝；5. 结果枝；6. 营养枝；7. 结果枝组；8. 萌蘖

葡萄的茎细而长，髓部大，组织较疏松。新梢上着生叶片的部分为节，节部稍膨大，节上着生芽和叶片，叶腋内着生芽眼，节内有横隔膜，有贮存养分和加强枝条牢固性的作用。成熟的枝条，横膈膜发育完全，枝条硬；不成熟的枝条，横隔膜发育不完全、枝条软。新梢中部的空隙部位叫髓部，髓部的大小与植株枝条组织充实程度有关，生长充实的枝条髓部小，反之则大。生产上常以此作为修剪时剪裁插条的依据（图 6-3）。

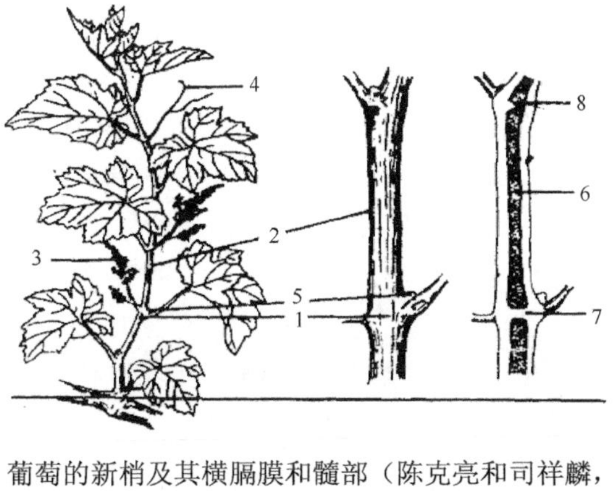

图 6-3　葡萄的新梢及其横膈膜和髓部（陈克亮和司祥麟，1993）

1. 节；2. 节间；3. 花序；4. 卷须；5. 芽眼；6. 髓部；7. 有卷须节上的完全隔膜；8. 无卷须节上的不完全隔膜

葡萄的节有储藏养分和加强枝条牢固性的作用。两个节之间为节间，节间长短与品种和树势有关。节上叶片对面着生卷须或花序。葡萄茎的主要功能是输导水分、养分和储藏营养物质。早春芽的萌发、叶的生长主要是靠上年储藏的养分。枝蔓的成熟程度，是决定植株越冬抗寒的重要条件，并对翌年早春芽眼内部花序的继续分化和前期生长，具有很大影响。一般枝条成熟早，果实成熟早，果粒大，花芽分化也好。

当昼夜平均气温稳定在 10℃以上时，葡萄茎上的冬芽开始萌发，长出新梢。开始时新梢生长缓慢，主要是因为地下还没有发出新根，叶片小不能进行光合作用制造营养或制造的很少，仅靠树体储藏的养分生长。以后随着气温的升高，新根不断发生，叶片逐渐长大其光合作用加强，新梢加长生长逐渐加快，到萌芽后 3～4 周时，生长最快，此时一昼夜可加长 5 cm 以上，最多可加长 10 cm。到开花前后，由于各器官之间互相争夺养分，使新梢的生长速度逐渐放慢。但是葡萄的新梢不形成顶芽，只要气温适宜，可一直生长到晚秋。自然生长情况下，养分不易积累，上部枝蔓多成熟不良。一般需通过摘心、肥水控制新梢生长。枝蔓生长具明显的顶端优势和垂直优势。植株蔓性，不能直立，需设支架扶持。

（三）芽的生长特性

芽实际上是缩短了的枝，是茎、叶、花的过渡性器官，它位于叶腋处。葡萄的芽为混合芽、分冬芽、夏芽、隐芽 3 种。葡萄的新梢叶腋内存在两种芽：夏芽和冬芽。夏芽是裸芽，具早熟性，不经休眠随着新梢的生长能自然萌发（图 6-4）。由夏芽抽生出的新梢称为副梢（一次副梢）。副梢的叶腋间，同样有冬芽和夏芽两种芽。由副梢上的夏芽当年萌发抽生出的新梢，称为二次副梢。依此类推，有三次、四次副梢生出。夏芽抽生的副梢同主梢一样，每节都能形成冬芽和夏芽，副梢上的夏芽也同时能萌发成二次副梢，二次副梢上又能抽生三次副梢，这就是葡萄枝梢具有一年多次生长、多次结果的原因。葡萄夏芽抽生的副梢，在自然条件下，当营养供应不足时，一般不易形成花序。但是，通过对主梢摘心，改善营养条件也能促使夏芽转变为花芽。夏芽副梢结实率高低因品种而不同。葡萄园皇后与无核品种扬格尔的副梢有很高的结实率，而龙眼、无核黑品种结实率则极低。

葡萄冬芽外被鳞片包着，冬芽体型比夏芽大，一般当年不萌发，越冬后到翌年春季气温逐渐回升才萌发。冬芽由一个主芽和 3～8 个副芽（预备芽）组成。主芽位于冬芽的中间，副芽位于主芽的周围，主芽比副芽肥大发达（图 6-4）。早春随气温回升一般主芽先萌发，当主芽受损害时，副芽才萌发。但许多美洲和欧美杂交种品种，常有 1～2 个副芽能和主芽一起萌发，而且由副芽抽生的新梢也能结果。这种特性在主芽受冻或机械损伤时，可以用副芽来弥补（图 6-4）。在生产上为调节储藏养分，应及时将副芽萌发的枝抹掉，保证主芽生长。隐芽是着生于多年生蔓的潜伏芽，其寿命较长，一般在枝蔓受到损害或刺激时，附近的隐芽可以萌发成新梢，但多数不带花序。大量隐芽的存在使葡萄枝蔓易于更新复壮而使植株具有很强的再生能力。

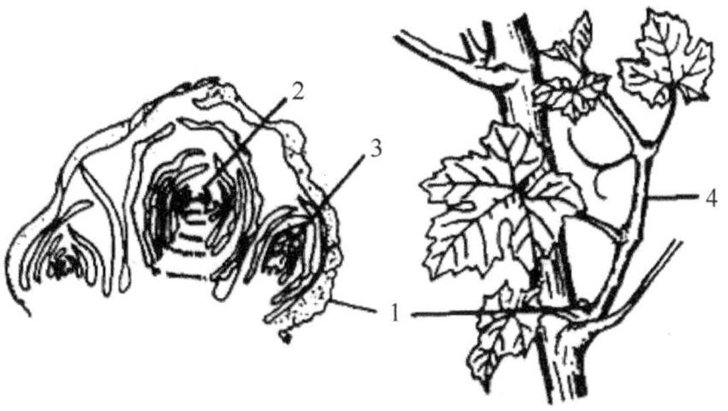

图 6-4 葡萄的冬芽和夏芽（陈克亮和司祥麟，1993）
1. 冬芽；2. 主芽；3. 副芽；4. 由夏芽萌发的副梢

冬芽在春天如果不萌发就叫瞎眼。引起瞎眼的主要原因包括：一是从秋到早春这段时间受低温冻害；二是由于结果过多或蔓留的过长，芽眼不充实，储藏营养不足。瞎眼对葡萄生产危害是造成架面不整齐，产量降低。

葡萄的花芽属于混合花芽，萌发后既开花又长枝条和叶片。葡萄的花芽一般是在开花期前后从新梢下部第 3～4 节的芽开始分化，随着新梢的延长，新梢上各节的冬芽一般是从下而上逐渐开始分化，但基部 1～3 节冬芽开始分化稍迟一些，因此葡萄基部花芽质量较差。

（四）叶及其生长

叶片是葡萄进行光合作用、呼吸作用和蒸腾作用的器官。葡萄的叶为单叶，由叶柄和叶片组成。叶柄主要部分呈圆形，叶片通常较大，有锯齿，有深浅不同的裂片，形成两个上侧裂、两个下侧裂和一个叶柄洼。叶片可呈肾形、圆形、心脏形及卵形（图 6-5）。葡萄的叶有 5 条主脉，叶片一般呈 5 裂状。但也有 3 裂、7 裂或全缘的，叶片边缘有锯齿。叶片颜色为绿色、深绿色，到秋天变为黄色、红色或褐红色。叶面和叶背常着生不同状态的茸毛，呈直立状的为刺毛，平铺呈棉毛状的为绒毛，茸毛的形状和着生密度也是鉴别品种的标志。一般新梢基部向上第 6～12 节叶片具有典型性，作为品种观察记载的主要依据。叶的大小、形状、裂刻深浅和形状、锯齿形状和色泽、叶柄洼、叶齿及茸毛等特征，因葡萄的种类和品种而有很大差异，是区分和识别品种的重要标志。

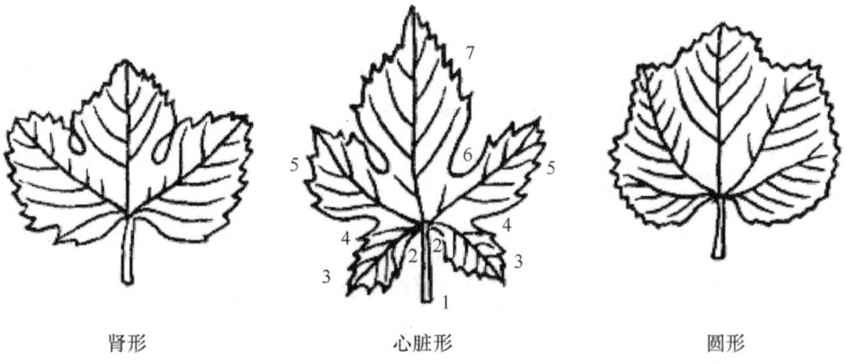

图 6-5 葡萄叶片形态（严大义，1997）
1. 叶柄；2. 叶柄洼；3. 下裂片；4. 下裂刻；5. 中裂片；6. 上裂刻；7. 上裂片

葡萄叶片进行光合作用的温度为28～30℃。低于6～7℃，光合作用几乎不能进行。

（五）枝蔓的成熟与休眠

1. 枝蔓成熟

葡萄新梢在浆果成熟期已开始木质化和成熟。浆果采收后，叶片同化合成的营养物质大量积累于根部和枝蔓内。新梢成熟过程中，由下向上逐步变成褐色。新梢成熟度越高，则能更好通过低温锻炼。许多试验证明，未经锻炼的新梢和芽，在–8～–6℃时就可能被冻死，经过锻炼之后，能忍受–18～–16℃的低温。一般认为抗寒锻炼过程可分为两个时期。首先淀粉转化为糖，积累在细胞内成为御寒的保护物质，此时最适宜的锻炼温度为–3℃；其次为细胞的脱水阶段，细胞脱水后，原生质才具有更高的抗寒力，此时最适宜的温度为–5℃，如温度突然降至–8℃以下时则不利于锻炼，可能引起枝条和芽的严重冻害。

2. 休眠

葡萄植株的休眠是指从秋季落叶到翌年树液开始流动时为止，一般可分为自然休眠期和被迫休眠期。习惯上将落叶作为自然休眠期的开始，实际上冬芽进入休眠状态较早，约在8月，新梢中下部充实饱满的冬芽即已进入休眠始期。9月下旬至10月下旬处于休眠中期，至翌年1～2月即可结束自然休眠。如此时温度适宜，植株即可萌芽生长，否则就处于被迫休眠状态。

打破自然休眠要求一定时间的低温。自然休眠不完全时，植株表现出萌芽期延迟且萌芽不整齐。葡萄从自然休眠转入开始生长所要求的低温（7.2℃以下）时间最少为200～300 h（美洲种葡萄），一般完全打破自然休眠则要求1000～1200 h。葡萄设施栽培时，如计划在12月或1月间加温，可提前用10%～20%的石灰氮浸出液涂抹或喷布芽眼，打破自然休眠。

二、结果习性

（一）花芽及花芽的分化

葡萄的花分为混合芽和纯花芽，但冬前花序原基分化较浅，外形上不易与叶芽相区别。一般从枝蔓（结果母蔓）基部第1～2节开始，直至第20节以上，各节均能形成花芽。生长势较弱的品种，花芽着生位置较低。生长势强的品种花芽着生位置较高。此外还受气候和栽培技术所左右，花芽质量多以枝蔓中下部（基部第4～第5节以上，第10～第15节以下的为最好。葡萄的预备芽和主芽一样，可以发生花穗的分化，但分化程度一般比主芽低，并依品种而异。

葡萄的花芽分化是在新梢继续生长的过程中开始的。一般品种大约在开花前后开始花芽分化，落花后果实生长发育前期进入分化盛期。葡萄的冬花芽一般是在花期前后从新梢下部第3～第4节的芽开始从下而上逐渐分化，基部第1～第3节冬芽开始分化稍迟，因此葡萄基部花芽质量较差。一般葡萄的花芽到秋季冬芽开始休眠时，在第3～第8节冬芽上可分化出1～4个花序原基。冬芽内的花原始体出现后，进一步形成各级分枝，然后进入休眠，萌芽后再逐步分化出花萼、花冠、雄蕊、雌蕊，开花前发育完善，而后开花。冬芽开始进入休眠后，整个花序原基在形态上无明显变化，分化暂时停止。到第二年春季萌发以后，再次开始芽外分化和发育，每个花蕾依次分化出花萼、花冠、雄蕊、雌蕊。一般是在萌芽后 1 周形成萼片，2 周出现花冠，18～21 天出现雄蕊，再过 1 周形成雌蕊。葡萄花芽分化持续时间较长，并且花的各器官主要是在春天萌芽以后分化形成，依靠的是上年树体内储藏的营养物质。

葡萄除主芽能形成花序原始体外，副芽也能形成花序原始体，这对新梢主芽受害后，保证来年产量有重要作用。葡萄的夏芽，由于形成时间短，养分积累少，一般不形成或很少形成花芽。但对新梢摘心，可促进夏芽转变成花芽，一般摘心后 10～15 天可以分化出夏花芽，副梢转变为结果枝而多次结果。夏芽的花芽分化是在夏芽萌动时开始的，形成时间短，质量也较差。由于葡萄的花芽分化与萌芽、新梢生长、开花坐果、浆果发育交叉重叠进行，因此从萌芽至开花到浆果膨大期，需要供应充足的营养物质，同时要进行夏季修剪，控制新梢和副梢旺长，从而促进花芽分化。

由于设施栽培环境条件改变了葡萄固有的生长规律，结果枝形成的冬芽是在设施内弱光照、低温条件下形成和发育的，花芽分化节位高，数量少、质量差，常常导致设施葡萄促成栽培中大小年或隔年结果现象。隔年结果成为设施葡萄栽培的一大障碍。目前生产中解决设施葡萄隔年结果的方法主要有更新修剪和一年一栽两种方法。

（二）花和花序

葡萄的单花由花萼、花托、雌蕊、雄蕊、花冠（花帽）、花梗组成。花冠为绿色，呈冠状，包着整个花器。雌蕊由子房、花柱、柱头组成。子房有 2 室，每室 2 个胚珠，受精后形成 1～4 粒种子。雄蕊 5～8 个，由花丝、花药组成。

葡萄花序为复穗状圆锥花序。整个花序由花序梗、花序轴、花梗、花蕾组成。花序的中轴叫花序轴，花序轴又有 2～4 级分轴。从花序基部到第一个花序分枝处称总花序梗，有的花序还有明显的副穗。葡萄的花序和卷须是同源器官。在新梢上可以看到从典型花序到典型卷须的各种中间过渡类型。不同葡萄种类卷须在新梢上的着生方式不同，欧亚种为间歇式着生，即每着生两节卷须后空一节；美洲种卷须为连续式着生，每节叶的对面都有卷须或花序。在葡萄生产中，卷须给枝蔓管理、果实采收等作业造成不便，因此要及时除掉卷须。

葡萄的花序一般分布在果枝的第 3～8 节上。欧亚种品种每个果枝上有花序 1～2 个；美洲种品种每个果枝上往往有 3～4 个或更多，但花序较小；欧美杂种品种一般每个果枝上有 2～3 个花序。花序上的花蕾数因品种和树势而异。发育好的花序一般有花蕾 200～1500 个，多的可达 2500 个以上。在一个花序上，一般花序中部的花蕾发育好，成熟早，基部花蕾次之。尖端的花蕾发育差，成熟最晚。所以，一个花序的开花顺序一般是中部先开，其次为基部，顶部最后。

（三）开花习性

葡萄大多数栽培品种是完全花，自花授粉可以正常结果，异花授粉可以提高坐果率。

少数品种雌蕊正常，雄蕊发育不好，花丝短，花粉没有生活力，此类品种称为雌能花品种。栽培此类品种时必须配授粉品种。大多数山葡萄品种为雌雄异株，栽培时应种植两种或两性花类型的品种。

葡萄开花时，花蕾上花冠呈片状裂开，由下向上卷起而脱落（图 6-6）。部分品种在花冠脱落前就已完成授粉、受精过程，这种现象称为闭花授粉，是一种最严格的自花授粉形式。大多数品种仍是在花冠脱落后才进行授粉受精过程。

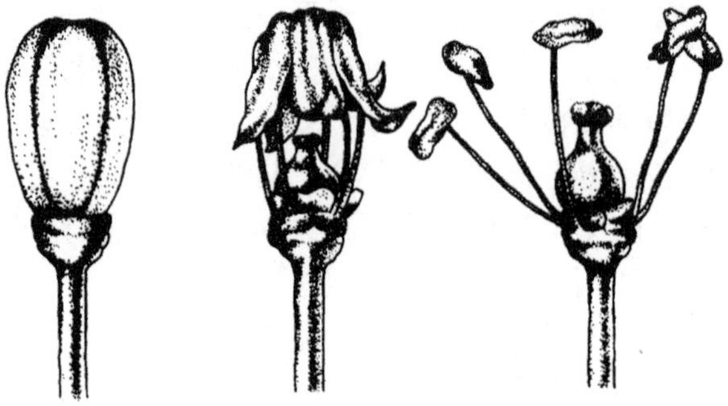

图 6-6　葡萄开花时花冠呈帽状脱落（何任红和郭正兵，2004）

葡萄从萌芽到开花一般需要 6～9 周时间，开花的速度、早晚主要受温度的影响。一般在昼夜平均气温达到 20℃时开始开花，在 15℃以下时开花很少。一天中以上午 8:00～10:00 开花最集中。开花期长短与品种及天气有关，一般为 6～10 天。盛花后 2～3 天没有受精的子房在开花后 1 周左右就会脱落。花后 1～2 周，如果受精后种子发育不好，幼果也会自行脱落，这种现象称为生理落果。生理落果现象是葡萄的自我调节，以保持合理的坐果率。如巨峰葡萄一个花序上有 200～1000 个花蕾，如果全部坐住果，单果重 10 g，那么果穗重将达 2 000～20 000 g。所以适宜的生理落果都是自我调节作用。

（四）浆果发育

葡萄的果实为浆果，由子房发育而成，包括果柄、果蒂、果刷、外果皮、果肉和种子等部分（图 6-7）。

果粒的形状、大小、颜色因品种而异。常见的果粒形状有圆、长圆、扁圆、短椭圆、椭圆、长椭圆、鸡心形、卵形、倒卵形等。果皮的颜色有白、黄、绿、红、紫、蓝、黑及各种中间色。

葡萄的果穗由穗梗、穗轴、分穗轴和浆果组成，有的品种还带有副穗。果穗的形状因品种而异，有圆锥形、圆柱形、分枝形等。果穗大小因品种而异，也与栽培管理有关。

果实含种子的数目与品种的营养条件有关，一般为 1～4 粒，2～3 粒较多，少数为 6 粒。

葡萄从受精坐果到果实成熟，一般经历 2～4 个月，在此期间，果粒不断长大，但生长速度随季节而有变化。一般早熟品种为 35～60 天（如莎巴珍珠、早玫瑰、京秀、

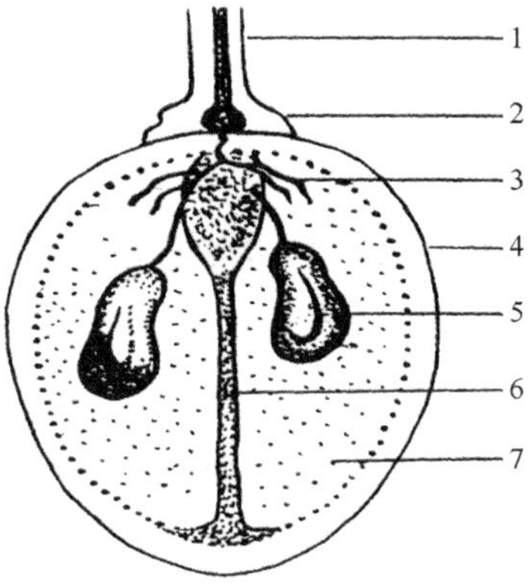

图 6-7 葡萄的果粒结构

1. 果柄；2. 果蒂；3. 果刷；4. 外果皮；5. 种子；6. 维管束；7. 果肉

郑州早红、凤凰 51、乍娜等），中熟品种为 60～80 天（如葡萄园皇后、腾稔、巨峰、京超、高墨、黑比诺等），晚熟品种 80～90 天或更长（如玫瑰香、牛奶、意大利、红地球、秋黑、大宝、雷司令、贵人香、赤霞珠等）。

设施葡萄果实的发育期比露地栽培延长，如乍娜露地栽培从萌芽至果实采收是 98 天，从开花到成熟是 64 天，而设施促成栽培，分别是 112 天和 78 天。凤凰 51、青岛早红、巨峰等品种都有相似的现象，一般设施葡萄果实发育期比露地栽培延长 10%～25%。

三、葡萄的物候期

葡萄植株一年中随着外界环境条件的变化，在外部形态和内部生理上进行着生长发育规律性的变化，称为物候期。从春季树液流动、发芽到秋季落叶称为营养生长期。从落叶到萌芽之前称为休眠期。

（一）营养生长期

1. 树液流动期

春季树液流动到芽萌发展叶为止。当土温升至 6～9℃时葡萄根系开始活动，将大量的营养物质向地上部输送，供给葡萄发芽之用。由于葡萄茎部组织疏松，导管粗大，树液流动旺盛，若植株上有伤口，则树液会从伤口处流出体外，称为伤流。伤流中含有葡萄生长发育所需要的营养物质，过多的流失对树体生长不利。为减少伤流发生，葡萄修剪要在立冬前后进行，小雪前结束，以便于剪口愈合，减少伤流量。

伤流的出现说明根系开始大量吸收水分和养分，标志着营养生长期的开始。伤流量的大小与品种和土壤湿度有关。土壤湿度大，伤流量大，土壤干燥几乎没有伤流。伤流液中含有 0.1%～0.2%的干物质（其中 2/3 是糖类和氮，1/3 是矿物质），大量伤流对树体不利。伤流是出于根从土壤中吸收水分及根压的作用引起的。加强松土，提高地温，控制土壤湿度，避免造成过多的机械伤口，可抑制伤流的大量发生，少量伤流对葡萄植株几乎造不成危害。

2. 萌芽及新梢、花序生长期

从芽眼萌发到开花始期约 40 天左右。春季昼夜平均气温稳定在 10℃左右时，冬芽开始萌发，初时生长缓慢，节间较短，叶片较小。随着气温的升高生长速度加快，节间加长叶片增大，当气温升至 20℃以后，进入新梢生长高峰。花序继续分化，形成各级分枝和花蕾。开花前新梢生长速度达到高峰，长达 60～80 cm，约为全年总长的 60%。当土温达到 10～15℃时，根开始生长。萌芽期也是越冬花芽补充分化始期，发育不完善的花芽开始进行第二级和第三级的分化。该时期，需要大量的营养物质和适宜的温度条件。

进入开花期后，营养物质大量向生殖器官转移，新梢的生长开始减缓。

3. 开花期

从开始开花至开花终止，持续时间 7～12 天。同一植株上有 5%的花开放为始花期，2～4 天后，进入盛花期。

当气温上升到 20℃左右时，葡萄开始开花。开花期最适温度为 25～30℃。如果温度低于 15℃，则不能正常开花与受精。天气正常时，大多数品种的花期为 6～7 天。开花期如遇低温或阴雨天气，花期会延长，影响授粉受精，如持续低温，则会影响坐果和当年的产量。开花期遇到雨雾、干热风，会影响受精作用的正常进行，土壤干旱或水分过多都会引起大量落花。

4. 浆果生长期

自子房开始膨大至浆果着色前为浆果生长期。早熟品种 35～60 天，中熟品种 60～80 天，晚熟品种 80 天以上。坐果后 3～4 周，浆果出现第 1 次生长高峰，此时是浆果生长量最大的时期，约占浆果总生长量的 2/3。随着浆果体积增长减缓，种子开始硬化。之后浆果又出现第 2 次生长高峰，达到品种应有的大小。

此期结束时，果粒大小基本长成，种子也基本形成。在露地栽培条件下，在果粒膨大的同时，叶腋中进行着夏芽、冬芽的发育和花芽的分化，而设施栽培条件下，因处在短日照条件下，不能形成花芽。

5. 浆果成熟期

自浆果开始变色至完全成熟，浆果体积不再明显增大，主要是营养物质的积累和转化。含糖量（果糖和葡萄糖等）迅速增加，含酸量与单宁相对减少，细胞壁软化，果粒变软。有色品种的外果皮大量积累色素，呈现本品种固有色泽。白色品种与黄色品种果粒内的叶绿素分解，颜色变浅而成为黄色或黄白色。果粒外部表皮细胞分泌蜡质果粉层，种子成熟变褐色。

不同用途的品种，对浆果成熟度的要求不同。鲜食品种只要糖酸比合适，具有良好风味，可在成熟度稍欠的情况下采收，供外运的鲜食葡萄更应如此。

成熟期浆果大量积累糖分，新梢逐渐木质化，花芽继续分化，根部也开始储藏养分。此期要注意增施磷、钾肥，保护叶片，在雨水多的情况下，注意排水，防治葡萄裂果和腐烂。

6. 新梢成熟和落叶期

从浆果生理成熟到落叶为止。在露地栽培条件下，这段时间的长短各品种之间差异很大，为 30～110 天。在设施栽培条件下，其栽培方式不同，差异亦很大。

日光温室越冬葡萄栽培，果实在 5～6 月采收，采收以后，因结果蔓上的冬芽，是在短日照条件下发育成的，难以形成花芽，必须立即进行修剪，选留在谷雨节气以后发出的新梢，重新培养新的结果母枝。这些新梢的生长发育处在长日照条件下，只要技术措施得当，其冬芽能够分化出优良的花芽。因此，这种栽培方式，其落叶期和新梢发育连在一起，长达 150～170 天。

日光温室秋延迟葡萄栽培，果实于 11～12 月采收，落叶期仅 10 天左右。

日光温室超时令与秋延迟葡萄一年二次结果栽培，其第二次果实于 11 月采收，其结果蔓上的花芽，已萌发结了二次果，无重新利用的价值。采收后，要立即清除，重新栽植新的葡萄苗木。不存在落叶期。

大拱棚早熟葡萄栽培，落叶期范围为 100～130 大。

一般品种在浆果成熟后期，新梢已从基部开始木质化。浆果采收后，新梢木质化加快，成效的枝条变为棕色或褐色。枝条成熟的快慢与品种抗寒性密切相关，抗寒性强的枝条成熟快。随着气温下降，葡萄植株内部发生着生理和生化的变化，使其逐渐适应冬季寒冷的气候。叶片逐渐老化，叶柄基部形成离层，从枝条基部向上逐渐脱落。

（二）休眠期

休眠可分为两个时期：自然休眠期和被迫休眠期。

自然休眠期受植株内部因素控制，此时即使外界环境条件适宜，芽亦不能萌发生长。通过自然休眠，需要一定的低温条件。一般落叶后，在 0～5℃的条件下，经 1 个月左右的时间即可通过自然休眠期。自然休眠是葡萄进化过程中适应冬季不良环境条件形成的特性，自然休眠期越长，越能适应严寒地区栽培。自然休眠完成后。如温度、湿度适宜，葡萄即可萌芽生长。但在我国北方，此时温度仍然很低，葡萄仍不能正常生长，即为被迫休眠期。

除上述由温度引起植株的整体休眠外，树体的某些组织器官在生长期间也处于休眠状态，如新梢上的冬芽因受营养和激素的影响，而处于休眠状态，当年一般不萌发，但在摘心的情况下，即可萌发生长、这种由生长条件所控制的休眠称作条件休眠。

葡萄自新梢开始成熟起，芽眼便自下而上的进入生理休眠期，叶片正常脱落后，在 0～5℃温度条件下经过约一个月，绝大部分品种即可满足其对需冷量的要求，这时，给予适宜的温湿条件，即可以正常萌芽生长。在露地栽培条件下，因受外界自然环境条件的制约，休眠期长短，地区之间差异较大，范围为 130～200 天。日光温室越冬栽培，为争取时间，应在满足其需冷量后立即结束休眠，及早升温。而秋延迟栽培可以尽量延长休眠时间。

四、对环境条件的要求

葡萄原产在暖温带及亚热带地区，性喜温暖干燥的气候，属于喜温果树，但是不同品种，其适生的条件和适应性也略有不同。从总体上看，葡萄最适合在日照充足、土壤疏松、气候干旱而又有灌溉条件的地方栽培。葡萄对环境条件的要求主要包括温度、水分、光照、土壤和风力等。

（一）对温度的要求

1. 葡萄生长的适宜温度

葡萄各个种群及品种在生长发育的各个时期对温度的要求是不同的，因此一个地方的温度状况是发展葡萄生产和选择葡萄品种时首先要考虑的关键性因素。一般来说，葡萄的生长理想温度为平均气温 14～15℃。

葡萄的各个生长期对温度的要求不同（表 6-2）。欧洲品种的芽在 10℃左右时开始萌发。新梢生长最适温度 25～30℃，新梢迅速生长和花芽分化都在这个时期进行。开花适宜温度为 20～28℃，品种间有差异。浆果成熟最适温度为 28～32℃，当温度高于 20℃时浆果迅速成熟，低于 14℃时，浆果不能正常成熟。果实成熟期间昼夜温差大于 10℃时，果实品质良好。

表 6-2　葡萄不同物候期对温度的反应

物候期	低温极限及其反映	最适及温度表现	高温极限及其反应
萌芽期	10℃以上开始萌芽；–3℃以下萌动的芽开始受冻	15～20℃萌芽整齐，速度快	—
新梢生长期	春季 10℃以上抽生新梢，–1℃时嫩梢和幼叶开始受冻。秋季 10℃以下停止生长，–3℃以下成叶和未成熟新梢受冻	25～30℃生长迅速，一昼夜可延长 6～10 cm 或更长	35℃以上停止生长，40℃以上时间较长时出现嫩梢枯萎，叶片变黄脱落
开花坐果期	15℃以上开始开花；0℃以下花器官受冻死亡，幼果受冻脱落	25～30℃开花迅速，授粉受精率高，容易坐果	35℃以上授粉受精受阻
浆果成熟期	–3℃以下时浆果受冻或造成生理落果	白天 28～32℃，晚间 10～20℃浆果成熟快，着色好，风味浓，品质优	35℃以上易得日灼病，呼吸强度大，酶的活性受干扰，浆果品质下降
落叶期	0℃以下叶片受冻枯死	3～5℃正常落叶	
休眠期	欧亚种根系–5℃，枝–16℃，芽–18℃ 美洲种根系–7℃，枝–20℃，芽–22℃ 欧美杂种根系–6℃，枝–7℃，芽–22℃ 山葡萄根系–16℃，枝–40℃ 贝达根系–12℃，枝–30℃	0～7℃利于通过休眠期，翌年春发芽整齐	15℃以上不利于通过休眠期，第二年春天迟迟不发芽，且极不整齐

2. 葡萄的耐寒性

葡萄是喜温植物，其耐寒性较差，各器官对低温的忍受能力差而且也不同，休眠芽一般可忍受–4～–3℃的低温；多年生的老蔓在–22℃时产生冻害；嫩梢在 1℃时即可受冻；根系在–5℃时即可受冻；花蕾在–6℃时就可受冻害。一般认为冬季–17℃是我国葡萄冬季埋土防寒的一个临界温度，如果低于这个温度时，冬季就要埋土防寒，否则将会发生冻害。

3. 葡萄的活动积温

活动积温是反映植物生长的一个重要指数，不同成熟期的葡萄，其活动积温是不同的。例如，极早熟品种的活动积温是2100～2300℃，植株从萌芽到成熟需100～120天，可选用的品种有早红、莎巴珍珠；早熟品种的活动积温是2300～2700℃，植株从萌芽到成熟需120～140天，品种有乍娜、京早晶；中熟品种的活动积温是2700～3200℃，植株从萌芽到成熟需140～155天，品种有巨峰、玫瑰香、里扎马特；晚熟品种的活动积温是3200～3500℃，植株从萌芽到成熟需155～180天，品种有红地球、秋黑、新玫瑰、赤霞珠；极晚熟品种的活动积温超过3500℃，植株从萌芽到成熟需180天以上，品种有大宝、金皇后等。

（二）对水分的要求

1. 葡萄的需水量

葡萄的耐旱性强，忌过湿，年降水量在350～1200 mm都能满足生长结果的需要。一般认为年降水量在600～800 mm的地区，最适宜发展葡萄。我国葡萄主要产区降水多集中在夏秋季，因此降水分布与葡萄生长要求不符。特别是在葡萄生长前期需水量多的季节，如果是春旱，必须灌水补充；而果实成熟季节又正是雨季，必须注意排水。设施葡萄则不受这一季节性的限制。

2. 葡萄对水的反应

葡萄喜欢干燥的环境，但太干不行，过度湿润也不行。如果土壤过分干旱，葡萄的根很难从土壤中吸收水分和养分，新陈代谢的能力受到限制，光合作用也会逐渐减弱，这时容易出现老叶黄化、脱落，继而新梢也会枯萎，最后植株凋萎死亡。如果水分过多就会形成渍害，会使根系窒息，这时也会造成叶片黄化、脱落，新梢不充实，花芽分化不良，严重的植株会死亡。因此在汛期或梅雨季节，葡萄种植园内的积水不能超过一周，如果淹水比较严重，要及时排水。

3. 各物候期的供水与排水

葡萄各物候期对水分要求不同。水对葡萄生长和果实品质及产量有很大的影响，在早春萌芽、新梢生长期、幼果膨大期均要求有充足的水分供应，如果水量充沛，有利于花序原始体继续分化和新梢生长，一般隔7～10天灌水1次，使土壤含水量达70%左右为宜。葡萄开花期需要晴朗温暖和相对较为干旱的天气，如果天气潮湿或连续阴雨低温，就会阻碍正常的开花和授粉、受精，引起子房、幼果脱落。在浆果成熟期前后水量不宜过多，土壤含水量达60%左右较好。花期及浆果成熟期水量过多，影响坐果和浆果品质的提高，引起葡萄糖分降低，果实烂裂，因此如果水量过多时要注意及时排水，以免湿度过大影响浆果质量。如雨水过少，要每隔10天左右灌1次水，否则久旱逢雨时，葡萄根系大量吸水，浆果迅速膨大，果皮因压力过大而易出现裂果，造成经济损失。葡萄生长后期如果水分过多，新梢成熟不良，越冬时容易受冻。多雨常引起枝叶徒长，组织脆嫩，抗逆性差，病害发生严重，这是长江流域难以顺利栽培大多数欧洲葡萄品种的主要原因。

（三）对光照的要求

葡萄是典型的喜光果树，对光的要求较高，对光的反应也敏感，光照时数长短、光量的强弱对葡萄生长发育、产量和品质有很大的影响。北方地区光照充足，晴天多，日照时效长，全年日照在 2700 h 以上，完全能满足葡萄光照的要求。山地阳坡光照比平原充足，因此果实品质好。光照条件受栽培技术的影响，栽植密度大，留枝过多，或在设施条件下栽培，都会造成光照不足，应予注意。

光的不同成分对葡萄结果与品质有不同的影响。蓝紫光特别是紫外线能促进花芽分化、果实着色和提高浆果品质。江、河、湖、海的反射光中蓝紫光较多，高山上紫外线丰富，这些生态条件对葡萄的生长发育和产量、品质的提高均有良好的影响。我国葡萄主要产地，如西北、华北和渤海湾沿岸地区，光照充足，日照时数较多，浆果品质优良。

葡萄的品种不同，对光照的敏感性也不一样，所要求的光照强度不一样，总的来说，欧亚种品种比美洲种品种要求光照条件更高。有些品种浆果的充分着色需要有光线的直接照射，如黑汉、玫瑰香、里扎马特、甲州三尺、赤霞珠等品种要求直射光的照射才能正常上色，而康拜尔等品种则需要在散射光的条件下才能很好着色，直射光对其着色效果不好，用于制造葡萄的优良品种无核白对光照要求更高。但如果光照过强，也会引起浆果的日灼等现象，对葡萄产生不良后果。

（四）对土壤的要求

葡萄的适应性较强，对土壤要求不太严格，除了重盐碱土、沼泽地、地下水位不足 1 m、土壤黏重、通气性不良的地方外，在各类土壤上均能进行栽培。但葡萄最适宜的是排水良好、土质疏松、通气良好的砾质壤土和沙质壤土。沙质土和砾质土昼夜温差大，有利于植株养分的积累，浆果成熟早而含糖量高，所以最适于栽种。葡萄对土壤酸碱度的适应幅度较大，一般 pH 5.8～8.2 均能栽培，其中以土壤 pH 为 6.5～7.5 时葡萄生长最为良好。

葡萄不同品种其根系抗盐碱和抗缺铁性黄化的能力有所不同，一般欧亚种品种较抗盐碱，而欧美杂交种品种抗盐碱性较差，在盐碱地上易发生叶片黄化症状。但从总体上看，土壤过分潮湿和黏重及土壤盐碱化程度较重的地方不宜栽植葡萄。为了葡萄能正常生长结果，土层深度应在 80 cm 以上，土层薄的山坡地应修筑梯田，加深土壤。

（五）其他因素

在葡萄栽培中，除了要考虑葡萄对适宜气候条件的要求外，还必须注意避免和防护灾害性的气候，如久旱、洪涝、严重霜冻，以及大风、冰雹等。这些都可能对葡萄生产造成重大损失。例如，生长季的大风常吹折新梢、刮掉果穗，甚至吹毁葡萄架。夏季的冰雹则常常破坏枝叶、果穗，严重影响葡萄产量和品质。因此，在建园地时要考虑到某项灾害因素出现频率和强度，合理选择园地，确定适宜的行向，营造防护林带，并有其他相应的防护措施。

第四节　设施葡萄的苗木培育

苗木质量的好坏直接影响栽植的成活率、苗木的生长、结果早晚、产量高低及抗性和树体寿命。所以葡萄生产中要重视育苗技术的应用。

由于大多数葡萄品种的枝蔓上都容易产生不定根，故在栽培上以用扦插繁殖为主。也可采用嫁接繁殖和压条繁殖。葡萄设施栽培中通常采用的育苗方法为扦插和嫁接繁殖。

一、扦插繁殖

扦插繁殖就是直接利用葡萄枝蔓进行扦插培育苗木。扦插育苗是目前葡萄生产中主要的育苗方法，它是利用葡萄枝蔓在适宜的环境条件下易形成不定根的特性，把带有芽眼的一年生葡萄枝条扦插在培养基质中，人为创造适宜的环境条件，经过一段时间的培养，将枝条培养成新植株的育苗方法。根据所用枝条类型不同，扦插育苗可以分为硬枝扦插和绿枝扦插两种，生产上常用的是硬枝扦插。

（一）扦插生根的原理

葡萄枝蔓的节或节间都能生根，这种根叫不定根。葡萄枝蔓上发生不定根是由枝蔓皮层下面的中柱与髓射线交接部分的中轴鞘细胞分裂而成的，而不是从愈伤组织上产生的，所以在扦插育苗的实践中，常可以见到葡萄插条基部并未长出愈伤组织，却在节间或节的部位发出了根。或者出现大量愈伤组织而却没有根的现象。虽然愈伤组织与不定根的产生没有直接的关系，但愈伤组织的形成对于防止病菌侵入、保护剪口不腐烂、营养物质不流失都有重要的作用，并且为发根创造了条件。葡萄枝蔓节的位置上生根较多，这时因为节的横隔膜内储藏的营养物质较多，而相对无横隔膜节间生根就较差。从枝龄上看，一年生枝条和嫩枝生根较好，而多年生老蔓生根较差。

在进行葡萄育苗选择繁殖材料时，一定要注意以下三点：①葡萄枝蔓的节间不能产生不定芽，所以扦插条必须要有一个饱满的芽；②葡萄的根不能产生不定芽，因此葡萄不能用根插；③葡萄的枝蔓在其形态顶端抽生新梢，在其形态下端抽生新根，这种现象称为“极性”，扦插时要特别注意不能倒插。葡萄不同种类再生不定根的能力不一，欧洲种葡萄和美洲种葡萄比山葡萄、圆叶葡萄容易发根，同一种类的不同品种间扦插生根难易也互不相同，如巨峰系品种中，藤稔就是一个较难扦插生根的品种。

（二）插条的采集和储藏

插条采集应在已经结果，且品种特征纯正的优良植株（母树）上进行采集。而不应在一些表现不良、病虫危害严重和尚未结果的幼树上采集插条，以防造成苗木质量变劣和品种退化。优良种条具备的条件：具有本品种固有色泽，节长适中，节间有坚韧的隔膜，芽体充实、饱满、有光泽。弯曲枝条时，可听到噼啪折裂声。枝条横截面圆形，髓部小于该枝直径的1/3。

插条的采集一般结合冬季修剪同时进行，选发育充实、成熟好、节间长短适中、色泽正常、芽眼饱满、无病虫为害的一年生枝蔓作为插条，其剪成7～8节长的枝段（50 cm左右），每50～100条捆成1捆，并标明品种名称和采集地点，放于储藏沟中沙藏。储藏沟设在地势高燥的背阴处，沟深60～80 cm，长度和宽度依储藏枝条数量而定。

（三）扦插繁殖方法

1. 不催根扦插（露地扦插育苗）

春季将储藏的枝条从沟中取出后，先在室内用清水浸泡6～8 h，然后进行剪截。一般把枝条分别剪成有2～3芽的插条。插条一般长20 cm左右，节间长的品种每个插条上只留1～2个芽。剪插条时上端剪口在距第一芽眼2 cm左右处平剪，下端剪口在距基部芽眼0.6～0.8 cm以下处45°角斜剪，剪口呈马蹄形（剪口距芽眼近时易生根），上面2个芽眼应饱满，保证萌芽成活。

扦插分平畦扦插、高畦扦插与垄插。平畦扦插主要用于较干旱的地区，以利灌溉；高畦扦插与垄插主要用于土壤较为潮湿的地区，以便能及时排水和防止畦面过分潮湿。无论平畦扦插还是高畦扦插，在扦插前都要事先做好苗床，一般畦宽1 m，长8～10 m，扦插株距12～15 cm，行距30～40 cm，每畦内插3～4行。扦插时，插条斜插于土中，地面露一芽眼，要使芽眼处于插条背上方，这样抽生的新梢端直。垄插时，垄宽约30 cm，高15 cm，垄距50～60 cm，株距12～15 cm，插条全部斜插于垄上。插后在垄沟内灌水，若有条件采用覆盖地膜后扦插效果更好。无论采用哪种扦插方法，扦插时必须注意插条上端不能露出地表太长，同时要防止倒插和避免品种混杂。

扦插时间以当地的土温（15～20 cm处）稳定在10℃以上时开始。华北地区一般在3月下旬至4月上旬，但华北北部4月中旬才可进行露地扦插育苗，而华中、华东地区2月中下旬即可开始进行露地育苗。葡萄扦插后到产生新根前这一阶段一定要防止土壤干旱，一般10天左右浇1次水。黏重土壤浇水次数要少，如果浇水过多，土壤过湿，地温降低，土壤通气不良也影响插条生根。当插条生根后要加强肥水管理。7月上中旬苗木进入迅速生长阶段，这时应追施速效肥料2～3次。为了使枝条充分成熟，7月下旬至8月应停止或减少灌水施肥，同时加强病虫害防治，进行主梢、副梢摘心，设立柱桩或在育苗畦、垄内拉置铁丝，将苗木绑缚扶直，以保证苗木生长健壮，促进加粗生长。苗木生长期间，要及时中耕锄草，改良土壤通气条件，促进根系生长。

露地扦插是最简单的一种育苗方法，成本低，易推广，但若管理不当，扦插成活率低、出苗率低。另外，露地扦插，苗木生长期较短，苗木质量相对也较差。一般露地扦插每亩扦插6000～7000根插条，成苗率在60%～70%。

2. 催根扦插

我国北方春季3～4月气温回升较快，而地温上升较慢，露地扦插往往插条先发芽，后生根，发芽和生根的时间相差20多天，如果管理不当，萌发的嫩芽常因水分养分供应不上而枯萎，严重影响扦插的成活率。其原因是葡萄芽眼萌发要求温度较低，一般在10℃左右就可以发芽。而生根要求温度高，在25～28℃时生根最快。催根就是根据葡萄生根时对温度的要求，人为地加温促使插条基部根原始体细胞加速分裂，促进不定根形成。

生产上常用的催根方法有电热催根和化学药剂处理催根。

电热催根：利用电热线加热催根是一种效率高、容易集中管理的催根方法。一般用 DV 系列电加温线埋入催根苗床内，用以提高地温。DV 系列电加热线的功率有 400 W、600 W、800 W、1000 W 4 种，可根据处理插条的多少灵活选用。电热温床每天早晚通电。通电时间长短，依床温高低而定，床内温度达 25～30℃时即可断电。有条件的地方最好安装控温仪，将温度控制在 25℃。使用控温仪不但可以节约用电，而且省去观察温度和开关电源的步骤，保证了催根的最适温度和催根顺利进行。

化学药剂处理：采用药剂处理能有效促进生根。药剂的主要作用是加强插条的呼吸作用，提高酶的活性，促进分生细胞的分裂。促进生根的药剂种类很多，其中以 50 mg/kg 吲哚丁酸（IBA）或 50～100 mg/kg 萘乙酸（NAA）浸泡插条基部 12～14 h 效果最好。为了少占用容器，用 300～500 mg/kg 萘乙酸快速蘸根 5～10 s，然后立即催根或扦插也有良好的催根效果。

常规处理方法是用清水泡 8～16 h，还可在缸内注入 2/3～3/4 的水，并加入 500 倍核酸营养素，泡 12 h 左右，生根效果较好。一般葡萄扦插时，将剪好的插条基部 2～3 cm 处浸于 50～100 mg/kg 浓度的 ABT 生根粉液中 1～3 h，然后取出插条进行扦插。在一般条件下，1 g 生根粉可处理 4000～6000 个插条。激素对生根有良好的促进作用，但对萌芽有一定的抑制作用，因此处理插条时要防止药液浸沾到芽上。

（四）绿枝扦插

葡萄绿枝扦插的成活率较高，加强管理一般成活率可达 85%以上，所以进行葡萄绿枝扦插育苗是一种快速繁殖葡萄的好方法。

1. 插条采集

于 5～7 月选取发育充实、已经木质化的绿枝条，剪成 20～25 cm 长（3～5 节）的枝段，上端距芽 1.5～2.0 cm 平剪，下端与节附近斜剪。插条的芽为黄白色最好，已抽出 1～3 片嫩叶的也可利用。除保留插条上端 1 个叶片外，其余各节叶片和副梢全部去掉。剪好后将枝条置入清水中浸泡 1～2 h，让其充分吸水。

2. 扦插

插前将枝条用 100 mg/L 的萘乙酸蘸根，将插条倾斜插入畦内，每畦可插 2～3 行，株距 7～8 cm，扦插深度以只露顶端带叶片的一节（或顶端芽）为度。为避免插条失水，应随采随插。

3. 插后管理

扦插后灌透水，并在畦上 50～70 cm 处搭阴棚（先用竹棍或木柱搭架，上盖草苫），保持土壤水分充足，15～30 天后，撤掉遮阴物，这时插条已生根，顶端夏芽相继萌发，对成活枝条只保留 1 个壮芽，并酌情摘心和去副梢。生根发芽前要注意防治病虫害。在正常苗期管理下，当年就可发育成一级苗木，供翌年春定植。

4. 值得重视的问题

第一，夏季温度高，蒸发量大，在扦插过程中，关键问题是降温，气温应控制在 30℃以下，以 25℃最为适宜。第二，在夏季高温、高湿条件下，幼嫩的插条易感染病害，造成烂条、烂根，可用 500 倍高锰酸钾液或 20%多菌灵悬浮剂 1000 倍液进行基质消毒，并经常注意防病喷药。第三，嫩枝扦插宜早不宜晚，8 月以后进行，当年插条发生的枝条不能成熟，根系也不易木栓化，影响苗木越冬。

二、嫁接繁殖

嫁接苗是由接穗与砧木两部分组成的，兼有发挥二者特点的作用。接穗采自性状稳定的优质丰产植株，因而能保持母本的优良性状；利用砧木的抗逆性，可加强品种的抗寒、旱、涝、盐碱和病虫的能力以扩大葡萄的栽植范围，另外，还可加快对新品种的鉴定和发展速度，对老葡萄园改换品种。葡萄嫁接育苗有：硬枝嫁接、绿枝嫁接、绿枝砧接硬枝三种方法。目前，后两种方法在生产上应用较多、效果较好。

（一）砧木选择与接穗采集

影响嫁接成活的因子，主要决定于砧木与接穗的亲和力。所谓亲和力是指砧木与接穗在组织结构、遗传和生理特性上的相似性，通过嫁接成活后能够相互适应的能力。葡萄嫁接时，除穗砧亲和力强外，砧木与接穗的质量同样是很重要的，如接穗必须品种纯、健壮、芽饱满，不带病毒。夏季绿枝嫁接接穗应采用当年生半木质化新梢，新梢粗度以 0.4～0.6 cm 为宜。

硬枝接穗结合冬季修剪进行采集并沙藏。绿枝接穗采回后，应立即剪去叶片，留 0.5 cm 的叶柄，用湿毛巾和塑料薄膜保湿，边采集边嫁接，如接穗外运，须用苔藓或锯末。

（二）嫁接技术

嫁接首先要做好工具和材料的准备。工具有嫁接刀、修枝剪等。材料有塑料带、塑料小袋等。其次是结合冬季修剪，选取优良品种的一年生枝，取其中上部作为接穗，沙藏越冬。嫁接时取出枝条，在清水中浸 1～2 h 后备用。

1. 绿枝嫁接

在江南地区以 5～6 月进行为宜。用半木质化接穗，在早上进行采集。采后立即除去所有叶片（保留叶柄），并用湿毛巾包裹，以防失水。嫁接时可采用单芽劈接法进行。注意砧木务必保留 4～6 片叶，嫁接后用塑料薄膜露接芽或封闭接芽包扎，均有利成活。一般 10 天后，就可发芽，以后要经常除去砧木上的萌蘖，保证接穗能正常生长。

2. 绿枝砧接硬枝

绿枝砧接硬枝的方法与绿枝劈接法基本上相同，只是把硬枝接穗劈接在带叶的绿枝上。该嫁接方法具有以下几个方面的优点。①成活率高，一般为60%～80%，克服了硬枝嫁接成活率低的缺点。②嫁接时间早，比绿枝嫁接早20天左右，因而发芽早、生长快，当年的生长量也就大。③在4～5月就可利用接穗长出的副梢进行绿枝嫁接，提高了繁殖系数。④有10%～20%的接芽可抽生结果枝在当年结果，可加速新品种或新杂种的鉴定。

3. 硬枝嫁接法

在国外多用机器操作，中国均用手工进行，常采用劈接和舌接两种方法。劈接法主要在室外，舌接法主要在室内进行。用作接穗和砧木的枝条（或苗木）应生长充实，成熟良好。接穗剪留一芽，芽上端留1.5 cm，下端4～6 cm。砧木长约20 cm。舌接法的接穗和砧木粗度应相同，劈接法的砧木可等于或粗于接穗。

1）舌接法　先将接穗和砧木接口处削成斜面，斜面长为枝粗的1.5～2倍；再在砧木斜面上靠近尖端1/3处和接穗斜面上靠近尖端2/3处，各自垂直向下切一刀，深1～2 cm，然后将两舌尖插合在一起。此法结合很紧密，多不用捆扎。

2）劈接法　先将接穗下端削成尖楔形，两边斜面长度相等，长约2 cm，砧木上端中央纵切一刀。然后将接穗插入砧木裂缝中，并对准形成层。劈接方法简便，但不如舌接牢固，需用塑料薄膜带、麻皮等绑扎。为了提高砧穗接口愈合率，可在电热温床或火炕上加温处理：在电热温床或火炕上铺厚2～3 cm的沙或锯末，将嫁接好的插条成捆地直立排列在上面，中间再填充沙或锯末，然后喷水。经15天左右，结合处已愈合，下部大多形成愈合组织或发根，此时即可定植。栽植时，接口应与地面平，以免接穗生根。由于愈合组织与砧木上的细根极易风干，栽植前嫁接好的插条应放于水桶中或用湿布包扎。栽植后应保持土壤湿润。其他同一般扦插苗管理。冬季在室内用舌接法或劈接法嫁接好的带根砧木苗，宜用湿沙层积于室温条件下。也可先定植砧木苗，然后在苗圃用劈接法嫁接。

（三）嫁接苗的管理

嫁接后在砧木上极易发生萌蘖，应及早除去。没有成活的进行补接。及时对嫁接苗进行追肥、浇水、松土除草和病虫害的防治等工作。幼苗长到40～50 cm时，要及时绑缚于小竹竿或铁丝上，避免风吹折断。嫁接后1～2月对接口进行检查，对塑膜带要松绑并去除。如嫁接未成活，可利用萌蘖枝作砧木，再进行绿枝嫁接，效果亦好。

由于砧木根系大，苗木生长快，在新梢高1 m左右对主梢进行摘心，对副梢留1～2叶摘心，促使主梢加粗生长。利用二次枝、三次枝加速成形，提早结果。此外，在白腐病发生严重地区，嫁接苗还要喷布3～4次波尔多液，预防染病。

三、营养袋育苗

营养袋育苗是指在保护设施内，提早将插条扦插在营养袋内，提前生根发芽，待露地霜冻过后、气温较高时定植田间。养袋育苗苗期短，成活率高，长势好，不亚于当年定植的 1 年生苗。

1. 塑料袋制作

从市场购买直径 10～15 cm 的塑料筒，按长 18～20 cm 剪成塑料袋，袋底用订书机封口或用缝纫机跑一道单线，也可用规格大小类似的其他塑料包装袋（如牛奶袋）代替，但必须在袋底打几个小孔或在袋底的两角各剪一个孔，以利透气和排水，并可使将来长出的幼根能伸出袋外吸收营养。

2. 营养土的配制

营养土一般用肥沃壤土、粪肥、通气介质（如草炭土、细炉渣、珍珠岩、河沙等）配制，比例为壤土 1 份，粪肥 0.5 份，通气介质 1 份。也有的用园土 4 份加粗沙 1 份配制，再加入 5%的腐熟鸡粪或饼肥。切忌使用未经商熟的有机肥料，以免烧根。

3. 作畦

在日光温室内按宽 1.2 m，长 5～6 m 做成低畦，畦埂高 15～20 cm，为管理方便，两畦之间留有 40～50 cm 的小路，畦面要踏实整平。

4. 营养土装袋并扦插

将配制好的营养土装入袋中。整齐而紧密地排放在低畦中。然后将已出愈伤组织的插条插入袋中，顶芽露出土面。如果催根过量，已长比较长幼根的插条，可先将插条放入袋中再装营养土，以免损害幼根。当一畦排满后立即浇透水，也可将低畦灌满水，使水从袋底小孔渗入袋中，使营养袋充分吸水。为了保温、保湿，也可以在畦面上扣塑料拱棚。

扦插后的管理主要是按时浇水，保持袋内土壤的湿度、扣有小塑料拱棚的时间、可在插条长出 3～4 片叶时揭去拱棚。苗木新梢长出 5～6 片叶，露地土温达到 10℃以上时即可移植田面。

第五节　设施葡萄栽植

一、栽植制度

目前，葡萄设施生产常用的有三种模式。①成龄园扣棚生产。即在现有果园上，直接加盖设施。这种模式管理比较粗放，效益也不高。②一年一栽制。即定植后第二年果实采收后，立即拔出重新定植。其好处：一是可加大栽植密度，提高产量；二是可解决葡萄设施生产中隔年结果的障碍，但苗木投入量大，成本相对较高。③多年一栽制。即一次定植苗木，通过人为进行树体调控，使树体维持在一定的生产水平上，可连续生产多年。这种模式生产中应用最多。

二、栽植时期

温室葡萄定植受自然气候影响较小，苗木定植在植株发芽前均可进行，一般是越早越有利于葡萄生长。 葡萄苗木从落叶后一直到第二年春季萌芽以前，只要气温和土壤状况适宜都可进行栽植。北方各省一般以春季栽植为主，当 20 cm 深土温稳定在 10℃左右时即可栽植。秋季栽植一般在 9～10 月进行。有些地方，春季萌芽前先按温室葡萄的株行距露地进行葡萄定植，整个生长季节按房地葡萄进行常规管理，秋季再建造温室和扣膜，采用这种方法须注意，在建造温室时要保护好已成活植株上的枝叶，防止碰伤。

（一）一年一栽制

新建温室一般在 4 月上中旬定植，对已经生产的设施，在 5 月下旬至 6 月中旬浆果全部采收后，立即拔除所有葡萄植株清园后进行定植；将 4 月上旬至 5 月上旬预先栽植在大型营养袋中，生长健壮的苗木移栽到温室内进行定植，最迟不得晚于 6 月底。

一年一栽制要求每年在温室外空闲地或专用地块，春季选择优质壮苗，栽入营养钵或编织袋内，集中精细培养成预备苗，5～6 月设施内葡萄采收后，尽早将预备苗带土地移入设施内。该模式可高度密植，植株大小均匀，品种更新快，管理较简便，克服隔年结果，容易优质丰产。缺点是每年都需要大量高质量苗木，成本较高，需要劳力多。

（二）多年一栽制

一般在 4 月上旬至 5 月上旬进行定植。

1. 春栽

春季栽植是在温室内 20 cm 土层处地温达到 8℃并持续升温时开始进行。选用一年生扦插壮苗，留 3～4 个冬芽。栽植时，先按 50 cm 株距，在灌过水的栽植沟内，以熟土堆一高 10 cm 左右的小土堆，土堆顶部略高于地平面。然后在土堆顶部放苗，把苗根伸展，覆土，浇小水稳苗。再次覆土成垄形，垄高 25 cm 左右，垄宽 70 cm 左右。加盖地膜，让葡萄苗顶端扎破地膜，露出茎蔓上部两个冬芽，并以细土压严地膜。

2. 夏栽

夏栽必须选用温室营养钵扦插的壮苗，带营养土块定植，开沟方式同春栽。定植沟灌水后再次封土成 20～25 cm 高的土垄，在垄的正顶部，按 25 cm 株距开穴，浇水后放苗，水渗后覆土，切忌按压，以免造成土坨破碎，引起伤根，降低成活率。栽好后土垄上面覆干碎草 5 cm 厚。若用营养袋苗进行定植，在营养袋幼苗有 4～5 片叶平展、温室中 20 cm 土层处地温与营养袋育苗床地温相近时就可进行定植，一般在 4 月下旬到 5 月初。

3. 秋栽

对在一年中，已结过两次果的葡萄温室，原有植株当季结果能力较差，无利用价值，须全部清除。清除后，于 11 月中旬重新定植花芽分化良好的大苗，才能结果。这种栽培方式为冬栽。栽植前，先将苗木一次枝蔓上部 2 个冬芽剪除，再把下部的二次枝蔓全部剪除，然后定植。

三、行向和株行距

（一）葡萄园的行向

葡萄园的行向与地形、地势、光照和架式关系密切。为使植株两侧均匀地接受光照，篱架栽培时最好南北行向。为了更好地接受光照，棚架栽培时最好东西行向，枝蔓由南向北爬，在风较大地区，为减轻风害，也可使架的倾斜面与当地生长季的主导风方向基本垂直。

（二）葡萄园的株行距

葡萄的株行距因架式、品种、当地生态条件和管理技术而异。栽植行向篱架以南北为宜，小棚架以东西行向为宜。篱架株行距为（0.5～1.0）×1.5 m（单臂），每亩栽 444～889 株；（0.5～1.0）m×（2.0～2.5 m）（双臂），每亩栽 267～1333 株；0.5 m×（1.5～2.0）m（宽顶篱架），每亩栽 667～889 株；小棚架为（0.5～1.0）m×（4.0～5.0）m，每亩栽 133～333 株。在温暖多雨、肥水条件好的地区，为了改善光照条件，株行距可大些；生长势强的品种株行距可大些，生长势弱的品种株行距可小些。密植时一定要注意选用适当的架式和抗病品种。

实际生产中要根据不同的设施类型和架式来确定栽培密度。采用多年一栽制小棚架和篱架混栽形式的温室，通常为小棚架和篱架各一行，株距多为 50～100 cm。采用篱架栽培的温室和大棚行距为 1.5～2 m，株距为 50～100 cm。采用棚篱架整枝形式的温室通常为一行，株距为 50～100 cm，大棚则为两行，行距为 1.5～2 m，并且是进入大棚的通道，株距为 50～100 cm。

四、栽前准备工作

（一）挖定植沟

按行距挖定植沟，深、宽各在 80～100 cm，表土与底土分开放，挖好后在沟底撒一层 10～15 cm 厚的有机物（如麦草、稻草等），与土壤混合，再填入厚 10～15 cm 的底土，放一层 5～10 cm 厚的含有厩肥、饼肥等有机肥混合的肥土，最后填入表土，浇透水。

（二）苗木整修和消毒

定植苗木应选用大苗、壮苗，有条件的可使用脱毒苗木。栽植前先要对苗木的根系进行适当修剪，剪去过长、过细和有伤的根，其余根系剪出新茬。嫁接苗接穗留 3～4 个饱满芽，自根苗根颈以上留 3～4 个饱满芽，对过长的枝根要适当修剪。为使苗木充分吸水，提高栽植成活率，将整理好的苗木在清水中浸泡 24 h 左右，使苗木充分吸水，提高栽植成活率。用 50 mg/kg 的萘乙酸液或 25 mg/kg 的吲哚丁酸液浸根 8～12 h，或将上述药剂与泥浆混合浸根后即可定植。用 3～5 波美度的石硫合剂或 0.1%～0.3%的五氯酚钠浸泡 2～3 min 或用 1000 倍的多菌灵浸泡 5～10 min，以杀灭苗木上所带的病源。然后堆放 2 h 以上，将其晾干。

五、定植方法

（一）定点

按照葡萄园设计的株行距及行向，用生石灰画十字定点。

（二）挖穴

为了促进葡萄早结果、早丰产，应在上一年秋季挖好栽植沟，按行距开南北向定植沟，视苗大小，挖直径 30～40 cm、深 20～40 cm 的穴，表土与底土分放。沟底先撒施麦草或碎玉米秸 300～400 kg/亩，后覆土 10 cm 左右。再结合填土每亩撒施优质有机肥 5000 kg（或鸡粪 2500 kg，或大粪干 3000 kg）、硫酸钾 50～60 kg、过磷酸钙 100 kg。以上各种肥料要与有机肥料掺匀，与土分层撒施。

（三）栽植

嫁接苗定植时短砧也要至少露出地面 5 cm 左右，避免接穗生根，而应用插条直接扦插定植时，插条的顶芽要与地面相平，插条很长时，可以斜插或将下部弯成圈。

栽前将苗木在清水中浸泡 12～24 h，栽植时苗木根系蘸泥浆水，以利根系与土壤密接。栽植深度一般按苗木在苗圃时的深度栽植，不可栽深。栽植时将苗木的根颈稍低于地表，苗木根系自然伸展，向四周分布均匀，先填入部分土至穴深的 1/2 时，轻轻提苗至根颈与地表平，然后填土至地面平，踏实灌透水，待水渗入后再覆土。

按大苗在北、小苗在南，苗木的两条结果枝蔓成南北向均匀排列。并将苗木扶直，左右对准，使其纵横成行。

（四）灌溉

栽完后应立即灌一次透水，以提高成活率。1 周后再浇水 1 次。

（五）封土

待水下渗后，用行间土壤修补平种植穴，或覆黑地膜保湿并免耕除草。

如果春季干旱，半月后灌第二次水，待水渗入地面半干时进行松土。此时苗木开始发芽，小心撤掉覆土，防止碰上嫩芽，在苗木附近可保留少量砂土，或用塑料小袋将苗套上，保湿增温和防虫效果较好。具体方法：套袋，下口压实，袋上口离开苗木一定距离，顶部打 3～5 个孔透气放风，待芽体长至 2～3 cm 时将塑膜袋摘除。

（六）注意事项

1）天气选择　不要选择雨天种植，定植坑内的土容易板结，透气性差。最好能选择在天气比较暖和、土壤干湿适中的时候定植（缓苗期会相对短一些）。

2）深挖浅栽　在种植时尽量采用深挖坑浅栽苗的方法，以增加根量，提高植株在天气干旱时的抗旱能力和养分的吸收能力。

3）露出嫁接口　种植时，要视苗木嫁接口的位置确定定植的深浅，要避免接穗部分生根（嫁接口应高出地面至少 2 寸[①]），否则会致使接穗生根，减弱甚至失去砧木的作用，失去嫁接苗的价值。

六、栽植形式

（一）日光温室南北行篱架种植

适用于南北宽 7～8 m、高 2.5～3 m 的日光温室。株行距为（0.5～1）m×（1～1.5）m。可采用篱架单臂水平整枝。篱架管理方便，可以密植，结果快，能早期丰产，多次结果容易。更适于集约化栽培，因此，在设施栽培中，多数采用这种种植形式。

（二）日光温室东西行棚架种植

适于南北宽 6.5～7.5 m、高 2.5～3 m 的日光温室。在距南边棚缘 1 m 处东西开定植沟，株距为 0.5～0.75 m，采用倾斜式棚架或独龙干整枝。棚处顶距温室顶棚塑料布之间留 40～60 m 的空间，以免葡萄叶片被高温棚膜烤伤（图 6-8）。

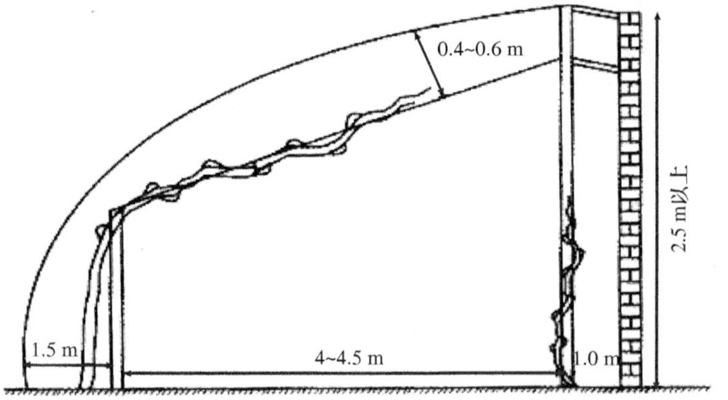

图 6-8　东西行棚架和篱架栽植示意图（张占军和赵晓玲，2009）

这种形式也是目前应用较多的一种种植形式，植株均处于最优的光照和温度条件之下，有利于葡萄的生长和发育，可获得高品质的商品果。

（三）日光温室东西行棚篱架混栽

在距离温室前屋面前沿 1 m 处按株距 0.5～0.75 m 栽植，采用倾斜式棚架和独龙干整枝，在距后墙 1～1.5 m 处栽植单行篱架，组成梯形棚篱架。也可以把主蔓长控制在 3 m 内，在温室内东西方向栽植双行梯形棚篱架。

---

① 1 寸≈3.33cm。

（四）塑料大棚南北行篱架种植

适用于 8～14 m 宽的大型无柱钢架塑料大棚。株行距（0.5～1）m×（1～2）m。近棚边的两行由于棚边稍矮，可采用单臂水平整枝，中间各行可采用水平整枝，也可采用小扇形整枝。在埋土防寒地区，为方便进行埋土，更应采用小扇形整枝。

（五）塑料大棚南北行屋脊式棚架种植

适用于 8～10 m 宽的无柱钢架塑料大棚。在东西两边各距棚缘 1 m 处南北挖定植沟，按株距 0.5～0.8 m 栽植、采用棚架和独龙干整枝、两行葡萄枝蔓对爬，形成屋脊式棚架（图 6-9）。棚架下可种植耐荫蔬菜，形成上下两层生产。

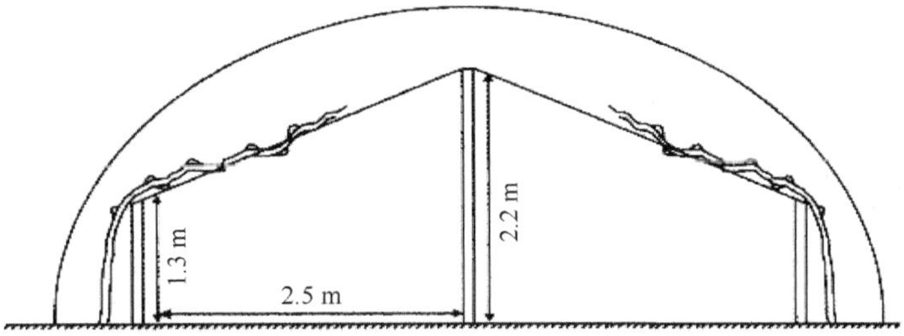

图 6-9　南北行屋脊式棚架栽植示意图（张占军和赵晓玲，2009）

（六）塑料大棚南北行飞燕式棚架种植

适用于宽 8～10 m 的无柱钢架塑料大棚。在大棚中央挖 1 m 宽南北向的定植沟，在沟的两边种植两行葡萄，行距 0.6 m，株距 0.5～0.8 m，棚架的棚口分别朝东和朝西，形成方向相反的两个倾斜式小棚架，形似飞燕展翅（图 6-10）。

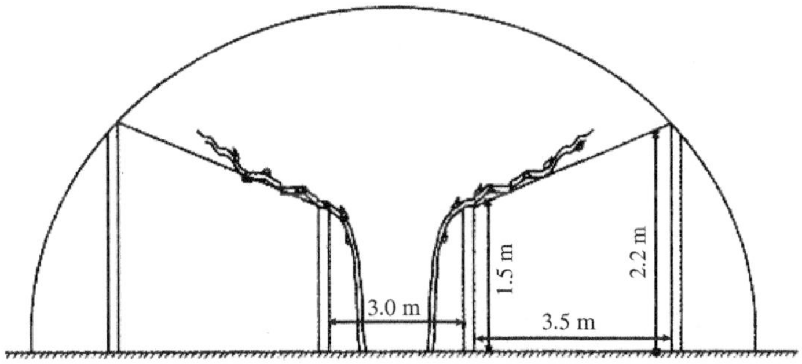

图 6-10　南北行飞燕式棚架栽植示意图（张占军和赵晓玲，2009）

这种种植方式，大棚中心部分温度较边缘高，有利于芽眼提早萌发和避免早春寒害。浆果成熟期，光照充足，有利于果实着色和品质的提高。架下间作操作也比较方便。

第六节　设施葡萄整形修剪

葡萄的架式、整形和修剪三者之间是密切相关的。一定的架式要求一定的树形，而一定的树形又要求一定的修剪方式，三者必须相互协调，才能取得良好的效果。设施内栽培的葡萄，一般不需埋土防寒，其整形方式原则上可以不受限制，但我国目前种植葡萄的设施比较简陋，高度偏低，种植密度又大，为有利于植株的通风透光和考虑管理的方便，还是采用如下几种整枝形式为好。

一、适合设施葡萄栽培的架式及树形

（一）“十”字形架

也叫“V”形架、“Y”形架，是在单臂篱架的基础上，在接近立柱顶部设一道横梁，横梁长度 0.6～1.0 m。横梁两端各拉一道铁丝，距横梁下方 0.3～0.4 m 处再拉一道铁丝，架高则根据生产需要灵活掌握。立柱高 2.0～2.6 m，埋入土中 50 cm 左右，地上部 1.5～2.1 m。柱粗 12 cm×12 cm，柱距 4～6 m，行距 2.0～3.0 m。

生产上常将这种架式进行改良，在距横梁下方 0.3～0.4 m 处，增设一长度比顶端横梁长度短的横梁，变成双“十”字形架（图 6-11）。

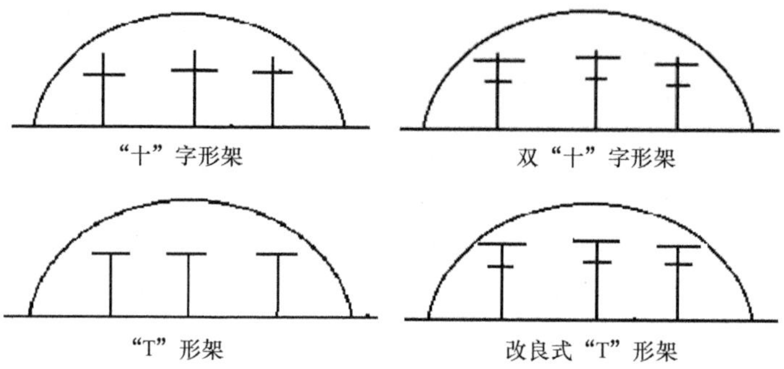

图 6-11　大棚内“十”字形架和“T”形架（刘崇怀，2004）

（二）双十字“V”形架

一根立柱，两根横梁，三层共六道铁丝（图 6-12）。立柱可用水泥杆或耐腐木材，高 290 cm，粗细以长 10 cm×宽 10 cm 为宜；横梁，每柱 3 根，上根 230 厘米长，中根 140 cm 长，下根 90 cm 长，粗细视情况而定，以耐用为原则；铁丝以 8 号至 10 号型为好。4～6 m 的距离立 1 根立柱，每亩可埋设 60 根，入土深度为 60 cm。在离表土 120 cm 处的立柱上架设第一根横梁，150 cm 处即距第一根横梁 30 cm 处架设第二根，横梁最好从立柱中间穿过。实践表明，母蔓控制在 1 至 3 层间挂果最好。

这种架式构成后，冬剪葡萄时可将母蔓全部置于横梁上，至翌年新枝长出时，便可沿两边的铁丝生长，形成上大下小双十字“V”形结构。夏季护理叶幕层呈“V”形，葡萄生长期形成三层，下部为通风带，中部为结果带，上部为光合带，可使蔓果生长规范，同时增加光合面积，提高叶幕层光照度，提高光合效率，提高萌芽率，并使萌芽整齐和新梢生长均衡，顶端优势不明显，从而提高通风透光度，避免日灼，减轻病害。

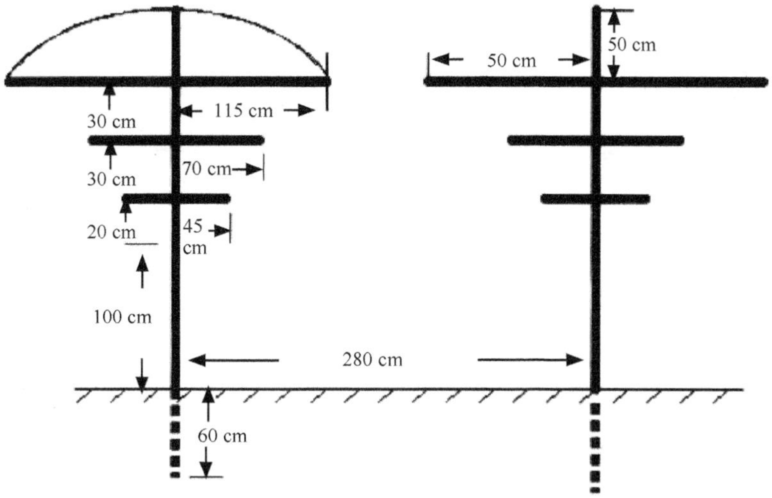

图 6-12　双十字 “V” 形架

（三）“T” 形架

该架式与“十”字形架基本相同，只是将“十”字形架上部的横梁放到立柱的顶部，其他和“十”字形基本相同（图 6-11，图 6-12）。

（四）倾斜式小棚架

架长 4～5 m，先端架高 1.2 m，架高 1.6～2.0 m，其特点是主蔓整形速度快，进入结果期早，能早丰产，结果部位易控制，容易更新，适合温室栽培葡萄用。通常采用小棚架和篱架混栽（图 6-13）。

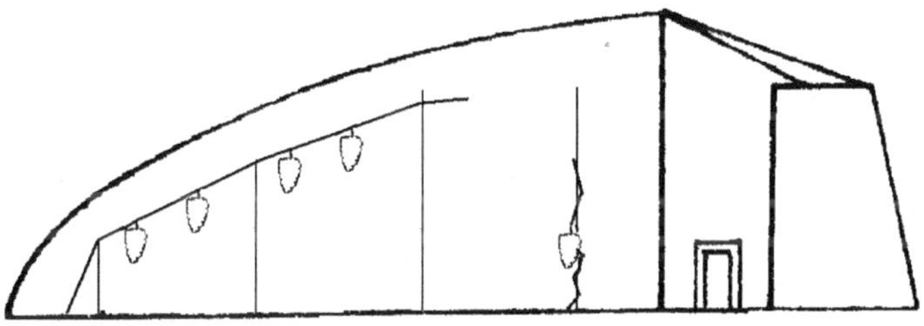

图 6-13　倾斜式小棚架示意图

（五）屋脊式棚架

该架式是倾斜式小棚架、水平式棚架和拱式棚架等在设施特殊位置上的改良，一般架式高 1.2～2.0 m，架面宽因设施宽而定，葡萄植株两边对爬（图 6-14）。

（六）棚篱架

该架式实质上是小棚架的一种变形。主要不同点是架根处的架面进行提高，因而增高了一定的篱架架面，故称为棚篱架（图 6-15）。这种架式既能充分利用设施中的空间，又可

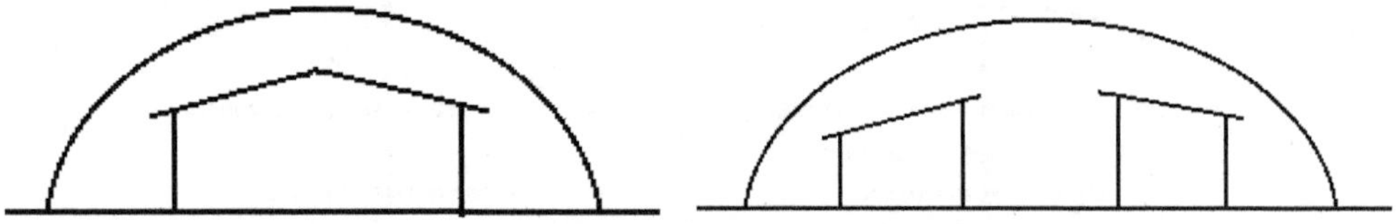

图 6-14 屋脊式棚架和棚篱架示意图

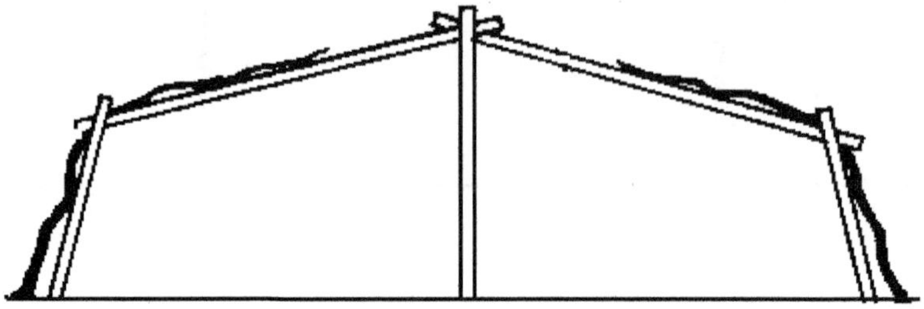

图 6-15 屋脊式棚篱架示意图

以达到立体结果的目的。露地种植行距小的情况下，由于棚架造成遮阴，往往使篱架部分不易获得足够的光照，致使下部难以保持稳定的产量和质量。由于设施采用单行种植，则没有上述缺点。

（七）"H"形架

"H"形树形是近些年推出的较新的一种架形，具有架面高、光照条件好、花芽分化充分、稳产性好、新梢生长缓和、葡萄成熟一致、树体结构简单、枝条分布规则、管理简便省工省时等优点。"H"形树形主干高 1.6～2 m，在主干顶部分生 4 个大主蔓呈"H"形分布于棚面两个方向（图 6-16），主蔓上着生结果枝组和结果枝，不设侧蔓，适用于棚架葡萄栽培。

树形培养：定植苗当年要求选留 1 个强壮新梢作主干。主干高度基本与架高相等，长到顶端架面时，培养左右相对称的第一、第二亚干，亚干总长度 2.0～2.5 m，然后从亚干前端各分出前后 2 个主蔓，共 4 个平行主蔓，与主干、亚干组成树体骨架，构成"H"形。主蔓上直接着生母枝或枝组，可以在 1 m 长的主蔓两侧共着生 10～12 个结果母枝，12～14 个新梢。冬剪时，作为骨干枝的各级延长枝，根据整形需要和树势强弱剪截，要求剪口截面直径达 1 cm 左右；结果母枝一般 2～3 芽短截，遇到光秃带部位可适当增加母枝留芽量，以补足空缺。

优缺点：非常适合在葡萄观光采摘园中使用，整个树形整齐规范，冬夏季修剪规范简单，便于掌握，节省劳动力；果穗在架面上整齐划一，增加观光园的美观度；适于易成花芽，对夏季修剪不敏感的品种，对于不易成花的品种，要注意必要的夏剪促控树势和梢势调控。在埋土防寒地区，可参照平行主蔓的行距，确定为株距，独株独蔓，龙干树形，与露地水平棚架比较加大株距。

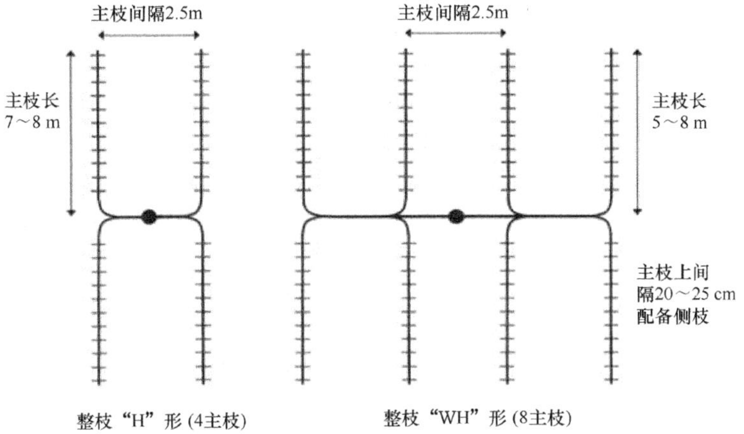

图 6-16　"H"形整形（严大义，2011）

二、休眠期修剪

葡萄休眠期修剪的目的是调节植株结果与生长之间的关系，调节单位面积芽眼负载量，使枝条合理分布，均匀配置，达到树势平衡、通风透光、连年丰产、优质高效。

（一）修剪时间

修剪的时期是葡萄完全进入休眠期，即正常生理落叶后再过 15～20 天为开始修剪期，到伤流前 15 天结束修剪。最佳修剪时间在河南是小寒至大寒前后（1 月）。因为此时气温达到全年最低，树液完全停止流动。根据南方的气候特点与栽培方式，1 月为气温最低月，最佳冬季修剪时期是 12 月下旬至 1 月底。过早修剪，枝蔓养分尚未回流完毕；过晚修剪，树液开始流动，树体伤流，均造成养分损失。促成栽培一般在 1 月中、下旬覆膜，应在覆膜前完成修剪。

（二）修剪长度

修剪长度的划分通常是以芽数或节数计算（图 6-17）。①极短梢修剪：留 1 个芽。②短梢修剪：留 1～3 个芽。③中梢修剪：留 4～8 个芽。④长梢修剪：留 9～13 个芽。⑤极长梢修剪：留 14 芽以上。⑥混合修剪：在同一株上用短、中、长混合修剪的方法。

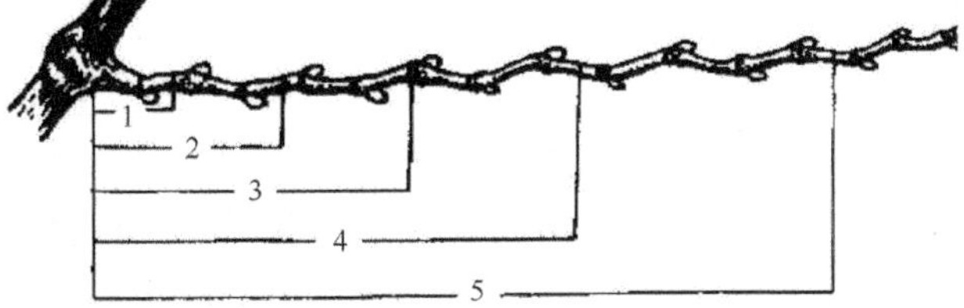

图 6-17　葡萄结果母枝的剪留长度（杨庆山，2000）

1. 极短梢修剪；2. 短梢修剪；3. 中梢修剪；4. 长梢修剪；5. 极长梢修剪

修剪长度以花芽分化节位的高低而定。①花芽分化节位低的品种以短梢修剪为主，中短梢结合，如巨峰、绯红、瑞比尔、黑玫瑰。②花芽分化偏中部的品种应以中梢修剪为主，中长梢结合，如京亚、巨玫瑰、红提、美人指、京秀等。③花芽分化节位较高的品种以中长梢修剪为主，如森田尼无核、里扎马特、巨星、意大利等。

长梢修剪易出现后部光秃、前端旺长现象，因此，应在翌年伤流前（2 月下旬到 3 月上旬）在枝条基部处刻芽，或用压低前端抬高基部方法增加萌芽数。

（三）留芽量、留枝量

修剪时先确定产量，然后确定单株留梢数和留芽数。一般单株留芽数应根据架面大小、整枝形式和树势而定，1 m^2 架面容纳新梢 15 根左右，篱架架面 15 cm 左右留 1 根新梢。盛果期冬剪留芽量为布满架面所需新梢 2 倍。例如，株行距为 1 m×4 m 的棚架留枝数为 80～100 个，则留芽数为 160～200 个；又如单干双臂水平架式，株行距 1.0 m×2.5 m，1 m^2 架面留 8～12 个枝组，每亩留枝量为 4000 个为宜。力争做到枝壮而不旺，多而不密，合理负载，通风透光。

先根据品种、树龄、树势、最佳穗重、粒重等确定预期产量。一般成龄优质果园确定 2500～4500 斤[①]/亩为宜；第一年结果的幼树确定 1500～3000 斤/亩为宜。然后根据品种、架式、树龄、树势、芽眼饱满度、枝条、邻树生长状况、品种的花芽分化特点，确定结果母枝及芽眼量。结果枝率高的品种：维多利亚、红宝石无核、户太八号，第一年的幼树、水平棚架整形一般每亩留 1800 个结果母枝左右，每个结果母枝留 3～4 芽，每亩留 6000 个有效芽。结果枝率中等的品种：红地球、夏黑等品种，高、宽、垂或“V”形架，两年以上的结果树，一般每亩留 1200～1500 个结果母枝，每个结果母枝留 8～10 个芽，每亩留 10 000～15 000 个有效芽。结果枝率极低的品种：美人指、金手指等品种，高、宽、垂或“V”形架，两年以上的结果树，一般每亩留 1500～2000 个结果母枝，每个结果母枝留 10～12 芽，每亩留 18 000～24 000 个有效芽。

（四）更新修剪

葡萄是一种极性生长很强的植物，枝蔓后部容易光秃，结果部位易外移。修剪时必须采用一定的更新措施来保证结果部位的相对稳定和均匀结果。结果母枝更新修剪：常用的结果母枝的修剪方法有单枝更新和双枝更新两种形式。

1. 单枝更新

单枝更新是一种以短枝修剪为主，不专留预备枝的修剪方法。冬季修剪时将结果母枝上部的枝条剪除，只留下部靠近主蔓生长充实的一个当年生枝，一般采用中、短梢修剪；明年春天萌发后，尽量选留基部生长良好的一个新梢，以便冬剪作为翌年的结果母枝。用单枝更新，可结合弓形引缚，使各节萌发新梢均匀，有利于翌年的回缩（图 6-18）。

---

① 1 斤=500 g。

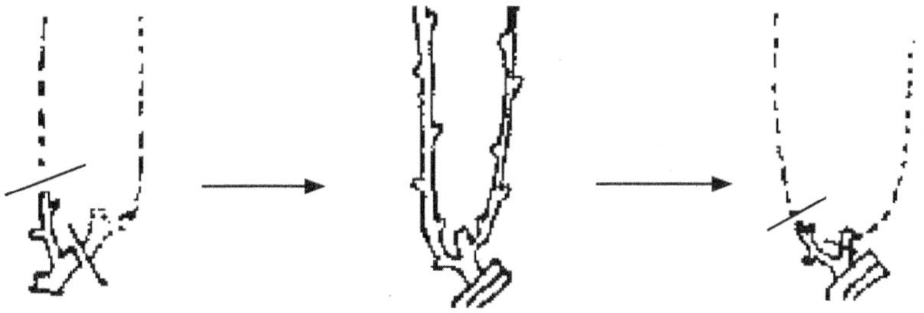

图 6-18　单枝更新（刘崇怀，2004）

2. 双枝更新

冬季修剪时在每个结果母枝上都留 2 个靠近老蔓的充分成熟的 1 年生枝，上面一个适当长留，作来年的结果母枝，下面一个短留用作预备枝。下一年冬剪时将上部结果部位疏除，从下部预备枝上所抽生的枝梢中选近基部的 2 个枝梢，其中上面一枝作为下一年的结果母枝长留，下一枝作预备枝短留，每年均照此法修剪（图 6-19）。

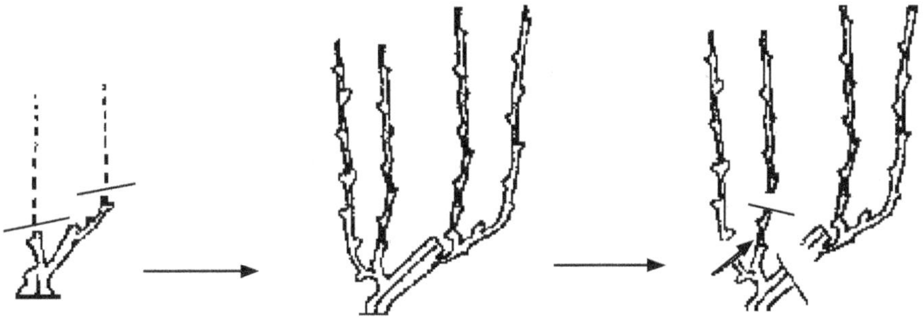

图 6-19　双枝更新（刘崇怀，2004）

单枝更新法简便易于掌握，要求第二年春天认真做好抹芽定枝的夏管工作，双枝更新留芽量大，易丰产。

3. 骨干枝更新

各种不同整形方法生长到一定时期骨干蔓就易形成局部衰弱和光秃，必须进行不同程度的更新以充实光秃部位和复壮生长势。因更新部位和程度不同又分小更新、中更新和大更新三种，现分别介绍如下。

1）小更新　在主蔓和侧蔓前段更新的为小更新。这是在整形修剪中用得最多的一级更新方法，特别是对主、侧蔓都不固定的扇形整蔓，经常要用缩前留后的修剪方法，以防结果部位上移太快。

2）中更新　在主蔓的中段和大侧蔓近基部进行更新的为中更新。一般在下面两种情况下使用。一是主、侧蔓后部枝蔓生长衰弱，剪去前端部分以复壮中、后部枝蔓的生长势；二是防止基部光秃，缩剪去中部以上枝蔓把顶端优势转移在基部以复壮基部梢蔓。

3）大更新　剪去主蔓的大部或全部为大更新。一般是在主蔓基部以上枝蔓因受严重冻害或病害而损伤，或因枝蔓老朽衰弱，而基部有新蔓和萌蘖可接替的情况下，可剪去主蔓以新蔓代替。这种更新法要慎重而行，可以先培养好新蔓再把老蔓去掉，如果老蔓已枯死或无生产价值，也可先剪去老蔓以待萌蘖发生而取代之。

（五）修剪的步骤

1）看　看品种、看树龄、看树势、看树形、看架式、看芽眼、看枝蔓的成熟度、看邻树生长状况，并根据每个品种确定的结果母蔓及芽眼数量、预期产量等，确定修剪量及修剪标准。

2）疏　根据各品种及架式等整形方式疏除病虫蔓、细弱蔓、过密蔓，位置不当的蔓及需要更新的蔓。

3）截　将已保留下的结果母蔓或更新蔓剪去一部分，并根据确定的修剪量和品种的花芽分化特点，保留单个结果母蔓或更新蔓的芽眼数。如架面上枝量不够，可将较细的枝留 3 芽短剪。初剪后按留芽量定梢，剪除多余的梢，注意留梢位置要均匀。

4）查　对已修剪的树，检查是否有漏剪、错剪的情况，并及时纠正补剪。

5）绑缚　6 个芽中梢修剪绑缚在底层拉丝上。绑缚时要注意防止折断，最好雨后绑缚或清晨至 10:00 前绑缚。为防止折断后留芽量不够，精剪定梢时每米可多留一枝 6 个芽中梢修剪，绑缚时如果未折断枝，再将多留的枝蔓剪除。留 3 个芽短剪的不必绑缚。

剪下的枝应及时拿出园地，应在萌芽前半个月烧毁处理，杀灭越冬病虫原。

6）注意问题　葡萄枝蔓组织松脆，伤口愈合能力较差，应避免冬剪造成过多过大的伤口，在进行疏剪或回缩时要避免伤口集中，疏剪或回缩时基部要留 0.5 cm 残桩。节间短的枝条可在上部芽眼处剪，以防止下部芽眼风干，造成来年抽条，出现干枝或瞎眼。

三、生长季修剪

葡萄的冬芽是复芽，有时一个芽眼能萌发出 2～3 个新梢，并且葡萄新梢生长迅速，一年内可发出 2～4 次副梢。如生长季不进行修剪控制，就会造成枝条过密，影响通风透光，降低坐果率，果穗松散、着色不良、成熟延迟等。所以，葡萄必须进行细致的生长季修剪。

葡萄的生长季修剪，目的在于调节养分的流向，调整生长与结果的关系，改善通风透光，减少病虫滋生，提高浆果品质和加快幼树成形等。夏季是葡萄果实生长成熟的重要时期，是全年管理的核心时段。管理的重点是协调营养生长与果实生长的平衡，达到通风透光，抑制病虫害的发生，节省水肥，提高果实品质的目的。

（一）抹芽和疏梢

抹芽和疏梢是在冬季修剪基础上对留枝密度的最后调整，是决定葡萄产量和浆果质量的一项重要作业。因为葡萄冬季修剪虽较重，容易刺激枝蔓上芽眼的萌发，产生很多新梢，而新梢过多过密，树体营养分散，不仅影响新梢生长，造成营养浪费，而且通风透光不良，造成坐果率低、花芽分化不良和浆果品质下降。通过早期抹芽疏梢，将树体中的储藏养分和从根部输送来的养分水分都集中到留下的冬芽和新梢上，使其加速萌发和生长，并使架面留枝密度和叶面积系数控制在适宜范围内，从而达到架面通风透光良好、提高坐果率、新梢健壮、果穗整齐、果粒充分膨大、着色良好的目的。

抹芽一般分两次进行。第一次在萌芽初期对决定不留梢部位（如距地面 40～50 cm 或以下的通风带），发育不良的基节芽、双生芽和三生芽中的瘦弱尖头芽等可一次抹除。第二次在 10 多天以后，能清楚地看出萌芽的整齐度时进行，对萌发较晚的弱芽，无生长空间的夹枝芽、靠近母枝基部的瘦弱芽，部位不当的不定芽等，视其空间大小和需枝情况，将空间小和不需留枝部位的芽抹除。

春季芽眼萌发后在芽长到 3～5 cm（即大部分芽已萌动，少部分芽刚萌动时）时进行，抹去密集芽、晚芽、双生芽（副芽与主芽一样大时，去副留主），近地面 30～50 cm 内枝蔓上的芽；架面上一个芽眼发出两个以上新梢的，要选一个长势较好、有花序的留下，其余抹去；主蔓及枝组上过密的芽也要及早抹去。总的原则是要根据树势、树形、架式等采取不同的措施。一般留大、早、平、顺、强芽，不留小、晚、尖、空、夹、弱芽，老树留下不留上，幼树留上不留下。同时注意抹芽不能一次完成，在第一次抹芽后，隔 3～5 天再抹一次。

（二）定枝

定枝于新梢已显露出花序时进行，过早分不清果枝，过迟会消耗大量养分。在新枝长到 20～30 cm 时进行，此时已能看出花序的有无及大小，是在抹芽基础上最后调整留枝密度的一项重要工作。大叶型品种（叶直径大于 20 cm），如巨峰等留枝要少，小叶型的欧亚品种（叶直径小于 15 cm）留枝可多些，结果枝与发育枝为 2∶2 或 2∶1；树龄小，留枝少，成龄树，应适当多留枝；树势好，适当多留 2～3 个枝，树势不好，应少留枝条。定枝依品种、树龄、树势而定。

定枝的原则是：留壮枝去弱枝，留顺枝去夹枝（张开枝为顺）；留果枝去空枝，留早枝去晚枝；留主枝去副枝，留内枝去外枝（靠近铁丝为内）。棚架架面依品种生长势留枝 15～20 个/m^2，每 2 m 可留 8～25 个新梢。单篱架新梢垂直引缚时每隔 10 cm 左右留一个新梢，双篱架每隔 15 cm 左右留一个新梢。定枝时，要留有 10%～15%的余地，以防止后期新梢被风刮掉和人为损失。对于生长势旺又易落花落果的品种（如巨峰），前期可适当多留梢以分散养分，抑制新梢过旺生长，坐果后再疏除部分过密梢，这样有利于坐果。

（三）除卷须

卷须不仅浪费营养和水分，而且还能卷坏叶片和果穗，使新梢缠在一起，给以后绑梢、采果、冬剪和下架等作业带来麻烦。因此夏剪时要及时把卷须剪除。

（四）新梢摘心

葡萄结果新梢在开花前后生长很迅速，势必消耗很多营养，影响花器的进一步分化和花蕾的生长，加剧落花落果。通过摘心暂时抑制顶端生长而促使养分较多地进入花序，从而促进花序发育，增加坐果和减少落花落果。

新梢的花前摘心一般在花前一周至始花期进行。摘心要根据品种特性、落花落果程度、商品要求（果穗松紧）、生长状况等灵活决定。一般落花落果重、果穗松散的品种在开花前摘心，而且摘心较重（花序前留 2～3 叶）而对果穗较紧、坐果率高的品种，结果枝摘心多在花后，在幼果穗前留 4～5 个叶片摘心。对一些生长中庸的品种，如维多利亚、8611 等多在开花期进行摘心。

1. 结果枝摘心

根据摘心的作用和目的，结果新梢摘心最适宜的时间是开花前 3～5 天或初花期。当然也可进行两次摘心：第一次于花前 10 多天在花序前留 2 片叶摘心，对促进花序发育、花器官进一步完善和充实，具有明显作用；第二次于初花期对前端副梢进行控制，留 1 叶或抹除，使营养生长暂时停顿，把养分集中供给花序坐果，对提高坐果率具有明显效果。

生产上正确的摘心程度，是以摘心处叶片不小于正常叶片 1/3 大小为指标，不足正常叶片 1/3 大的叶片连同其上的嫩梢摘去，而不论花序以上留下多少叶片。因为一般幼叶生长到正常叶片大小的 1/3 以上时，叶片光合作用制造的碳水化合物已开始超过它本身继续生长所消耗的养分，每天都有剩余的营养可供给本叶片以外的各器官（包括花序）；而幼叶不足正常叶片 1/3 大，本叶片制造的养分则少于消耗的养分，需要其他部位的营养给予补充，这就与开花坐果争夺养分，影响其正常开花坐果的生理要求，使坐果率减低。

所以，结果新梢应在开花前 3～5 天或初花期，摘去小于正常叶片 1/3 大的幼叶嫩梢。对于一些生长势强，坐果率低的品种，如巨峰及巨峰系葡萄，采取花前 1 周结果梢强摘心（留 2～4 叶），有利于提高坐果率。

2. 营养枝摘心

与结果枝摘心同时进行或较结果枝摘心稍迟，一般留 8～12 片叶。强枝长留，弱枝短留；空处长留，密处短留。没有花序的营养梢，在设施内很少留用，一般生长到 10 片叶以上时，即可摘去嫩梢。只有留作主蔓培养的预备蔓新梢，生长长度必须达到整形要求后，才能摘去嫩梢。

3. 主蔓延长梢摘心

可根据当年预计的冬剪剪留长度和生长期长短确定摘心时间。北方地区生长期较短，应在 8 月中旬以前摘心。延长梢一般不留果穗，以保证其健壮生长和充分成熟。

对于不同枝质的新梢，摘心也要有所区别。强梢摘心会迅速促进夏芽抽生副梢，仍然大量消耗养分。农谚“葡萄打顶不打杈，收成减一半”，可见摘心与除副梢结合进行才能增效。主梢摘心必须配合处理已萌发副梢。

（五）副梢处理

1. 副梢的生理特点

副梢可以增加植株的叶面积，能直接促进其所在叶腋处冬芽的发育，有利于花芽分化，提高葡萄浆果的含糖量。利用副梢生长迅速的特点还可以进行快速整形，培养下一年的结果枝，使幼树在栽种第二年就结果丰产。优良品种还能利用副梢进行绿枝扦插、嫁接繁殖。但是，如果让副梢任其自然生长，也会带来许多问题。

首先是架面郁闭，通风透光条件恶化，随之而来的是浆果生长慢，着色差，含糖量低。其次是病害严重，早落叶，导致枝芽成熟不良。其后果不仅是花芽分化差，枝芽还不能安全过冬，会严重影响第二年的产量和品质。另外，如果对副梢控制过严、过重时，会刺激冬芽大量萌发，不仅影响来年的产量，还由于当年的叶面积大量损失，导致果粒小，虽光线好，着色较快，但浆果并不甜，甚至发生水灌子病，失去商品价值。

为此，及时和合理地进行副梢管理，控制和利用好副梢是提高葡萄生产水平的一项非常重要的措施。同时副梢管理又是一项需要多次进行，比较费工的作业，要做到多、快、好、省地科学管理副梢，应综合考虑品种、架形、肥水、土壤等条件。有的品种（如红地球、魏可）果穗容易出现日灼，应多保留叶片；反之，就要适当控制副梢。至于架形，总的前提是必须保证葡萄的新梢能在架面上均匀分布，一般新梢间的距离为 20 cm 左右。

2. 副梢的利用

（1）利用副梢快速整形

①当培养双主蔓时，若当年定植苗只抽生 1 个新梢，在新梢长到 4～6 片叶时，及时对新梢进行摘心，促发副梢，按整形要求，选出副梢培养成主蔓。②当主蔓延长梢受到损伤后，可利用顶端发生的副梢作延长梢，使之继续延伸生长，作为主蔓培养利用，加速成形。③在幼树或成龄树上某个部位需要培养骨干枝时，可将新梢提前摘心，促发副梢增加枝量。

（2）利用副梢培养结果母枝

对生长势较强旺的无核品种，如优无核（黄提）和森田尼无核（青提），及幼树期长势较旺，如红地球（红提）和瑞必尔（黑提）等，主梢和副梢生长均很强旺。有时主梢冬芽分化不良，呈扁平，极难生成花芽，而主芽旁边抽生的副梢，往往生长势中庸，芽体饱满，易分化成花芽，可作为结果母枝使用。具体培养方法为：在 6 月中下旬，对长到 4～6 片叶的副梢，留 3～4 片叶进行摘心。形成二级副梢后，则留 2～3 片叶摘心，促使副梢上的芽体分化和成熟。对三级副梢，则留 1 片叶连续摘心，最后保证副梢上有成龄叶 10～15 片，可满足副梢上花芽形成和分化。

（3）利用副梢繁育苗木

在生长期达 180 天以上的地区，当副梢长度达到 15 cm 以上时，可将基部的长条新梢或连同母枝一起，挖浅沟压入地表，随着副梢的生长，逐渐培土，促进主梢的节位处和副梢的基部生根，即培养成压条苗木。

（4）利用副梢结二次果

对易于形成二次果的品种，如红地球、汤姆逊无核、瑞必尔等品种，可以对新梢进行重摘心，促发冬芽萌发，形成二次果。在生长期达 200 天以上的地区，新形成的二次果也可成熟，品质也较好。

3. 副梢处理的方法

（1）常规处理法

果穗以下的副梢全除，果穗以上全部保留，每个副梢留 1～2 片叶摘心。对副梢上发生的 2 次、3 次副梢反复摘心留 1～2 片叶（图 6-20），直到生长停止。这种方法可以增加整个新梢的叶面积，但管理比较麻烦。适于幼龄结果树，多留副梢叶片，既保证初结果期树早期丰产，又促进树冠不断扩展和树体丰满。

（2）省工处理法

只保留顶端两个副梢，每个副梢留 3～4 片叶摘心，以后再萌发的副梢留 1～2 叶反复摘心，其余副梢全部除掉（图 6-20）。这种方法管理方便，比较省工，但整个新梢叶面积较小。适于成龄结果树，少留副梢叶片，减少叶幕层厚度，让架面能透进微光，使架下果穗和叶片能见光，减少黄叶，促进葡萄着色。

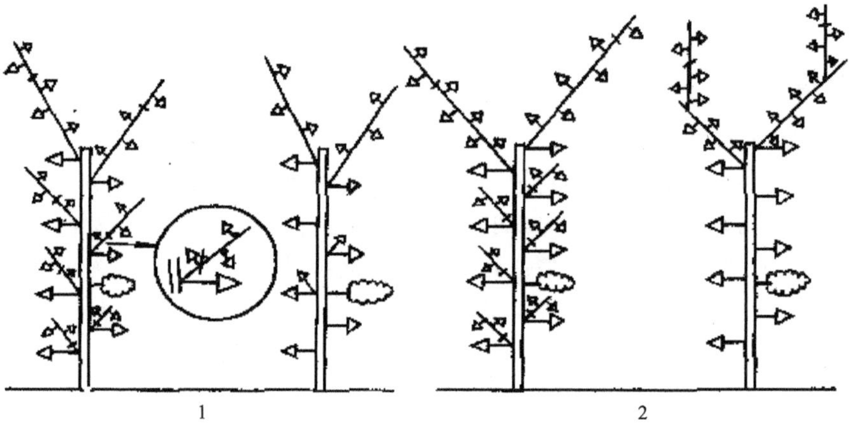

图 6-20　结果枝上的副梢处理（严大义，1999）

1. 习惯法：左边是摘心前，右边是处理后；2. 省工法：左边是第一次副梢处理，右边是二次副梢处理

对于冬芽不容易爆芽的品种，可以在主梢摘心一周后，仅留顶端一个副梢，其余副梢全部抹掉。这种副梢管理方法，适合于生长势较弱的品种，如金手指、黑巴拉多、红巴拉多、妮娜皇后，甚至巨玫瑰都可以采用这种副梢管理办法。

（3）单叶绝后处理法

即主梢摘心后，除顶端副梢保留 3～5 叶摘心外，对叶腋中的其他各副梢均留 1 叶摘心，并同时将该叶的腋芽掐除。使其基本丧失发生二次副梢的能力。这样处理虽比将副梢完全抹去，略费事一些，但增加了 1 倍数量的叶片，对果实的生长发育和花芽分化都非常有利，且可以免除以后的副梢多次反复摘心。本方法更为适宜设施栽培。它的良好的通风透光条件、较多的叶面积，对提高浆果的内外在质量具有更好的作用。

（4）扭梢

对于一些既容易爆冬芽、生长又极其旺盛的品种，如美人指、魏可、克伦生无核等品种，则可以采用扭梢的处理办法。常规掐尖，主梢掐了副梢长，常掐常长，越掐越长，越长越旺。前面的主梢还没掐完，后面的副梢又长起来了。因此，必须采取扭梢的方法控制主梢生长，这样可以减缓顶端的生长势，而又不立刻阻断主梢顶端优势而促发副梢。能在一定程度上减缓枝条徒长，同时，因为顶端优势没有被立刻阻断，副梢生长因为顶端主梢的拉动作用而不会造成副梢加速生长。

扭梢应该是最省工的主梢管理办法，但是扭梢必须在主梢长到足够叶片的时候进行。如果主梢没有 10 个节位就开始扭梢，则休眠期修剪就没有合适的结果母枝可以保留。扭梢只在开花前进行。

（六）剪枯枝、坏枝

一般在葡萄伤流期过后进行。北方多在 6 月上旬，可和新梢摘心一起进行。

（七）新梢引缚

在夏剪的同时，要将一些下垂枝、过密枝疏散开，绑到铁丝上，以改善光照和通风条件，提高品质，保证各项作业的顺利进行。

引缚是对新梢进行定向定位绑缚。通过引缚，可以调整新梢的生长角度，使其在架面上合理、均匀的排布，充分利用光能，促进枝梢生长发育。

棚、室葡萄种植密度一般较大，新梢生长迅速，当新梢长至 30～40 cm 时，常相互重叠，应及时将其绑在架面上，以免影响通风透光。更不能放任新梢自由生长、随意延伸。

（八）剪梢、摘叶

剪梢和摘叶在 7 月中下旬至 9 月进行，特别是在果实着色前进行。把过长的新梢和副梢剪去一部分，把过密的叶片（特别是老叶和黄叶）摘掉，以改善通风透光条件，促进果实着色。剪梢、摘叶以架下有筛眼状光影为标准，不能过重。

第七节　设施葡萄栽培综合管理

一、环境调控与管理

在葡萄设施栽培中，栽培设施为葡萄创造了适宜可控的小区环境，这些人为创造的环境条件对葡萄的生长发育产生全面而深刻的影响。因此，环境调控的正确与否对葡萄设施栽培能否成功起着举足轻重的作用。

（一）设施内温度的调控

1. 休眠期

葡萄在气温低于 10℃时叶片黄化，很快落叶，标志着葡萄进入休眠期。落叶后应有一个低于 7.2℃的低温阶段，使葡萄能够度过适当的低温锻炼，充分完成休眠。葡萄植株的休眠期是从落叶后开始到翌年萌芽为止，一般于 11 月上中旬在温室的屋面覆盖塑料薄膜再盖草苫使室内不见光，温室内温度保持在 7.2℃以下、–10℃以上，这样既能满足休眠期的低温需求量，又使葡萄不致遭受冻害。

为使葡萄提早萌芽，可在 12 月中下旬用 10%～20%的石灰氮液涂抹结果母枝的冬芽，迫使植株解除休眠，加温后即可提前萌芽。

2. 揭帘升温催芽期

日光温室一般在 1 月上旬到 2 月上旬葡萄休眠期结束时开始揭帘升温较适宜；北方塑料大棚一般在外界日平均温度稳定在–2～4℃时开始覆膜保温；南方塑料大棚及避雨棚在花前覆膜。日光温室的升温主要通过揭盖草苫等覆盖物控制。一般在日出后半天揭帘；日落前 1 h 左右设施内温度降到 20℃左右时盖帘，阴雪天不揭帘。在开始升温的前 10 天左右，应使室温缓慢上升，白天室温由 10℃逐渐上升到 15～20℃，夜间保持在 10～15℃，最低不低于 5℃，并保证低于 7.2℃以下温度时间不超过 20 h，地温要上升到 10℃左右。升温后 20 天左右的催芽温度，白天由 15～20℃逐渐升到 25～28℃，夜间保持在 15～20℃，地温稳定在 20℃左右。此阶段温度控制的重点：白天注意升温，升温应缓慢进行；夜间注意保温，保证夜间温度维持地 10℃以上。

3. 萌芽期到开花期

从萌芽到开花前葡萄新梢生长速度较快，花序器官持续分化。在正常的室温条件下，从萌芽到开花需要 40 天左右。萌芽期白天室温控制在 20～28℃，夜间保持 15～18℃，最低不能低于 10℃。开花期白天室温保持在 20～25℃，最高不超过 28℃，夜间保持在 16～18℃。萌芽期到开花期白天温度达到 27℃时，应通风降温，使温度维持在 25℃左右。萌芽期到开花期温度管理的重点是保证夜间的温度，控制白天的温度，防止白天温度过高。晴天白天注意通风降温，使温度低于 28℃；阴天在能保证温度的情况下，尽量进行放风降湿，防止植株徒长。

4. 果实膨大期

果实膨大期营养生长与生殖生长同时进行。白天温度控制在 25～28℃，夜间保持在 16～20℃，最低不能低于 10℃。当外界气温稳定在 20℃左右时，温室、大棚的通风口晚上不用关闭；将避雨棚下部围裙去掉或将围裙全部去掉，棚膜推向东边，进行临时揭膜。

5. 果实着色至成熟期

果实着色至成熟期为了促进果实糖分积累、浆果着色，应人为加大设施内的昼夜温差。白天温度控制在 28～30℃，最高不要超过 32℃，夜间加大通风量，使夜间室温维持在 15℃左右，昼夜温差达 10～15℃。果实着色至成熟期温度管理的重点是防止白天温度过高，尽量降低夜间温度，增大昼夜温差，促进果实着色，提高含糖量。

6. 揭、盖薄膜时间

当外界露地气温稳定在 20℃以上时，温室内白天常出现超温（>40℃）现象，这时应及时揭去覆盖的薄膜塑料，使葡萄在露地条件下自然生长发育。秋季，当外界气温逐渐下降至 20℃以下时，葡萄叶片老化加速，要及时盖膜。此时盖膜对延长叶片的光合作用时间具有明显作用，同时也利于葡萄各器官继续生长和发育，增加葡萄植株体内营养物质的积累。对于进行延迟栽培的温室应在当前气温降低前提前进行扣棚盖膜工作。

（二）设施内光照的调控

葡萄日光温室栽培多在冬春季进行，此时室外光照弱，日照时间短，设施内光照分布为南强北弱。由于东西山墙的早晚遮阳，东西两侧光照弱、光照时间短于中部；垂直方向自上而下光照强度依次递减。

选用透光效果好的无滴多功能优质薄膜，并经常清扫和冲洗表面，增加透光度；选用牢固的骨架，减少骨架及支柱等的遮阳作用；铺设反光膜及后墙涂白，改善光的分布。掌握揭盖草苫的时间，应做到早揭晚盖，尽量延长葡萄植株的光照时间，原则上以揭开草苫后室内温度短时间下降 1～2℃，随后温度即回升比较合适。保持良好的葡萄群体结构和适宜的枝叶密度。还可增设生物钠灯等光源进行补光。

（三）设施内湿度的调控

设施基本处于封闭状态，室内湿度受天气状况、加温、通风和土壤灌水等因素影响，一般晴天日间室内空气的相对湿度为 60%～80%，夜间达到 90%以上；而阴天的日间室内空气相对湿度达 80%以上，夜间则能达到饱和状态。日间温度高时，适当通风，空气的相对湿度降低；夜间随着温度下降，相对湿度增高，棚面和植物叶面会有凝结的水滴。

设施内空气相对湿度的调控，要根据葡萄不同的生长发育阶段来进行。催芽期要小水勤灌，室内相对湿度控制在 85%左右，以防止芽眼枯死；开花期室内相对湿度应控制在 65%左右，有利于开花和授粉受精，以提高坐果率；果实膨大期至浆果着色期控制在 55%左右，以提高浆果可溶性固形物含量和耐储运性。若设施内湿度不足，用地面灌水、室内喷雾等方法增加湿度，以保证葡萄生长发育的需要。若设施内湿度过高，可覆盖地膜或覆草，这样既能控制水分蒸发，又能提高地温；应减少直接灌水，采用膜下灌水，最好采用滴灌技术；还可以通过通风的方法，排出水蒸气，降低室内空气湿度。

（四）设施内气体的调控

1. CO_2 的调控

设施内 CO_2 浓度与露地相比有很大的变化。夜间由于葡萄植株的呼吸作用及土壤有机质分解，设施内 CO_2 不断增加，在每天 6:00～8:00，揭帘前设施内 CO_2 气体浓度最高，可达 700 mg/kg 左右；揭帘后设施中的 CO_2 浓度迅速下降，一般可降到 200 mg/kg 左右，影响葡萄的光合作用。所以设施内 CO_2 的调控是葡萄设施栽培的一项关键技术。

2. 增加设施内 CO_2 浓度的方法

首先是通风换气，使设施内气体与外界气体进行交换，CO_2 浓度恢复到与外界 CO_2 浓度相同的水平；其次是增施有机肥料；最后是人工增加设施内的 CO_2 的浓度，如在设施内燃烧有机物、利用 CO_2 发生器释放 CO_2 或利用市场销售的高压罐装、片状、颗粒状

及粉状的 CO_2 等，直接释放 CO_2 气体进行设施生产等。

3. 有害有毒气体及其控制

设施内的有害气体主要有氨气、亚硝酸气体、氯气、二氧化硫、一氧化碳等，这些气体积累到一定的浓度将对葡萄植株造成危害。氨气主要来自所施用尿素的分解；氨气进一步分解，导致亚硝酸气体的形成；氯气来自于聚氯乙烯等含氯薄膜材料的挥发；二氧化硫、一氧化碳主要由设施加温时燃料燃烧不充分所形成，或加温设备漏气造成。

设施内有害有毒气体的控制措施如下。一是要科学施肥，少施化肥，尤其要少施尿素；施用时要少量多次；施用有机肥要经过充分腐熟。二是注意通风换气，通过通风换气排除设施内的有害气体。三是选用质量较好的薄膜，防止有害气体的挥发。四是在温室加温时，保证加温设备通畅、不漏气，燃料充分燃烧。五是科学施用农药、化肥，不要随意加大使用浓度和数量。

二、土肥水管理

（一）土壤管理

设施葡萄的土壤管理比较简单，扣棚到果实采收这段时间，为了降低棚内湿度，多进行地膜覆盖。果实采收后的土壤管理主要是进行中耕除草和行间覆草。

1. 中耕除草

由于阳光强烈和塑料薄膜开始老化，加之环境气候条件适合杂草生长，杂草生长旺盛，中耕的主要目的是对杂草的防治，所以中耕的深度一般较浅，每次中耕后可以喷布除草剂，使人工除草和化学除草相结合，以减少中耕次数，降低劳动量。对于结二次果的葡萄园，可以覆盖银色地膜，增强树下光照，促进果实着色，抑制杂草生长，减少中耕次数。

2. 行间覆盖

将秸秆切成 10～15 cm 的长度，覆盖在植株行间，厚度为 15～20 cm，并用土封严。

3. 覆盖地膜

覆盖地膜除可以显著提高地温，促进根系提早生长，减少土壤水分蒸发，保蓄水分，抑制杂草生长等作用外，还对一些易裂果的品种，如乍娜、里扎马特等减轻了土壤水分的剧烈变化，如再与果实套袋、避雨栽培相结合，能有效地防止裂果的发生。对新植幼园覆盖地膜，可以促进植株生长发育，早果丰产。

葡萄设施栽培和南方葡萄产区为了降低土壤和空气湿度，多采用全园覆盖，但设施栽培覆膜的主要目的是降湿增温，因此白色膜使用较多；而高温、高湿的南方葡萄产区，除了降湿外，还要防草，因此多采用黑色地膜。

（二）施肥管理

葡萄设施内的土地利用率很高，因此要求土壤营养供应一定要充足，土壤有机质含量应达到 2%以上，酸碱度处于中性，这样才能为葡萄的根系生长发育创造良好条件，才能取得最佳栽培效果。

设施土壤施肥有两个显著的特点：第一，肥料很少有流失现象；第二，矿质营养有向土壤表层积聚的趋势。根据上述特点，补充设施内土壤营养元素时（即施肥）最好为有机肥料，这样既能改良土壤结构、使营养元素充足，又能改善土壤物理性质引起微生物相应变化，进一步促进土壤有机质的分解，促进葡萄根系吸收。所以，设施土壤应是“营养土”或“培养土”，尽可能少施用化学肥料，尤其要少用或不用尿素等化肥。因此，每年秋季应施足基肥，一般亩施优质有机肥料 4000 kg 以上，这样才能基本能满足葡萄一年生长的要求。

1. 氮肥的施用

氮是葡萄需要量较大的营养元素之一，每生产 100 kg 葡萄浆果吸收 0.3～0.6 kg 的氮元素。氮肥对葡萄树的生长和发育均有很大的影响。在一定范围内适当多施氮肥，有增加葡萄树的枝叶数量，增强葡萄的树势、协调树体的营养生长和生殖生长，促进副梢萌发，起到多次开花结实提高产量的作用；但若施用过量，则会引起枝梢徒长、大量落果，造成产量降低，而且还可导致新生枝条和根系木质化程度降低，影响越冬能力。由于养分的流失和土壤的固定，有一部分肥料不能被根系吸收利用。因此，生产中，一般每亩的年氮肥施用量在 12～18 kg。施肥应以基肥为主，占全年施用量的 40%～60%。施用时间最好是在采果后立即施入，此时根系的第二生长高峰还没有结束，叶片尚未脱落，施入后即可有一部分肥料被根系吸收，肥料参与代谢、制造合成大量的有机营养，增加了树体的营养储藏量，对恢复树势、促进花芽的分化有明显的作用。

2. 磷肥、钾肥的施用

葡萄对磷的需要量较少，一般每生产 100 kg 葡萄浆果需要吸收 0.1～0.3 kg 的磷元素。由于土壤的固定等因素，葡萄树对磷肥的利用率较低，在实际施肥时的肥料用量较上述量高出较多，一般丰产葡萄园的年施用的磷肥量为每亩 10～15 kg 五氧化二磷，相当于含磷量 14%的过磷酸钙 70～110 kg。磷肥在施用上主要作基肥，一般占年施用量的 60%～70%。施用时间应在果实采后尽早施入，因为此时葡萄根系的第二个生长高峰尚未结束，施入的磷肥被葡萄吸收后，参与代谢、制造合成大量的有机营养，增加了树体的营养储藏量，既可恢复树势、促进花芽的分化，又可提高葡萄的抗冻能力。其余的磷肥作追肥，在开花前期和幼果开始生长期、浆果着色初期配合氮钾肥追施，其中浆果着色初期追施的磷肥量应占年施用磷肥量的 1/5，其他两期时约占 1/10。

葡萄对钾的需要量较高，每生产 100 kg 葡萄浆果吸收的钾元素量为 0.3～0.65 kg。充足的钾元素供应可提高葡萄的含糖量，促进浆果的着色。一般丰产葡萄园年施用的钾肥量为每亩 15～22 kg 氧化钾，相当于含钾量 50%的硫酸钾 30～44 kg。钾肥施用以基肥为主，占年施用量的 1/3 左右，追施以浆果着色初期为主，占年施用量的 1/3，其他时期追施的量约占 1/6，施用时注意配合氮磷肥的施用。

3. 硼肥、锌肥等的施用

葡萄施用硼肥可提高葡萄的坐果率，改善葡萄的营养状况，提高产量。缺硼土壤可在秋季施用基肥时，按每亩果园 0.5～1.0 kg 的量施用硼砂。也可在开花前喷施 0.05%～0.1%的硼砂水溶液。

葡萄缺锌时，叶片变小、新梢节间变短，果穗形成大量的无核小果，产量显著下降。防止葡萄缺锌的方法：用浓度为 10%的硫酸锌溶液在冬剪后随即涂抹剪口；也可用 0.2%～0.3%的硫酸锌溶液在开花前 2～3 周和开花后的 3～5 周各喷施一次。对于已出现缺锌症状的葡萄，应立即用 0.2%～0.3%的硫酸锌溶液喷施，一般需喷施 2～3 次，时间间隔 1～2 周。

在石灰性土壤上和在含有效铁较少的其他土壤上，葡萄也易发生缺铁性叶片黄化现象，黄化现象的发生不仅影响葡萄的长势，还影响葡萄的产量和品质。由于硫酸亚铁施入土壤后很快就转化成了果树不能吸收的形态，因此单独施用硫酸亚铁的效果较差，最好的方法是施用铁的螯合物。比较有效的方法是将硫酸亚铁与饼肥（豆饼、花生饼、棉籽饼）和硫酸铵按 1∶4∶1 的质量比混合集中施于葡萄毛细根较多的土层中，以春季发芽前施入效果较好。也可在葡萄的生长过程中喷施 0.3%的硫酸亚铁与 0.5%的尿素水溶液，但有效期较短，需要 1～2 周喷施一次。

4. 施肥时期及方法

由于各地地势、土壤肥力基础、肥料种类、品种、栽培方式、植株年龄和不同生育期及气候条件的差异，施肥也有所不同，所以施肥必须因地制宜。

葡萄基肥以秋季施入为主，以秋季葡萄采收后施入最好，也可在春季葡萄上架后施入。近几年提倡 8、9 月施，在葡萄采收后，在青枝绿叶生长期间施入。此时是葡萄根系生长第二高峰，可促葡萄生出大量须根，以壮树势，更利于越冬。此次肥料以有机肥（若施用农家肥，请注意一定要腐熟！）为主，同时施入钙肥。常用的方法如下。

（1）撒施

地面撒施是把腐熟的优质有机肥均匀撒入地面，深翻 20～25 cm。也可先把地面表土挖深 10～15 cm 一层后，再将肥料均匀撒入地面，然后深翻 20～25 cm 深一层，最后将土回填。

（2）沟施

施肥时在栽植沟两侧每年轮流开沟，且施肥沟要逐年外扩。一般离植株基部 50～100 cm，挖宽、深各 40 cm 左右的施肥沟，将肥料均匀施入沟内，回填土后灌水。施肥的部位应在葡萄主要根系分布范围内，并以不损伤葡萄的大根为原则。

5. 追肥

追肥应在葡萄生长季节施用，追肥前期以氮肥为主，中后期以磷、钾肥为主。

（1）催芽肥

一般在葡萄萌动前施入，此次以氮肥（大量元素水溶肥为宜）为主，目的促发芽整齐，叶片厚大，花序大而壮。如果树势过旺，春季又不甚干旱，此次肥水可以省去，以免造成新梢徒长。施用量约占全年施肥总量的 10%～15%

（2）膨大肥

在葡萄坐果后，即果粒似绿豆大，至晚如黄豆大时施入。此次肥料以氮肥为主，兼施入磷肥、钾肥。可施入高氮复合肥，也可施普通氮磷钾复合肥，并酌情加入尿素等氮肥。此次肥量要大，可占全年施入化肥量的 50%左右。

（3）催熟肥

分两次进行。成熟前 20～30 天，施入高钾型水溶肥，在葡萄浆果开始发软，尚未着色时再施一次肥。

催熟肥很重要。不少果农施膨大肥后，不再施入催熟肥，导致葡萄抗性差，易得病，丰产而不丰收，或着色不良，含糖不高，卖不出好价等。可直接施入功能性肥料，大量元素水溶肥转色（推荐高磷高钾型，同时含微量元素硼和锌），施肥量占全年施肥量的 10%左右。

（4）“月子肥”

在葡萄采收后，抓紧施一次肥料，通常施大量元素水溶肥（高氮型）15 kg，此次肥料的作用不仅用于恢复树势，并促花芽分化，为翌年丰产奠定基础。施肥量占全年施肥量的 5%～10%。

氮肥的追肥可在两株葡萄间开浅沟施入，覆土后立即灌水，或在下雨前将肥料均匀撒在地面上，肥料遇雨水溶解进入土壤中。磷肥、钾肥由于在土壤中不易移动，追肥应尽量多开沟深施。另外，葡萄园还可追施人粪尿或鸡粪，随灌水流入地面内，既省工又能施肥均匀，利用率高，并有改良土壤的作用。

除土壤追肥外，也可进行叶面追肥。一般在新梢生长期喷 0.2%～0.3%的尿素或 0.3%～0.4%硝酸铵溶液，促进新梢生长；在开花前喷 0.1%～0.3%硼砂溶液能提高坐果率；在浆果成熟前喷 2～3 次 0.5%～1%的磷酸二氢钾或 1%～3%过磷酸钙溶液或 3%的草木灰浸出液，可以显著的提高产量、增进品质。若树体呈现缺铁或缺锌症状时，还可喷施 0.3%硫酸亚铁或 0.3%硫酸锌。为了提高鲜食葡萄的耐藏性，在采收前 1 个月内可连续根外喷施两次 1%硝酸钙或 1.5%的醋酸钙或氨基酸钙，能明显提高葡萄果穗的耐储、耐运能力。

全年肥量及每次肥量可根据土壤的条件、树龄的大小，产量高低和肥料质量酌定。每次施肥后，应浇一次透水，水量不是越大越好，过大会造成肥水流失。膨大肥施入后，要连浇两水，中间一般间隔 5～7 天。

（三）灌水与排水管理

葡萄耐旱性较强，利用旱地栽培技术，即使全年不进行灌水也能获得较高的经济效益。但是我国北方葡萄生产区一般春季、初夏降雨较少，对葡萄前期生长不利。且全年降水量分布不均匀，2/3 降水集中在 7～8 月，其他月也经常出现缺水现象。因此对葡萄园进行及时灌水和排水，是保证葡萄丰产、优质的基本措施。

1. 灌水时期

设施内土壤水分状况也与露地有显著的不同。设施内，土壤水分全靠人为补给，同时由于土壤溶液浓度向表层积聚，常使葡萄根系吸收水分困难增加。因此，设施内土壤水分管理应与葡萄不同生育期相适应。萌芽期需水量较高，葡萄升温催芽开始后，一定要灌一次透水；开花期要求适当干旱，暂时停止灌水，同时设施内要经常通风换气，以降低空气相对湿度；坐果后，新梢和幼果生长均需水分，可小水勤灌，一般每间隔 10 天灌一次水，保持 10 cm 以下土层湿润；果实膨大期需水量较大，可灌 1～2 次透水，这样还可以淋溶积聚在土壤表层的盐分；果实开始着色成熟直到采收前，一般停止灌水，控制土壤水分，提高浆果含糖量，加速上色成熟，防止裂果；落叶修剪后，要灌一次充足的冬水。

（1）萌芽期

又称催芽水。此次灌水能促进芽眼整齐萌发。要求一次灌透，如果此时灌水次数过多会降低地温，不利萌芽及新梢生长。室温已稳定在 10℃以上，地表 20 cm 深处土温已达 12℃以上时，进行小水灌溉，使葡萄根群周围的土壤达到湿润，但水分尚未饱和，以促使萌芽整齐。

萌芽期需要有充足的水分，才能保证正常发芽。此时灌水，既补充葡萄树的水分需要，有利于发芽整齐，又可以增加土壤的比热，一旦遇到冷空气，还可以减轻冻害造成的破坏。对南方设施栽培的葡萄，可以先不急于盖膜，降雨后的高湿有利于发芽整齐。对于云南干旱区，萌芽期的透水非常重要，是发芽整齐的保障。一般认为，在葡萄上架灌第一次水应能渗透到 40 cm 的土层，在 20 cm 以下土层的持水量应保持在 60% 左右。

（2）新梢早期生长

当新梢生长达 10 cm 以上时，可灌大水，以加速新梢生长和花器发育，增大叶面积，增强光合作用，为开花坐果打好基础。

对于红地球、克瑞生、红宝石等葡萄品种，花序过紧，生理落果少，疏果工作量比较大，在此时需要保障充足的水分供应，让花序充分长长，以减少后期的疏果工作量，且良好的肥水条件下，生理落果较多，有利于生产松散型果穗，不用或少疏果。对于易落花落果的品种，如巨峰、户太八号等，发芽时可以有适当的水分，开花前后需要严格控制肥水，防止旺长造成的严重落花落果。

（3）幼果膨大期

从开花后 10 天到果实着色前这段时间，果实迅速膨大，枝叶旺长，植株需要消耗大量水分，一般应隔 10～15 天灌水一次。以促进幼果生长及膨大。此时各器官的生理机能最旺盛，新梢生长量达到高峰期，幼果开始膨大，新根大量发生，是葡萄植株需水量的高峰时期，常称为葡萄需水临界期。

（4）浆果着色初期

此时正值浆果迅速膨大期，又是花芽大量分化期，气温高，蒸腾快，葡萄需水量大，要抓住浆果着色前灌大水，一次灌透，最好能坚持到浆果采收前不缺水。因为浆果进入全面着色期时，为提高浆果着色度和浆果品质，就不允许再灌水了。

在南方避雨栽培区域或北方区域的干旱年份，此时易出现土壤缺水，会让葡萄树处于水分胁迫状态，不利于糖分积累和上色，适当的水分供应反而增加糖分的积累和促进上色。对于此时降雨偏多的区域，要注意田间排水，清理田间沟渠，保持排水畅通。排水不良时，易出现严重的裂果，积水不能及时排出时，易造成根系大量死亡，易出现“水罐子病”，且影响后期的养分积累和下年的发芽。

（5）浆果采收后

又称采后水。在采收后应立即灌一次水，此次灌水可和秋施基肥结合起来。此次灌水可延迟叶片衰老、促进树体养分积累和新梢及芽眼的充分成熟。

（6）落叶后

又称防寒水。设施葡萄落叶较晚，一般都在外界土壤已结冻，室内夜间温度达 0℃以下时，叶片才被冻死而干枯。此时，经修剪以后，灌一次透水，有利于葡萄根系的安全越冬。

防寒水是非常有必要的，既能增加土壤的比热防冻，又能使土壤更密实，减少热量的散失防止根系受冻。所以有“冬灌不冬灌，产量减一半”的说法。

（7）注意事项

在以上物候期中，葡萄萌芽前后灌水、幼果迅速膨大期灌水和采收后的灌水这三次灌水较为关键。一般花期不要灌水，以免加重落花落果。另外，在浆果上色至成熟期应控制灌水，目的是抑制营养生长，促进果实成熟，防止裂果产生。

要根据天气、品种、栽培模式和园地实际水分状况来决定是否需要灌水。降雨多、土壤湿度大就无须灌水；天气干旱应及时灌水。葡萄品种间对水的需求是不同的，果实膨大期总体讲欧美杂种对水的需求要多于欧亚种。栽培模式不同，灌水也有差异，总之，要从园地实际水分状况决定是否灌水。

2. 灌水量

适宜的灌水量应在每次灌溉中使葡萄根群分布最多的土层，达到田间持水量的 80%左右。通常挖沟栽植的成龄葡萄根系集中分布层离地表 20～60 cm，所以灌水应浸湿 0.6～0.8 m 及以上的土壤。

3. 灌水方法

（1）沟灌或畦灌

没有滴灌条件的地区，沟灌是不错的选择，比漫灌省水省肥，有利于土壤通透性，降雨过多时有利于及时排水。沟灌要注意控制灌水量，以畦面上无水，沟里有水，很快就干为宜。若沟灌时灌水量过大，和漫灌无异。据研究，葡萄有三分之一的根系健康，吸收的水分和营养即能满足葡萄生长，因此建议沟灌时宜采用隔行沟灌，交替进行。这种让根系处于干湿交替环境，既能促进根系生长，又最大限度地有利于土壤通透性。在葡萄行间开沟灌水，沟的位置尽量靠近葡萄栽植点，沟的深度为 20～30 cm，宽度为 20～30 cm；也可直接利用葡萄栽植畦进行畦灌。

（2）滴灌或渗灌

滴灌或渗灌有省水，肥效高，操作方便，成本低，便于自动化控制等优点。但是滴灌对肥料要求高，必须是液体肥料或者水溶性好的肥料才能用。一些质量差的滴灌设备只有滴头周围湿润比较好，根系发达，其他地方根系分布很少，造成营养吸收范围缩小，且根系分布比较浅。这种根系分布状况，一旦肥料浓度稍高，就易产生肥害。滴灌加地膜覆盖的模式，土壤水分不易散失，很容易出现水分过大、土壤通气不良、沤根严重情况，尤其是新栽果园易出现水分过大沤根现象。所以滴灌必须根据土壤的水分状况严格控制滴水量。如果每次的给水量都很小，会造成滴头附近的根系发达，而其他区域根系很少的现象，所以要缺水时再给水，给水时，要一次把水给足量，才能让湿润范围大，根系分布广。有条件的地区可以采取滴灌、渗灌、微喷等方法，以节约用水。

4. 排水

葡萄水分过多会出现涝害。防止葡萄园涝害的措施有：①低洼地不宜建园，已建的葡萄园要通过挖排水沟降低地下水位；②平地葡萄园修建排水系统，使园地的积水能在2天排完；③一旦雨量过大，自然排水无效，引起地表大量积水，要立即用抽水机械将园内积水人工排出。

葡萄抗涝力差，如土壤中水分过多、排水不良，对葡萄生长危害较大，一般是夏秋季节大雨和暴雨过后要及时排水。所以雨季来临前，要注意做好排水防涝的准备工作，要求遇到大雨或暴雨时葡萄园不受淹，雨停后畦沟不积水。

三、花果管理

（一）葡萄花序管理

1. 疏花序的时期与方法

疏花序是在抹芽定枝的基础上进一步调整负载量，减少营养消耗，提高坐果率和果实品质的手段之一。疏花序的时期与方法应根据品种特性结合定枝进行。对于树体生长势较弱而坐果率较高的品种，当新梢的花序能够辨别清楚时尽早进行；对于生长势较强、花序较大的品种及落花落果严重的品种，疏花序的时间应稍晚些，待花序能够清楚看出形状大小时进行。疏花序以“壮二、中一、弱不留”为原则，即粗壮枝留1～2个花序，中庸枝留1个花序，细弱枝不留花序。对于花序较大、坐果率较高的品种，结果枝与营养枝之比为2∶1左右；而花序较小、坐果率较低的品种，结果枝与营养枝之比为4∶1左右。

负载量还应根据品种和树势确定。一般欧美杂交种产量应控制在1500～1800 kg/亩；欧亚种产量可稍高些，一般产量为1800 kg/亩左右。酿制葡萄酒一般不得超过1300 kg/亩；酿制优质葡萄酒的葡萄不得超过1000 kg/亩。如棚架行株距为5 m×0.6 m，第二年初结果，长势较好的产量控制在2.0 kg/株左右，长势较弱的少留或不留果；第三年长势好的产量控制在7.0 kg/株左右；盛果期长势较好的树控制在10 kg/株左右，长势较弱的树控制在 7 kg/株以下；产量控制在 1500～1800 kg/亩。土壤肥沃，肥水充足，树体健壮，管理水平较高，产量可稍高一些，但不要超过 2000 kg/亩；土壤瘠薄，肥水较少，树势偏弱，负载量应控制在 1300 kg/亩左右。

2. 花序整形及掐穗尖

花序整形同疏花序同时进行，以提高坐果率，使果穗紧凑、穗形美观，提高浆果的外观品质。花序整形应根据品种特性进行，果穗较小、穗形较好的品种对果穗稍加整理即可；果穗较大，副穗明显的品种（如巨峰），应将副穗及早除掉，并掐去全穗长的 1/4 或 1/5 的穗尖，使全穗长保持在 15 cm 左右，不超过 20 cm；而对于一些特大的果穗还要疏掉上部的 2～3 个副穗。

3. 花前喷硼

硼能促进花粉粒的萌发、授粉受精和子房的发育。因此，在花前进行叶面喷硼，可有效提高坐果率，减少落花落果。一般在开花前 15 天左右喷施 1～2 次 0.2%～0.3%硼砂溶液。

（二）果穗、果粒管理

1. 整穗、疏粒的时间和方法

整穗就是在整理整花序的基础上对穗形不好的果穗进一步整理，使果穗紧凑，穗形整齐美观，提高果品外观及品质。整穗可结合第一次疏果粒进行。对稀果粒品种疏掉果穗中的畸形果、小果、病虫果及比较密集的果粒。疏粒一般在花后 2～4 周进行 1～2 次，第一次在果粒绿豆粒大小时进行，第二次在果粒黄豆粒大小时进行。根据品种果粒的大小，平均粒重在 6 g 以下，每穗留 60 粒左右；平均粒重在 6～7 g，每穗留 45～50 粒；平均粒重在 8～10 g，每穗留 35～40 粒；以保证平均穗重 500 g 左右且果粒大小比较均匀整齐。

2. 果实套袋

葡萄果穗套袋可以有效地防止、减轻各种病菌的直接侵染和危害，可以有效地防止和减轻虫害对果实的危害，可以有效地防止和减轻日灼病、裂果、鸟类食害的发生，可以有效地防止和减轻农药对果实的污染、提高果实的安全质量，同时对果实的成熟期和色泽也有一定的调节作用。

（1）果袋的选择

选用优质的葡萄专用果袋，禁止使用低档劣质果袋。优质果袋，虽然价格略高，但使用效果好；劣质果袋，纸质差、不禁风吹雨淋、日晒极易破损渗水，是袋内生理裂果的主要原因，果穗沾染上雨水带的病菌易产生烂果，有的果袋会灼伤幼果。葡萄专用袋的纸张应具有较大的强度，耐风吹雨淋、不易破碎，并有较好的透气性和透光性，避免袋内温度过高；纸袋最好还要有一定的杀虫、杀菌作用。

要根据品种、栽培方式、架式等因素，选用合适果袋。不同品系的葡萄对果袋透光率的要求有所差异。欧美杂种葡萄着色时需要大量的散射光，多数巨峰系品种果穗套袋，袋内散射光充足，对果穗着色影响不明显，对果袋透光率要求较低，故一般木浆纸袋均可适用。欧亚种葡萄着色时需要大量直射光，在果袋选择时，应选透光率较好的果袋。根据品种选用果袋还应考虑果实颜色，一般果实为绿色品种选用绿袋，果实为红色、紫色、黑色品种选用浅色或白色袋。不同栽培方式，如大棚和避雨栽培，光照强度减弱，影响果实着色，但日灼较轻，选用果袋应选择透光度较好的果袋。不同架式果穗所处位置不同，接受的光照强度也不一样，因此，可根据果穗不同位置选用不同要求的果袋。

（2）套袋的时期及方法

套袋的时期一般在葡萄开花后 20 天左右，即生理落果后果实黄豆粒大时进行。套袋前首先要根据品种特性进行疏果，疏掉畸形果、小果及过密的果粒，并细致喷布一次保护性杀菌剂，药剂干后及时进行套袋。对于容易受日灼的品种（如红地球），套袋后最好在上面再遮上一张旧报纸，能有效防止果实受日灼。

应根据不同的栽培方式，选择合适的套袋时间。南方地区的露地栽培的葡萄，套袋应贯彻宜早不宜迟的原则，坐果后经整穗、疏果后即及时套袋，套袋过晚易受炭疽病等病菌侵染。大棚和避雨栽培的葡萄，与露地葡萄相比可适当推迟套袋时间，但还是坚持早套为好。

套袋前，应用好一次内吸性杀菌剂，用药后抓紧时间套袋。

套袋时，根据果穗大小选用不同号的果袋，大果穗用大号果袋；小果穗用小号果袋。套袋要先将果袋口撑开，从下往上将果穗套入袋内，然后将袋口从两边往中间果轴处折叠，用袋口的铁丝将袋口扎在穗轴上。铁丝扎的时候，松紧要适度，不可太松，防止雨水沿穗轴流入果袋而受病菌侵染。

（3）摘袋时间与方法

应根据品种及地区确定摘袋时间，对于无色品种及果实容易着色的品种，如香妃、巨峰等，可以在采收时摘袋，但这样成熟期有所延迟，如巨峰品种成熟期延迟 10 天左右。红色品种（如红地球）一般在果实采收前 15 天左右进行摘袋，果实着色至成熟期昼夜温差较大的地区，可适当延迟摘袋时间或不摘袋，防止果实着色过度，达紫红或紫黑色，降低商品价值；在昼夜温差较小的地区，可适当提前进行摘袋，防止摘袋过晚果实着色不良。摘袋时首先将袋底打开，经过 5～7 天锻炼，再将袋全部摘除。

3. 调整果穗方位

坐果稳定以后，要将夹在铁线上、枝条夹缝中的果穗理顺，避免果粒长大后绷紧、采收时硬扯损伤果实；将垂下接近地面的果穗吊高，防止病害和裂果。果实着色期，为了使果实四面见光，着色均匀，可转动果穗方向。

4. 树体环剥

环剥能暂时阻止树体营养下移，把光合产物累积在环剥口的上部。剥口宽度 5 mm，大约 25 天左右环剥口能完全愈合。

葡萄以主干环剥和主蔓环剥（环剥口离地 0.5 m 以上，环剥口以下应留 1～2 个分枝）

效果最好，长梢结果母枝环剥（环剥口在母枝基部）效果也较显著。环剥时间以花后 20～25 天为宜，环剥后单粒重增加 30%左右，可溶性糖增加 10%左右，着色指数提高 30%左右。

5. 除老叶和设置反光膜

在果实开始着色时，将结果新梢基部 3～4 片老叶剪除，增加果穗部通风透光，对减轻果实病害和加速着色有显著作用，同时还对新梢基部冬芽分化和充实有良好作用。

在架下铺设反光膜，把架边的侧光和透射到地面的散射光等光源，通过反光膜反射到架面果穗上，能使架下温度提高 1～2℃，加大昼夜温差，既利于果实糖度的提高，又能促进果穗着色，提高浆果的色、香、味。

（三）植物生长调节剂在葡萄花果管理中的应用

1. 拉长果穗

花序长度 7～15 cm 时使用 4～5 mg/L 赤霉素（GA_3）均匀浸蘸花序或喷施花序（加入洗洁精），可拉长花序 1/3 左右，减轻疏果用工。

2. 控制旺长

生长延缓抑制剂：缩节胺、多效唑（PP_{333}）、矮壮素（CCC）及调环酸钙等。

（1）缩节胺

花前 2～3 天至见花时，使用 500～750 mg/L，整株喷施结合配套栽培管理措施，可抑制葡萄枝条旺长，提高巨峰、京亚、户太 8 号等品种的坐果率，代替保果剂的使用，降低果皮变厚、发涩的风险。

（2）多效唑与矮壮素

一般用 500 mg/L。对浆果发育存在易产生浆果变小，成熟延迟，品质下降现象，效果不稳定，不推荐使用。

（3）调环酸钙

使茎杆粗壮，植株矮化；促进侧芽生长和发根，使茎叶保持浓绿，叶片挺立；控制开花时间，提高坐果率，促进果实成熟。它还能提高植物的抗逆性，增强植株的抗病害、抗寒冷和抗旱的能力。

3. 有核品种无核化

（1）赤霉素

常用塑料大杯逐个浸渍的方法。浸渍法处理玫瑰露的浓度花前为 100 mg/L，每穗用药量约 0.5 ml；花后处理果穗长大用药增多，每穗约 1.5 ml。应选择在晴天 12:00 前或 15:00 以后到落日之前，避开气温高于 30℃的时间段。相对湿度在 80%左右，并能维持 2 天；天气干燥，易造成药害，阴雨天处理效果不好，田间操作时应避开这种天气。如果在处理 8 h 以后降小雨可不再行处理，雨量大冲刷强烈则要再进行一次。

在大面积葡萄产区可在盛花开始约 12 天喷施 100～200 mg/L 赤霉素，注意喷在花序上，不能喷在叶片上。赤霉素去核保果只适应部分葡萄品种，巨峰葡萄不能起到这一作用，反而会形成小果、青果，影响食用价值，所以对其他葡萄品种能否适应需要在试验基础上进行；赤霉素对其他欧洲种无核品种和种子易败育而落粒的品种，也有提高无籽果粒坐果的效应，但赤霉素低浓度（<20 mg/L）则促进新梢生长反而促使果粒脱落，特别是盛花期喷施会造成减产。

（2）2, 4-D

使用 10 mg/L 溶液喷洒花序，能使子房不受精就膨大形成无籽果实，可提高葡萄产量。

（3）赤霉素+农用链霉素

巨峰花序经赤霉素 100 mg/L+农用链霉素 400 mg/L 处理后，无核率达 95%，且能促进果实早熟，提高可溶性固形物含量。黑奥林品种处理后无核率虽能达 98%，但小果粒增多，穗重明显低，故不宜使用。

（4）对氯苯氧乙酸（PCPA）

在盛花前 5 天用对氯苯氧乙酸 15 mg/L 和赤霉素 20 mg/L 混合液处理葡萄，在盛花后 10 天再用赤霉素 15 mg/L 处理，能诱导无子葡萄的形成，无籽率可达 100%，无籽果实平均粒重 6.97～9.08 g，果粒脱落率仅为 8.7%，还能使成熟期提前 10～15 天。

（5）赤霉素+对氯苯氧乙酸

诱导巨峰果粒无核化，单用赤霉素或对氯苯氧乙酸处理效果不理想，无核率达不到 90%以上，且药害比较严重，而用赤霉素 10～15 mg/L+对氯苯氧乙酸 15 mg/L、在开花前 5 d 浸渍花序，无核率可高达 97.1%～99%，药害减轻，坐果稳定，果肉发育良好。花后 10～14 天再用赤霉素 25 mg/L 处理 1 次，果粒明显增大，成熟期提前 10～15 天，经济效益明显。

注意事项：应严格按照规定浓度使用，否则易产生药害。配药时先用少量热水把药粉充分溶解后，再按使用浓度加足量的水，本药剂不能和碱性肥料、农药混合使用。

（6）赤霉素+抗生素

巨峰葡萄盛花期用 200 mg/L 卡那霉素+200 mg/L 链霉素+（50～150）mg/L 赤霉素，无核率达 100%，第二、第三次一般使用果粒增大剂。

4. 提高坐果

（1）赤霉酸

无核葡萄：一般在盛花末期处理，处理浓度为 5～50 mg/L，新疆的黑科林斯葡萄 2.5～5 mg/L。

三倍体葡萄：大多花而不实，结实能力极差，用 GA_3 处理时间以盛花至终花期为宜，如夏黑葡萄、8611 葡萄，可用 25～50 mg/L 赤霉酸浸蘸果穗。

有核葡萄：一般在花谢后 1～3 天处理，处理浓度 15～25 mg/L，如巨峰系葡萄处理浓度一般为 12.5～25 mg/L 全穗喷施或浸蘸果穗。

（2）细胞分裂素

噻苯隆、吡效隆：花谢后 1～3 天处理，处理浓度一般为 1～5 mg/L（超过 5 mg/L 副作用较大），处理时期因品种而异，如巨峰系葡萄一般在终花期处理。

噻苯隆、吡效隆在生产实践中很少单独使用，绝大多数与 GA_3 混合使用（25 mg/L GA_3+2 mg/L 氯吡苯脲（CPPU）），可提高坐果效果，降低副作用。

（3）生长素

如防落素（4-CPA，PCPA），花后 3～7 天，一般采用浓度为 2～10 mg/L 喷施果穗，可提高无核葡萄的坐果率。

（4）生长抑制剂

如多效唑、矮壮素、缩节胺、调环酸钙等，能够抑制营养生长，促进生殖生长，使更多的养分转化到果实的生长中，从而提高坐果。

生产中使用多种保果剂，推荐使用赤霉酸大果宝噻苯隆。

5. 促进果实生长、增大果粒

（1）赤霉酸

利用 GA_3 增大果粒已成为葡萄生产的一项常用技术。

无核葡萄：一般均采取花后一次处理的办法，浓度通常为 50～200 mg/L，使用的适期在盛花后 10～18 天。

三倍体葡萄：促进坐果用一次，为增大果粒要再用一次，与首次间隔 10～15 天，浓度为 25～75 mg/L。

有核葡萄：尤其在巨峰品系葡萄上使用较多，如巨峰、京亚、藤稔等，处理时间为花后 12～18 天，浓度通常为 12.5～25 mg/L。

（2）吡效隆、噻苯隆

与 GA_3 相比，增大效果更显著，使用浓度较低，不易产生脱粒现象。一般于花后 7～15 天进行处理，使用浓度为 5～10 mg/L，0.1%制剂稀释 100～200 倍，处理后果形会变短。

浓度不宜过高，否则易造成成熟延迟、着色不良、含糖量下降等副作用，与 GA_3 混合使用有提高效果、降低使用浓度、延长处理适期、减少副作用的效果。

（3）复合配制剂

1）赤霉酸与噻苯隆或吡效隆复配制剂 GA_3 与噻苯隆或吡效隆混配，可降低单剂使用浓度，减轻副作用的发生。如在藤稔葡萄上以 GA_3 25 mg/L+噻苯隆或吡效隆 2～5 mg/L 为宜。

2）赤霉酸、吡效隆、链霉素复配制剂　花后 10 天，赤霉酸 25 mg/L+吡效隆 2～5 mg/L+链霉素 200 mg/L。果穗，膨大效果较好，好于单独使用赤霉酸的处理，链霉素可减少果蒂增粗、降低果柄木栓化的作用。

6. 葡萄着色调控

（1）脱落酸（S-诱抗素，ABA）

在浆果转色期用 S-诱抗素 200～300 mg/L 喷施或浸蘸果穗，有促进葡萄果实上色的显著作用，效果优于乙烯利，而且叶、果脱落等副作用轻。但只能促进果实上色，不能提早成熟和提高糖度，如使用过度会使果皮色泽发暗不艳，影响外观。

（2）乙烯利

乙烯利是葡萄上常用的催熟剂，试验表明，巨峰等品种在果实开始成熟时，果穗上喷布或浸蘸 250～300 mg/kg 的乙烯利，能提早成熟 6～8 天，而且在喷后第 5 天即可食用。

乙烯利催熟葡萄时要注意如下事项。

1）浓度要适合，浓度过低效果不明显，而浓度高于 500 mg/kg 时，容易导致落果。

2）处理时间以果实开始成熟时为最适时期，即有色品种开始上色，绿色品种果粒微微转黄时，处理效果最佳。

3）不同品种催熟最适宜浓度有所不同，生产上要经过试验以求最佳的处理浓度与方法。

4）由于乙烯利有促进离层形成的作用，所以单独使用乙烯利催热时常导致果粒脱落，使葡萄果穗不耐储藏和运输，为了减轻这种副作用，在使用乙烯利时可加入 10～20 mg/L 的萘乙酸或 10～15 mg/L 的 2, 4, 5-T，即有良好的防果粒脱落的效果。

第八节　设施葡萄多次结果

葡萄一年多次结实技术于 1940 年在我国的安徽省萧县首创。经过几十年的实践，已在理论研究和实际应用中不断完善。葡萄芽具有早熟性，因而葡萄一年可以多次结果，特别是庭院葡萄，管理细致，肥水充足，小气候条件适宜，生长期相对较长，有利于一年多次结果。葡萄多次结实技术必须以品种特性为依据，并非任何品种都可以多次结实。龙眼、瓶儿、牛奶等东方品种群品种几乎没有见到多次结果的报道。玫瑰香、巨峰、黑汉、小白玫瑰等品种的冬芽多次结实能力较强。乍娜、潘诺尼亚、葡萄园皇后、亚历山大、保尔加尔、赛必尔等品种夏芽多次结实能力较强。从 20 世纪 60 年代多次结实技术开始用于生产，特别是在葡萄园遭到冻害，或因管理不善，一次果严重减产的情况下，通过二次结果，可挽回产量的 10%～50%。在某些葡萄（特别是巨峰）花期气候条件不良或果实成熟期多雨、病害重的地区，索性舍弃一次果，全部利用二次果，也可获得较好的经济效益。实践证明，一年多次结果，一般可增产 20%左右，含糖量和含酸量都比较高，还可延长鲜食葡萄的供应时间。

一、多次结果的生物学基础

葡萄一年多次结生物学基础是葡萄花芽形成的早熟性和花序的芽外分化，葡萄花芽形成有明显的早熟性，许多研究表明，多数葡萄品种在当年开花结束之前，冬芽中已开始了第二年花芽的分化，其中以基部 3～4 节叶腋中花芽分化为最早，而在同一个芽位之中，主芽最易形成花序，部分预备芽虽也能形成花序，但花序质量较差，尤其是欧亚种东方品种群葡萄品种预备芽花序形成率最低。

葡萄夏芽中花芽形成与管理技术，尤其是摘心、扭梢等密切有关，在自然状况下，一般夏芽中形成的花序较少、较小，而在人为摘心后花序分化增强，花序也相对增大，但由于夏芽中花芽分化孕育时间较短，因此夏芽花序分化一般较弱，尤其是东方品种群品种，如龙眼、牛奶等，夏芽花序分化能力明显低于欧美杂交种品种。

葡萄花芽芽外形成即花芽分化超节位现象，这是栽培葡萄品种最为突出的一个特点，在一般果树品种枝条上，随着芽在枝条上的着生节位不同，明显存在芽的异质性，从而形成花芽在枝条上的规律形成和分布，即花序只分化着生于一定节位的芽之中，而葡萄花芽分化存在明显的"超节位分化"现象，即从一个枝条的基部第 3 节起到枝条顶端的第 30 节位甚至以上，只要相应的环境条件具备，均可进行花芽的分化，近几年采用"拱梢"的方法，使葡萄枝条最基部的"脚芽"也可分化出发育正常的花序，这在其他果树种类中也是十分罕见的。

葡萄芽的早熟性和花芽的超节位分化，为葡萄实现一年多次结果奠定了良好的基础。

二、葡萄一年多次结果技术

葡萄一年多次结果技术分为利用冬芽副梢二次结果和利用夏芽副梢二次结果两种方法。

（一）利用冬芽副梢二次结果技术

采用促发当年生枝上的冬芽进行二次结果，由于冬芽花芽分化较好，二次结果产量和品质均能得到保证，所以生产上常用冬芽副梢，形成一年二次结果，利用冬芽副梢二次结果时，其技术关键一是要迫使、加速当年枝条上冬芽中花芽的分化与形成；二是要使冬芽副梢按时整齐地萌发，以保证果实当年能充分成熟，主要措施如下。

1）主梢摘心　由于当年生枝上冬芽中花序分化在开花前至开花初期已开始进行，所以利用冬芽进行二次结果时，主梢摘心一般在花序上方有 4～6 个叶片平展时进行，这次摘心的主要目的是促进树体营养集中于冬芽之中，以促进花芽分化更为充分。

2）抹除副梢　主梢摘心后，将所有副梢除去，使养分完全集中运向顶端 1～2 个冬芽，促进冬芽提前萌发，若第一个萌发的冬芽枝梢上无花序，可将这个冬芽副梢连用主梢先端一同剪去，以刺激枝条下面有花序的冬芽萌发，由于冬芽发育时间较长，所以冬芽副梢上的花序分化较好，结实力也相对较强。

生产上为了使冬芽副梢花序质量更好，一般抹除副梢分两次进行，第一次先抹除中下部的副梢而暂时保留上部的 1～2 个副梢，并对这 1～2 个副梢留 2～3 个叶片进行摘心，待到距第一次副梢抹除后 10～15 天时，再将这 1～2 个副梢除去，以促发冬芽。这样新抽生的冬芽副梢不但整齐一致，而且冬芽中的花序也大而健壮，结实率也高。

通过控制剪除顶端副梢的时间可以调控冬芽的萌发时间，虽然推迟冬芽萌发时间可使花序结实力提高，但冬芽二次枝抽生过晚将直接影响果实的生长和成熟时期，因此一定要注意冬芽抽发时间不能太晚，华北地区，剪除顶端副梢，逼发冬芽的适宜时间是 5

月底到 6 月初，其他地区可根据当地具体的气候情况灵活决定。

适于利用冬芽二次结果的品种有：玫瑰香、黑汉、新玫瑰、瑞必尔、黑提，以及西欧品种群，黑海品种群和欧美杂交品种。

（二）利用夏芽副梢二次结果技术

由于夏芽无休眠期，随即形成随即萌发，而且一次夏梢萌发后又易抽生二次夏梢，这样易造成营养分散，花芽不易形成或形成的花芽质量不高。因此利用夏芽副梢二次结果时，首先要保证夏芽中花序的良好形成，这是利用夏芽副梢进行二次结果的技术关键，正因如此，利用夏芽副梢二次结果时对摘心和抹除副梢的时间要求十分严格。

1）主梢摘心　利用副梢二次结果时，必须在夏芽尚未萌发之前及时摘心促其形成花芽，因此摘心时间不能过晚。一般欧亚种品种主梢花序上方 1～3 叶腋节中的夏芽容易形成花芽，因此以促进二次结果为目的的主梢摘心时间比一般摘心时间要早约 1 周，同时也要结合一个地区的具体环境和品种花芽形成的状况进行确定，关键的是一定要在摘心部位以下有1～2 个夏芽尚未萌动时进行，这一点务必要注意。

2）抹除全部夏芽副梢 在主梢摘心的同时，抹除主梢上已萌动的全部夏芽副梢，使树体营养全部集中在顶端 1～2 个未萌发的夏芽中，促其花芽分化形成。一般主梢摘心后，顶端夏芽 5 天左右即可萌发，若加强管理即可形成良好的夏芽副梢花序。

3）对已抽发的有花序的副梢，应在副梢花序以上 2～3 片叶处摘心，以促进已抽生的花序正常生长。

4）若诱发的夏芽副梢无花序形成，在其展叶 4～5 片叶时应再次摘心，促发二次副梢结果，但要注意摘心时在摘心处以下一定要有 1～2 个尚未萌动的芽。

适于诱发夏芽二次结果的品种有红提、葡萄园皇后、黑奥林、巨峰、红富士、乍娜等，龙眼、牛奶、黑鸡心、白鸡心等东方品种夏芽第二次结果能力较差，不宜选用。

三、多次结果技术的应用范围

在热带地区葡萄经过人为的处理，一年多次结果是一种正常的管理方式，而在温带地区葡萄一年只收获一次，但在一些特殊情况下也可采用葡萄一年多次结果技术。

1）自然灾害严重影响当年产量时，尤其是在我国东北、华北、西北等到地区早春季节葡萄芽眼受冻或新梢萌发后遭受晚霜危害或开花坐果后遭受冰雹等自然灾害花序受害时，常采用二次结果技术，弥补当年葡萄产量的损失。

2）葡萄园遭遇特殊气候影响，如花期遇雨或持续干旱高温，使葡萄开花、授粉、受精不正常，或果实成熟时正值连绵阴雨季节，或其他自然灾害造成产量受到严重影响时，这时可采用二次结果技术，调节葡萄花期或成熟期到适宜的时期，以保证葡萄能有正常的收成。

3）在华中、华南部分生长季较长、日照和积温量充足的地区，可利用葡萄多次结果技术提高葡萄单位面积产量和经济效益，尤其是华中、华南部分积温较高的丘陵、坡地地区，应充分利用当地的光热资源，研究推广葡萄一年多次结果技术。

4）设施栽培中无论促成早熟栽培或延迟栽培均可因地制宜推行葡萄二次结果技术，尤其是葡萄设施延迟栽培中，为尽可能地延迟葡萄成熟时期，应充分利用设施覆盖后生长期延长的特点，促进葡萄二次结果，使延迟栽培内容更加丰富，效益更加提高。

四、多次结果技术的注意事项

一年多次结果技术是一种人为的调节生长结果的技术，若不按科学规律进行，会形成种种不良的效果。因此，生产上利用一年多次结果技术时应注意以下几个问题。

（一）品种选择

不同品种花芽形成特点不同，一年多次结果能力品种间差异较大，一般来讲，欧亚种中西欧品种群、黑海品种群及欧美杂交种品种多次结果能力较强，而东方品种群品种多次结果能力明显较差，但即使在同一品种群中，不同品种在不同的栽培条件下，一年多次结果能力都会有所不同，因此一定要进行观察、研究，选用适合进行一年多次结果的品种和相应的栽培技术，这一点在设施栽培上尤为重要。

（二）要注意当地的环境条件

采用二次结果技术时，植株生长期相对延长。因此，一定要注意当地的气候状况，尤其是生长期≥10℃的有效积温、无霜期和日照状况，北方一些无霜期短、有效积温较低的地区，尤其是秋末降温较早的地区不一定要勉强去搞一年多次结果（设施延迟栽培除外），而在我国中部、南部地区秋季不但温度适宜，而且降雨量较少、日照充足，这些地区就适于采用一年多次结果技术，以提高葡萄的产量，改善葡萄果实的品质。

（三）加强植株管理

一年多次结果使树体营养消耗显著增加，因此相应的管理技术一定要跟上，如水肥管理、土壤管理、病虫害防治等，在肥料管理上要重视全年均衡施肥，适当增加追肥次数，在水分管理上要注意夏秋季多雨季节的排水防涝和后期防旱工作，同时要高度重视病虫害防治，确保功能叶的健壮生长，在栽培管理上尤其要重视合理负载和适时采收；在一年多次结果的情况下，负载量过大不但影响果实的品质和成熟时期，而且对第二年树体生长发育及产量和品质也有重大的影响。因此，必须强调合理负载，一个地区如何决定一次果和二次果产量比例，可根据树体生长情况、栽培目的及管理状况来确定，如为了延迟成熟可重点多留二次果，若是为了防止成熟期遇雨推迟果实成熟期时，可疏除一次果，只保留二次果等。

采用一年多次结果技术时要注意适时采收，一定要在葡萄品种特点充分显示之后再进行采收，不能采收过早。

为了促进二次结果连年稳产优质，还要重视修剪整形、化学调控、增强叶片光合效率等一系列配套技术的应用，一般在第一次摘心后喷 1000～2000 mg/kg 的 CCC 以促进花芽分化，同时在坐果后利用 CPPU 20 mg/kg 或 GA_3 25 mg/kg 增大二次果的果粒。同时在二次结果开始成熟时采用450～500 mg/L 的乙烯利喷布果穗也有良好的促进成熟的作用。

（四）不要盲目追求二次结果，防止对来年葡萄生长和结果产生不良的影响

当前我国西北、华北及东北广大葡萄露地栽培产区均以一年来收一次为主要栽培模式，这是长期适应当地生态条件形成的葡萄栽培模式，在这些地区除非遇到特殊的气候状况（如晚霜、冰雹对一次果造成严重损失），而一般情况下不要盲目推行一年多次结果，以免营养过度消耗对树体生长带来不良的影响，甚至造成枝条成熟不良和花序分化不健全，以至于严重影响来年的产量和收益，所以一个地方是否采用一年多次结果技术，一定要以当地具体气候、栽培和品种条件为基础，不能盲目追求一年多次结果。

第九节　设施葡萄延迟栽培

延迟栽培是具有我国特色的一种葡萄设施栽培新形式，与促成栽培相反，它以生长后期覆盖防寒，尽量推迟和延长葡萄果实生长期为目的，延迟葡萄的成熟和采收时期，从而在隆冬季节采收新鲜葡萄供应市场，用延迟采收代替保鲜储藏，形成良好的经济效益和社会效益。

葡萄延迟栽培就是在气候比较寒冷（年均气温 10℃以下，1 月平均气温–7℃以下）的地区，利用保护设施栽植葡萄，采取一系列技术措施使其成熟期延迟。此模式主要是利用葡萄可以一年多次结果的特性，通过栽培措施，促使葡萄冬芽或者夏芽副梢萌发并形成花序，以达到果实在常规季节之后成熟。也可以利用一次果进行延迟栽培。冬季上市的延迟栽培葡萄由于新鲜、优质，价格居高不下，因此，无论从经济效益考虑，还是从调节果实成熟期实现葡萄鲜果的周年供应考虑，葡萄延迟栽培是非常重要的栽培方式。

一、葡萄延迟栽培的品种选择

延迟栽培葡萄应选择易成花、坐果率高，粒大、果穗紧、不脱粒、果粒大小整齐一致，质优、色泽艳丽、风味极佳，丰产、抗病、易储运的晚熟品种。包括巨峰、红地球、秋黑、红意大利（奥山红宝石）、意大利、玫瑰香、信浓乐、香悦、京优、克瑞森无核、红宝石无核、秋红、达米娜、美人指等品种。

二、延迟栽培调控因素

（一）利用温度调控进行延迟栽培

温度是决定果树物候期进程的重要因素。在一定范围内，果实生长和成熟与温度呈正相关，低温抑制果实生长，延缓果实成熟，相反温度越高，果实生长越快，果实成熟越早；但超出某一范围，高温则会使果实发育期延长，延缓果实成熟。在果树栽培实践

中，早春灌水或园地覆草可降低土壤温度，延缓根系生长，从而使果树开花延迟5～8天；同样，早春园地喷水或枝干涂白可降低树体温度和芽体温度，从而延缓果树开花；将盆栽果树置于冷凉处或将树体覆盖遮阴，延缓温度升高，也能达到延迟开花的目的（魏国增等，2009）。

葡萄延迟栽培目前主要是利用葡萄冬芽或夏芽副梢结果进行延迟生产。根据不同葡萄品种的积温需求量和特定地区的温度分布特点，可以反推出葡萄在该地区的物候期。要把这一原理应用于延迟栽培，首先应确定栽培目标（如预定成熟期），然后根据葡萄与生态的拟合情况推算出延迟栽培的生产进程和物候期。于秋季早霜来临之前覆盖棚膜进行葡萄的挂树活体储藏也可显著延缓葡萄果实的收获期，一般可延缓50～90天。

（二）利用休眠调控进行延迟栽培

温室果树早春覆盖草帘遮阴，并且添加冰块或开启制冷设备降温可显著延缓果树花期，花期延缓时间与温室保持低温时间长短有关。尤其是在东北地区，春天天气回暖比较晚，可以考虑在遮盖草帘或保温被的温室里，于行间放置大量的冰块。为了节约成本，可以在三九天冻冰块，储存备用。这种办法如果可行，甚至可以考虑用第一茬果进行延迟栽培，这将大大提高果实品质。植株冷藏延迟栽培技术在我国已在草莓和桃树上应用，其原理是将成花良好的植株进行冷库冷藏，按计划出库定植，从而自由地调整收获期，实现鲜果的周年供应。这种办法多是用于盆栽，在葡萄上有待于进一步实践探索。

（三）利用自然气候资源进行延迟栽培

充分利用自然气候资源，并采取相应的栽培技术措施进行延迟栽培，是创建资源高效利用型果树生产模式的要求，可有效节约能源、降低成本，从而获得良好收益。例如，西南干热河谷地区和广西南宁地区等地光照充足，日照时间长，冬季温暖，可利用其特殊的气候条件通过采取二次结果技术使葡萄夏秋季开花结果，冬季成熟，或一年两熟，一季提早，一季延后。目前，两地区利用二次结果技术进行葡萄的延迟栽培已经获得了成功，并在生产上开始推广应用。再如，在高海拔、高纬度地区，可利用冬季时间长，生长季热量累积慢，葡萄春季萌芽开花晚，果实生长发育减缓的自然条件进行延迟栽培。目前，在辽宁沈阳地区和甘肃兰州地区已经开始小面积栽培，获得了极大成功。

（四）利用植物生长调节剂进行延迟栽培

葡萄属非呼吸跃变型果实，在“转熟”前脱落酸（ABA）上升，而乙烯在此前水平极低。外用乙烯利反而有延迟成熟的作。因此，ABA 是葡萄成熟的主导因子。如 Singh 和 Weaver 在 Tokay 葡萄着果后6周果实慢速生长期（第Ⅱ生长期）施用生长素类物质 BTOA（benzothiazole-2-oxyacetic acid）50 mg/L，使浆果延迟 15 天成熟。Hale 对西拉葡萄的试验也得到相同结果。Davies 等在葡萄上施用 BTOA 可推迟成熟，并且影响成熟基因的表达。Intrieri 等研究表明，盛花后 10 天施用细胞分裂素类物质 CPPU 可使 Moscatual 葡萄浆果成熟延迟。氰胺类药剂在台湾葡萄露地延迟栽培（利用二次果）中常用作落叶剂和催芽剂，以提高萌芽率和萌芽整齐度。目前，欧美国家广泛使用的是生物安全性更高的50%单氰胺水合物Dormax，常用浓度范围为0.5 %～4.0%。

三、晚熟品种延迟栽培

在无霜期较短的地区栽培生育期较长的晚熟或极晚熟品种，利用设施的保护来避开早霜低温等逆境条件完成果实后期的发育成熟过程，并可利用当时的低温“挂树储藏”延迟采收。一般果实可延迟到元旦前采收上市。

我国北方无霜期在150天以下地区栽培红地球、秋黑等晚熟品种，通过生长后期覆盖防寒，使葡萄完成从萌芽到果实成熟的全部生长发育阶段，使果实在元旦前后采收，不但延长了葡萄鲜果的供应期，还可以使果实充分成熟。因此，延迟栽培在我国北部寒冷地区具有很大的发展潜力。

四、多次果延迟栽培

多次果进行延迟栽培主要是利用促进夏芽或冬芽的萌发进行结果枝的培养。

夏芽副梢结果：主要是选择夏芽结实力强的品种，如玫瑰香、巨峰等植株上生长健壮的新梢，开花前，在夏芽未萌发的第2、第3节上将主梢剪截，促发副梢，使其带穗。如不带穗，在副梢上留2～3片叶再进行剪截，直至有花序出现为止。

冬芽当年萌发结果：主要是在开花前，当果枝长出10～15片叶时进行摘心，抑制主梢生长，并暂时保留摘心口下的2个夏芽副梢，延缓主梢上的冬芽萌发，促进花序分化，其余副梢一律抹去。待暂时保留下来的副梢半木质化后，再从基部剪去，刺激主梢上的冬芽萌发结二次果。一般主梢摘心口下的第一个冬芽结实力较弱，通常都用第2、第3个结实力较强的冬芽。从主梢摘心至诱使冬芽带出花序，应在20～30天为宜，以免影响二次果的成熟。

（一）催芽时期的确定

在延迟栽培模式中，葡萄新梢的管理、修剪时期和节位等对冬芽和夏芽中花序分化程度有直接影响。而催芽时期的确定是延迟栽培成功与否的关键。根据当地的气候条件，确定二茬果的成熟时期之后，根据品种的总生长日数做逆行推算，所算得的日期即为二茬果的催芽时期。辽宁省果树科学研究所经过多年巨峰葡萄延迟栽培试验表明，根据年份之间的气候变化，在7月10日至8月10日进行催芽，促使冬芽萌发，使其成熟期延迟到春节前。

（二）多次果“挂树储藏”延迟采收技术

多次果成熟后，一般可不立即采收，而是利用当时的自然低温条件，合理地调控设施内的温度，让果穗继续留在树上“挂储”，根据元旦到春节的市场行情来有计划地安排上市，以求效益的最大化。但这种延迟采收并不是无限度的，要根据树体叶片的老化程度来决定采收的时期。当叶片大部分已经黄化，就有可能造成果实养分回流，导致果实变软品质下降，因此要及时采收。且过度延迟会造成果实过熟落粒现象，而且还有突然遭到低温袭击的危险。一般这种方式至少可以延迟采收30天。

（三）病虫害防控技术

多次果催芽后的花期大多集中在夏季，恰好是高温多雨季节，花穗极易发生霜霉病，应尽早扣棚防病。因此，多次果催芽并萌芽后要及时扣棚，尤其是在花期前必须扣上，保护花穗免受霉菌的侵染，并要及时喷药，保护好新梢与果穗，否则，一旦花穗染病将很难控制。在果实着色前在放风口加防鸟网，防治鸟类进棚啄食果实。在果实着色后，由于外界气候的变化，设施内昼夜温差较大，果穗表面易结露，出现小水滴，从而受灰霉病菌的侵染，应加强防治。

（四）叶片保护技术

在延迟栽培过程中，葡萄叶片的衰老限制了其光合作用及营养积累，从而影响果实的品质及挂果时间。在葡萄生长后期喷施保叶剂有延缓叶片衰老作用。在葡萄延迟栽培措施中，对树体喷施外源赤霉素 150 mg/L 处理，能够有效控制叶绿素和蛋白质的降解，延缓叶片衰老时间，使其更好地进行光合作用，并且能够抑制过氧化物霉（POD）活性的上升和丙二醛（MDA）的积累，对于后熟的果实在养分、糖度和酸度的变化上有一定意义。因此，在延迟栽培后期要加强叶片的保护，尽量延缓叶片的黄化。

第十节 设施葡萄避雨栽培

避雨栽培是指采用竹木或镀锌钢管等材料，搭建保护设施，在葡萄萌芽后覆盖顶膜（裙膜不覆盖），以防止雨水淋落到葡萄枝、叶、果穗上，从而减轻葡萄病害发生，但不改变葡萄生长发育过程的一种栽培方式。避雨栽培是以避雨为目的将薄膜覆盖在树冠顶部的一种方法，它是介于大棚栽培和露地栽培之间的一种类型。在我国长江以南地区，由于降雨量较大，露地葡萄病害较重，产量低，品质差，特别是抗病性较差的欧亚种葡萄种植受到限制，避雨栽培是克服这一问题的有效途径。葡萄避雨栽培是葡萄设施栽培的又一种新形式，是在葡萄架杆、枝蔓上部增设薄膜防雨小棚的一种特殊栽培方式。由于增设了防雨棚，使雨水不能直接落在枝、叶、花、果上，减少或避免了雨水的影响，从而改变植株生长期葡萄叶幕层周围的小气候，减轻了病虫为害，保证了葡萄健壮生长。

我国葡萄产区中，除新疆、甘肃、宁夏、内蒙古西部等地区外，大部分葡萄产区均处于东亚季风区控制范围内，每年葡萄成熟季节（7～9 月）正值降雨集中时期，夏季和初秋连续的阴雨是导致葡萄病虫滋生和葡萄品质、产量降低的主要原因，也是造成欧亚种品种不能在一些地区大面积推广的主要原因，因此开展避雨栽培在我国有着广阔的发展前景。

一、避雨栽培的作用和意义

避雨栽培是葡萄设施栽培的一种简易形式，最初由日本西部的康拜尔等短梢修剪拱棚式栽培发展而来，具有减轻病害、提高坐果、减少裂果、提高果实商品性等优点。

（一）防止雨水对植株生长和果实成熟的影响

葡萄在开花期和幼果生长期喜欢相对较为干旱的环境，采用避雨栽培能有效防止雨水对葡萄植株开花和果实生长的影响，明显降低叶幕层内的空气温度，促进枝、叶、花、果正常生长。调查表明，采用避雨栽培的葡萄植株与对照相比，叶片厚而浓绿，枝条老熟正常，果实上色良好，病虫害明显较轻，从而克服了雨水过多对葡萄生长和结果造成的不良影响。

（二）减轻病害发生，减少喷药次数

避雨栽培条件下明显减轻了靠风雨传播的病虫害的发生，保护了枝、叶、花、果的正常生长，延长了叶片的有效光合时间，从而显著地减少了喷药次数和喷药数量。而且也明显减轻了农药的污染，提高了果品的商品质量。

（三）提高果实品质，增加葡萄产量

葡萄避雨栽培降低了阴雨对授粉受精的影响，减轻了病虫害的发生，防止了果实裂果，提高了叶片的光合效率，从而有效地提高了葡萄的产量和果实的品质。

（四）扩大优质葡萄栽培区域

由于欧亚种葡萄抗湿性、抗病性均较差，所以华中、华东许多地区露地难以种植，而采用避雨栽培，可使优质的欧亚种品种在这些地区成功栽培。近年来，华东、华中地区利用避雨栽培成功地引种栽培了乍娜、玫瑰香、红地球等一批欧亚种品种，扩大了优良葡萄品种的栽培地域。严格来讲，在我国的气候条件下，避雨栽培对许多夏秋季多雨的葡萄栽培区都有一定的现实意义。

二、避雨栽培的类型

避雨栽培可根据设施结构的不同划分为单行小棚避雨栽培（即通常所说的简易避雨栽培）、单栋大棚避雨栽培和连栋大棚避雨栽培三种类型。

（一）单行小棚避雨栽培

单行小棚避雨栽培是指利用葡萄原有的行间的架材，并用竹木或镀锌钢管等材料在葡萄植株顶部制成拱形避雨框，构建防雨棚，再覆盖薄膜遮断雨水的一种避雨栽培方式。在这种栽培方式下，葡萄的栽培架式宜采用双十字“V”形架、“Y”形架和高宽垂“T”形架等。

（二）单栋大棚避雨栽培

单栋大棚避雨栽培与单行小棚避雨栽培不同的是，单栋大棚避雨栽培是指以镀锌钢

管或毛竹等为材料，搭建跨度 4.5～6 m、肩高 1.8～1.9 m、顶高 3～3.2 m、管间距 1～1.2 m 的塑料大棚，肩高以上部位用塑料薄膜覆盖遮断雨水，而肩高以下部位不用裙膜的一种避雨栽培方式。在这种栽培方式下，葡萄的栽培架式可采用双十字“V”形架、“Y”形架、高宽垂“T”形架和水平棚架等。

（三）连栋大棚避雨栽培

连栋大棚避雨栽培是指利用镀锌钢管或毛竹、水泥柱等为材料，搭建成以多个单栋大棚连成一体的连栋大棚，棚体肩高以上部位用塑料薄膜覆盖以阻断雨水的一种避雨栽培方式。在这种避雨栽培方式下，各种葡萄栽培架式均可采用。

三、葡萄避雨栽培技术

（一）避雨栽培适应范围

凡是在葡萄花期有连阴雨或葡萄采前 1 个月降雨量超过 100 mm 的地区，都应尽可能地推行葡萄避雨栽培法。当前避雨栽培主要用于鲜食品种。

（二）避雨栽培的适宜品种

以避雨栽培来提高果实品质和品种适应性为目的来说，选择品种除了具有一般露地栽培的要求外，还需要具有耐高温、坐果率高、穗形整齐、无特殊不良性状（如小粒、易脱粒）等特点。在南方避雨栽培成功的欧美种有：藤稔、巨峰、京亚、京优、高妻、超藤、藤发、甬优 1 号、选拔 140、优宝、先锋 1 号（暂定名）、金峰、金星无核、无核早红、无籽 8612、国立 1 号、亚宝、金优、黑丰、黑元帅、康太、早冈山等品种；欧亚种有：无核白鸡心、奥古斯特、维多利亚、优无核、奇妙无核、皇家秋天、矢富萝莎、87-1、京秀、香妃、早玉、绯红、早熟红无核、京玉、里扎马特、巨星、大粒红无核、红宝石无核、红地球、秋红、意大利、红意大利、黑玫瑰、瑞必尔、秋黑、美人指等品种。

（三）避雨架的设置

根据葡萄栽植行距的宽窄和选用的架式，一般可用以下两种。

1. 窄棚

窄棚棚宽 2.8 m，棚高 2.6 m，棚长 50～100 m，适用于行距 3 m 的单篱架、双篱架和双十字“Y”形架的葡萄园（图 6-21）。建棚时不另立棚柱，只需在设计和浇制篱架钢筋水泥桩时，顶端比露地栽培的桩柱加长 60 cm 左右，并在加长处的中心留一个直径为 2.5～3 cm 的网孔。然后以桩柱为中心，从圆孔中穿进一根等径粗、2.87 m 长的镀锌钢管或钢筋做横梁，在四周灌进水泥浆凝固或用木楔塞紧固定，横梁两端用水泥桩，顶上用钢筋或竹竿、木杆从头至尾连接起来，作为棚檐和中梁，其上每隔 50 cm 横搭一根竹竿或细钢筋，绑缚牢固，覆上薄膜压紧即成。

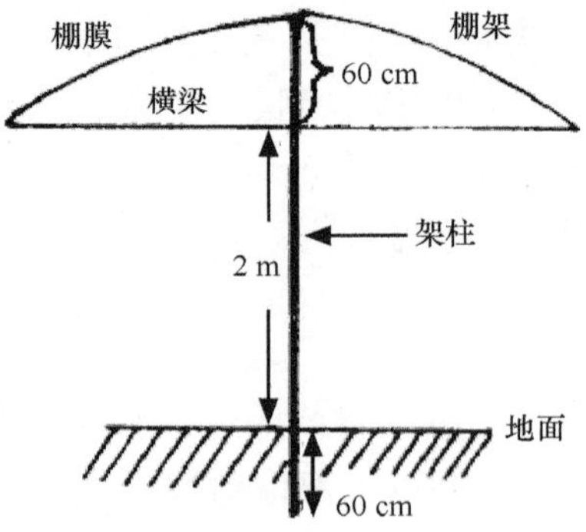

图 6-21　窄雨棚横剖面（张兴旺，2005）

2. 宽棚

宽棚棚宽 4～6 m，棚高 3.0～3.6 m，棚长 50～80 m、适用于行距 2 m 的篱架、平顶棚架和屋脊式架栽培（图 6-22）。建棚时，在确定的雨棚两边，每隔 6 m 立一根直径 6 cm、埋入土中深 60 cm、露出地面高 2.3～2.8 m 的钢筋水泥柱，横向两柱上焊接弧形钢管作为棚拱，棚拱中间再焊接钢管或搭木杆连成中梁，中梁至两边棚檐上每隔 50～60 cm 用弧形钢筋或竹竿搭成棚肋，其上覆盖棚膜压紧即成。

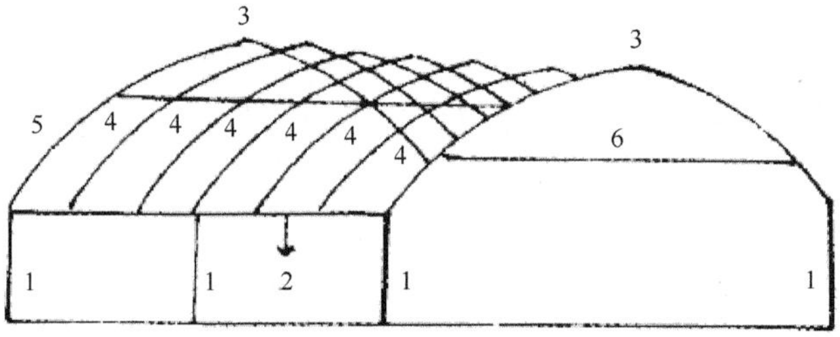

图 6-22　宽雨棚横剖面（张兴旺，2005）

1. 水泥桩柱；2. 棚檐；3. 棚顶；4. 棚肋；5. 棚膜；6. 横梁

（四）薄膜的选择

避雨覆盖主要在夏季高温时进行，因此覆盖用的薄膜应选用抗晒、抗裂、抗老化，厚度 0.8～0.12 mm 的抗高温、高强度、透光性良好的 PVC 薄膜。一般薄膜可连续使用 2 年。

为了使葡萄枝梢正常伸展，防雨覆盖的薄膜与枝条叶片之间最少应保持 20～30 cm 的空间距离。膜的宽幅根据供架面的宽度决定，一般用非粘接的 1 幅薄膜进行覆盖，为了防止风雨掀动薄膜，覆膜后膜上要用压膜线或尼龙绳压缚固定。

（五）覆膜时间

小面积或庭院栽培中，覆膜在下雨前进行，天晴后即可撤除薄膜；栽培面积大时，可根据当地气候情况在进入雨季前进行覆膜，我国华中及南方地区葡萄花期常遇阴雨，因此常在开花前即进行覆盖，一直到采收后枝条基部基本老熟后再撤除薄膜。一般在葡萄开花前覆盖，落叶后揭膜，全年覆盖约 7 个月。

（六）覆盖方法

1. 篱架覆盖

在单壁篱架的顶部顺行向搭成简易小拱棚，木横担 1.2～1.4 m，拱杆用竹子做成。骨架搭好后，用宽 2 m、厚 0.03～0.05 mm 薄膜覆盖在骨架上，薄膜的两边翻卷用粘胶剂粘合，膜上横向拉压膜线，50 cm 一道。

2. 棚架覆盖

可采用波形棚覆盖，棚宽 5 m，雨水从波谷流下入排水沟，这样可尽量保护架面，仅在波谷处受到雨淋，影响较小。

在充分避雨的前提下，膜覆盖面越小越好，以保证棚内良好的通风性能。为避免薄膜在架面上形成高温以损伤叶片，顶部离架面以 90 cm 为宜。另外，也可以采用标准的塑料大棚，使避雨栽培与促成和延迟栽培结合起来，延长鲜食葡萄的供应期。

四、葡萄避雨栽培管理

（一）植株管理

1. 控制蔓、叶徒长

采用避雨设施，光照比露地栽培要减少 1/4～1/3，因而葡萄枝蔓略有徒长现象，即节间略长、叶片略大，叶色略淡。因此，在生产过程中要注意控制蔓、叶徒长。除从肥料使用上加强控制外，还要加强枝蔓管理，确定合理的枝梢量，一般比露地栽培减少 5%～10%。过密的枝蔓要及时疏除，并及时摘心、处理副梢和摘除基部老叶等，改善通风透光条件。

2. 强化花芽管理

避雨栽培导致光照减弱，枝蔓营养积累减少，对葡萄的花芽分化产生一定影响，尤其是对花芽分化能力较差的欧亚种影响要大些。因此，使用破眠剂涂冬芽，有利于花芽分化、提高萌芽率和开花整齐度。

3. 加强果穗管理

避雨栽培提高了坐果率，但对果穗生长、果品质量也存在着一些不利的因素，如叶幕受光量减少，光合产物减少，树体营养积累也相应地减少。在这种情况下，如不加强果穗管理，则可能影响葡萄的品质。因此，一定要确定合理的产量指标，不能一味地追求高产量。根据确定的产量指标，抓好定穗、疏穗、疏果和副梢处理。

此外，避雨栽培对果粒着色有一定的影响，使成熟期略有推迟，除改善通风透光条件外，有条件的可在棚下铺反光膜。

（二）土肥水管理

避雨葡萄园土、肥、水管理是保证葡萄生长健壮、结果正常、品质优良的关键。避雨葡萄园隔断了自然降水的调节，土、水、肥管理人为性很大，因此更要强调科学管理的重要性。

1. 水分管理

葡萄园土壤水分管理十分重要，避雨栽培避免了雨淋，但葡萄的需水量也较大，故需要根据葡萄园土壤墒情和生长情况及时补充水分，其中最重要的是：冬灌、萌芽前、开花期、幼果膨大期，尤其在果实膨大期。补水可采用滴灌，节约用水的同时还可控制补水量，也可与肥料一同使用。更为重要的是每年采后一定要进行一次充分的灌溉，防止避雨棚下土壤盐碱化。为了节水节肥和保证灌溉的效果，要大力推广滴灌和水肥一体化。重视雨季及时排水，葡萄生长期若遇雨水过多，一定要特别注意做好排水工作。实行垄栽和建立排水渠道是避雨栽培中一件十分重要的工作。

2. 合理使用根外追肥

针对葡萄生长发育的不同阶段，结合对枝叶的观察及生长势，随时进行根外追肥，迅速治疗葡萄的缺素症。一般叶面追施常结合植物生长调节剂混喷，效果更好。叶面追施应注意以下几点：晴天宜在晨露干后至 10:00，16:00 后喷施；最好选无大风的阴天，注意尽量喷施在叶背处；喷施雾滴要细，喷布周到；可结合防病治虫药合理混合喷施。

3. 施肥管理

与露地栽培相比，避雨栽培葡萄畦面有棚膜覆盖，减少了雨淋，肥料淋失减少，利用率提高。同时，覆膜期的土壤溶液浓度提高，如果肥料使用不当，易导致肥害发生，或使土壤耕作层盐分积聚，出现返盐现象。因此，要增施有机肥和磷钾肥，提倡多使用畜禽粪便类有机肥，氮、磷、钾的比例要达到 1∶0.8∶1.1。

肥料的用量比露地栽培适当减少。浆果膨大肥和着色肥的用量同露地栽培基本一致。避雨栽培条件下，施肥后要及时灌水，防止土壤溶液浓度过高导致肥害，且有利于根系吸收。另外，要注重叶面肥的使用，可有效解决避雨栽培条件下叶片较薄、叶色较淡的问题。

（三）温度管理

避雨栽培只是遮住棚架上面部分。整个葡萄园仍是通风透气的，与露地栽培差异不大，一般不会出现烧叶现象，一般高温天气出现在 7 月上旬以后。

五、避雨栽培应注意的几个问题

避雨栽培与设施促成或延迟栽培不同，它只是防止降雨对葡萄生长和结果的影响，而且也只是植株顶端遮盖，四周照常通风，因此其栽培管理技术基本与露地栽培相同。但由于避雨棚的遮盖相对减少了根部土壤的水分含量和增加了叶幕层内的温度，因此避雨栽培时应注意以下几点。①在避雨棚覆盖情况下，减少了葡萄根部土壤接收自然降水的数量，因而易发生土壤干旱，所以在干旱发生时要及时灌水，尤其在幼果迅速生长阶段，一定要注意及时补充水分。有条件的地方可将避雨栽培与滴灌相结合，这样效果更为理想。②覆盖情况下，叶幕层内小气候有所变化，病虫害发生与露地有所不同，因此必须加强病虫害防治。尤其是高温下易发生白粉病、葡萄叶蝉和葡萄红蜘蛛等，一定要注意及早防治、防彻底。③夏季高温季节避雨棚下温度超过33℃时要注意及时揭膜降温。④避雨栽培和果实套袋相结合不仅果穗外观更加艳丽，而且可以有效减轻果穗日灼病的发生。

第十一节 采收、分级及包装

一、采收

果实采收是葡萄年周期管理中最后一个环节，关系到葡萄的产量、质量及储运效果。一般鲜食葡萄在果实达到生理成熟时采收最为适宜，即品种表现出固有的色泽、果肉由硬变软而有弹性、果梗基部木质化由绿色变黄褐色，达到该品种固有的含糖量和风味。需长途运输的果实可在八分熟左右采收，就地销售和储藏的可在九至十分熟时采收。

（一）采收期的确定

葡萄采收应在浆果成熟的适期进行，这对浆果产量、品质、用途和储运性有很大的影响。采收过早，浆果尚未充分发育，产量减少，糖分积累少，着色差，未形成品种固有的风味和品质，鲜食乏味，储藏易失水、多发病。采收过晚，易落果，果皮皱缩，果肉变软，有些皮薄品种还易裂果，造成“丰产不丰收”。并由于大量消耗树体养分，削弱树体抗寒越冬能力，甚至影响明年生长和结果，引起大小年结果现象。

1. 葡萄的成熟和采收时间的确定

设施栽培的葡萄必须在果实完全成熟即内在品质和外观质量上达到该品种应有的色泽和风味、品种特性充分显示出来以后才可进行采收。当前设施栽培中一些地区盲目追求早采收，果实刚开始上色就进行采收，以致严重影响葡萄的品质，这种现象应予以纠正。

（1）葡萄成熟期的分类

葡萄的成熟期分为开始成熟期、完全成熟期及过熟期。

1）开始成熟期 有色品种开始成熟以果实开始上色为标志，无色品种以果实开始变软、呈现有弹性、色泽由绿色开始转为半透明状为标志。应强调的是，开始成熟并不是食用采收期，这时果实内含糖量不高而含酸量较高，无法食用。

2）完全成熟期 有色品种果实完全呈现出该品种特有的色泽、风味和芳香时，即达到了完全成熟期；无色品种果实变软，近乎半透明，品种的特征充分发挥，种子外皮变得坚硬并全部呈现棕褐色时就达到了完全成熟期。达到完全成熟期时果实内糖分的积累停止，果实内糖分和芳香物质含量达到最高点。

完全成熟的判断除了观察果实颜色、质地和种子特征外，还可通过定期（每2天测定1次）测定含糖量来判断。当果实含糖量增加到不再增加的时候即是完全成熟期。完全成熟期才是设施葡萄的最佳采收期。

3）过熟期　完熟期以后若不采收，这时要么果粒因过熟而脱落，要么由于水分通过果皮散失，浆果开始萎缩。果实品质逐渐变化。设施促成栽培不能过迟采收，否则就失去促成栽培的意义；而延迟栽培的则多在过熟期进行采收。

（2）判断成熟度的方法

1）果皮色泽　白色品种由绿色变黄绿或黄白色，略呈透明状，紫色品种由绿色变浅紫或紫红、紫黑色，具有白色果粉；红色品种由绿色变浅红或深红色。

2）果肉硬度　浆果成热时无论是硬肉型或软肉型品种，果肉都由坚硬变为富有弹性，变软程度因品种而异。

3）糖酸含量　根据各品种成熟浆果应有的糖酸含量指标。例如，巨峰可溶性固形物在 15%以上、酸度在 0.6%以下为鲜食成熟度的主要指标之一。

4）肉质风味　根据口尝果肉的甜酸、风味和香气等综合口感，是否体现本品种固有的特性来判断。

（3）葡萄采收时间

根据上述果实成熟度的标准和用途，可以确定合适的采收期。但是葡萄同一品种、同一地块、同一树上的果实，成熟期很不一致，一般都应分期采收，即熟一批，采一批，以减少损失和提高品质。葡萄品种的固有特征呈现以后（色泽、果香、风味）即可进行采收。对于鲜食早熟品种，为了提早供应市场，往往在保证充分成熟的前提下适当早收。但在延迟栽培中，往往选择那些过熟期后浆果仍不萎缩、仍能保持新鲜状态的品种，果实一直保留在树上，直到 12 月才采收。

（二）采收方法

1. 要求

采收应选择阴凉天气进行。雨天与雾天不宜采收，否则会降低浆果储运性及品质。一天中以 10:00 前和傍晚采收为宜，因此时的果实温度和气温低，果实中田间热存量少，有利于储藏和运输。用采果剪剪下果穗，为了便于提取和包装，一般果穗梗要剪留 3～4 cm。剪下的果穗剔除病伤粒、小青粒后，集中轻放在地面上的塑料布或牛皮纸上，等待分级和包装。由于葡萄果皮薄、易碎，采收时要小心细致，轻拿轻放，以免弄破果粒，造成不应有的损失。鲜食品种还要尽量保存果粉完整，以减少浆果腐烂，保持美丽的外观。

2. 采收技术

（1）采收时间

在晴天的早晨露水干后进行，此时温度较低，浆果不易热伤。最好在阴天气温较低时采收，切忌在雨天或雨后，或炎热日照下采收，浆果易发病腐烂。

（2）采收方法

采收时一手持采果剪，一手紧握果穗梗，于贴近果枝处带果穗梗剪下，轻放在采果篮中，不要擦去果粉，尽量使果穗完整无损。采果篮中以盛放 3～4 层果穗为宜，及时转放到果箱去，随采、随装运，以便及时进行整倍果穗和分级包装。

整个采收工作要突出“快、准、轻、稳”4个字，“快”就是采收、装箱、分选、包装等环节要迅速，尽量保持葡萄的新鲜度。“准”就是下剪位置、剔除病虫果和破损果、分级、称重要准确无误。“轻”就是轻拿轻放，尽量不擦果粉、不碰伤果皮、不碰掉果粒，保持果穗完整无损。“稳”就是采收时果穗拿稳，装箱时果穗放稳，运输、储藏时果箱放稳。

二、分级和包装

（一）果穗整修

对鲜食用葡萄要力求商品性高，分级前必须对果穗进行整修，达到穗形规整美观。整修是把每一果穗中的果粒果梗，用疏果剪细心剪除；对超长穗、超大穗、主轴中间脱粒过多或分轴脱粒过多的稀疏穗等，要进行适当分解修饰，美化穗形。整修一般与分级结合进行，即由分级工边整修、边分级，一次到位。

（二）果穗分级

通常按果穗和果粒大小、整齐度、松紧度、着色度等指标来进行分级，一般可将鲜食葡萄分为三级（表6-3）。

表6-3　温室葡萄果实分级标准

品种	等级	果穗重（g）	穗粒型整齐度	上色整齐度（%）	果粒			果梗	种子（个）
					重量（g）	含糖量（%）	含酸量（%）		
巨峰系品种	一级	470～550	整齐一致	>98	12～15	>16	≤0.7	新鲜翠绿	1～2
	二级	420～470			10～12	>16	≤0.9		2
	三级	<420	较整齐一致	>95	<10	>14.5	>0.9	新鲜	2～3
欧亚种品种	一级	450～500	整齐一致	>98	≥8	≥18	0.5～0.6	新鲜翠绿	1～2
	二级	350～450			≥6	≥16	0.6～0.8		1～2
	三级	<350	较整齐一致	>95	≥4.5	≥15	0.8	新鲜	2～3
无核品种	一级	400～450	整齐一致	>98	≥4.5	≥18	0.4～0.5	新鲜翠绿	0
	二级	350～400			≥3	≥17	0.5～0.7		0
	三级	<350	较整齐一致	>95	≥2	≥16	>0.7	新鲜	0

注：果粒重量以未经激素处理果粒重为准

一级品：果穗较大而典型完整无损，果粒大小一致，疏密均匀，呈现品种固有的纯正色泽，包装均匀。

二级品：对果穗和果粒大小要求并不严格，基本趋于均匀，着色稍差，但无破损果粒。

三级品：余下的果穗为不合格果，可降价销售。

三、包装和运输

为了避免运输中损失，分级后要进行妥善包装。选用承压力较强和耐湿的木箱、硬纸箱或塑料箱，容重一般在5～10 kg。先在箱内衬上PVC气调膜或一般塑料膜，然后将果穗轻放在果箱内，穗梗倾斜向上，摆放紧凑，每箱内摆 2～3 层，放满后轻轻压而不伤果，果穗不能超出箱口，封箱后放在葡萄架下阴凉处。包装要紧实，以免运输中果穗窜动引起脱粒。近年来，国内外葡萄的包装趋向小型化，如日本的包装箱容量有 1 kg、2 kg 和 4 kg 三类。

包装是商品生产的最后环节，一切商品凡是需要分装的，需要通过包装增加商品外观，提高市场竞争能力；保护商品不变形、不挤压、不损坏；增强运输、储藏过程的功能，提高商品安全系数；提高食品卫生，防止污染等。设施葡萄商品价值高，一定要重视商品的包装，通过包装增加商品外观，提高市场竞争能力。美观而实用的包装容器能防止葡萄在储运中受损伤，并能提高果品的商品价值。

葡萄浆果不抗压，不抗震，易失水，易污染。最好使用既能透气又能保水的带小孔无毒塑料保鲜袋或蜡纸盒先行小包装，然后根据运销的远近、品种的档次，选择外包装材料。国外鲜食葡萄多是用硬泡沫塑料压成的果筐、果箱包装，这种果筐自重轻、耐压、耐撞，箱内装有防腐剂。设施葡萄应实行盒式小包装，小包装盒分为 1 kg、2 kg、4 kg 装几种，纸盒有提手，内衬无毒薄膜袋，葡萄装入袋内，扣好纸盒，再放入各种大的包装箱内封盖以备外远销售。

为了防腐，在包装袋内或箱内装入保鲜药片。包装材料有木箱、硬纸箱、塑料箱、泡沫箱、塑料袋。小包装材料一般多用无毒的硬塑料制成的盒或盘，由于透明，一目了然，便于携带，同时提高了商品价值。为适应我国人民的消费习惯，葡萄包装盒的规格一般以不超过 1 kg 为宜。

随着观光旅游事业的发展，各地可根据本地的特点，利用柳条、荆条等材料制作有地方特色的小包装（小果筐、果篮等），并配以适当的装饰，容量以 1～2 kg 为宜。无论采用哪种材料制作包装用品，关键要注意如下几点。①容量不太大，要美观、实用，容易装取和提拿。②包装中要减少葡萄果穗相互挤压和碰撞。③要能通过包装看到葡萄果穗的形状、色泽，增加对消费者的吸引力。

运输前，装车要摆严、绑紧，层间加上隔板，防止颠簸摇晃使果实受损伤。最好采用冷藏车运输。

第十二节　设施葡萄病虫害综合防治

葡萄设施栽培创造了适宜的温度与湿度环境，为葡萄的周年生产提供了良好的环境条件，但也为病虫害的发生与流行创造了适宜条件。随着葡萄设施栽培的发展，危害葡萄的病虫种类显著增加，危害程度也在加重。

一、设施葡萄病虫害发生特点

（一）土传病害和地下害虫

土壤是葡萄根系生长与发育的基础，也是病虫害安全越冬的场所。主要由于以下几点。

1）在设施栽培条件下，面积有限，品种单一，土壤中残留的根系与叶片导致了病虫害的积累量增加，单位面积的病菌量相对较高，病害易于发生。

2）设施内单一的栽培方式，导致土壤养分与土壤微生物失衡，因而常诱使病害发生。

3）设施内比露地栽培的温湿度高，有利于病虫害迅速的、大量的繁殖与流行。

4）设施内多种病原菌随病株残体及地下害虫在土壤中越冬比在露地安全，甚至可以周年发生。这些都使根部的病虫害严重发生，如根腐病、白腐病、霜霉病及蝼蛄、金针虫及地老虎等。

（二）喜湿病虫害

设施内的湿度大，在寒冷季节、夜晚密闭保湿的条件下，空气相对湿度可至90%～100%，植株表面常有露珠，致使葡萄灰霉病、霜霉病、软腐病等病害发生严重；喜潮湿环境的害虫，如蜗牛、蛞蝓等发生严重。

（三）小型害虫

设施的温湿条件，不仅利于葡萄的生长与发育，也对病虫害的流行与发生提供了有利的条件。由于设施栽培的葡萄管理强度大，大型的食叶害虫、蛀干害虫一般发生少，而且也易于被发现，不易大量发生；而小型害虫，如蚜虫、介壳虫、叶螨等，既可在露地越冬，又可在设施内继续生长发育繁殖造成危害。尤其是蚜虫在设施内可世代重叠危害，造成树势减弱。另外，在北方露地不能越冬的而在设施内可以越冬的、周年繁殖危害的白粉虱，已经成为设施栽培的重要害虫之一。

（四）设施内外病害交替发生

设施本身为病虫害的发生创造了良好的条件。同时，设施去膜后，设施内外空气流通，也为棚外的病菌进入棚内创造了条件。在去膜期间，正值棚外低温季节，也是露地栽培病虫害危害较严重的季节，从而棚外病菌潜伏到棚内越冬、繁殖，所以加重了设施内的病菌量。

二、农业防治

（一）选用优良的抗病品种

如兴华 1 号、奥古斯特、达米娜、信浓乐等抗病品种，可在较少用药的条件下，明显减轻葡萄病害的发生。尽量避免从异地调入，特别是从疫区调入种子、苗木及其有关产品，必须调入时，要认真严格执行检疫手续，认真细致地进行消毒、杀菌、灭虫工作。以防带入检疫性病虫害。

（二）选用优质壮苗

在棚内苗木栽植前，首先选用经过植物检疫的苗木和种条、对引进的苗木要进行药物消毒、温汤浸泡等处理，确保苗木不带有病菌或越冬虫卵等。常用药剂有：5 波美度的石硫合剂、5%硫酸铜、5%～10%硫酸亚铁及敌克松、多菌灵等。采用药物处理浸泡种条与种苗，杀死所带病菌。

（三）深翻改土

深翻能增加活土层，促进根系发育。结合深翻，掺加粗粒砂土，能够改良黏性大、透气性不良土壤的理化性状，增加土壤孔隙度，改善土壤的通气、透水性能，促进根系发达，使葡萄生长健壮。

（四）间作

葡萄行间间作大葱、大蒜，能够分泌蒜素类物质，既可以抑制葡萄根结线虫的生长，又能减轻地上部多种病害的发生。

（五）及时摘除病叶和病果及病果穗等

摘除的病残体及抹芽摘心处理下来的废枝叶等，要深埋，严禁随地乱扔，以免残体上的病菌通过空气气流与操作人员的出入，传入设施内进行再次侵染危害。摘心、抹芽、摘病叶等工作应在晴天进行，以利于及时生成愈伤组织，减少病菌从伤口侵染。

（六）果穗套袋

疏果以后随即对果穗细致喷洒杀菌保护剂，待药液干后，立即进行果穗套袋，直到采前 10 天左右去袋，既可提高果实的着色度，又能最大限度地减少病菌、害虫侵害果穗，防治果穗的病虫危害。

（七）增施有机肥料

大量增施有机肥料，可以显著提高土壤中的有机质含量。有机质在土壤中经微生物的作用，可以转化成腐殖质（即胡敏酸、富里酸和胡敏素）。土壤中腐殖质含量的多少，在很大程度上决定了土壤肥力的高低，它对土壤物理性状和葡萄生长状况的影响是多种多样的。

有机肥的来源有人、畜、禽粪便，果树秸秆，杂草落叶，沼气渣液，酒糟，醋糟及各种饼肥等。经过发酵腐熟后，都可用作葡萄的基肥与追肥。进行施肥操作时，要把含有病菌的地表土壤与肥料掺匀填入施肥沟（穴）内，把从施肥沟内挖出的不含病菌的底土撒在地表。这样做既可提高土壤肥力，又能消除土壤中的病菌对葡萄的侵染，大大减少葡萄病害的发生。

（八）适当减少速效氮肥使用量或停止使用速效氮肥

长期以来，在土壤施肥上，人们习惯于重化肥、轻有机肥，重氮肥、轻磷钾肥与微肥，这种不当的行为，造成了土壤中速效氮含量过高、磷钾肥与微肥含量不足。土壤中速效氮含量过高，不但会污染土壤，造成土壤板结，破坏土壤的耕性，使土壤整体肥力下降；而且还会相对提高葡萄植株体内硝酸盐与亚硝酸盐的含量，特别是增加了葡萄果实中此类物质的含量。这不但降低了葡萄植株的抗性，加剧病害的发生，造成果实品质、储运性能的下降，而且对消费者的身体健康也极为不利。因此，对葡萄施肥，要在增施有机肥、磷钾肥与微肥的同时，还应尽量减少或停止使用速效氮肥。这样既可提高葡萄植株的抗性、减少病害发生，又能改善葡萄果实的品质。

三、生态防治

生态防治主要是控制温、湿度，通过调节设施内温湿度、改善光照条件等措施促进葡萄健康成长，抑制病虫害的发生。主要措施如下。

（一）选用无滴消雾塑料薄膜降低设施内空气湿度

每种病菌都需要与之相适应的生态环境，只有当环境条件适宜时，它们才能得以生存和发展。例如：在设施栽培中，危害较为严重的葡萄霜霉病、灰霉病、白腐病、锈病等，其病菌孢子只能在相对湿度达到 90%～95%时才有可能萌发，病菌孢子萌发和菌丝生长的适宜温度为 15～25℃，低于 1℃或高于 32℃都会受到抑制。只要把设施内的温度、湿度调整好，使室内空气湿度低于 80%、白天温度高于 32℃、夜晚温度低于 15℃，就可基本上控制以上病害的发生，而且还有利于葡萄自身的生长发育、提高产量和改善品质。

葡萄采收后及时撤除棚膜，使葡萄植株处于自然生长环境，棚内的植株及土壤经过日晒雨淋，既可活化棚内土壤，又可对土壤进行高温、日光消毒，减轻土传病害及地下害虫的发生，促进土壤中微生物的繁殖，恢复土壤中微生物群落的平衡。

（二）栽培设施与外界环境尽量隔绝

设施内外环境的隔绝可做到最大限度地减少病虫害的传染。栽培设施的通风口要用防虫网进行严密细致的封闭，防止因开启风口，给害虫以侵入设施的机会。操作人员进出设施时，要随手关门，严防无关人员随便出入设施，并要避免各设施之间的管理人员互相串走，为病虫害的相互传播提供媒介。

（三）设施通风

要避免开启底风口，要从设施顶部或侧上部开口通风，因为开底风口时，病菌及害虫可随风进入设施内，而开启顶风口时，因设施内的热空气上升，可阻挡或减少病菌与害虫的进入。

随时通风换气，改善棚内的温湿度，保持葡萄叶片上不结露。一般在棚内温度为 20～25℃、空气相对湿度为 60%～70%时，叶片上则无露滴出现，能有效抑制病害的发生与发展。如花期出现葡萄灰霉病在温度为 15～21℃，相对湿度为 80%以上时，病害则迅速蔓延，若在花期保持空气湿度为 50%～60%时，灰霉病则得到有效控制。

葡萄叶片霜霉病的发病条件是低温高湿，在霜霉病初发期，将棚内环境湿度降到 60%以下，则可减轻病害或不发病。

（四）地面覆草与全面积地膜覆盖

地面覆草可稳定地温，减少氨气挥发危害葡萄植株。覆草可稳定土壤湿度，利于葡萄的根系发育，覆草受潮后发酵，还能提高地温、释放二氧化碳，提高光合效能，对促进葡萄健壮地生长发育、提高抗性有显著作用。全面积覆盖地膜，既可提高地温，促进葡萄根系发育；又能降低设施内空气湿度，抑制真菌、细菌等的生长、孢子萌发及侵染；还可以阻挡土壤的各种病菌向空气中散发，侵染葡萄枝蔓、叶片及果实等，因此能大大减少葡萄病害的发生与蔓延。

四、化学防治

化学农药虽有污染环境、破坏生态平衡、产生抗性、成本较高等弊端，但是，由于它具有防治对象广泛、防治效果好、速度快、并能进行工业化生产的特点。因此，它仍然是葡萄病虫害综合防治中必不可少的重要防治措施。如果没有化学农药，设施葡萄栽培的高产高效，就不可能实现。为了提高防治效果，做到无公害化生产，在进行化学防治时，应该做好以下几项工作。

（一）科学选药和对症下药

在葡萄病虫害防治上，长期的实践经验告诉人们，波尔多液、石硫合剂是防治葡萄病虫害的优良用药，它们具有成本低、药效期长、长期使用不产生抗药性、基本无污染、较少残留、低毒安全等众多优点，并且对葡萄的各种病害都有良好的防治效果。因此，在防治措施时要以石硫合剂、波尔多液为主要用药，适当配合其他高效、低毒、安全、无污染的药品进行防治。一般在葡萄萌芽时，先喷一次 5 波美度石硫合剂+100 倍五氯酚钠，以后每隔 15～20 天，喷一次波尔多液，中间针对葡萄的病虫害发生情况，适当喷洒一些针对性的速效治病杀虫用药，就能做到经济有效的防治葡萄病虫害。

（二）喷药要及时适时，做到防重于治

每种药品都有一定的残效期，如波尔多液在葡萄发病以前喷洒，几乎对葡萄的各种病害都有良好的防治效果。但是，波尔多液的药效一般 20 天左右，两次用药时间间隔最长不能超过 25 天。如果喷药不及时，间隔时间太长，势必给病害提供可乘之机，极易引起发病，给葡萄造成不应有的损失。既不能重复喷药，以免造成用药浓度过高，发生药害；又不能漏喷，给病虫害留有生存之地，让其卷土重来，给葡萄造成更大为害。

（三）消灭病虫害要尽力做到彻底铲除，不留后患

因为设施栽培与大田露地栽培不同，它具有封闭严密、与外界环境相对隔绝的特点，只要把设施内的病源、虫源铲除，一般不会再发生该类病虫危害。所以，在防治病虫害时，要尽力做到彻底、干净、坚决铲除，不留后患。例如，在消灭设施内葡萄叶蝉危害时，要在 5～7 天，连续用敌敌畏烟熏剂熏蒸二、三次，做到设施内不留一个害虫与虫卵，这样就可在较长的时间内，不再会发生此虫的危害。

（四）严禁使用高残留、高毒农药

不能用呋喃丹、乐果、氧化乐果、久效磷、甲基异柳磷、杀虫脒及一切在果树上禁止使用和不宜使用的农药。彻底避免有毒药品污染果实与周围环境。

（五）无公害用药

棚内用药要根据病虫害的危害程度进行，只有当达到防治指标时才能用药防治。一般情况下采用人工防治、生态防治及机械防治。

用药时提倡用烟雾剂、熏蒸剂、粉剂等方法。①对灰霉病、疫病采用 45%百菌清烟雾剂或 10%速克灵烟雾剂熏蒸，用量为 200 g/亩；3%涕必灵烟剂 0.5 g/m^2。②对鳞翅目害虫用 712 烟剂。③对钻蛀类害虫，用溴甲烷或硫酰氟 30～50 g/m^2，密闭 24 h，或磷化锌 70 g/m^2，密闭 72 h，分别放于棚内的不同位置，用暗火点燃，冒烟后闭棚 24 h，每 7 天 1 次，连用 2～3 次即可。选用喷粉防治时，不可选用乳油或可湿性粉剂喷雾。

由于设施内湿度较大，植株表面常有水珠或棚内滴水，喷雾时易于产生药害或效果不理想。只有当棚内外温度适宜、棚内湿度较小时，才能使用喷雾的方法。

五、物理防控

（一）物理隔离

覆盖塑料薄膜、40～60 目防虫网和遮阳网，进行避雨、防虫、遮阳栽培，减轻病虫害的发生；实行全园套袋措施，减少病虫害发生。

（二）色板诱杀

一是黄板诱杀。萌芽后，每公顷悬挂 450～600 张 30 cm×40 cm 的黄色粘虫板，高于葡萄枝叶 10 cm，诱杀蚜虫、粉虱等害虫，待其粘满黄板后应及时进行更换。二是蓝板诱杀。萌芽后，每公顷悬挂 450～600 张 30 cm×40 cm 的蓝色粘虫板，高于葡萄枝叶 10 cm，诱杀蓟马等害虫，待其粘满蓝板后应及时进行更换。

（三）灯光诱杀

采用频振式杀虫灯，功率 30 W，电源 220 V，适宜挂杀虫灯 15 个/hm^2，接虫口对地距离以 100～150 cm 为宜，每天的开灯时间以 21:00 至第 2 天 4:00 为宜。

（四）性诱剂诱杀

采用性诱剂诱杀成虫，如利用斜纹夜蛾、甜菜夜蛾等性诱剂诱芯，并将其放入配套的诱捕器中，一般悬挂 30～45 个/hm^2，挂放高度应高于地面 80～100 cm，30 天换 1 次诱芯，并及时处理诱捕的虫子。

（五）饵料诱杀

一般挖 75～90 个/hm^2 长、宽、深为 30 cm×30 cm×20 cm 的坑，内装经 30 天厌氧发

酵过的羊粪、牛粪、兔粪、马粪，可诱杀蝼蛄、地老虎等地下害虫。

（六）糖醋液诱杀

糖醋液按糖：醋：酒：水=1：4：1：16的比例混合配制而成，以挂90盆/hm^2为宜，可结合性诱剂使用，定时清除诱集的害虫，约每7天更换1次糖醋液。

（七）草木灰液治虫

草木灰10 kg对水50 kg，浸泡24 h，取滤液喷洒，可防治蚜虫等害虫。

（八）面粉治虫

在7～8 kg水中加入250 g面粉，充分搅匀后，均匀喷洒于叶片背面，可预防螨类、粉虱等害虫。

六、生物防控

在病害的防控方面，应用植物源杀菌剂、微生物源杀菌剂、微生物源生长调节剂和矿物源杀菌剂；在虫害防控方面，应用植物源杀虫剂、动物源杀虫剂、微生物源杀虫剂。

保护、引进、释放天敌防治害虫。扣棚后，当粉虱成虫在0.2头/株以下时，每5天释放丽蚜小蜂成虫3头/株，共释放3次，可有效控制粉虱为害。挂瓢虫卵卡2张/m^2或按益害比例1：100释放瓢虫成虫，可防治蚜虫。

七、越冬及萌芽前的杀菌工作

在葡萄采收后，随时加强病虫害的防治工作，全棚喷施波尔多液，预防叶片病害的发生；在落叶后，树体喷布5～7波美度的石硫合剂，要求喷布均匀、周到。同时，对地面、土壤、架杆等棚内设施物上也要进行消毒杀菌灭虫，消灭越冬的病原菌及越冬虫卵等。在萌芽前，尤其是在葡萄芽开始萌动时，全棚再喷1次3～5波美度的石硫合剂，消灭残留的病原菌及越冬害虫等，可有效地控制病虫害的发生。

八、葡萄病虫害防治周年管理

葡萄病虫害化学防治管理见表6-4。

表6-4　设施葡萄病虫害适期化学防治简表（李红阳等，2013）

防治时期	防治措施	备注
发芽前	3～5 波美度石硫合剂	防治越冬病虫源
2～3叶期	30% 氢氧化铜悬浮剂600～800倍液	预防黑痘病
花序分离	40% 氟硅唑乳油8000倍液+50%腐霉利可湿性粉剂600倍液+甲维盐微乳剂+硼肥	防治黑痘病、灰霉病及害虫
开花前	50% 烯酰吗啉可湿性粉剂3000倍液 +10%苯醚甲环唑水分散粒剂1000倍液+10%高效氯氰菊酯乳油2000倍液	防治霜霉病、白腐病、炭疽病及害虫
谢花后2～3天	50%醚菌酯水分散粒剂3000倍液+ 80%福美双可湿性粉剂1000倍液	防治白腐病、炭疽病、灰霉病等

续表

防治时期	防治措施	备注
谢花后 8～10 天	10%苯醚甲环唑水分散粒剂 1000 倍液	防治白腐病、炭疽病、白粉病
套袋前 1～2 天	25%嘧菌酯悬浮剂 2000 倍液+40%嘧霉胺悬浮剂 800 倍液+ 2.5%高效氯氟氰菊酯乳油 2500 倍液	防治灰霉病、白腐病、炭疽病、白粉病及害虫
套袋后至摘袋前	80%波尔多液可湿性粉剂 600 倍液+2%阿维菌素可湿性粉剂 3000 倍液	防治白腐病、炭疽病、白粉病等及害虫
采收后	80%波尔多液可湿性粉剂 600 倍液+50%烯酰吗啉可湿性粉剂 3000 倍液；50% 霜脲氰可湿性粉剂 800 倍液+70%丙森锌可湿性粉剂 400 倍液；80%三乙膦酸铝可湿性粉剂 500 倍液+80%代森锰锌可湿性粉剂 500 倍液	交替使用不同药剂防治霜霉病 2～3 次，有害虫可加适量敌百虫、辛硫磷等杀虫剂

第七章　设施桃栽培

第一节　概　　述

一、桃栽培的经济意义

桃原产中国，有 4000 多年的栽培历史，是深受人们喜爱的世界性大宗水果。在全球南北纬 45°之间的范围内，都有其商业性栽培，自古以来就是人们喜食的水果，早在《诗经》《韩非子》等记载中，就把桃李比喻成人才、人品；从春秋时代开始，桃就被视为百果之冠；唐宋以后，桃又成为长寿的象征和受人崇拜的驱邪之物。民间神话传说为“仙果”，吉祥之称为“寿桃”。桃味甜多汁，果色鲜艳，营养丰富，每 100 g 果肉含糖 7～15 g、有机酸 0.2～0.9 g、蛋白质 0.4～0.8 g、脂肪 0.1～0.5 g，含维生素 C 3～5 mg、维生素 B_1 0.01～0.02 mg、维生素 B_2 0.2 mg、类胡萝卜素 1180 mg，并含有人体不能合成的多种氨基酸，对人体具有良好的营养保健价值。

桃味甘、酸、性温，有生津润肠、活血消积、丰肌美肤的作用。现代医学研究发现，桃含有较高的糖分，有使人肥美及改善皮肤弹性，使皮肤红润等作用。桃花味苦性平，有泻下通便，逐水消肿、祛痰的作用，可以用来治疗腹水、水肿、脚气、面部色素斑等症；桃叶有通便、发汗的效果；桃根皮还能治黄疸病。

桃果实除鲜食外，还可加工制罐头、果汁、冷冻桃片、果酒、果酱、桃干、桃脯等，此外，桃仁可供药用，桃核可做成活性炭，桃胶经过提炼可用于颜料、塑料、医学等行业。桃树姿优美，花色绚丽，可作庭院、街道、盆栽等栽培，早春盛开的桃花品种及花色繁多，枝叶百态为特点，极富观赏价值。

桃是果树中经济栽培效益较好的树种之一，它具有适应性强、管理容易、生长快、结果早、丰产和早期收益快等优点，因此栽培面积很广。桃树以其早果、早丰、树体矮小、易于调控发育期的特性，成为设施果树栽培发展最快的树种之一。桃树既适于促成栽培，又可进行延迟栽培。提早成熟可在 3 月中下旬至 5 月上旬供应市场，延迟栽培则可延迟成熟到翌年元旦后，大大延长了鲜桃的市场供应期。设施栽培可充分利用冬闲季节的劳动力和土地资源，增加农民收入。

二、栽培现状

桃遍及世界五大洲，主要经济产区位于南北纬 45°之间。据 2014 年中国农业年鉴统计，2013 年我国桃种植面积 76.59 万公顷，总产量 1192.41 万吨，总产量约占世界主要产桃国总产量的 61.59%。在世界桃和油桃的生产中，我国位居第一，桃和油桃的总产量和收获面积分别占世界桃和油桃的总产量和收获面积的 54.0%和 42.5%。

我国是桃原产地，桃分布广泛，在我国北纬 23°～45°均有栽培。凡在冬季绝对低温不低于–25℃、休眠期月平均气温 7.2℃以下的天数在一个月以上的地区，都是我国桃的适栽区，其北限在辽宁丹东、凌海，河北承德、张家口，山西河曲，陕西神木、吴堡，宁夏银川，甘肃兰州，四川乾宁、乡城一线；此线以北的地区冬季气温低，桃树不能顺利越冬，不适于桃的经济栽培，划为桃的不适栽区。南限则由浙江温州起，经福建建阳，江西遂川，湖南新宁，广西全州，贵州独山，云南昆明等一线，此线以南地区则冬季低温不足，也不适于桃的经济栽培，也划为桃的不适栽区。除了适栽区以外，如甘肃张掖、敦煌，新疆喀什、叶城、和田，西藏林芝、米林等地也适于桃树栽培。

在我国，桃和油桃主要经济栽培地区在华北、华东各省。从生产布局看，基本形成了两大桃产区。一是长江流域桃区。该区位于长江两岸，包括上海、江苏、安徽南部、浙江、江西、湖南北部、湖北大部、成都平原及汉中盆地，是我国南方桃（水蜜桃）分布最多的地方，成熟期集中在每年的 5～7 月。二是华北平原桃产区。该区位于淮河—秦岭以北，包括北京、天津、河北大部、辽南、山东、山西、河南大部、江苏和安徽北部等地，以北方桃品种为主。成熟期集中在每年的 7～8 月。山东因其所具有的独特的气候优势、交通优势、技术优势及劳动力成本优势而成为我国桃和油桃的主产区。

桃品种种类多，近几年，水蜜桃、蟠桃、油桃、观赏桃竞相走向市场，得到了不同规模的发展。桃、油桃以其树体相对矮小、进入结果期快、成熟早、管理较为简单、无公害无污染等特点，从 20 世纪 90 年代初起，设施栽培的面积不断发展。在生产中，受环境条件的限制，桃露地栽培具有区域性，加之桃果实耐储运性差，市场供应季节性强，且随着人们生活水平的提高，对桃果实的需求日趋多样化、周年化和高档化。因此，进行桃设施栽培具有重要意义。桃树设施栽培，可延长鲜桃市场供应期，其反季供应的高效益，促进了设施桃栽培的迅速发展。目前，我国桃的供应期主要集中在 7 月和 8 月，6 月中旬前在北方很少有鲜桃供应。利用设施条件，在人为控制环境的情况下，可使桃的采收期提早至 4 月下旬左右，可比露地提早成熟近 2 个月。近年来，东北地区利用当地的气候条件优势，发展延迟栽培，取得了较高的经济效益。设施栽培的品种已形成了油桃、蟠桃、毛桃的多样化。

我国设施桃生产以山东、河北、河南、北京、天津、山西、陕西、辽宁等地为主。栽培模式以日光温室促成栽培为主，塑料大棚促成栽培和日光温室延迟栽培为辅。栽培品种以极早熟和早熟油桃、蟠桃及普通桃为主，中熟和晚熟品种为辅。促成栽培果实成熟上市期为 3 月中下旬至 6 月上旬，延迟栽培果实成熟上市期为 11～12 月。设施桃一般可于定植后翌年丰产，年产量为 1000～3000 kg/亩。

第二节　设施桃栽培的主要种类和优良品种

一、主要种类

桃属蔷薇科（Rosaceae）李亚科桃属。桃品种较多，据统计全世界有 3000 个以上，我国有 1000 多个。桃属植物有 40 余种，主要分布在中国西部、西北部至中亚细亚和地中海地区，栽培品种广布全世界寒温带、暖温带至亚热带。按照形态特征和地理分布，本属分为桃亚属和扁桃亚属两个亚属。

桃亚属果实成熟时为肉质多汁，不开裂，极少具有干燥的果皮。主产我国西部至中亚细亚。包括桃、甘肃桃、山桃、陕甘山桃、光核桃和新疆桃 6 种。

（一）桃

又称普通桃（peach）、毛桃，学名 *Amygdalus persica* L. [*Prunus persica*（L.）Batsch., *Persica vulgaris* Mill.]。原产我国陕西、甘肃一带，为桃属植物中最重要的种。目前世界各国栽培的品种均来源于此种。

小乔木或灌木，高 3～8 m，树皮暗红褐色，老时粗糙呈鳞皮状；嫩枝细长，无毛，有光泽，绿色，向阳红色，具多数皮孔。冬芽为钝圆锥形，外被短柔毛，多 2～3 个簇生，中间为叶芽，两侧为花芽。叶片长圆披针形或倒卵披针形，先端渐尖。花单生，先于叶开放，具短梗或近无梗；萼片卵圆形或长圆三角形；花瓣倒卵形或长椭圆形，粉红色，罕为白色。果实在形状、大小方面有变异，自卵形、扁圆形至广椭圆形，缝合线明显，果柄深入柄洼；果皮密被短柔毛，极稀无毛，果肉白色、淡绿白色、黄色、橙黄色或红色，多汁有香味，甜或酸甜；离核或黏核，核大，椭圆形或圆形，两侧扁平，顶部渐尖，外面具深沟纹或呈蜂窝状。$2n$=16。本种有以下 4 个变种。

1. 油桃

学名 *Amygdalus persica* L. var. *nucipersica* L.（*Prunus persica* var. *nucipersica* Schneid.）。果皮光滑无毛，果实一般较小，含糖量较高。主要分布在我国新疆及甘肃敦煌一带，适于夏干气候条件下栽培。新疆喀什、叶城、和田一带有少数品种，有的品质极佳。西亚、南欧及美国一带普遍栽培，且经改良，果实体积增加。

2. 蟠桃

学名 *Amygdalus persica* L. var. *coimperssa* Bean.（*Prunus persica* var. *platycarpa* Baily）。主要特征是果实扁平形，种核近圆形，沟纹较浅。蟠桃多分布于我国南方，近年北方也有栽培。

3. 寿星桃

学名 *Amygdalus Persica* L. var. *densa* Makino（*Prunus persica* var. *densa* Makino）。植株矮小，枝短节密。根系浅。花有红色、粉红色、白色三种类型，白花和粉红花植株较高，结实能力较强，红花植株较矮，结实力低。寿星桃多作观赏用，亦可作普通桃的矮化砧木。

4. 碧桃

学名 *Amygdalus Persica* L. var. *duplex* Rehd.（*P. persica* var. *duplex* Rehd）。此种花为重瓣，变形很多，为良好的观赏植物。抗病虫及耐寒力强。

（二）甘肃桃

别名毛桃，学名 *Amygdalus kansuensis* Skeels.。原产陕西、甘肃。本种与普通桃近似，但冬芽无毛。叶片在中部以下最宽，叶边锯齿较稀，近基部中脉有柔毛。花柱长于雄蕊，约与花瓣等长。核面有沟纹，但无孔纹。有抗线虫能力，在当地广泛被用作砧木。

（三）山桃

别名山毛桃，学名 *Amygdalus davidiana*（Carr.）Yu。原产河北、河南、山西、陕西、甘肃、四川等省。抗寒耐旱、耐盐碱土壤，常作桃、梅、李等果树砧木。核仁可榨油供食用。也做观赏树。有白山桃和红山桃两个变种。

（四）陕甘山桃

学名 *Amygdalus potaninii*（Batal.）。原产陕西、甘肃。本种与山桃极为近似，有人认为是山桃的变种。但叶片卵圆披针形，先端急尖或渐尖，基部圆形，边缘锯齿稍钝。果实及核均为椭圆形。作普通桃砧木，比山桃更为耐旱。

（五）光核桃

别名西藏桃，学名 *Amygdalus mira*（Koehne）Kov. et Kost.。原产西藏。乔木，高达 10 m；枝条细长，无毛，绿色，老时褐灰色。叶片披针形，先端长渐尖，基部圆形。花单生或 2 朵，有短花柄；萼片卵圆形；花瓣倒卵形，先端圆钝，淡红色。果实近球形，肉质，外面密被绒毛；核卵圆形，扁平，光滑；果肉含糖分高，可供食用。

（六）新疆桃

别名大宛桃，学名 *Amygdalus ferganensis*（Kost. et Riab.）Kov. et Kost.。原产我国新疆、中亚细亚，作为地方品种栽培。乔木，高达 8 m；树皮暗红褐色，鳞片状；枝条光滑，有光泽。叶片披针形，先端渐尖，基部圆形；叶缘有锯齿，锯齿上有腺。花单生，近无柄，先于叶开放；花瓣近圆形，淡粉色。果实扁球形或近球形，外被短柔毛，绿白色稀金黄色，有时具浅红色晕；果肉多汁，酸甜，有香味，离核；果不耐运输；核球形、扁球形或椭圆形，表面具纵向平行的棱或纹。种仁味苦涩或微甜。

二、桃品种的分类

桃品种众多，果实类型多种多样，生态适应性也多有不同，为栽培管理的方便，人们根据不同的分类标准将桃分成不同的品种群。

（一）根据果实特性

根据果皮上茸毛的有无，可分为毛桃和油桃。根据果形，可分为圆桃和蟠桃。根据果肉的颜色，可分为白肉桃、红肉桃和黄肉桃，黄桃是白桃的隐性突变体。按核与果肉的粘离度，可分为离核、黏核和半黏核；黏核是进化类型；离核品种果肉组织较松，有成熟不匀的现象；黏核品种果肉较致密，纤维少，果肉成熟度较为均匀，宜加工制罐。根据果肉质地，可分为硬肉桃、溶质桃和不溶质桃。硬肉桃果实初熟时果肉硬而脆，完熟时呈黏质，并变绵软，故以完熟前食用品质为佳；溶质桃又可分为软溶质桃和硬溶质桃；软溶质桃在夏季高温的气候条件下具有极佳的品质，而硬溶质桃（如北方的蜜桃类），则较耐储运。不溶质桃，又叫橡皮质桃，肉质强韧，富有弹性。按果实生长时间分为特早熟品种、早熟品种、中熟品种、晚熟品种、特晚熟品种。特早熟品种果实生长时间少于 75 天；早熟品种果实生长时间 76～114 天；中熟品种果实生长时间 116～137 天；晚熟品种果实生长时间 137 天以上；特晚熟桃（即"冬桃""雪桃"一类）在华北成熟期一般要到 11 月上、中旬。

（二）根据生态适应性

根据不同品种对生态环境的适应性，可分为如下类群。

1. 北方品种群

分布于我国黄河流域，有着悠久的栽培历史和极其丰富的品种资源。主要分布于华北、西北、华中一带。以山东、河北、北京、山西、河南、陕西、甘肃及新疆栽培较多。这些地区的气候属于我国南温带的亚湿润和亚干旱气候，年降水量（400～800 mm），降雨主要集中于 7～9 月。冬冷夏凉，日照充足，适宜栽培地区的年均温度为 8～14℃。本品种群比较抗寒和耐旱，不耐温暖多湿气候。

多数品种表现为枝条较直立，节间较长，单花芽多，果尖凸起，缝合线深而明显。肉质一般较南方水蜜桃紧密，汁液较少，储运性能较好，有较强的抗寒、抗旱特性。依进化程度，本品种群又可分为面桃系和蜜桃系。面桃系的品种比较古老，果顶有明显突起，硬熟时果肉脆，充分成熟后果肉绵软，水分少，品质下降，多为离核，一般对不良环境和病害的抗性较强，其代表品种有五月鲜、六月鲜等。蜜桃系品质较好，果实较大，有果尖，硬熟时肉质致密，充分成熟后多汁，果肉大多白色，黏核，成熟期较晚，较耐运输，其代表品种有山东肥城佛桃，河北深州蜜桃等。

2. 南方品种群

属夏湿带生态型，主要分布在北纬 28°～33°我国长江以南的江苏、浙江、四川、贵州、湖北及湖南等地。这些地区属于北亚热带和中亚热带的湿润性气候，降水较多（1000～1400 mm），春季雨量较北方多，降雨集中在 5～6 月，而 7～8 月则降雨相对减少，太阳辐射量小，冬季较温暖，无冻害发生，夏季温度较高，适宜栽培地区年平均气温 12～17℃。南方品种群又可分为硬桃类和水蜜桃类。

（1）硬桃类

南方品种群中起源较早的品种。适应性强，分布广，栽培遍及南方各省。树势强，枝条直立，中长果枝多，单花芽多，叶片狭窄而色泽深绿；果顶部微突起，果肉硬而细密，汁液少。适于硬熟期采收，过熟时果肉发绵而品质下降。多数为离核，成熟期早。抗性强，耐瘠薄。代表品种有浙江一带的小暑桃，安徽的吊枝白，江西等地的象牙白等。

（2）水蜜桃类

南方品种群中高度进化的品种群，在南方夏季高温下果实品质优良。水蜜桃品种多数表现为树势中强，树冠较开张，枝梢粗壮，复花芽多，结果性能好；果实圆或微长圆形，顶部钝，肉质柔软多汁，味甘甜。充分成熟后果皮易剥离，黏核者居多。储运性能较北方品种群差。代表品种有玉露、白花和白凤等。

3. 欧洲系品种群

适应夏干生态环境，包括地中海沿岸的西班牙南部，法国、意大利、巴尔干半岛、非洲北部沿海地区，小亚细亚沿海地区，黑海沿海一部分地区。这些地区的桃树品种是在 2000 年以前从我国传入，经过长期的栽培驯化，形成了适应当地夏季干燥凉爽的气候特性。本品种群大多树冠较直立，枝条粗细分明；单花芽多，复花芽少；小花型居多，开花早；多为黄肉，肉质有溶质与不溶质。不溶质的代表品种有菲律普斯（Phillips）、西姆士（Sims）和它什干（Tuscan）等，都具有很好的加工适应性，是培育罐藏品种的宝贵种质。

三、主要品种

（一）水蜜桃

1. 春蕾

上海市农业科学院园艺研究所于 1974 年以砂子早生×白香露杂交后获得的幼胚经组织培养选育而成，1985 年定名。果实长卵圆形，平均单果重 68 g，最大果重 169.8 g；果皮黄色，果顶尖圆，先着色，为艳丽的玫瑰红色；果肉乳白色，顶部果肉有少量红色素。果实初熟时肉质甜脆可口，完熟时肉质变软，汁中多，风味淡甜微香，可溶性固形物 9.3%～10.0%；核软，多开裂，半离核或离核，品质中上，在北方地区栽培品质稍好。果实发育期 58～62 天，是一个极早熟桃品种。

2. 早霞露

浙江省农业科学院在杭州市果树研究所协作下用砂子早生作母本、雨花露作父本进行杂交，并通过组织培养而获得的后代。果实长圆形，平均单果重 85 g，最大果重 116 g；果顶平圆，两半部较对称；果皮底色浅绿白，顶部着少量红晕，茸毛稀疏，易剥离；果肉乳白色，近核处无红色，肉质柔软，汁液较多，风味较甜，略有香气，可溶性固形物 8%～10%；黏核，核中等大，不碎裂。早霞露成熟极早，适应性强。

3. 早红露

江苏省农业科学院园艺研究所以优良单株 63-17-1（奉化玉露×早生水蜜）作母本，优良单株 77-1-29[优良单株 62-3（白花水蜜×桔早生）×朝霞]作父本，杂交育成的早熟桃新品种。平均单果重 127.3 g，最大果重 204.3 g。果皮茸毛中等，成熟时果面几乎全面着红霞和条纹，艳丽美观；果皮厚度中等，不易剥离；果肉白色，肉质硬脆细腻，纤维少，风味甜，有香气，汁液中等，可溶性固形物 11.7%，可溶性糖 8.75%，可滴定酸 0.18%，品质优良；黏核，早果性好，丰产稳产，定植后当年形成花芽，成龄树自然授粉坐果率 44.3%。各类果枝均能良好结果，适应性强。

4. 早花露

江苏省农业科学院园艺研究所于 1978 年选用雨花露自然实生幼胚，经组织培养选育而成，原代号 78-2-1，1985 年定名。果实中等或偏小，平均单果重 60 g，最大果重 97 g；果形近圆，整齐，两半部对称，果顶圆平，微凹，缝合线浅；果皮底色乳黄，顶部密布玫瑰红色细点或形成鲜艳红晕；茸毛稀少，长度中等；易剥离；果肉乳白色，近核处无红晕；肉质柔软多汁，纤维较粗，香浓，味甜。核半离、小、不碎裂。早花露为极早熟鲜食品种。果形圆正、色泽鲜艳、果顶平而不凸，适应性强，品质较好，有时出现涩味，注意加强肥水管理。可在旅游区、城市近郊发展。

5. 雨花露

1963 年用白花水蜜与上海水蜜杂交育成的一种果树。树势健壮，果实长圆形，平均单果重 125 g，大果重 202 g；果顶圆平中凹，缝合线明显而中深，两半部对称；果实底色黄白色，果顶有淡红细斑点，阳面有片紫红晕，绒毛多而短；果皮中厚，韧性强，易剥离；果肉乳白色，细软多汁，风味甜，香气浓，品质中上，可溶性固形物 11.8%，可溶性糖 8.1%，可滴定酸 0.26%；半离核，核较大，核纹粗。树姿开张，萌芽力与成枝力均高，生长量大。

6. 玫瑰露

浙江省农科院园艺研究所和杭州市种苗试验场以砂子早生为母本、雨花露为父本，经有性杂交而选育出的早熟水蜜桃新品种。果实近圆形，平均单果重 111 g，最大果重 185 g；果皮底色为乳白色，全面覆玫瑰红色，外观美丽，易剥皮；肉质柔软，略有纤维，味较甜，汁多，有香气，可溶性固形物含量 10%～12%；黏核。树势较强，树姿开张；各类果枝均能结果，以长果枝结果为主。产量稳定，外观美，品质好。全树果实成熟较快，影响分批采收。

7. 霞晖 1 号

江苏省农业科学院园艺研究所用朝晖×朝霞杂交选育而成。平均单果重 130 g，最大果重 210 g；果皮底色乳黄，顶部有玫瑰色红晕；果肉白色至乳黄色，风味甜；黏核。树姿半开张，树势较强健；各类果枝均能结果，复花芽多；无花粉，需配置授粉树，以晖雨露、雨花露为授粉树，可获得丰产。果实发育期 70 天。需冷量 800～850 h。

8. 砂子早生

日本品种。果实大，平均单果重 150 g，最大果重 400 g；果形椭圆，两半部较对称，果顶圆；果皮底色乳白，顶部及向阳面具红霞，皮易剥离；果肉乳白色，有少量红色素渗入，肉质致密，汁液中多，风味甜，香气中等；半核离。树姿开张，树势中等或稍强；结果枝粗壮，单花芽居多；长果枝春、夏梢间常形成盲芽，花粉败育，需配置授粉品种或进行人工授粉。果实发育期 77 天。需冷量 800～850 h。

9. 仓方早生

日本品种。果实大，平均单果重 127 g，最大果重 206 g；果形圆，较对称，果顶圆；果皮乳白色，向阳面着暗红斑点和红晕，不易剥离；果肉乳白稍带红色，肉质硬溶，风味甜，有香气；黏核。树姿半开张，树势强健；幼树以长果枝结果为主，随着树龄增长，中短果枝增多；花芽起始节位低；花为蔷薇型，无花粉，需配置授粉树。果实发育期 88 天。需冷量 900 h。

（二）油桃

1. 千年红

中国农业科学院郑州果树研究所以 90-6-10（白凤×五月火）为母本、以曙光为父本杂交，经胚培养选育而成。果实椭圆形，两半部较对称，果顶圆，平均单果重 80 g；果皮光滑无毛，底色乳黄，果面 75%～100%着鲜红色，果皮不易剥离；果肉黄色，红色素少，肉质硬溶，汁液中，纤维少；果实风味甜；果核浅棕色，黏核。

树势中强，树姿较开张；幼树生长较旺，萌芽力和成枝力均较强，以中长果枝结果为主，进入盛果期后，各类果枝均能结果；复花芽居多，花芽起始节位低；叶片数天变为紫红色；花色粉红，花粉多。河南郑州地区 3 月底始花，5 月下旬果实成熟，果实生育期 55 天左右。需冷量 600～650 h。

2. 五月火

美国品种。果实较小，平均单果重 75 g，最大果重 110 g；果形卵圆，两半部对称，果顶微凸；果皮底色橙黄，全面着红色，有光泽，外观美，皮能剥离；果肉硬溶，黄色，汁液中等，有香气，风味酸多甜少；黏核。

树姿半开张，树势较强；以中长果枝结果为主；花芽较小，复花芽居多，花芽起始节位低；花粉量多，坐果率高，丰产性能良好。在河南郑州地区 3 月底开花，果实 6 月上旬成熟，果实发育期 65 天。需冷量 550 h。

3. 曙光

中国农业科学院郑州果树研究所以丽格兰特×瑞光 2 号杂交选育而成。果实近圆形，平均单果重 90～100 g，最大果重 150 g；外观艳丽，全面着深红色；果肉黄色，硬溶质，风味甜稍淡，有香气；黏核。

树势中强，树姿半开张；以中长果枝结果为主；花粉量多，丰产性能一般。在河南郑州地区 4 月初开花，6 月上旬果实成熟，果实发育期 65 天。需冷量 650 h。

4. 华光

中国农业科学院郑州果树研究所以瑞光 3 号×阿姆肯杂交选育而成。果实近圆形，平均单果重 80 g；果面 1/2 以上着玫瑰红色，外观美；果肉白色，肉质软溶，风味浓甜，有香气；黏核。适合在雨水较少的黄河以北地区种植和北方设施栽培。

树势中强，树姿半开张，树体紧凑；以中长果枝结果为主；复花芽居多，花芽起始节位低；花粉量多，坐果率高，极丰产。在河南郑州地区 4 月初开花，6 月上旬果实成熟，果实发育期 62 天，需冷量 650 h。

5. 艳光

中国农业科学院郑州果树研究所以瑞光 3 号×阿姆肯杂交选育而成。果实椭圆形，平均单果重 120 g；果面 1/2 以上着玫瑰红色，外观美；果肉白色，肉质软溶，风味浓甜，有香气；黏核。

树势强，树姿直立；以中长果枝结果为主；花粉量多，坐果率高，丰产性能好。河南郑州地区 4 月初开花，6 月上中旬果实成熟，果实发育期 70 天。需冷量 650 h 左右。

6. 双喜红

中国农业科学院郑州果树研究所以瑞光 2 号为母本，以 89-1-4-12（25-17×早红 2 号）为父本杂交选育而成。果实圆形，两半部对称，果顶平，果尖凹入；平均单果重 170 g，最大果重 250 g；果皮光滑无毛，底色乳黄，果面 75%～100%着鲜红色或紫红色，果皮不易剥离；果肉黄色，红色素少，肉质硬溶，汁液中，纤维少，果实风味浓甜；果核浅棕色，离核或半离核。

树势中庸，树姿较开张；萌芽力和成枝力均较强；复花芽居多，花芽起始节位低；幼树以中长果枝结果为主，进入盛果期后，各类果枝均能结果；花粉多，自花结实率较曙光好。河南郑州地区 3 月底始花，6 月底至 7 月初果实成熟，果实生育期 90 天左右。需冷量 650 h。

7. 中油 4 号

中国农业科学院郑州果树研究所用 25-17×五月火杂交选育而成。果实椭圆至卵圆形，平均单果重 148 g；果顶尖圆，缝合线浅；果皮底色黄，全面着鲜红色至紫红色，果皮难剥离；果肉橙黄色，硬溶质，肉质较细，风味甜；黏核。

树势中庸，树姿半开张；发枝力和成枝力中等；以中短果枝结果为主；花粉多，极丰产。河南郑州地区 4 月初开花，6 月中旬果实成熟，果实发育期 80 天。

8. 中油 5 号

中国农业科学院郑州果树研究所用 25-10 ×五月火杂交选育而成。果实短椭圆形或近圆形，平均单果重 166 g；果顶圆，偶有突尖，缝合线浅，两半部稍不对称；果皮底色绿白，大部分着玫瑰红色；果肉白色，硬溶质，果肉致密，风味甜；黏核。有果顶先熟现象。

树势强健，树姿较直立；萌芽力及成枝力均强；各类果枝均能结果，但以长中果枝结果为主；花粉多，丰产。河南郑州地区 4 月初开花，6 月中旬果实成熟，果实发育期 72 天。

9. 早红 2 号

美国品种。果型较大，平均单果重 117 g，最大果重 180～220 g；果实圆形至椭圆形，两半部对称，果顶微凹；果皮底色橙黄，全面着鲜红色，有光泽，果皮不易剥离；果肉橙黄色，有少量红色素，肉质硬溶，汁液中等，风味甜酸适中，有芳香；离核。裂果现象极少，耐储运。

树姿半开张，树势强健；枝条粗壮，各类果枝均能结果；花芽起始节位低，且多为复花芽；花粉多，丰产性能好。河南郑州地区 7 月上旬果实成熟，果实生育期 90～95 天。需冷量 500 h。

（三）蟠桃

1. 早露播桃

北京市农林科学院林业果树研究所以撒花红蟠桃为母本、早香玉为父本杂交选育而成。果实中等大，平均单果重 8 g，最大果重 95 g；果形扁平，果顶凹入，缝合线浅；果皮底色乳黄，果面 50%覆盖红晕，茸毛中等，皮易剥离；果肉乳白色，近核处微红，软溶质，肉质细，微香，风味甜；核小，黏核。果实可食率高。

树姿开张，树势中庸；各类果枝均能结果；复花芽居多，花芽起始节位低；花粉量多，丰产。河南郑州地区 6 月上中旬果实成熟，果实发育期 67 天。需冷量 750 h。

2. 蟠桃皇后

中国农业科学院郑州果树研究所用早红 2 号×早露蟠桃杂交，经胚培养选育而成。果实扁平，果个大，平均单果重 173 g，最大果重 200 g；果面 60%着玫瑰红晕；果肉白色，硬溶质，风味浓甜，可溶性固形物含量 15%，有香味；黏核。

树势中庸健壮，树姿半开张；各类果枝均能结果；节间短；成花容易，复花芽多，花芽起始节位为低；花粉多，自花结实，丰产性好。河南郑州地区 6 月 13 日左右成熟，果实发育期 70～73 天。

3. 农神蟠桃

美国品种。果实中等大，平均单果重 90 g，最大果重 130 g；果形扁平，果顶凹入，但比一般品种要平；果皮底色乳白，全面着鲜红色至紫红色晕，皮易剥离；果肉乳白色，近核处少有红色，肉质硬溶，熟时脆甜，完熟后柔软多汁，风味浓甜，有香气，含可溶性固形物 10.7%；离核。

树姿半开张，树势中强；各类果枝均能结果；复花芽居多，花芽起始节位较低；花粉量多，坐果率很高，丰产。在河南郑州地区 4 月上旬开花，7 月中旬果实成熟，果实发育期 100 天。需冷量 750 h。

4. 瑞蟠 4 号

北京市农林科学院林业果树研究所以晚熟大蟠桃为母本、扬州 124 蟠桃为父本杂交育成。果实扁平，平均单果重 200 g，最大果重 350 g；果皮绿白色，果面 50%以上着紫红晕；果肉绿白色，硬溶质，味浓甜；黏核。

树势中等，树姿半开张；花蔷薇型，有花粉，坐果率高，丰产性好。河南郑州地区4月初开花，8月下旬果实成熟，果实生育期135天。需冷量700～750 h。

第三节　桃的生物学特性

一、生长习性

（一）根

桃树的根系是由砧木的种子发育而成，有主根、侧根、须根。桃树主根不明显，侧根发达，须根最活跃。主根向下生长，侧根沿着表土层向四周水平延伸，须根着生在主根和侧根上。砧木不同，其根系发育状况不同。毛桃砧根系发育好，须根较多，垂直分布较深，能耐瘠薄的土壤；山桃主根发达，须根少，根系分布较深，能耐旱、耐寒，适于高寒山地栽种；寿星桃的主根短，根群密，细根多。

桃树是浅根性果树，水平根较发达，分布范围为树冠直径的2～3倍，但主要分布在树冠范围之内或稍远；垂直根不发达，主要分布在15～40 cm左右的土层中。在无灌溉条件而土层深厚的条件下，桃的垂直根可深入土壤深层，具有较强的耐旱性，但极不耐涝，水泡3天即可引起根系死亡。

地温在0℃以上，根系就开始吸收氮，并将其合成为有机营养；地温在4～5℃时，根开始生长，长出白色的吸收根；地温升至7.2℃时，可向地上部输送营养物质；15℃以上开始旺盛生长；当地温超过30℃时，根系停止生长。

桃根系的年生长周期中有两个生长高峰期。5～6月，当土壤温度为20～21℃时是根系生长最旺盛的季节，为第一个生长高峰期；7～8月，表层土壤温度过高，往往超过26℃，同时多数品种正处于果实成熟阶段，需要大量消耗养分，根系的生长趋于迟缓，吸收根的发生较少，且寿命也短；9～10月，新梢停止生长，叶片制造的大量有机养分向根部输送，土温在20℃左右，根系进入第二个生长高峰期，新根发生数量多，生长速度快，寿命较长，伤根容易愈合，再生新根；11月以后，根系生长微弱，进入相对休眠时期。

（二）芽

桃树的芽按性质可分为叶芽和花芽（图7-1）。

1. 叶芽

呈圆锥形或三角形，着生在叶腋或顶端。1个节位上仅生1个叶芽的叫单叶芽，着生2个或以上叶芽的叫复叶芽。桃树的顶芽一般均为叶芽。桃树萌芽率高、成枝力强，且芽具有早熟性。其叶芽大多数能在翌年萌发成不同类型的枝条。旺长新梢当年可以萌发抽生副梢，生长旺盛的副梢上的侧生叶芽可抽生二次副梢，因此桃树树冠容易出现枝条过多而郁闭的现象，但也可以利用这一特点使幼树提早形成树冠，早结果，早丰产。

图 7-1　桃树芽的类型（宋素智，2012）

1. 短枝上的单芽；2. 隐芽；3. 单叶芽；4. 单花芽；5～7. 复芽；8. 花芽剖面；9. 叶芽剖面

枝条下部的叶芽在第二年往往不萌发而成为潜伏芽。由于潜伏芽少且寿命短，萌发力差，所以桃树树冠内膛容易光秃。

2. 花芽

外观呈椭圆形，为典型的纯花芽，着生在枝条的叶间，只能开花结果。1 个节位上仅生 1 个花芽的叫单花芽，着生 2 个或以上花芽的叫复花芽（图 7-1）。桃花芽有单花芽，也有复花芽，且以复花芽居多。复花芽多、花芽饱满、排列紧凑是桃树丰产的标志之一。盛果期桃树以花芽占绝对数量。

叶芽和花芽有多种组合形式，常见的为两侧是花芽，中间是一个叶芽和一个花芽与一个叶芽的双芽。

（三）枝

根据枝条的主要特性和功能，可将其分为营养枝和结果枝（图 7-2）。

1. 营养枝

按营养枝生长势强弱，可分为发育枝、徒长枝和叶丛枝。

（1）发育枝

一般着生在树冠外围光照条件较好的部位，组织充实，腋芽饱满且生长健壮。长度多在 50 cm 左右，最长可达 80 cm，粗度在 0.5 cm 左右，最粗可达 1.5 cm，较粗较长的发育枝上会发生二次枝。发育枝的主要作用是形成主枝、侧枝、枝组等。

（2）徒长枝

主要分布在骨干枝的中后部，直立向上生长，多由树冠内膛的多年生枝上的潜伏芽萌发形成。这类枝的长势强旺，长度在 80 cm 以上，粗度在 2 cm 左右，节间长，组织不充实，其上发生二次枝和三次枝，生长势过旺的徒长枝还可抽生四次枝。如果控制不好，常形成树上“树”，造成树形紊乱，严重影响树冠内的光照条件，进而使产量降低，果实品质下降。

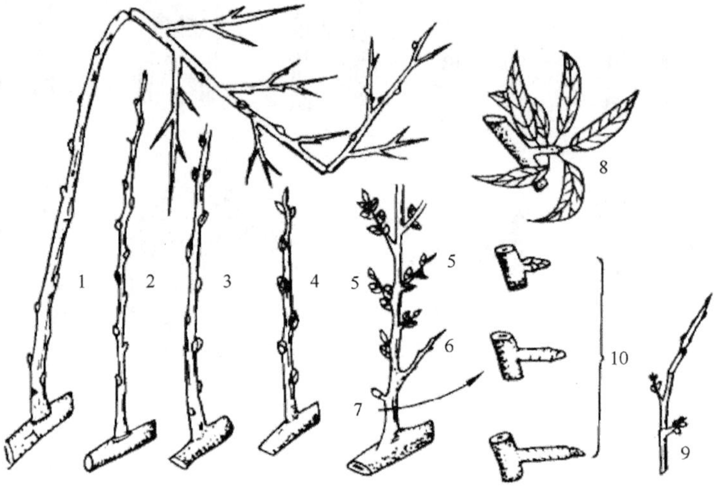

图 7-2　桃树的各种枝条（李淑珍等，2000）

1. 徒长枝（先端为二次和三次）；2. 发育枝；3. 长果枝；4. 中果枝；5. 短果枝；6. 纤细枝；7. 叶丛枝；8. 叶丛枝夏季生长状；9. 花束状果枝；10. 不同年龄的叶丛枝

（3）叶丛枝

长度不足 1 cm，只有 1 个顶生叶芽。多发生在树冠内膛，由营养不良或光照不足造成。这种枝可多年保持单芽枝的状态，若条件继续恶化，便会枯死。但当营养、光照条件好转或受到其他刺激时，也能抽生徒长枝、发育枝或结果枝。

2. 结果枝

叶腋着生花芽的枝条称为结果枝，依其生长强弱和花芽的着生情况可分为徒长性果枝、长果枝、中果枝、短果枝和花束状果枝。

（1）徒长性果枝

生长较旺，长度在 60 cm 以上，上部有数量不等的二次枝和三次枝。叶芽多，花芽少，有单花芽和复花芽，但花芽的着生节位较高，而且质量较差，坐果率低。但也有部分品种结实较好，结果后仍能萌发较旺新梢，故常利用其培养健壮枝组。

（2）长果枝

长度在 30～60 cm，无二次枝。这类枝的基部和上部芽多为叶芽，中部多为复花芽，不但结果可靠，而且于结果的同时还能抽出新的长果枝、中果枝，保持连续结果的能力，是南方品种群的主要结果枝类型之一。

（3）中果枝

长度在 15～30 cm，无二次枝。发育良好的中果枝基部和上部芽多为叶芽，中部为复芽和单花芽，坐果率高，果实品质好，在结果的同时还能抽出新的分枝。但长势较弱的中果枝，以单花芽为主，坐果很少，亦难抽出分枝，一般只能从顶芽抽出短果枝，寿命较短，是南方品种群的主要结果枝类型之一。

（4）短果枝

长度在 5～15 cm，节间短，除顶芽为叶芽外，其余各节大多是单花芽。这类枝花芽饱满，坐果率高。发育良好的短果枝在结果同时顶芽仍可继续抽出新的短果枝连年结果，但比较瘦弱的短果枝结果后常常会枯死，或变成更短的花束状果枝，是北方品种群的主要结果枝类型之一。

（5）花束状果枝

长度在 5 cm 以下，除顶芽为叶芽外，侧芽均为单花芽，开花时各花相互邻接形成花束。结果后多数枯死或自顶芽继续抽生为花束状果枝，是北方品种群的主要结果枝类型之一。

3. 枝条的特性

桃枝条萌芽率高，成枝力强，而桃树干性弱，层性不明显，因而桃树在整形时，宜采用无中心干的开心树形：桃枝条顶端优势强，剪口芽和剪口下 1～2 芽抽生的枝条生长占优势，下部枝条逐渐减弱，易早衰，结果部位易上移和外移，形成光秃内膛。

4. 枝条的生长动态

春季萌芽展叶后，新梢主要依靠树体储藏营养进行生长，新梢生长缓慢，节间短，叶片小，叶腋里没有腋芽而形成盲节或者腋芽很小。5～6 月，新梢上叶的总面积增加，叶片制造的营养多，新梢进入迅速生长期。此时新梢的单叶面积增大，节间加长，叶腋内形成的腋芽大，枝条中部的腋芽可萌发抽生二次枝。7～8 月，果实生长和花芽分化消耗大量养分，新梢的生长速度逐渐减慢。9～10 月，各类新梢停止生长。在这期间，成熟叶片制造的养分大量运送到树体各部，以促进花芽的形成和新根的发生。

二、结果习性

（一）花芽分化

桃树的花芽分化一般从 6 月上旬至 7 月上旬开始（不同品种稍有差异），桃树的花芽分化需经历生理分化和形态分化两个时期。生理分化期出现在形态分化前的 5～10 天，一般于 5 月下旬至 6 月上旬开始。生理分化开始早晚及持续时间长短与品种、树龄、树势、新梢长度、芽在枝条上的着生部位、气候等因素有关。生理分化开始 5～10 天即转入形态分化期，落叶前芽内逐渐分化形成萼片、花瓣、雄蕊、雌蕊原始体。主要集中在 7～9 月。不论分化开始早晚，冬前均可分化形成雌蕊原始体。然后进入低温质变期，冬季自然休眠期间，花芽在低温作用下完成一系列物质转化，为春季花前性细胞的形成做准备；最后在春季气温回升时进入性细胞形成期。第二年早春花芽萌动期，花粉母细胞开始减数分裂，形成单核花粉。此时，距开花 40 天左右。开花前 10 天左右，单核花粉发育成双核花粉，花粉粒成熟，同时，雌蕊则分化形成胚珠和胚囊。花芽分化与形成的全过程需要 8～9 个月。

（二）开花坐果

当春季气温稳定在 10℃以上时桃花即可开放，但开花的最适温度是 12～14℃。正常年份同一品种的花期为 7 天左右，花期长短与天气条件有关。气温低、湿度大则花期长；反之，花期缩短。桃树开花早晚因品种、树龄树势、枝条类型、天气、土壤等而异。开花的早晚与花的着生位置、品种也有关，同一果枝上，上部花比基部花早开；同一株树上，早花果比晚花果大。同一品种不向年份由于气候变化，花期也不尽一致，最长相差半个月。开花早晚与品种需冷量有关，需冷量低的品种开花早。在南方，冬季短而较温暖，开花早晚与品种需冷量有关，需冷量越少的开花越早；在北方，冬季低温时间长，所有品种的需冷量均能得到满足。我国不同地区南北花期同一品种前后相差可达 4 个月。盛果期树比初果期树开花早；树势弱的比树势强的开花早；花束状果枝、短果枝较中长果枝开花早；徒长性果枝开花最晚。

大多数桃树品种都有花粉，自花坐果率高，一般在 30%左右，最高可达 80%。桃大都为自花结实的虫媒花，但有些品种如砂子早生、丰白、仓方早生等没有花粉，定植时应配置授粉树。另外，桃树为虫媒花，果园放蜂有利于坐果率的提高。

三、果实的发育

桃为真果，果实由子房发育而成，子房壁内层形成果核，中层形成果肉，外层形成果皮（图 7-3），受精后开始发育到果实成熟，所需的时间依品种及气温而不同。桃果实生长曲线呈双“S”形（图 7-4）。受精后，果实开始发育。在发育过程中，先后出现两次快速生长期，中间有 1 次缓慢生长期，即第一次快速生长期（幼果膨大期）、缓慢生长期（硬核期）、第二次快速生长期。

（一）第一次快速生长期

从子房膨大至核硬化前，果实的体积和重量均迅速增加，果实也快速增长，此期不同品种增长速度大致相似。花授粉受精后，除胚乳和胚外，子房的各个部分都进行迅速的细胞分裂和生长，幼果开始膨大。这期间细胞分裂加速，细胞个数增加，表现为幼果的纵径生长大于横径，果实体积和重量迅速增长。果肉细胞分裂可持续到花后 3～4 周方趋缓慢，持续时间一般为 36～40 天。极早熟品种最短，极晚熟品种最长。果核木质化的开始是果实第一次快速生长期结束的标志。

（二）缓慢生长期（硬核期）

此期果实体积增长缓慢，果核自先端向下，由内向外开始逐渐硬化，并长到该品种果核固有的大小和硬度。此期果实增长缓慢或无明显增长，胚乳渐被吸收，胚不断增大。此期持续时间长短因品种而异，早熟品种 2～3 周；中熟品种 4～5 周；晚熟品种 6～7 周或更长。此期内胚迅速发育，至本期末，肥大的子叶已基本填满整个果核。

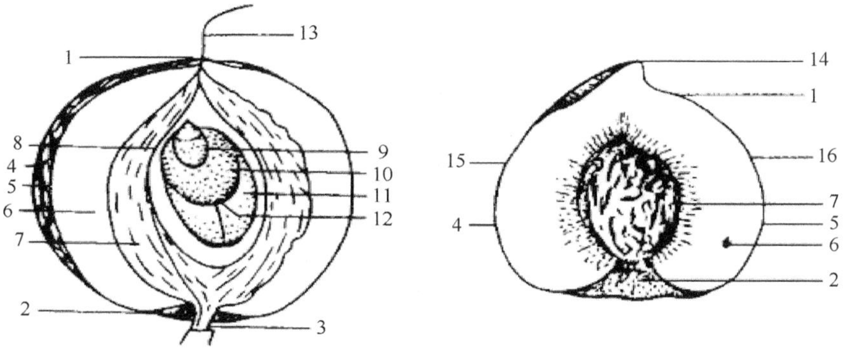

图 7-3　桃果实构造（李淑珍等，2000）

1. 果顶；2. 梗洼；3. 果柄；4. 缝合线；5. 果皮（子房壁外层）；6. 果肉（子房壁中层）；7. 果核（子房壁内层）；8. 珠柄；9. 子叶胚；10. 胚乳；11. 珠心组织；12. 胚囊；13. 枯萎的花柱；14. 顶尖；15. 腹部；16. 背部

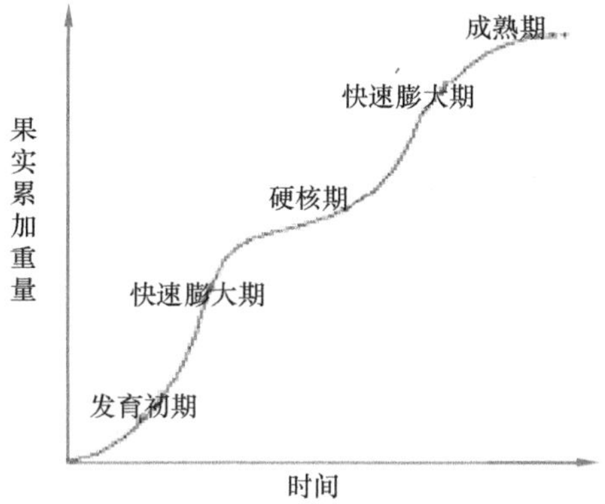

图 7-4　桃果实生长曲线（郭晓成和严潇，2006）

（三）第二次快速生长期

硬核期之后，果实随即迅速生长，这是果实的第二次快速生长期。此期果实体积和重量快速增长，果重增加量占总重量的 50%～70%，果肉厚度明显增加。此期果实主要是横向生长，特别是在成熟前的 2～3 周比较明显。此期呼吸强度、内含物、硬度、底色、色彩等明显改变，标志着成熟期的到来。各品种此期持续时间不同，开始和终止不一，但在采前 20 天左右，增长速度最快。

四、对环境条件的要求

桃树对气候条件要求不太严格。桃树分布地区虽广，但以冷凉温和的气候条件下生长表现最好。

（一）温度

桃是喜冷凉温和气候的温带果树，在我国南至广东、北至黑龙江、西至新疆都有栽培。桃对温度的适应范围较广，在年平均温度 8～17℃，冬季气温不低于–20℃的地区均可进行经济栽培。从我国桃树生产区域的温度情况看，适于桃树生长的年均温度为：南方品种群 12～17℃，北方品种群 8～14℃为宜。据研究，大多数品种以生长期日平均温度 24～25℃时产量最高，品质最佳，温度过高或过低都会引起品质下降。

桃有一定的抗寒能力，一般休眠期能耐–25～22℃的低温，不同品种具有较大的差异。在北方栽培一定要考虑品种的抗寒性，特别是花芽的抗冻能力。桃树的花芽在休眠期能耐–18～–16℃的低温，在花蕾期只能忍受–6.6～–1.8℃的低温，开花期低于 0℃即受冻害。桃大部分品种的需冷量为 450～1200 h。在南方冬季 3 个月平均气温超过 10℃的地区，多数品种落叶延迟，休眠不完全，翌年萌芽、开花显著延迟且不整齐，产量降低。这是限制桃在南方高温地区栽培的一个重要因素。最有效的温度范围是 2.5～9.1℃。18℃以上的温度能够抵消已积累的低温，但一定温度内的高、低温交替打破自然休眠有一定的作用。

（二）光照

桃原产海拔高、日照长的地区，形成了喜光的特性。一般年日照时数在 1200～1800 h 即可满足生长发育的需要。桃是喜光树种，自然条件下，树冠开张，外围枝条生长旺盛，冠内枝条由于缺少光照而易死亡，造成内膛光秃。整形修剪不当也容易造成受光不良，内膛空虚，结果部位集中在外围，产量较低。

光照充足时，枝叶生长健壮，花芽分化饱满，果实品质、着色较好，树体寿命较长；光照不足时易枝叶徒长，同化产物较少，花芽分化减少且不充实，落花落果严重，果实品质变劣，着色较差，枝条易枯死。同时，如果光照过强，直射枝干时，易造成日灼，进而发展成流胶等。在修建时应注意选用受光较好的开心形树冠，并选择合理的种植密度，加强生长季修剪，以创造良好的通风透光条件，为树体生长及果实发育奠定基础。

（三）土壤

树耐旱忌涝，根系好氧，适宜疏松、排水通畅的沙质土壤，对土壤肥力要求不严。在黏重及肥沃的土壤中易造成旺长及流胶病的发生。适宜 pH 为 4.5～7.5，过高或过低都对生长不利。在盐碱土中栽培，植株会由于缺铁而发生黄叶病，应加以改良后再种植。桃在果树中属于抗旱能力比较强的树种，这与选用的砧木类型也有一定的关系，一般山桃、毛桃的抗寒能力都比较强，适应范围较广。

（四）水分

桃耐旱不耐涝。雨水过多时易引起枝叶徒长，病害加剧，落花落果严重，果实着色差，品质下降，味淡，不耐储藏。油桃品种群在干燥地区表现好，但在南方栽培易徒长，花少，结果差，品质差，易裂果。故南方栽培油桃一般应有避雨设施。

桃树为浅根系，对水分反应敏感，根层分布在地表下 20～50 cm 处。根系在生长期呼吸旺盛，最怕水淹。连续积水两昼夜就会造成落叶和死树，在排水不良和地下水位高的果园会引起根系早衰、叶薄、色淡，进而落叶、落果、流胶以至植物死亡。缺水时根系生长缓慢或停止，地上部会出现萎蔫现象。因此在建园时应选择排水良好的地块，砧木也应尽量选择较耐涝。

桃树虽喜干燥，但也需充足的水分供应。特别是种胚形成和新梢生长期，若缺水干旱，则严重影响枝条及果实的正常生长发育，导致大量落果和品质下降。春季雨水不足，萌芽慢，开花迟，在西北干旱地区易发生枝条抽干的现象。在生长期，如果雨水过多，会造成枝叶旺长，对花芽形成不利，在北方则表现为枝条成熟不完全，冬季易受冻害。

第四节　设施桃栽培综合管理

一、育苗方法

桃可以用嫁接法、扦插法或组培法繁殖幼苗，其中嫁接法在生产中应用最广。

（一）嫁接育苗

1. 苗圃地选择

苗圃地应选择在地势平坦、土质疏松、肥力中等、排水良好、前茬果树为非核果类果树或苗木的地块。播种前应施肥、耕翻、整地、做畦、灌水。

2. 种子的采集与选择

采集种子应选择性状良好、生长正常的砧木母本树作为采种树。选取发育正常、充分成熟的果实采种。采集或选购种核鲜褐色、色泽光亮、种仁充实饱满、无黑灰色、无霉味、纯度在 90%以上、无检疫对象的新鲜山桃或毛桃等砧木种子，标明产地、采集日期和重量。

毛桃、山桃通常于 7～8 月进行采集，并及时除去果肉，清洗并除去漂浮的无种仁或种仁干瘪的种子，然后阴干；毛樱桃于 4～5 月进行采集，搓去果肉，清洗种子，稍晾干后、立即拌沙保温储藏。

3. 种子沙藏处理

砧木种子采集后即进入自然休眠状态。一般播种前都要进行沙藏处理，4℃能够解除休眠，生根发芽。一般毛桃或山桃种子在沙藏前，要先行温烫浸种，即将种子放入容器内，倒入 80℃的热水并不断搅动至水冷凉，浸种 2～3 天。这样做可杀死种子上的病菌和虫卵（茧），还可促进种子的萌动，沙藏后出苗整齐。沙藏一般于 10～12 月上旬进行。一般毛桃种子沙藏所需时间 100～200 天、山桃 60～80 天、山杏 45～100 天。

4. 播种

可以进行秋播或春播。秋播的种子可不进行沙藏，一般在土壤冻前进行。华北地区一般在 11 月上旬播种，播种前种子应吸足水分，播种后保持土壤湿度。冬季干旱寒冷地区不宜秋播；黏土地土壤易板结、干裂，易形成季节性失水而影响出苗，也不宜秋播。春播在初春进行，绝大多数种子已露白或发芽之时即可进行播种。华北地区一般在 2 月下旬到 3 月上旬，春播的种子必须进行层积处理，采用宽窄行带状畦播或开沟点播。每亩播种量，毛桃为 40～50 kg、山毛桃为 20～25 kg，每公顷出苗 10.5 万株左右。

5. 砧木苗管理

种子播种后到出土前，切忌大水漫灌，否则幼苗不易出土。干旱时可在傍晚适量喷水增墒。苗木出土后要注意防治蚜虫。幼苗长出 3～4 片叶子时，进行间苗移植；苗高 30 cm 时进行摘心，以保证适时嫁接。干旱时应及时灌水保墒，雨水过多时注意排水。

6. 接穗的采集与保存

应从树势健壮、无病虫害、生长和结果良好的成龄树上采集接穗。在生长期应随采随用，如果当天接不完，应将接穗放在潮湿阴凉的地方保存。春季枝接用的接穗可结合冬剪采集，采后埋于湿沙中保湿、防冻；也可将枝条两端用石蜡封闭，放冰箱内保存。

7. 嫁接

北方宜秋季芽接或春季枝接，南方秋、冬、春三季均可嫁接。秋季采用“T”形芽接或嵌芽接，春季采用切接、劈接和腹接。

8. 嫁接苗管理

检查成活情况，成活后解除绑缚物，未成活的及时补接。第二年春季芽萌动时剪砧，萌芽后及时除萌；5～7 月结合灌水追两次肥，结合喷药进行叶面追肥，8 月停止追肥；适时中耕除草。

（二）苗木质量标准

1. 优质成品苗的标准

苗高 80 cm 以上，接口处苗木粗 0.8 cm 以上，苗高 40～60 cm 处有 5～7 个饱满芽；接口愈合良好，无病虫害；有 3～5 条以上侧根，且分布均匀，舒展，须根发育良好。

2. 优质芽苗的标准

株型小，芽接处愈合良好，无裂口；接芽充实饱满无损伤；有 3～5 条以上侧根，并且分布均匀，舒展；须根发育良好。

二、建园

（一）园地选择

建园要根据当地的气候、交通、地形、土壤、水源等条件，结合桃树的适应性，特别是强喜光性和怕涝性，选择阳光充足、地势高燥、土层深厚、水源充足且排水良好的地块。

1. 地块大小适宜

建日光温室要求坐北朝南、东西延长，要求东西向长度达 50 m 以上，南北宽度达 9 m

以上；建塑料大棚，南北向长度须达 50 m 以上，东西宽度须达 9 m 以上。地块长、宽不够，设施短小，会影响生产规模和效果。

2. 地下水位不宜过高

桃树属浅根性，生长旺盛，需要通气性良好的土壤。地下水位不宜高于 1 m，过高时要起垄做高畦。桃树根系呼吸旺盛，最怕水淹，要做好排水防涝工作。

3. 忌碱性土

桃树耐盐碱能力差，一般在微酸性土壤上生长良好，当 pH 超过 8 时，会出现黄化，以致影响产量、品质和抗病性。酸性土壤在整地时可以施用适量石灰。碱性土壤多施农家肥。

4. 禁选风口

桃枝叶密集，果柄短，遇风常出现“叶磨果”，似果锈，降低或失去商品价值。在气候条件相对不稳的地方和丘陵山区，因为风口常会发生冻花、冻伤幼果的现象，所以要避开风口，不能在山口、沟谷地建园。

5. 忌重茬

桃树根系残留在土壤中，会分解成氢氰酸和苯甲酸，它能抑制桃树新根生长，浓度高时会杀死新根。所以重茬桃树表现生长弱，病害多（如流胶病、根癌病等），果实小，严重的会死树。如果必须利用老桃园时，应先种 2～3 年禾本科作物或绿肥，再行种植，或先采用客土，多施有机肥，减少不良影响。注意李、杏、樱桃园废弃后种桃也易出现再植病。

（二）品种选择

选择品种时，要根据当地实际情况进行选择，主要考虑以下几个方面。

1. 对当地环境条件的适应性

每个品种，只有在最适宜的环境条件下才能表现出该品种的应有特性，产生最大的效益。所选品种应对当地的气候、土壤有较好的适应性。南方冬季较为温暖的地方，首要考虑品种的需冷量，要选需冷量少、在当地能顺利通过自然休眠的品种。长城以北地区冬季严寒，春季温度变化剧烈，生长期短，热量不足，而且纬度越高，气候条件越差。这些地区选品种首先应考虑其抗寒性，能安全越冬；其次是果实发育期短，能正常成熟；再次是需热量高，萌芽开花晚，能尽量避开晚霜危害。

2. 销售市场

选择品种应先确定桃果实销售的目标市场，然后根据市场要求和特点确定具体品种。如是销往鲜食市场，则要选择果个大、果形美观、底色粉白或橙黄、果面鲜红、果肉硬脆、风味浓郁的品种；为加工厂提供原料，则应根据不同加工厂的产品的要求选择品种。

3. 发挥区域优势

我国地域广袤，气候、土壤差异大，各地应充分利用当地的气候、土地资源选择能在本地区获得最大效益的品种。如我国南方春天来得早，生长季长，各成熟期的品种果实成熟期都大大早于北方地区，南方极早熟品种，甚至早熟品种成熟上市时，北方产区尚无桃可售；中熟、晚熟品种成熟上市期与北方极早熟、早熟或中熟品种相遇，在果实品质上明显占优势。因此，在这些地区栽培需冷量低、抗裂果、品质优的品种可取得很好的效益。

4. 品种的综合经济指标

（1）成熟期

南方地区选择5月下旬至6月下旬成熟的早熟品种，尽量避开开花期和果熟期遇雨；北方地区应以中晚或极晚熟品种为主；西北地区应以早熟、晚熟品种为主，结合市场需求，适当发展早熟、中熟、晚熟品种。若发展加工品种应以6月上至9月上中旬成熟的加工品种，最好每隔7～10天有一个品种成熟，这样可以拉长加工期，提高生产能力。设施栽培，最好选择极早熟和早熟品种，低温需冷量少，果个大，有花粉，树势中庸的品种。

（2）果实大小

对桃、油桃不同成熟期果实大小，一般要求极早熟果实70 g以上；早熟果实100 g以上；中熟及中晚熟果实150 g以上；晚熟和极晚熟果实200 g以上。

（3）果形及外观

要求为圆形、近圆、扁圆、扁平形、椭圆；果形端正，两侧对称，外观着色均匀，色泽艳亮美观，无裂果和果锈。

（4）肉质

无论果肉属于哪类肉质，关键是适口性好。所以对肉质总的要求为硬溶质或半不溶质，果肉细而紧密，纤维素少，适口性好。加工品种肉质要求为不溶质，肉内无红色素。

（5）风味

果实成熟的风味应具有的浓甜、甜香、甜酸适口或酸甜适口，可溶性固形物含量在10%以上的品种。加工品种要求味酸、酸甜香或高酸高糖的品种。鲜食品种应以离核品种为主，而加工品种应以黏核品种为主。

（6）低温需冷量

南方地区应特别注意选择需冷量少的品种，以免造成光开花不结果，或枯花等现象的发生，给生产造成不应有的损失。

（7）适应性与抗性

要选择树体和果实抗病性强或较强、适应性广，有花粉的品种。若选无花粉的品种时，必须配置授粉品种。

（三）栽植密度

桃树设施生产属于集约化栽培，单位面积产量高，收获早，所以常采用高密度栽植，其目的就是第一年要在有效面积内获得足够多的枝量和花量，翌年春季获得较高的产量。以后果园郁闭，影响生长、结果时再行间伐。

目前，生产上多采用 1 m×1.5 m、1 m×2 m、1.5 m×2 m 和 1 m×1 m、1 m×1.25 m、0.8 m×1.2 m 的株行距，具体应根据当地的气候条件、土壤肥力等确定。一般认为行距应是树高的 2 倍，光照才能充足供应。在设施跨度比较大时（如 12～15 m），结果后间伐成 2 m×3 m 的株行距，树高控制在 1.5 m 左右。

设施桃树栽植密度还因拟采用树形、管理水平、生产目标而异。如采用丛状形、三主枝开心形，株行距应适度加大；采用圆柱形、倾斜单干形，株行距可适当减小；采用双主枝"Y"形，可加大行距，缩小株距；进行计划密植，结果后逐年去株、去行间伐，可加大栽植密度。实行永久性定植的，则应减小密度，加大株行距。

三、栽植时期

设施桃栽植时期分秋栽、冬栽和春栽。目前，生产上采用最多的是春栽，即早春桃发芽前栽植（3 月底 4 月初）；也有采用冬栽的，即落叶后起苗定植，早春地温回升后根系即开始活动，有利于发根和对养分的吸收，缓苗时间短。

设施栽植分为两种情况。

第一种是设施已建成或原蔬菜棚改种桃树，冬季可以升温。这时在苗木满足需冷量后进棚定植，1 月初栽植。桃苗从 1 月初就开始生长，比露地多生长 2～3 个月，生长量大，花芽多，翌年产量高。行间间作矮茎蔬菜、花卉、草莓等果蔬。或者原棚内蔬菜收获完，把桃苗先种在容器中，等蔬菜采收完后，带袋移栽。刚建的棚也可先种一茬蔬菜，春天把苗先放到容器里种在两个大棚之间，或空旷的地方集中管理。等到棚内蔬菜收获后，土壤还没有结冻之前，再移植到棚内定植。这样可以充分利用温室的效应，增加收益。移栽的时间最迟不得迟于 6 月中旬，否则影响苗木的生长发育和花芽的分化。

第二种是没有建造设施，只是在须建设施的位置上定植苗木，这是最普遍的，与露地栽植时间相同。

四、授粉树的配置

大部分油桃品种自花结实率高，可以不配授粉树，但异花授粉能提高坐果率，提高产量和改善品质，应配置低温需求量相近和花期一致的综合经济性状优良的品种作为授粉品种。而一些普通品种自花不能结实或结实率低，有的没有花粉或花粉量很少，必须配置授粉树。

即使是完全自花授粉的品种，经异花授粉后也可大大提高结果率。再加上日光温室或大棚相对密闭，其内没有外来花粉。为提高桃结实率，尤其对花粉败育的桃树品种，要严格配置授粉树。因此，桃树设施栽培应合理配置授粉树。

一般一栋温室或大棚内选一个主栽品种，选配 1～2 个与其开花期一致且花粉量大的品种作授粉树，以保证丰产、稳产。花期需人工授粉或放蜂传粉。一般来说，60 m 长以下的棚选择 2 个品种即可，60 m 以上的棚可选择 2～3 个品种。主栽品种与授粉树的配置比例可为 3∶1、2∶1 或 1∶1，其栽植方式见图 7-5。

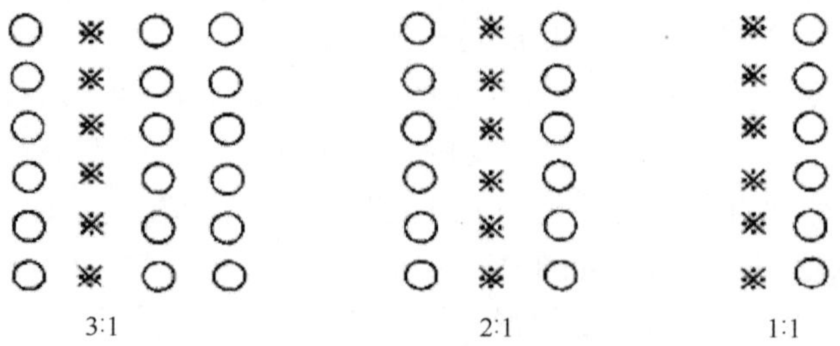

图 7-5　授粉树的配置（李淑珍等，2000）

○为主栽品种；※为授粉品种

五、栽植方法

（一）挖定植沟

按设施的位置和走向，设计好定植沟。日光温室和大棚的行向均为南北行。大棚跨度较大时还要在一侧（多在第一行与第二行间）设通行道，比原行距宽 0.5～0.8 m，便于管理。挖沟最好在秋后到封冻前进行。沟宽、深均为 60～80 cm。因栽植行较密，需隔行挖沟，以利堆放沟土，也可挖一行填一行，再挖第二行。挖时将表土放在一侧，心土放在另一侧（图 7-6）。沟较深时，底层填入碎秸秆（麦草、稻草、杂草），用表土压盖（大约 20 cm 厚），上面再放腐熟的鸡粪、猪粪等有机肥约 20 cm，填入表土 20 cm，在沟中将粪土翻均匀，然后填心土高于沟面 10 cm（图 7-7），其余心土做成畦埂。之后灌透水，使土壤沉实，备栽。

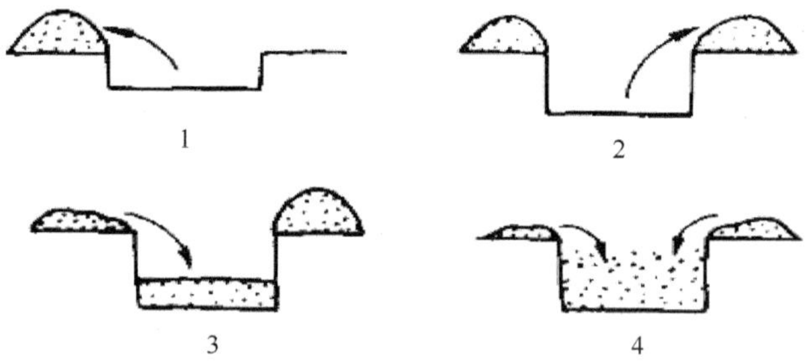

图 7-6　挖定植沟（李淑珍等，2000）

1. 挖出表土；2. 挖出底土；3. 填表土拌粪；4. 填底土

（二）定植

栽前要解除嫁接口塑料条，选大小基本一致、根系多、无病虫害、芽饱满的苗木，修剪根系，然后把苗木根系放入清水池中浸泡 4～8 h（图 7-8）。分出大小苗，大苗栽在温室北部或塑料大棚的中部，靠设施边缘处空间小，栽小苗。定植时，在栽植点挖比根系稍大的定植坑，坑底中间突起呈馒头状。

种植深度以苗圃地根颈痕迹处为标准，太深苗木长势不旺。根系要舒展，苗木要直立，做到“一提二踩三封土”，具体是指在种植中要有三次封土、两次踩实、一次将苗木向上提的过程。具体就是挖树坑时必须要把表土堆在一起，将深层土另放一处，不要

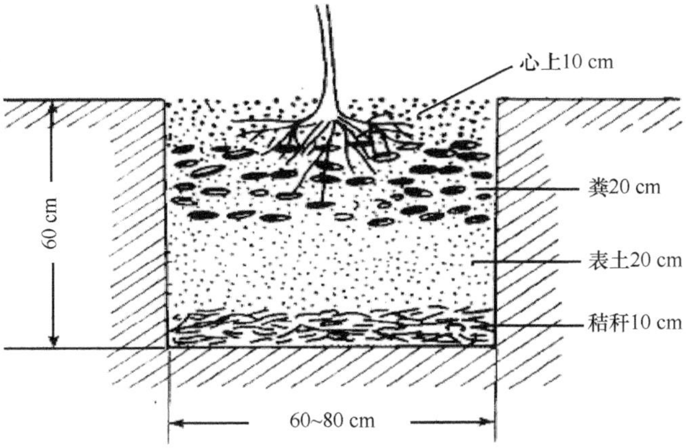

图 7-7　定植沟示意图（王力荣等，2000）

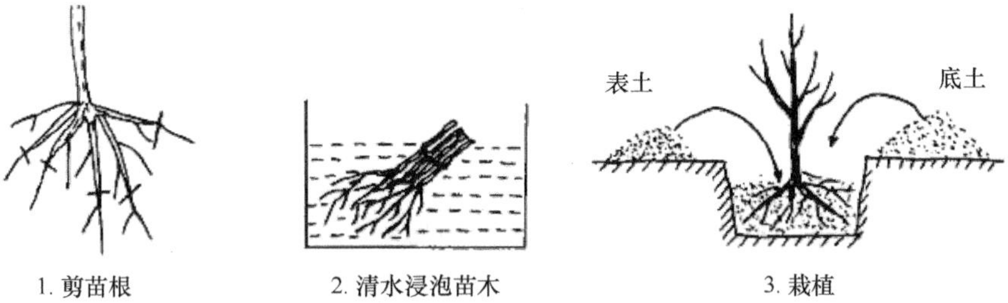

图 7-8　苗木定植（冯孝严，2010）

将其散放、混放。挖好树坑后，要把挖出的表土进行均匀的碾碎，这样可以避免根部与施加的肥料进行直接的接触，造成烧根现象。将树苗放入坑后，进行培土，即第二次封土，在封土进行到一半时暂停封土，然后要进行“一提苗”，把树梢微微向上提，主要是避免窝根现象。提苗后继续封土，然后压实，为了让根须尽可能的接触土壤，从而吸收足够营养与水分，便于更好更快的扎根生长。将剩余的土填入坑中，埋至离树苗根径5～10 cm处，微高于地面，埋土不能过厚，否则会影响根须的呼吸，埋土完成后进行踩实，使树苗树干挺直。即苗木放好后封土，向上轻提使根系舒展，再封土、踩实，灌透水后把苗木扶直封土，再踏实。

栽后要及时定干，温室北部或塑料大棚的中部空间大处，定干要高些，达30～50 cm；边缘处空间小，定干要低些，为25～35 cm，一面坡式排列（图7-9），定干部位应有饱满芽。及时浇透水，隔7天左右再灌一次水，稍干后沿行向覆盖1 m宽地膜，保水和提高地温，促进根系生长，提高成活率。

六、土肥水管理

（一）土壤管理

1. 深翻

在土质差的沙荒、山地和土质黏重的土壤上建造温室，栽植桃树，应通过换土、施

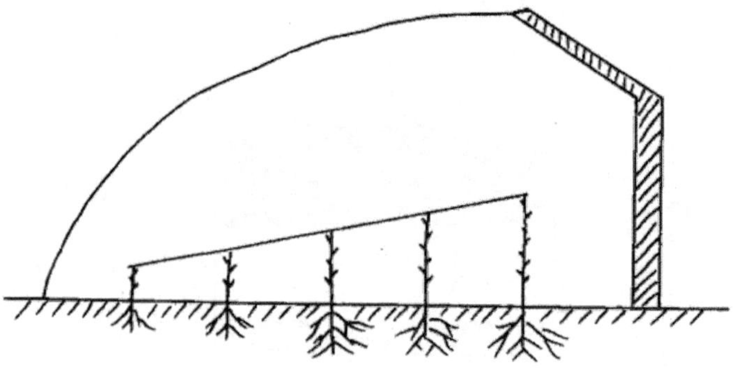

图 7-9　苗木定干（冯孝严，2010）

肥等方法改良土壤，逐年增加活土层的范围。以后，结合每年施基肥逐步向外改土，直至完成全园的深翻。深翻改土的时间在春季桃采收后和夏季、秋季均可进行，最好是在春季果实采收后结合施基肥进行，此时根系易于愈合，不影响当年枝梢的生长和花芽的形成。深翻施肥后要及时灌水。

2. 中耕除草

设施桃一般无其他间作果树，为防治杂草与桃树争水、争肥，要经常中耕除草，使土壤疏松，无杂草，促进桃树生长发育。若长时间不中耕，反而会使土壤有机质含量下降，结构遭破坏，造成板结，不利于桃树生长。所以，中耕的次数和深度要掌握好。

第一次中耕在设施内升温后，发芽前灌一次水，然后深耕一次，深 5～6 cm，再覆盖地膜，即保墒又是提高地温；第二次中耕在果实硬核期，地上部正值旺盛生长期。首先撤掉地膜，灌透水，水渗后浅耕 3～5 cm；第三次中耕在果实迅速膨大至果实开始着色期间，同样是先灌透水后中耕；第四次中耕在果实迅速膨大至果实采收后撤除棚膜时，同时进行修剪、追肥、灌水、深耕除草保墒；第五次中耕在新梢旺盛生长期进行。以后可以根据情况适时进行除草浅耕，直至秋季结合早秋施基肥灌水后，再进行一次深耕松土。

（二）施肥

1. 桃树需肥特性

桃树是喜光、耐旱、怕涝、速生、丰产果树，其年生长量大，对营养元素敏感，需求也高。一般每生产 100 kg 的桃果需要吸收氮 0.3～0.6 kg、磷 0.1～0.2 kg、钾 0.3～0.7 kg。

桃树对氮元素较敏感。在幼树期，如施氮过量，易引起徒长，成花不易，落果多。盛果期氮元素不足，易引起树势早衰。在衰老期，氮元素不足，会加速衰老；反之，氮元素充足，可促进多发新梢，延迟衰老过程。桃树需磷比氮、钾少。主要作用是促进传粉受精，增加果实含糖量和促进花芽形成。缺磷时果实晦暗，肉质松软，味酸，果实有时有斑点或裂皮。桃树对钾的需求量较大。增施钾肥对增大果实和提高品质有显著作用。如果供钾不足，叶片变小，色变淡，叶缘枯焦，叶片出现黄斑，早落，果实较小，落果重。

2. 基肥

基肥是在较长时间内供给桃树多种营养的基本肥料，应以有机肥为主，氮、磷、钾相结合。基肥共有两次，被认为是全年施肥中最重要的两次，施肥总量占全年总肥量的80%。

第一次是在揭膜以后（5～6 月），目的是恢复树势和萌发新梢的需要。

第二次施肥时期以秋施基肥为好，一般在 9 月，此时土温较高，有利于肥料腐烂分解和根系吸收，增加树体营养储备，提高桃树越冬抗寒能力，同时伤根愈合快，并很快生出新根，促进当年后期叶片的光合作用，提高树体营养水平，并有利于升温后叶片和枝叶的生长，从而为花芽分化，开花坐果创造良好条件。

秋施基肥也可以减缓升温后新梢的生长势，减少生理落果。因基肥养分全、能增加土壤有机质含量，对产量、果实品质影响较大，因而秋施基肥要引起足够的重视。

3. 追肥

追肥时期与次数应根据桃树生长结果情况灵活掌握。追肥时期、施肥种类如下：萌芽前 25 天左右追肥以氮肥为主，为使促进萌芽，增加新梢生长量，促进开花与提高坐果率；花后一周，以氮肥为主，搭配适量的磷、钾肥，促进果实发育。但是，钾肥与氮肥要分开使用；硬核始期追施以氮肥为主的复合肥；采果前 15～25 天，以钾肥为主，为了增大果实，增加着色，提高果实品质；采收后，以氮肥为主，搭配磷钾肥，促进根系和新梢生长，恢复树势。在整个生长期均可进行根外追肥，追施硼、锰、铁、锌等多种元素肥料。

（三）水分管理

桃树对水分较为敏感，表现为耐旱怕涝。桃树自萌芽开花到果实成熟，需要充足的水分供应。适宜的土壤水分有利于开花、坐果、枝叶生长、花芽分化、果实生长和质量的提高。

1. 灌水

桃树灌水的时期、次数、灌水量主要取决于降水、土壤性质和土壤湿度及桃树不同生育期的需水情况等。桃树需水关键时期是花期和果实膨大期。一般在萌芽前、开花后、硬核始期、果实第二次速长期、落叶期等时期根据土壤含水量、降雨情况灌水 4～5 次。另外，每次土壤追肥后，马上灌水。硬核期对水分敏感，一般不灌水。

按物候期，生产上通常有以下 4 个关键灌水时期。

（1）萌芽前（花前水）

花期是桃树需水关键时期，根据生产经验，花期一般不宜灌水，以防止引起落花落果。因此，为保证花期前后的水分供应，应在萌芽前灌水，促进萌芽、开花，提高坐果率。

（2）幼果膨大期（花后水）

落花后幼果迅速膨大，枝叶旺盛生长，需水量较大，保持充足的水分供应有利于减轻生理落果，促进果实增大和枝叶生长。

（3）果实膨大后期（催果水）

硬核期后果实进入旺盛膨大期，此时的水分供应充足与否对产量影响很大。此期灌水与否和灌水量要视降水情况酌情处理。后期灌水过多有时会造成裂果、裂核，特别是油桃品种，熟前裂果更为严重，所以要控制灌水量。

（4）落叶前后（冬前水）

我国北方秋、冬干旱，在入冬前充分灌水，对提高树体抗性，减轻冻害、抽条和僵芽有重要作用。灌水时期以水能完全渗入土壤内而不在地表结冰为宜。

灌水应以节水、减少土壤侵蚀和提高劳动效率为原则。可以采用畦灌、沟灌、穴灌、喷灌、滴灌等灌溉方式。

2. 排水

桃树怕涝，雨季必须注意及时排水，秋雨过多或浇水过量将造成枝条不充实，并易患根腐病、冠腐病等。如果地下水位高，排水不畅，使土壤通气不良，导致桃树根系受阻，会影响桃树的产量及寿命。可采用高畦栽植，完善排水系统，在设施的四周开一条宽 50 cm、深 60 cm 的排水沟，将雨水及时排出去。

七、整形修剪

整形修剪是桃树在露地和设施里管理中的一项重要栽培技术措施。整形修剪时在不违背桃树自然生长发育规律的原则下，通过人为的技术措施，充分利用桃树生长的特性，使树体构成矮化、紧密、丰产的骨架。克服枝条过密、通风透光不良的影响，防止先端徒长、下部光秃等有害倾向，使各类枝条生长适应，分布均匀，配置合理。保持树势均衡，树冠匀称，生长和结果的关系协调，达到早结果、早丰产，连年高产优质。设施中的高密度栽植桃树的管理，必须合理有效地控制树冠的体积，使每株树都能在有限的空间里维持正常的生长结果。

（一）桃树整形修剪有关的生长结果习性

1. 喜光性强

桃原产于我国西北海拔高、光照强、雨量少的干旱地区，在这种自然条件影响下，形成了喜光和对光照敏感的特性。枝条、叶片、果实对光照均较敏感。枝条如果光照不足，就会枯死。当叶片光照不足时，则变黄、脱落，影响光合作用。果实如果没有充足的光照，果实变小、着色差、品质劣。针对这一点，桃树的枝量不宜太多。

2. 干性弱

自然生长的桃树，中心枝生长势弱，几年后甚至消失，枝叶密集，内膛枝迅速枯死，结果部位外移，产量下降。这是树体多采用开心形的生物学基础。

3. 生长快，结果早

桃萌芽率高，成枝力强，新梢一年可抽生 2～4 次副梢，年生长量大，树冠形成快。这是早果丰产的基础。

4. 花芽形成容易，花量大，不易形成大小年

桃树各种类型果枝均可形成花芽，包括徒长性果枝。其花量为苹果的 25～100 倍。桃树不易形成大小年，但是如结果过多，树势易衰弱，同时易发生流胶病等病害。

5. 各种果枝均可结果

水平枝或斜生枝条上坐果较好，尤其在健壮且较细的果枝上，更易长成较大的果实。

6. 顶端优势弱，分枝多，尖削度大

桃树顶端优势不如苹果明显，旺枝短截后，顶端萌发的新梢生长量较大，但其下还长出几个新梢，有利于结果枝组的培养。但在骨干枝（多指主枝或侧枝，下同）培养时，下部枝条多，明显削弱先端延长枝头的加粗生长，尖削度大，所以要控制其下部竞争枝的长势，保证延长枝头的健壮生长。另外，当主枝角度较大时，顶端优势会转变为背上优势，背上长出较多的徒长枝，严重削弱上部枝的生长，遮光较多，要及时疏除或加以控制，避免“树上长树”。

7. 剪锯口不易愈合

修剪必然造成伤口，剪锯口对附近枝条的生长有一定的影响。桃树修剪造成较大的剪锯口不易愈合，剪锯口的木质部很快干枯，并干死到深处。因此，修剪时力求伤口小而平滑，及时涂保护剂，以利尽快愈合。常用的保护剂有铅油、油漆、接蜡等。

（二）主要树形

设施桃树生产上多采用密植栽培，因此选用的树形与露地也有很大不同。设施桃树常用树形有双主枝“Y”形、纺锤形、二主枝开心形和匍匐扇形，近年又推出了“一边倒”树形。在日光温室桃树栽培中，设施内前后可选用不同的树形。设施中后部可选用有中心干的纺锤形、前部选小开心形、双主枝“Y”形，形成前低后高立体群体结构，以充分利用空间立体结果。

1. 纺锤形（主干形）

适合高密度栽培和设施栽培，需及时调整上部大型结果枝组，切忌上强下弱。基本结构：干高约 50 cm，在中心干上着生 8～10 个主枝，基部主枝长 0.9～1.2 m，基角 55°～65°，其上上主枝长度 0.7～0.9 m，基角 65°～80°。主枝在中心干上均匀分布，间距 25～30 cm，同方向主枝间距 50～60 cm。结果枝组直接着生在主枝和中心干上。树高 2.5～3 cm 左右，如果栽植密度加大，中心干上主枝上下相差不多，则为细纺锤形。

整形过程：定干高度 80～90 cm。春季萌芽后在剪口下 30 cm 处选留新梢培养第一主枝，剪口下第三芽梢培养第二主枝，顶芽梢直立生长培养中心干。当中心干延长梢长到 60～80 cm 时摘心，利用下部副梢培养第三主枝和第四主枝，主枝按螺旋状上升排列。第一年冬季修剪时，所选主枝尽可能长留，一般留 80～100 cm（图 7-10）。第二年冬季修剪时，主枝延长枝不再短截。生长季主枝拉至 70°～80°。一般 3 年后可完成 5～10 主枝的选留，整形过程结束。

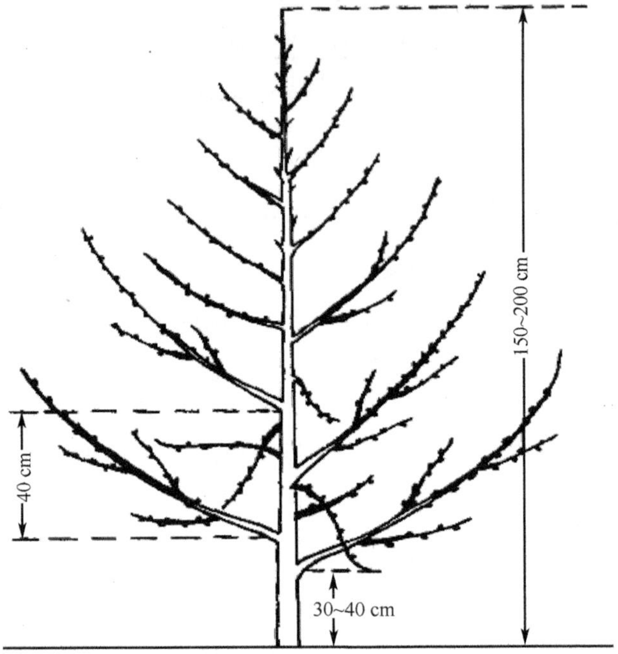

图 7-10　主干形整枝（王力荣等，2000）

2. 二主枝开心形

树体结构与自然开心形相近，只是留两个主枝，更适合在较高栽植密度下采用。基本结构：干高 40～50 cm，主干上着生两个主枝，长势相近，反向延伸。主枝开张角度 45°～60°，每个主枝上着生 2 个侧枝。第一侧枝距主干 50～60 cm，在另一侧着生第二侧枝，第二侧枝距第一侧枝 40～50 cm。侧枝以平斜生为宜，侧枝与主枝夹角为 45°～70°，在主侧枝上配置结果枝组（图 7-11）。

整形过程：定干高度 60 cm，在整形带内选留两个对侧的新梢培养主枝。两个主枝一个朝东，一个朝西。第一年冬季修剪时主枝剪留 50～60 cm，第二年选出第一侧枝，第三年在第一侧枝选出第二侧枝。其他枝条按培养枝组的要求修剪，到第四年树体基本成形。

3. “Y”形（或“V”形）

定干后，当新梢长到 20 cm 时，选两个错落对生、长势均匀、伸向行间的新梢为主枝（图 7-12），对其余新梢摘心控制，促生分枝，待两大主枝 30～40 cm 时，剪去 10 cm 嫩尖，促发副梢并调整其方位角。8 月底，摘除所有新梢、副梢顶端幼嫩部分，以控其长势，促进枝条成熟和花芽饱满。冬剪时，对主枝先端壮梢短截，作延长枝，并在其下部选一侧生副梢短截。第二至第三年仍按上法整形，基本完成整形任务。

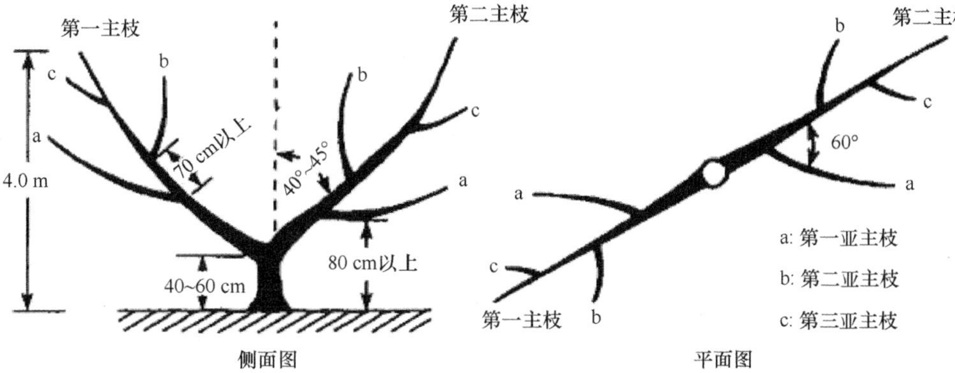

图 7-11　二主枝开心形整枝（阎永齐和赵亚夫，2006）

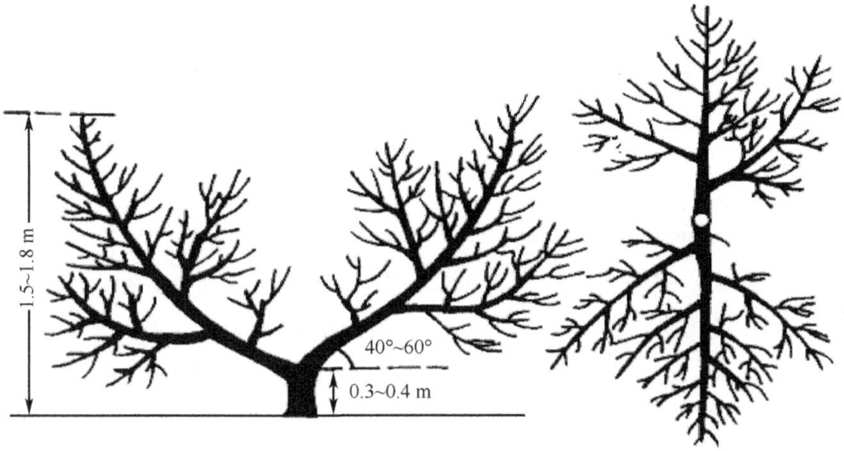

图 7-12　“Y”形整枝（王力荣，2000）

干高 30～40 cm，其上着生两大主枝，主枝角度 60°～70°，树高低于棚膜 0.3～0.4 m，每个主枝上只留 2～3 个大枝组，着生于主枝外斜侧方向，其余为中、小枝组。枝组分布呈上小下大和里大外小的结构。树体高度不超过 1.8 m。这种树形光照好，易修剪。

“Y”形整枝一般采用宽行密植，树冠可大可小，适用于不同栽植密度。行距 2～6 m，株距 0.8～3 m 均可采用此法整形。一般株距小于 2 m 时，不需配备侧枝，主枝上直接着生结果枝组；株距大于 2 m 时，每个主枝上可配置 2～3 个侧枝。

4. 匍匐扇形

匍匐扇形适于温室、大棚前底角低矮处。该树形结构简单，易成形，光照好。干高 20～30 cm，在东、南、西三个方向均匀配置三主枝，三主枝间距 20～30 cm。中央领导干与地面的夹角保持在 55°～60°，两侧主枝与地面的夹角均保持在 40°～45°，两侧主枝与中央领导枝的夹角在 60°。三主枝上每 30～40 cm 培养 2～3 个侧枝，侧枝在主枝两侧交替着生，两侧主枝上的第一侧枝配备在主枝的外侧，以便尽快扩大树冠。各主枝上配备各类枝组，树冠呈匍匐扇形，树高控制在 1.2 m 左右。主、侧枝上根据空间大小和着生部位培养结果枝组或结果枝，主枝中下部和主枝外侧配备大、中型结果枝组，树体中上部和内侧则配备中、小型结果枝组或结果枝，此配置枝组可克服因树冠外围枝密、内膛光照不足而造成树冠下部光秃的弊病。

5. “一边倒”形

一边倒的树全树类似单主枝，倾斜 45°，无侧枝，直接着生各类结果枝组。南北成行向西倒，东西成行向南倒，全园所有树体都伸向同一方向。露地栽植株距 1～1.3 m，行距 2.5 m，205 株/亩，设施栽植株距 0.75～1 m，行距 1.8～2 m，333～500 株/亩。

桃树一边倒树形的生物学原理：桃树一边倒树形能充分利用阳光和土地，光合作用制造的营养多；骨干枝少，无效生长消耗的营养少；全树不挡光，无效呼吸消耗的营养少。一边倒树形不仅要求栽植密度大，而且全树就是一个主枝，无主干，无侧枝，主枝上直接着生结果枝组，设施栽后 1 年内枝叶满园，露地栽后 2 年内枝叶满园，易达到形成常规产量的枝量。

整枝成形技术：苗木发芽后立即抹去砧木芽，其余芽不抹。每株留先端 1 个最旺长的新梢作为延长头，延长头上再发的芽不抹。除延长头外，其余新梢长到 30 cm 即捋平，捋平的新梢缓和了长势，向生殖生长转化，促使花芽形成，提早形成结果枝或结果枝组，为一边倒树形的早果打下基础。所有新梢都不摘心。树高 2 m 左右时，在树干两边插上小竹竿，把捋平的枝都引到行向上，使树体看上去就像竖着的扇面或像竖着的鱼骨。7 月，将树干拉倒变成主枝。露地栽植第一年开张角度 20°左右，第二年开张角度达到 45°左右；设施第一年一次成形，棚边因较矮开张角度要大，其余植株开张角度 45°左右。南北行向西倒，东西行向南倒。不要把主枝拉成弯弓，主枝还是直的，只是斜生。树干拉倒后，及时将背上直立旺枝捋平。冬剪时本着“满、透、平”的要领改造直立枝、重叠枝、过密枝和交叉枝，让每个方位都有枝，以占满空间，每个部位的枝都见光。除主枝抬头外，让其余所有枝保持水平、斜向上或斜向下。如此露地栽植 2 年内成形，设施栽植 1 年内成形，再结合综合性的土肥水管理、病虫害防治及成花技术，成形后即进入盛产期。

（三）修剪技术

修剪桃树应按照桃树的修剪特性进行，如生长结果习性，生长势的强弱及不同年龄时期对修剪的要求等进行修剪，达到改善树体的通风透光条件，调节生长和结果的关系，抑制树冠上部枝条的旺长，增强树冠下部枝条的生长势，控制结果部位的上移和外移，及时更新复壮衰老的枝条。使树体提早结果，延长盛果期的年限，达到丰产的目的。

1. 骨干枝修剪

主侧枝延长枝一般栽后第一年剪留 50 cm 左右，第二年剪留 50～70 cm，盛果期留 30 cm 左右。侧枝延长枝的剪留长度为主枝延长枝 2/3～3/4。当树冠达到应有大小的时候，通过缩放延长枝的方法进行控制树冠大小和树势强弱。骨干枝的角度可通过生长季拉枝、用副梢换头等方法进行调整。

2. 结果枝组的培养和修剪

（1）结果枝组的培养

大型结果枝组一般是选用生长旺盛的枝条，留5～10节短截，促使萌发分枝，第二年选2～3个枝短截，其余枝条疏除，3～4年即可培养成大型结果枝组。中、小型结果枝组一般选健壮的枝条留3～5节芽短截，分生2～4个健壮的结果枝，便成为中、小型结果枝组。

（2）结果枝组的更新

结果枝组生长3～4年后需要更新复壮，更新分为全组更新和组内更新两种。全组更新是培养新的枝组代替衰弱的枝组。组内更新是在枝组内培养预备枝，同时在壮枝处回缩，使枝组得到更新。

（3）结果枝组的配置

桃树以培养大、中型结果枝组为好。大型结果枝组主要排列在骨干枝背上向两侧倾斜，骨干枝背后也可以配置大型结果枝组；中型结果枝组主要排列在骨干枝的两侧，或安插在大型枝组之间；小型结果枝组可安排在大、中型结果枝组之间，有空即留，无空则疏。

3. 结果枝更新修剪

结果枝更新修剪常用以下修剪方法。

（1）单枝更新修剪

对健壮的结果枝按负载量留一定长度进行短截，使其在结果的同时抽生新稍，冬剪时选留靠近基部发育充实的枝条作结果枝，其余枝条连同母枝全部剪掉，选留的结果枝按结果枝修剪的要求进行短截。此法适于壮旺树，是当前生产上应用较多的方法。

（2）双枝更新修剪

在同一母枝上，选留相邻的两个结果枝，上枝留5～6节花芽结果，下枝留2～3节作为预备枝，使其抽生壮枝。冬剪时疏掉结过果的枝，对预备枝上发出的壮枝再选留两个枝按上年的修剪方法进行修剪。如此每年进行，可稳定枝组高度，保持结果枝的连续结果能力，但连续应用效果并不理想。

（3）三枝更新法修剪

在同一母枝上，选留邻近的3个果枝，一枝短截结果，一枝长放促使萌发多数短枝，一枝留2～3芽重短截作预备枝，促使生长发育枝。冬剪时把已结过果的枝疏掉，长放枝适当短截，选留几个短果枝结果，预备母枝上长出的发育枝一个长放，一个重短截，如此轮流结果。此法适用于以短果枝结果为主的品种。

4. 生长季修剪

一般幼树、旺树每年进行3～4次，盛果期树可进行3次。

（1）春季修剪

从萌芽到坐果后进行，主要包括抹芽疏梢，除去过密的、无用的、内膛徒长的、剪口下竞争的芽或新梢；选留、调整骨干枝延长梢，对冬剪时长留的结果枝，前部未结果的缩剪到有果部位；未坐果的果枝疏除或缩剪称为预备枝修剪。

（2）夏季修剪

一般可进行 2 次。第一次夏剪在新梢旺长期进行。主要内容有竞争枝疏除或扭梢。疏除细弱枝、密生枝、下垂枝，改善光照，节省营养。对旺长枝、准备改造利用的徒长枝，可以留 5～6 片叶摘心或剪梢促发二次枝，培养为枝组。对骨干枝、延长枝达到要求长度的可以剪主梢留副梢，促发分枝。开张角度，缓和生长。对其他新梢可在长到 20～30 cm 时，通过摘心培养结果枝组，第二次夏剪在 6 月下旬至 7 月上旬进行，主要是控制旺枝生长，对尚未停长的枝条可通过捋枝、拉枝等方法控制，但修剪量不能过重。

（3）秋季修剪

在 8 月上中旬进行。疏除过密枝、病虫枝、徒长枝。对摘心后形成的顶生花丛状副梢，把上部副梢剪掉，留下部 1～2 个副梢，改善光照条件，促进花芽分化和营养的积累。同时拉枝调整骨干枝的角度、方位和长势。对尚未停长的新梢进行摘心，可使枝条充实，提高抗寒力。

八、花果管理

桃树易于丰产，为提高优质果率，必须限产提质。一般情况下，3～4 年生的初结果桃园应控制在 500～1000 kg/hm^2，5～7 年生的桃园应控制在 1500～2000 kg/hm^2，8～15 年生的盛果期桃园应控制在 2000～2500 kg/hm^2。花果不足时，必须进行保花保果；花果过多时，必须进行疏花疏果。

（一）保花保果

1. 加强秋季树体管理

加强秋季采后管理，可增加树体储藏营养，使花芽发育充实，增强抗寒力，减轻雌蕊退化，提高花粉生活力，使授粉受精良好。

2. 改善授粉条件

合理配置授粉树，进行人工辅助授粉及花期果园放蜂等工作。

（1）蜜蜂授粉

在设施栽培条件下，按每亩放置 1～2 箱蜜蜂即可。注意：提前 2～3 天将蜂箱放入，放蜂期间，一定要用纱网把风口封上，以防蜜蜂飞出棚外冻死。同一棚内应有 2～3 个品种同时开花才能达到授粉受精要求。

（2）壁蜂授粉

在设施内放 2 个能装 10 kg 水果的纸箱，将其改制成巢箱，每箱内装芦苇制成的巢管 12 捆，每捆 50 根巢管平放，管口向外，每巢管口染成不同颜色，便于蜂识别。巢箱固定在设施北墙上，距地面 1.7 m，箱前放湿润泥土供壁蜂筑巢用，放蜂时间为预计开花前的 8～10 天。将壁蜂从冰箱内取出，放入已钻多孔（直径 1 cm）的小纸盒（如青霉素盒）内，数量为 500 只。将小盒放在箱内的巢管捆上，有孔侧向外。为补充桃树开花前后的壁蜂粉源，可在棚内间种草莓。

3. 花期喷硼

在盛花期细致地对花朵喷一次 300～350 倍硼砂加蜂蜜或红糖水，除可满足果树所需要的硼元素外，还可诱导蜜蜂前来采粉，并增加柱头黏液，使花粉粒吸收更多的水分和养分，从而提高受精率和坐果率。

4. 加强果实生长期管理

适时进行土肥水管理，防止 6 月落果的发生。及时进行夏季修剪，疏除过密枝，减少新梢生长，削弱其对养分的竞争，增强光照，提高叶片同化功能，满足果实生长的养分供应。

5. 加强采前管理

防止采前落果，采收前不宜灌水，并注意防风。

（二）疏花疏果

疏花疏果就是对开花结果过多植株，人为地减少一部分花和果实，促进留下来的果实肥大而整齐，提高桃果的外观品质和风味品质。

由于开花坐果要消耗大量营养，所以疏花疏果的时间越早，效果越明显，留下的果个越大。因此，疏果不如疏花，疏花不如疏蕾。

1. 人工疏花疏果

当植株上有 5%左右的花朵开放时进行疏花，主要疏除发育差、畸形的花蕾和过多的花蕾。一般长果枝留 6～8 个花蕾，中果枝留 4～5 个花蕾，短果枝或花束状果枝留 2～3 个花蕾，预备枝不留花蕾。保留果枝两侧或斜下侧的花蕾，疏除背上的花蕾。花后 15 天进行第一次疏果，主要疏掉果枝基部的小果、畸形果，双果去一留一。花后 30 天开始进行第二次疏果，到 5 月中下旬完成。此次确定出单株的留果量，并将单株留果数分解到各个主枝上和结果枝上。

大果型品种，长果枝留 2～3 个果，中果枝留 1～2 个果，短果枝留 1 个果，花束状果枝不留果；中果型品种，长果枝留 2～4 个果，中果枝留 1～3 个果，短果枝留 1 个果，花束状果枝留 1 个或不留；小果型品种，长果枝留 3～4 个，中果枝留 2～3 个果，短果枝留 1～2 个果，花束状果枝留 1 个或不留。

树冠上部和外围多留果，内膛少留果。每个果枝上两果之间的距离，一般应在 15～25 cm。疏果时首先疏去萎缩发黄的果、小果、畸形果、病果，两果并生的应留一去一，其次再疏去附近无新梢或叶片很少的果实。疏果顺序应从树体上部向下，由内而外逐枝进行。

2. 化学药剂疏花

在栽培面积较大时，对坐果率较高的品种，可进行化学药剂疏花。但化学药剂疏花受品种、树龄、树势、生育期、气候条件和药品质量、喷药技术等因素的影响较大，使用不当就会产生药害，目前我国尚处于试验阶段。

（三）果实套袋

桃果套袋是目前生产优质高档桃的重要措施，其目的除减少农药对果实的污染，防治病虫害和改善果实外观品质外，还可提高加工桃果的罐藏加工质量和利用率。

桃上可以使用白色、黄色、橙色三种颜色纸袋。中、早熟品种或设施栽培使用白色或黄色袋，晚熟品种用橙色或褐色袋，极晚熟品种使用深色双层袋（外袋为外灰内黑，内袋为黑色）。

套袋一般在定果以后或生理落果后开始，当地蛀果害虫进果以前完成。套袋前应先喷洒防治病虫害的药剂 1 次，再进行套袋。套袋时先将纸袋吹开，套进果实，然后将袋口折叠，用线绳或 22 号铁丝将袋口扎紧，缠绕在果枝上。套袋时也按疏果的顺序进行，避免漏套。鲜食品种一般于采收前 10 天左右，将袋撕开，促进着色。罐藏品种采收前不用撕袋。

第五节　设施桃栽培技术要点

桃树设施栽培是技术含量较高的一种栽培方式，能人为调节果实成熟期，利于生产无公害、绿色果品，增加经济效益，是世界桃产业发展的重点之一，具有良好的发展前景。但在设施条件下，叶片光合能力下降，只有露地的 70%～80%；果实品质下降，含酸量增加，含糖量减少，在栽培中应采取一定的措施加以克服。桃设施栽培常用的设施有日光温室、塑料大棚、防雨棚等。

一、设施栽培的模式

（一）促成栽培

即早熟栽培技术。在满足桃树的需冷量后，扣棚升温，促使桃树提早开花结果，进行早熟生产，这是目前生产上最为常见的设施栽培方式。主要适合于北方地区，纬度越高，满足桃低温要求的时间越早，开始扣棚的时间越早，果实成熟上市也越早，但加温成本相应增大。

（二）延后栽培

即推迟桃果实成熟期的一种栽培方式。在桃树萌动之前，采取人为措施延长桃树的休眠期，使桃树推迟萌芽开花，秋季扣棚保温，从而达到推迟成熟期的目的。在北方高纬度地区应用时，利用本地区的气候特点可降低成本。

（三）避雨栽培

即避免降雨对桃树生长和田间作业影响的一种栽培方式。主要是通过防雨棚等设施隔挡降雨，防止高温多湿条件下出现病害、裂果等现象，从而达到提高桃果实品质的目的，适用于南方多雨地区。

二、设施栽培的品种选择

在选择桃树设施栽培的主栽品种时，要考虑栽培的目的，即是进行促成栽培、是延迟栽培、还是避雨栽培。促成栽培应选用极早熟、早熟品种，延后栽培要选择晚熟、极晚熟品种。桃树促成设施栽培对主栽品种的选择应遵循以下几个原则：首先是“二短”，幼树期短，早果丰产，休眠期短（需冷量小），升温至盛花期时间短（需冷量小）；其次是“一优”，果实综合性状要优（外观品质优良、个大、色泽鲜艳、甜酸适度、营养丰富、果肉硬、耐储运、自花结实能力强且树体矮化紧凑的品种）；再次是“一强”，对弱光、多湿、变温适应性要强。延后栽培要选择极晚熟、果个大、品质优、耐储运、丰产性好的品种。

此外，还要考虑自花结实能力、品种多样性等问题。

（一）适宜促成栽培的品种

1. 水蜜桃品种

早霞露、春花、雨花露、布目早生、砂子早生、早花露、安农水蜜、霞晖1号、春艳等。

2. 油桃品种

曙光、华光、艳光、早红霞、早红珠、丹墨、五月火、早红2号、早红宝石、瑞光1号、瑞光2号、早美光、超五月火、阿姆肯等。

3. 蟠桃品种

早露蟠桃、新红早蟠桃、早蜜蟠桃等。

（二）适宜延迟栽培的桃品种

中华寿桃、青州蜜桃、白雪红桃等。

三、栽植方式

1. 大棚高密度桃树栽植

采用南北行宽行密植的长方形栽植，有利于通风透光；栽植密度为1 m×1.5 m、1 m×2 m、2 m×3 m，保持每公顷2250～3000株，当树体长大，树冠郁闭，影响产量时，逐年间伐。间伐时首先采用隔株间伐，树冠摆布不开时再隔行间伐。日光温室第一行距前棚脚1.0 m，北边第一株距后墙、边行距东西山墙1.5 m。

2. 大棚中密度桃树栽植

亦采用南北行宽行密植的长方形栽植。栽植密度为：（2～3）m×（3～6）m。树体长大后仍需要间伐。

3. 起垄栽培

设施果树常用的栽培方式。可使土壤通气性增加，利于提高土温，根系所处环境的水、肥、气、热条件稳定适宜，吸收根发生量增大，生长根比例减少，达到限根目的；根系垂直分布深度变浅，水平分布范围增大，有利于树体矮化紧凑，易成花早结果，也有利于肥水管理，避免根系受涝。建园时用表层土和中层土堆积成垄。起垄时土壤中施加 30%农家肥。垄高为 40～50 cm，一般不低于 20 cm；宽度为 50～80 cm。将桃树栽在垄上。然后在垄中央铺设滴灌设施，再用地膜覆盖。

四、控冠技术

采用矮化砧木、限根栽培、根系修剪、喷 PP_{333}、PCR 修剪等措施可有效控制树冠的生长。

1. PP_{333}

需要控冠的前一年秋季按树冠投影面积 0.25 g/m^2（指有效成分）的用量施用，如第二年需要再施，用量应减半。叶面喷施时分别在新梢长至 10 cm 左右和秋梢、副梢开始旺长时喷施，前一时期喷施浓度为 300 mg/kg，连喷 2 次；后一时期喷施浓度为 500 mg/kg，也连喷 1～2 次。相邻两次的间隔期为 30 天。

2. PCR 修剪系统

采后去冠（postharvest canopy removal，PCR）修剪系统，是意大利科学家 Bellini 等经过近 10 年的系统研究创立的桃、油桃设施促早栽培的一种专用修剪系统，采果后去除全部树冠，利用再生枝条构成翌年的结果枝组，结合使用多效唑和控水、控氮、增磷技术，达到速成、高效的目的。具体措施为采果后，先从主干附近剪除全部主侧枝，剪口下留一对芽，再在主干 50～60 cm 处寻找一发育较好的潜伏芽，在芽的上方 2 cm 处剪除主干。PCR 修剪后 2～3 天，每公顷施 120 kg 氮、105 kg 磷、135 kg 钾，立即浇一遍透水，约 10 天后可长出新梢。此后，加强夏季管理，及时抹芽、摘心，6 月底前可形成新的树冠，从 7 月中旬开始控水、控氮、增磷，叶面喷施多效唑，当年秋季即可形成适量优质花芽。

注意事项：在设施栽培的条件下，采用 PCR 方式修剪，应尽量选用早熟品种或加温促早栽培模式，提高设施促早效果。否则，果实成熟晚，必然推迟 PCR 修剪时间，影响再生树冠花芽分化的数量和质量。

五、桃促成栽培的扣棚与揭膜时间

（一）扣棚升温时间

桃树的需冷量（0～7.2℃低温累计时数）为 500～1200 h，需冷量满足之后即可扣棚升温。如果需冷量不够就扣棚升温，会造成桃树不能正常萌芽、开花，甚至会引起花蕾脱落，花期不整齐，且落花落果严重，花而不实，最终影响产量，同时还会出现叶芽先于花芽萌发的“倒序”现象，使叶芽争夺贮备养分，导致坐果率降低。在北方地区，加温温室可在 12 月中下旬扣棚，日光温室在 1 月初，塑料大棚在 2 月初。具体扣棚时间除考虑需冷量外，还要考虑果实计划上市时间、保温性能等条件。

扣棚前 20～30 天大树盘覆膜，可使扣棚后前期土壤温度提高 2～3℃，升温应循序渐进，先在白天拉起 1/3 草帘，再拉起 1/2 草帘，最后全部拉起，整个过程持续 7～10 天。

（二）破眠技术

桃树打破休眠的方法主要是低温处理。

1. 低温处理

在进行容器栽培时，如花盆栽植，在落叶前提早把花盆移植到冷库中。开始温度比外界略低，以后逐渐下降，以 5～6℃效果最好。低温处理在以色列、意大利、日本等国都有应用。

2. 化学药剂处理

用化学方法打破休眠时应注意试剂的浓度及应用时间。在桃上利用硫脲加硝酸钾，低浓度范围（小于 0.5%）有效，应用向浓度反而延迟芽的发育。必须注意，解决打破休眠的根本途径是选育适合一个地区栽培的需冷量的品种。

3. 人工低温暗光促眠技术

人工低温暗光是设施桃树快速通过休眠的低温处理方法。相对干旱的条件下，于 10 月下旬到 11 月上旬覆棚膜、盖草帘，前期白天放苫遮光，晚间收苫放风，中后期温度较低时，草苫昼夜放下，白天降温，夜间保温，使棚内温度维持在 5～6℃。尽可能创造 0～7.2℃的低温环境，1～1.5 个月时间即可满足其需冷量，促使树体提早进入休眠期。注意开始草苫不要全部放下，先 1/3，后 1/2，循序渐进，1 周内完成，使桃树有个适应过程。

如果是设施结构不便采用草苫，可用双层黑色遮阳网或无纺布覆盖，升温后（1 月初）辅助加温，也可提前 15～20 天。

4. 摘叶抑制休眠技术

针对南方的气候及果树的生理特性，对草地桃园可以摘叶并采用人工调控的方法打破一些极早熟桃的正常休眠。

入冬前尚未落叶时对极早熟品种进行摘除，以阻截叶内脱落酸等促使芽休眠物质的回流，另外再创造一个适合的温湿光气环境，让桃树进入下一轮的生长开花与发育，就可实现桃树无休眠超早熟栽培的技术目的。但要注意摘叶的时间在秋季或初冬，此时花芽已完全分化，有完整的雄蕊与胚珠，这样开花后就会有较高的坐果率。如果摘叶过迟，待到自然落叶开始或已落叶，那么芽内就已积累了大量的脱落酸，这时即使在温室内给它适宜的温光条件，芽也不会萌发，只有等它低温刺激解除休眠后才能实施加温，这就影响到设施栽培成熟期的提前。采用摘叶法，花芽内没有脱落酸的回流积累，就无须低温打破休眠的过程，就可以直接进行加温，促进桃树早萌芽早开花早上市。一般南方地区草地桃园以 10 月底摘叶为好。

人工摘叶要注意的问题有二。一是摘叶不宜过早或过晚。过早花芽分化没有完成，影响开花坐果；过晚则影响休眠期的提前。掐叶以叶柄和果枝之间已产生离层为准，防止摘叶损伤花芽。二是摘叶应在扣棚覆膜前进行，以便于清理残枝落叶，防止病原菌侵染树体。

摘叶方法有人工法与化学落叶法，在面积不大时可采用手工摘叶，面积大时可采用高浓度的尿素叶面喷施处理，一般以 10%为佳，通常处理后 3 天就会落叶。

（三）揭棚时间

在日平均气温达 15℃以上，果实已接近成熟时揭膜。一般以采摘后撤除为宜，撤除过早，温度过低或昼夜温差过大，会抑制果实发育，延迟成熟；有时虽然温度环境能够满足果实发育需要，但由于撤除覆盖物后，发育环境条件剧烈变化，如湿度下降等，也会抑制果实发育。

揭膜也应循序渐进，可先逐渐开大通风口，经 3～5 天放风锻炼，使桃树逐渐适应外界环境条件后，再完全揭膜。

六、桃促成栽培的环境因子调控技术

（一）温度

桃促成栽培中温度调控至关重要，关系到栽培的成功与否。

1. 休眠期内温度的调控

桃促成栽培中必须创造条件，满足桃树的低温需求。实际生产中常在 11 月中旬，对设施白天加膜盖草帘，关闭通风口；夜间将草帘揭开，并打开通风口，创造 0～7.2℃的环境条件，30～40 天可满足桃树的需冷量使桃树通过自然休眠期。

2. 开花前温度的调控

开花前温度的控制可分 3 个阶段进行。 第一个阶段，使夜间室温保持在 6～8℃，白天 13～15℃，维持约 7 天。第二个阶段，使夜间室温保持在 7～10℃，白天 16～18℃，10 cm 地温为 14～18℃，持续约 10 天。第三个阶段，使夜间室温保持在 7～10℃，白天 20～23℃，10 cm 地温 14～20℃，直到桃树开花。使桃树在扣棚后 30～35 天开花较为正常，如果少于 30 天，则花器官发育不良，败育花比例增加。

3. 花期温度的调控

花期温度要求日平均温度在 10℃以上，以 12～14℃为宜。白天温度控制在 20～25℃，夜间不低于 5℃。如果此期内温度过低，易使花器受冻害，造成坐果率降低，甚

至设施栽培失败。

4. 果实膨大期温度的调控

要求日平均温度在18℃以上，白天应控制在25℃，不超过28℃，夜间不低于10℃，如果白天温度过高，常会引起新梢徒长，生理落果加重等现象。

（二）湿度

设施桃从扣棚到开花前应灌水1次，水量大一点，使水浸湿土层50 cm左右，设施内空气相对湿度保持在70%～80%；从扣棚到开花前设施内空气相对湿度保持在70%～80%，开花坐果期控制在50%～60%，谢花后到果实采收期控制在60%以下。可采用通风换气、覆盖地膜、改变温度和控制灌水等措施调节和控制。

（三）光照

设施栽培常因覆盖物导致光照减弱而造成叶片光合同化能力降低。在生产中为了增强设施内的光照，常常采取以下措施。

1）采用合理的大棚结构，延长光照时间。

2）选透光、保温好的无滴膜，并要保持膜面的清洁。

3）铺、挂反光膜：沿大棚后墙悬挂约2 m宽的反光膜，可使前部增加光照25%左右。在果实成熟前30～40天在树冠下地面铺设反光膜，可提高叶片的光合能力和促进果实着色。

4）人工补光：人工补光所用的光源有荧光灯、水银灯、卤化金属灯等。光源距地面2 m左右，一般于下午盖上草帘后开灯，22:00～24:00关灯，阴天也要补充光照。

5）加强树体管理：采用南北行栽植方式，选择适宜的栽植密度，采用适宜的树形与整形修剪技术等。

（四）二氧化碳气体调控

适时适量的增施二氧化碳可以提高设施桃的光能利用率，增加产量。增加二氧化碳的方法有：多施有机肥，1吨有机肥最终能释放出1.5吨二氧化碳；及时通风换气；人工增施二氧化碳气肥，如施用固体二氧化碳肥，通常于桃树开花前5天施用，每亩施40 kg，能使棚内二氧化碳浓度达到1000 μL/L，施后6天产气，有效期90天左右，高效期40～60天。

第六节　设施桃栽培周年管理

一、休眠期管理

（一）适时扣棚降温促进休眠

有些品种秋季不能自然落叶，可顺着枝条生长的方向捋掉叶片，注意不能损伤桃芽，同时将落叶清扫出温室。生产上也有用 8%尿素作化学脱叶剂的，但脱叶不宜过早，以免影响树体营养积累。然后采用“人工降温暗光促眠技术”促使桃树尽快进入休眠。

（二）适时升温控制成熟期

满足桃品种的休眠需冷量后即可升温。一般低温量达到 800 h 以上，即可满足大多数桃、油桃的自然休眠要求。升温还应考虑设施的保温效果，如改良式大棚由于保温效果不如温室，升温应适当推迟，让花期避过 1 月低温期。大规模生产时，还要考虑分批升温，控制果实成熟上市时间，防止成熟期过于集中。

（三）休眠期修剪

生产上多在升温后进行。采用较多的树形有三主枝自然开心形、二主枝“Y”形和圆柱形等，整形过程与露地基本一致。但设施栽培栽植密度通常较大，整形上必须注意群体结构。如同一行树要注意前低后高，前稀后密，开心形要中间低两侧高，达到开心效果，保证良好的通风透光条件。成型树的休眠期修剪主要任务是结果枝组和结果枝的修剪。结果枝组宜采用双枝更新方法，防止结果枝组延伸过长。树体中下部要注意培养大中型结果枝组，避免出现光秃带。结果枝修剪与露地相同，但结果枝要剪到复芽处，保证留下足够花芽量的同时，疏除过密枝和细弱枝。

二、催芽期管理

（一）温度管理

原则上是平缓升温控制高温，保持夜温。方法是前期通过揭开保温材料的多少或程度控制室内温度，后期通过放风控制温度过高。第一周设施内温度白天 13～15℃，夜间 6～8℃。第二周温度白天 16～18℃，夜间 7～10℃，此后设施内温度白天在 20～23℃，夜间 7～10℃，持续 16～20 天。这期间夜间温度不宜长时间低于 0℃，遇寒流需人工加温。一般升温后 40 天左右桃树即可进入萌芽阶段。

（二）保持湿度

升温后可灌一次透水，增加土壤含水量，提高设施内湿度，使空气相对湿度保持在 70%～80%，较高的湿度有利于萌芽。

（三）其他管理

升温后 1 周左右喷一次 3～5 波美度的石硫合剂，防治病虫害。地上管理完成后，尽早在全园覆盖地膜，提高地温，保证根系和地上部生长协调一致。

三、开花期管理

（一）温度、湿度管理

自桃萌芽期至开花期，生长发育适宜日均温度为 12～14℃，白天最高温度应控制在

22℃以下，夜间保持在5℃以上。桃的花粉在0～2℃发芽率为47.2%。说明桃树花期可以承受短时间的不低于0℃的低温。但遇寒流时要采取人工加温措施，将温度控制在0℃上，防止低温冻害。

花期空气湿度要控制在50%～60%。控制方法是打开天窗或放风口放风排湿；地面覆盖，减少土壤水分蒸发。

（二）光照管理

花期对温度和光照反应敏感，所以光照管理至关重要。具体方法如下：一是选择透光性能好的覆盖材料，聚乙烯无滴薄膜透光率为77%，是目前效果较好的覆盖材料；二是保证温度的前提下尽可能延长揭帘时间；三是合理密植、科学整形，保持良好的群体结构，达到行间透光、枝枝见光的效果；四是长时间阴雪天的情况下，需人工补光，可用白炽灯、卤化金属灯补充光照。此外，还要随时清除覆膜上的灰尘保证透光良好。

（三）人工辅助授粉

设施栽培桃树大多数品种可自花结实，但配置授粉树后坐果率更高。为提高授粉效果，需进行人工辅助授粉或利用蜜蜂传粉。

四、果实发育期管理

（一）温度、湿度管理

原则是防止白天温度过高，保持夜间适宜温度。

1. 第一迅速生长期

适宜温度为白天20～25℃，夜间在5℃以上。果实生长与昼夜温度及日平均温度呈高度正相关，生产上要控制好白天的最高温度，保持较高的日平均温度，保证果实生长发育的要求。

2. 硬核期

对温度反应不如迅速生长期敏感。这期间温度不宜过高，以免新梢徒长，导致落果及影响果实生长。最高温度控制在25℃以下，夜间温度控制在10℃左右。

3. 第二迅速生长期

白天温度控制在22～28℃，夜间控制在10～15℃，昼夜温差保持在10℃以上。温度过高或过低，品质都会下降。

（二）光照管理

在能保证设施内温度的前提下，尽可能地延长揭帘时间，延长光照时间。在晴天，加大通风口，让植株接受一定的直射光，提高花器的发育质量，对授粉受精有显著的促进作用。经常擦拭棚膜，增加透光量。遇到较长时间的阴雪天，采取人工补光措施。如用碘钨灯补充光照，还可以增加空气温度，效果比较好。在果实开始着色期，在温室后墙和树下铺反光膜。

（三）果实管理

桃树设施栽培多是采用早熟、中熟品种，疏果时间应适当提早，一般可疏果两次。第一次在落花后两周左右进行，当果实蚕豆大小时，疏掉发育不良的小果、双果和过密果。一般优先保留两侧果，去掉背上果（朝天果）。第二次疏果在硬核期之前，即在落花后 4～5 周进行。留果参考标准，以中型果为例，长果枝留 3～4 个，中果枝留 2～3 个，短果枝留 1 个或不留。疏果要预留 10%的保险系数。最后将每亩产量控制在 1250～2000 kg。

（四）新梢管理

背上直立枝、未坐果部位萌发的新梢要及时抹除，以节省营养，通风透光。坐果部位的新梢，长到 30 cm 左右时摘心。摘心后发出的副梢，除顶部留 1～2 个外，其余及时反复抹掉，控制新梢和副梢生长与果实发育争夺养分。对下垂枝要及时吊起，辅助新梢生长，改善通风透光条件，促进果实发育。

个别背上直立枝，在有空间的前提下可扭梢控制，但应与摘心配合使用，扭梢处理不应过多。

（五）肥水管理

设施栽培条件下要控制化肥的使用量和使用次数。一个生长季每亩的尿素使用量控制在 20～30 kg。提倡配方施肥，可按磷酸二铵：尿素：硫酸钾=1：1.3：1.8 的比例进行施肥。一般果实发育期内追 2 次肥，第一次在落花后追坐果肥，每株追磷酸二铵 50 g 和尿素 50 g；第二次在果实硬核期末追催果肥，每株施桃树专用肥等各种复合肥 200～300 g 和硫酸钾 50 g。设施内追肥宜适当深施，开 20～30 cm 深沟施肥后覆土盖严，覆土厚度不少于 10 cm，防止有害气体和减轻土壤盐渍化。

坐果后喷施 0.2%～0.3%的尿素 1～2 次，果实膨大期喷施 0.3%磷酸二氢钾 1～2 次，或喷高美施等叶面肥。在果实发育期内叶面喷肥共 2～3 次，最后 1 次应在采收前 20 天进行。

每次追肥后要及时灌水，坐果后、硬核期末各灌水一次，果实膨大期灌一次水。距果实采收前 15 天左右，不宜灌水，以免造成裂果。灌水时要采用膜下暗灌，控制空气湿度。同时注意防止浇水过多，造成新梢旺长和落果。

五、果实采收

设施栽培桃树果实成熟期不一致，应分期分批采收。通常根据上市或外运时间在早上或傍晚温度较低时采摘，采时要带果柄，并要做到轻拿轻放。采果的同时将采收完的节位上的新梢留 3～4 节短截，为下部果实打开光照，促进下部果实着色成熟。

采收的果实经过选果分级后装箱，通常用聚乙烯保温箱 5 kg 箱装。运输时也要轻装轻卸，尽量避免机械损伤。

六、桃病虫害防治历

桃在果实发育期主要病害有桃细菌性穿孔病、花腐病、灰霉病、炭疽病。主要害虫有桃潜叶蛾、蚜虫、二斑叶螨等。防治时间及措施见表 7-1。

表 7-1　优质无公害桃病虫害防治历

物候期	时间	主防对象	兼防对象	防治措施
休眠期	11 月至翌年 2 月下旬		食心虫、越冬蚜虫、螨、褐腐病	①刮树皮，清理病残枝叶，用药涂抹树干；②敌死虫矿物油 100～200 倍
萌芽前期	3 月上中旬	蚜虫、流胶病、草履蚧	叶螨、缩叶病、褐腐病、腐烂病	①人工灭蚜；②刮除防治腐烂病、流胶病喷 3～5 波美度石硫合剂
花期	3 月下旬至 4 月上旬	疏花定果		
落花期	4 月中下旬	缩叶病、褐腐病、桃蚜、桃潜叶蛾	细菌性穿孔病、流胶病、炭砠病、腐烂病、叶螨、生理落果	①先刮除后涂抹抗菌剂 402 乳油 100 倍，防治流胶病；②50%多菌灵（限用一次）800 倍+80%大生 1000 倍或 1.5%多抗霉素 300 倍防治缩叶病；③10%吡虫啉 3000 倍防治蚜虫
幼果期	5 月上中旬	桃蚜、缩叶病、梨小食心虫、苹果卷叶蛾	细菌性穿孔病、褐腐病、炭砠病、疮痂病、叶螨、桑白蚧	①70%甲基托布津（限用一次）1200 倍液+65%代森锌 600 倍防治病害；②25%灭幼脲III号（限用一次）2000 倍液或 2.5%功夫 2000 倍防治虫害
果实膨大期	5 月下旬至 6 月中旬	褐腐病、食心虫、叶螨、朝鲜球坚蚧	细菌性穿孔病、缩叶病、流胶病、疮痂病	①20%螨死净（限用一次）2000 倍防治螨类；②50%福美双（限用一次）600 倍或 50%扑海因（限用一次）1200 倍防治病害；③40.7%乐斯本（限用一次）2000 倍在麦收前 15～20 天防治桑白蚧
成熟期	6 月下旬至 7 月上中旬	细菌性穿孔病、疮痂病、褐腐病、食心虫、叶螨、潜叶蛾	炭砠病、疮痂病、褐锈病、叶螨、苹果卷叶蛾	①30%桃小灵 1200 倍或 25%灭幼脲III号（限用一次）2000 倍防治虫害；②40%多菌灵（限用一次）800 倍+80%大生 1000 倍防治病害
营养恢复期	7 月下旬至 8 月中旬	细菌性穿孔病、叶螨	炭砠病、流胶病、褐锈病	①5%菌毒清水剂 500 倍；②1∶2∶240 倍波尔多液
	8 月下旬至 10 月下旬	流胶病	细菌性穿孔病、褐腐病、褐锈病	①70%甲基托布津（限用一次）1000 倍液；②1∶2∶240 倍波尔多液

第八章　设施樱桃栽培

第一节　概　　述

一、樱桃栽培的意义

樱桃，又名荆桃、朱桃、英桃、鹦桃等，明代李时珍《本草纲目》记载："其果如璎珠，故谓之樱"璎樱同音，状似桃子，所以叫樱桃，属蔷薇科多年生木本植物，温带落叶果树。因其营养丰富，色泽鲜艳，玲珑晶莹，果实肉嫩多汁，甜酸可口，营养丰富，成熟期早，易加工，外观和内在品质皆佳，被誉为"果中珍品"。樱桃在落叶果树中果实成熟最早，有"早春第一果" 的美誉，果实成熟时正处春末夏初果品市场上新鲜果品青黄不接的时期。樱桃填补了鲜果供应的空白，对丰富市场、均衡果品周年供应、满足人民消费需要方面起着重要的作用。樱桃从开花到果实成熟仅 50～60 天，樱桃果实发育周期短，生长期间不喷药，果实无农药污染，是货真价实的"绿色保健食品"。樱桃利于调节鲜果淡季和均衡果品周年供应，是目前国际和国内市场价格最高、效益最好的果树之一。

樱桃营养丰富，医疗保健价值颇高。含有丰富的蛋白质，维生素 A、维生素 B、维生素 C，还有钾、钙、磷、铁等矿物质及多种维生素，低热量，高纤维。含多种维生素，胡萝卜素为苹果含量的 2.7 倍，维生素 A 比葡萄高 4 倍，维生素 C 的含量超过苹果和柑橘。含较多的钙、磷、铁，其中铁的含量在水果中居首位。每百克果肉中铁的含量是同等质量的草莓的 6 倍、枣的 10 倍、山楂的 13 倍、苹果的 20 倍，居各种水果之首。铁元素具有促进血红蛋白再生的作用，对贫血患者、老年人骨质疏松、儿童缺钙、缺铁均有一定的辅助治疗作用。樱桃还有药用价值，其果实、根、枝、叶、核皆可药用，樱桃果实有促进血红蛋白再生作用，贫血患者、眼角膜病者、皮肤干燥者多食甚为有益。

樱桃果实一般用于鲜食，但上市期较短，也适宜加工制成糖水樱桃罐头、樱桃汁、樱桃酒、樱桃脯、樱桃酱、樱桃羹、樱桃干、什锦樱桃等 20 余种产品。樱桃花期早，是早春的蜜源植物，可促进早春蜂群的繁殖和发展。樱桃树姿秀丽，花朵茂盛，果实绯红犹如玛瑙、又似宝石，是园林绿化及发展庭院经济的优良树种。

由于樱桃果实的生长期很短，从樱桃能食用到采摘约 10 天时间，所以就比其他果实大为省工。另外，樱桃的病虫害比较少，没有蚜虫危害，基本上没有侵害果实的食心虫及其他果实病害。另外目前大樱桃投资少产值高，是当前落叶果树中经济效益最高的树种，特别是发展设施栽培的樱桃，经济效益则更高。

二、栽培历史与分布

樱桃主要分布于北半球暖温带，亚洲、欧洲至北美洲均有分布。虽然樱桃属种类很多，但作为栽培的种并不多，其中栽培最多的是中国樱桃（*Cerasus pseudocerasus* Lindl.）、欧洲甜樱桃（*Cerasus avium* Lindl.）和欧洲酸樱桃（*Cerasus vulgaris* Mill）。

中国樱桃原产中国，《尔雅》《礼记》《齐民要术》等古书中称为荆桃、英桃、牛桃、朱樱等，都是樱桃的古名，至今已有 3000 多年的栽培历史，中国樱桃多零星分布，栽植分散，产量、效益低，现在有正被甜樱桃代替的趋势。中国樱桃著名品种有四川西昌的甜樱桃、江苏南京的垂丝樱桃、浙江诸暨的短柄樱桃、山东泰安的泰山樱桃、安徽太和的太和樱桃等。

欧洲甜樱桃起源于欧洲里海沿岸和亚洲西部地区，有 2000 多年的栽培历史，目前，在伊朗、外高加索、小亚细亚、印度北部、乌克兰等地的森林中仍可见到野生的甜樱桃。在公元前 1 世纪罗马帝国即开始栽培；公元 2～3 世纪传到欧洲大陆各地，以德国、英国、法国最为普及；16 世纪开始正式经济栽培；18 世纪初引入美国，1874 年以后日本从美国和欧洲引进甜樱桃；目前，世界上甜樱桃已广泛栽培。欧洲甜樱桃植株生长发育健壮，树高 30 m 以上，树干直径达 60 cm，寿命百年以上。目前，已经培育了 2000 个以上的栽培品种，逐渐形成了几大富有特色的栽培区域：北美栽培区、西欧栽培区、东欧栽培区、西亚栽培区、东亚栽培区、大洋洲栽培区等。

我国的甜樱桃栽培始于 19 世纪 70 年代，现在已形成了三大主产区，即山东烟台、辽宁大连和河北秦皇岛。另外，北京郊区、四川坝上、山东泰安等内陆地区及甘肃、陕西等亦有引种栽培。中国栽培的甜樱桃品种主要为欧美品种，主要品种有红灯、红艳、红蜜、早红、先锋、大紫、拉宾斯等。其中，红灯和先锋是最常见的品种，也是樱桃中两个较优质的品种。由于欧洲甜樱桃一般需 7.2℃以下低温 900～1400 h 方可完成冬季休眠，不能在中国南方大面积栽培。因而，在中国南方省区仍以中国樱桃为主栽品种。

欧洲酸樱桃起源于欧洲和西亚，也有 2000 多年的栽培历史，是 2 倍体甜樱桃和 4 倍体草原樱桃的杂交种，果实主要用于加工。与欧洲甜樱桃同期传入中国，但在中国栽培面积很小，也可用作砧木。

目前，我国樱桃栽培遍布云南及以北的 23 个省（自治区、直辖市），分为环渤海湾产区（山东、辽宁、河北、北京），陇海铁路东段沿线产区（陕西、河南、甘肃、江苏、山西、安徽），西南、西北高海拔产区（四川、云南、贵州、新疆、青海、西藏、宁夏），北方寒地设施栽培区（黑龙江、吉林、内蒙古），以及南方亚热带栽培区（云南、上海、浙江）5 个栽培区域。

三、设施樱桃栽培的发展

樱桃设施栽培的研究始于 20 世纪 70 年代的瑞士、意大利、德国、日本等国。2012 年，德国甜樱桃防雨栽培的面积为 200 hm^2，挪威几乎所有甜樱桃园都进行防雨栽培。我国甜樱桃设施栽培始于 20 世纪 90 年代。1991 年，山东烟台甜樱桃塑料大棚栽培获得成功；1994 年，辽宁大连甜樱桃日光温室栽培获得成功，随后在北京、河北、河南、陕西等地均有发展。目前，甜樱桃设施栽培主要集中在环渤海地区的山东和辽宁。山东主要在潍坊、烟台、青岛和临沂地区，辽宁主要集中在大连地区，两省的其他地区及河北、吉林、黑龙江、内蒙古、陕西、山西、新疆、甘肃、北京、河南等省市有零星栽培。

设施栽培技术的推广应用，突破了欧洲甜樱桃因对气候条件适应性较差而使其栽培受地域局限的问题，不但扩大了欧洲甜樱桃的栽培区域，而且使欧洲甜樱桃果实的供应期大大提前。其中人工强制休眠栽培技术，使欧洲甜樱桃果实的供应期比露地栽培欧洲甜樱桃果实的供应期，提早 120 天左右；日光温室栽培，使欧洲甜樱桃果实比露地栽培提早 90 天左右（塑料大棚栽培），使欧洲甜樱桃果实比露地的提早 50 天左右。提早上市的欧洲甜樱桃商品价值大增，其增幅可达到几倍至十几倍。延迟上市的欧洲甜樱桃使樱桃鲜果供应时间变长，售价大幅度提高。这些技术的应用，使欧洲甜樱桃种植的经济效益不断提高。

目前，甜樱桃设施栽培方式主要包括促成栽培、防雨栽培和越冬栽培。

（一）促成栽培

山东和辽宁为甜樱桃促成栽培主产区。辽宁大连主要采用日光温室进行促成栽培，该地区气候相对偏冷，甜樱桃进入休眠期早，大棚升温和上市时间较早，3 月中下旬开始上市，此时全国其他产区的樱桃都没有上市，价格优势明显，平均售价为 160 元/kg，最高达 440 元/kg。山东烟台、临朐、泰安、青岛、枣庄等地主要采用塑料大棚进行甜樱桃促成栽培，上市时间为 4 月上中旬，正值大连温室樱桃收获结束，露地还没有上市，价格优势明显，平均售价为 80 元/kg。

（二）防雨栽培

甜樱桃成熟前遇雨导致裂果，使果实丧失商品价值，有的品种（如布鲁克斯、雷尼）成熟期遇雨，裂果率甚至超过 50%，其他品种最低也达 20%。搭建防雨棚能够从根本上解决裂果问题，在果坐住后，上方搭上防雨棚，两侧挂上防鸟网，使用一个月左右，采果后，把棚膜撤掉来年备用，防雨的同时又防鸟害，一举两得。

（三）越冬栽培

主要针对冬季气温较低地区，冬季气温在–15～20℃且持续时间较长时，甜樱桃即会发生不同程度的冻害。越冬栽培冬季不需要生产，只是保证树体安全越冬即可，等到外界温度合适的时候，卷起棉被，正常生产。黑龙江的双鸭山、大庆龙凤区、牡丹江宁安农场及吉林的辉南县和内蒙古新城区都有栽培，作为这些地区特色农业，效益很好。

第二节　设施樱桃栽培的主要种类和优良品种

一、主要种类

樱桃属于蔷薇科（*Rosaceae*）樱属（*Cerasus* Mill）。本属约有 120 余种，但作为栽培的只有 5 个种，部分种用于栽培品种和砧木类型的选育，大部分种有待于进一步开发。

（一）栽培和育种中常用的种

1. 欧洲甜樱桃（*Cerasus avium* Lindl.）

又名大樱桃、西洋樱桃。乔木，高 10～30 m。树冠卵球形，树皮灰褐色，有光泽，具横生褐色皮孔，小枝浅红褐色。叶片卵形、倒卵形或椭圆形，长 1～17 cm，宽 5～8 cm，边缘有重锯齿，有 1～3 个紫红色腺体。伞形花序，每花序 1～5 朵花，多数 4～5 朵。果实圆球形或卵圆形，直径 1.1～2.5 cm。果肉较硬，果汁较多，味甜或稍有苦味。耐寒性比中国樱桃强，抗旱力较差。

2. 欧洲酸樱桃（*Cerasus vulgaris* Mill.）

小乔木或灌木。树冠圆头形。枝干灰紫色或浅棕紫色，有光泽。叶片倒卵形至卵圆形，长 5～7 cm，宽 3～5 cm，先端急尖，基部楔形，常有 2～4 个腺体，叶缘复锯齿，叶面粗糙，浓绿色，无毛；叶柄长 1～2 cm，无腺体，有锯齿。伞形花序，每花序 2～4 朵花，花瓣白色。果实球形或扁球形，鲜红色。果肉浅黄色，味酸，黏核。果实主要用于加工。

3. 中国樱桃（*Cerasus pseudocerasus* Lindl.）

又称草樱桃、小樱桃。乔木，高 6～8 m。叶片卵圆形至椭圆形，长 8～15 cm，侧脉 7～10 对；叶柄长 8～15 mm；托叶常 3～4 裂。花先于叶开放，3～6 朵成伞形花序或有梗的总状花序；花直径 1.5～2.5 cm，花梗长 1.5 cm，具短柔毛，花瓣白色，卵圆形至近圆形。果实近球形，红色、粉红色、紫红色或乳黄色。果肉柔软多汁，不耐储运，核卵形，微扁。果实主要用于鲜食和加工，果实明显小于欧洲甜樱桃和欧洲酸樱桃，可选作砧木。

4. 毛樱桃（*Cerasus tomeontosa* Thunb.）

原产于中国。株高 2～3 m，冠径 3～3.5 m。有直立型、开张型两类，为多枝干形。叶芽着生枝条顶端及叶腋间、花芽为纯花芽，与叶芽复生，萌芽率高，成枝力中等，隐芽寿命长。花芽量大，花先叶开放，白色至淡粉红色，萼片红色，坐果率高。适应性极强。在西南、西北、东北、华北均有栽培，果实可食用，主要用于砧木。

5. 草原樱桃（*Cerasus fruticosa* Pall.）

灌木，高 1～2 m。叶片厚硬，倒卵形至长卵椭圆形，长 2～5 cm，宽 0.8～2 cm，先端急尖或圆钝锯齿，两面无毛；叶柄长 3～10 mm，无腺体。花序伞形，无柄或短柄；花直径 1.2～1.5 cm，花梗长 1.5～2.5 cm，花瓣白色，长圆倒卵形。果实卵形、球形或扁球形，直径 0.8～1.5 cm，红色或暗红色。野生于亚洲东南部和欧洲中西部，果可食用，可用作砧木。

6. 马哈利樱桃（*Cerasus mahalab* Lindl.）

又称圆叶樱桃。原产于欧洲中部、南部及小亚细亚。乔木，高达 10 m。主干矮，分枝多，形成广开树冠，小枝幼叶密被短茸毛。叶片圆形至宽卵形，长 3～6 cm，先端短尖，基部圆形或近心形，边缘有圆钝细锯齿。花 6～10 朵，成总状花序；花直径 1.5 cm，花瓣白色，微香。果实球形，直径约 6 mm，黑紫色，不能食用。主用于砧木。

7. 山樱桃（*Cerasus serrulatal* Lindl.）

产于华北、华东各省，有很多变型，多用作砧木。

（二）具有潜在品种改良价值或作砧木用的樱桃种

具有潜在品种改良价值或作砧木用的樱桃种有：中国的矮化樱桃种郁李（*Cerasus gaponica*（Thunb.）Lois.），观赏价值很高的日本早樱（*Cerasus subhirtella* Lindl.）、豆樱（*Cerasus imcisa* Lindl.），野生于中国中部和西部的灰毛樱桃（*Cerasus canescens* Lindl.）。此外还有西沙樱桃（*Cerasus besstyi* Lindl.）、野生针樱桃（*Cerasus pensylvanica* Lindl.）、野生黑樱桃（*Cerasus sevotina* Lindl.）等。

二、优良品种

（一）甜樱桃

1. 早红宝石

又名早鲁宾，乌克兰培育的早熟品种，其亲本为法兰西斯×早熟马尔其。果个中大，单果重 5～6 g，阔心脏形，紫红色，果点玫瑰红色，果皮细，易剥离。肉质细嫩、多汁，酸甜适口，鲜食品质优。花后 27～30 天果实成熟。植株生长强健，生长较快、树体大。以花束状果枝和一年生果枝结果，结果早。自花不实，需配置授粉树。抗寒、抗旱。

2. 乌梅极早

乌克兰培育的早熟品种，其亲本为法兰西斯·约瑟夫×早熟马尔其。果个大，整齐，单果重 6～7 g，心脏形，红色，皮细，易剥皮。果肉鲜红色，多汁，细嫩爽口，具有葡萄型甜味，果汁玫瑰红色，离核，品质优。花后 28～32 天果实成熟，成熟期一致。植株生长健壮，以花束状果枝和一年生果枝结果。嫁接苗栽后第 3～4 年始果。抗寒、抗旱。

3. 极佳

乌克兰大樱桃品种中最好的授粉品种。果个大，单果重 6～8 g，果皮紫红色。果肉紫红色带有白色纹理，半硬肉，质细多汁，汁浓紫红色，具有葡萄型甜味，品质佳。果核圆，光滑。花后 32～35 天果实成熟。植株生长强健，混合枝、长果枝花束状结果枝均可结果，嫁接苗栽后第 3～4 年始果。花粉量大。抗寒、抗旱。

4. 抉择

果个大，单果重 9～11 g，果实圆形至心脏形，果顶浑圆，果梗粗，较短。果皮紫红至暗红色，皮薄，韧性强，易剥离，裂果轻。果肉紫红色至暗红色，较硬，肉质细腻多汁，甜酸可口，果皮无涩味。半黏核至离核，品质极佳。花后 42～45 天果实成熟，成熟后挂树期长达 2 周，果不落不软烂，品质不变。树势强健，树体高大，早果丰产性极佳。抗寒、抗旱。

5. 大紫

又名大红袍、大红樱桃、大叶子。原产于俄罗斯，是我国目前主栽的品种之一。平均单果重 6.0 g 左右，最大可达 10 g。果实心脏形或宽心脏形，果梗中长而较细。果皮初熟时浅红色，成熟后为紫红色或深紫红色，有光泽，皮薄易剥离。果肉浅红色至红色，质地软，汁多味甜，品质中上，果核大。花后 40 天左右果实成熟，成熟期不太一致，需分批采收。树势强健，幼树期枝条较直立，随着结果量增加逐渐开张。萌芽力高，成枝力较强，节间长，枝条细，树冠大，树体不紧凑，树冠内部容易光秃。

6. 意大利早红

又名莫勒乌。原产法国。果实短鸡心形，单果重 8～10 g，最大 12 g。果皮紫红色。果肉红色，肉厚细嫩，硬脆，汁多，风味酸甜，品质优。果实发育期 32 天左右。果实不裂果，耐储运。生长势强，树姿开张，萌芽力、成枝力高。花芽大，饱满，成花易。适应性强，抗寒、抗旱。在山丘砾石土壤和沙壤土中栽植生长良好。

7. 芝罘红

原名烟台红樱桃。果个大，平均单果重 8 g，最大果重 9.5 g。果实圆球形，梗洼处缝合线有短深沟。果梗长而粗，不易与果实分离，采前落果较轻。果皮鲜红色，具光泽，外形极美观。果肉浅红色，质地较硬，汁多，浅红色，酸甜适口，风味佳，品质上。果皮不易剥离。离核，核较小。成熟期比大紫晚 3～5 天，几乎与红灯同时成熟，成熟期较一致，耐储运性强。树势强健，生长旺盛，萌芽力、成枝力高。枝条粗壮，直立。各类果枝均有较强的结果能力，丰产稳产。

8. 红灯

大连农业科学研究所育成，其亲本为那翁×黄玉。果个大，平均单果重 9.6 g，最大果达 12 g。果实肾脏形，果梗粗短。果皮红至紫红色，富光泽，色泽艳丽，外形美观。果肉淡黄、半软、汁多，味甜酸适口。核小，半离核。成熟期较早，在大紫采收的后期开始采收。采前遇雨有轻微裂果。树势强健，生长旺盛，幼树直立生长，生长迅速，盛果期逐渐开张，进入结果期稍晚，但连续丰产能力强，产量高。

9. 红艳

大连农业科学研究所育成，亲本为那翁×黄玉。果实宽心脏形，大小整齐，平均单果重 8 g，最大可达 10 g。果皮底色浅黄，阳面着鲜红色，外观色泽鲜艳，有光泽。果肉黄白色，肥厚多汁，肉质较软，质地细腻，酸甜味浓，品质上，但不耐储运。树势强健，树冠半开张，萌芽力、成枝力均较强，坐果率高，早果丰产。有一定自花结实能力。

成熟期与红灯相近。

10. 美早

美国品种。果实阔心脏形，平均果重 11.38 g，最大果重 13.2 g。果皮全面浓红色，充分成熟时紫红色，有光泽，极艳丽美观。果肉浅黄色，质脆，酸甜适口，风味佳、品质优，较耐储运。比红灯晚熟 2～3 天，但成熟期一致性好于红灯。树势强健，树姿半开张。幼树萌芽力、成枝力均强。以中短枝和花束状果枝结果为主，自花结实率低，需配置授粉树。较丰产，抗病、抗寒性强。

11. 龙冠

中国农业科学院郑州果树研究所育成，其亲本那翁×大紫。果实宽心脏形，平均果重 6.8 g，最大果重 12 g。果皮呈宝石红色。肉质较硬，果肉及汁液呈紫红色，汁液中多，酸甜适口，风味浓郁，品质优良。核椭圆形，黏核。果实较耐储运。树体生长健壮，开花整齐，自花坐果率高达 25%～30%，果实发育期为 40 天左右。早果丰产，适应性、抗逆性均强。

12. 胜利

乌克兰品种。果实扁圆锥形，紫红色。果个大，单果重 10～12 g，最大果重达 15 g 以上。果肉红色，质地较硬，细腻多汁，酸甜可口，果皮韧性强，不裂果，品质极佳，耐运输。花后 45～50 天果实成熟，但成熟后可在树上挂 20 天以上而果实不软、不烂、不落、品质不变。树势强健，生长快，早丰产。抗寒、抗旱。

13. 先锋

果个大，平均单果重 8.6 g，最大果重 10.5 g。果实肾脏形，紫红色，光泽艳丽，缝合线明显，果梗短粗为其明显的特征。果皮厚而韧。果肉玫瑰红色，肉质脆硬，肥厚，汁多，酸甜可口，风味好，品质佳。核小，圆形。成熟期较红灯晚 10 天左右，耐储运。树势强健，枝条粗壮，丰产性较好。抗逆性强。紧凑型先锋的早实性、丰产性等果实性状与先锋相同，唯一不同的是，树冠比先锋小而紧凑，更适于密植栽培。

14. 雷尼

又叫雷尼尔，美国以滨库×先锋育成的中熟黄色品种。果实心脏形。果个大，平均单果重 8～9 g，最大果达 12 g，果实大小整齐。果皮底色黄色，有鲜红色红晕，在光照好的部位可全面红色。果肉无色，质地较硬，品质极佳。离核，核小。果皮韧性好，裂果轻，较耐储运，生食、加工皆宜。树势强健，枝条粗壮，节间短，树冠紧凑，以短果枝结果为主，早果丰产。抗逆性强。

15. 宇宙

乌克兰品种，以庄园×早果育成的晚熟品种。果实圆形至心脏形，果皮深红色。果个大，平均单果重 9～11 g。果肉红色，质地较硬，细腻多汁，酸甜可口，品质极好，耐运输。果核小。花后 50～55 天果实成熟。树势强旺，以花束状果枝和一年生果枝结果为主，早果丰产性较好。成熟期较红灯晚 20 天左右，果实成熟后可挂树延迟采收 20 天以上。抗寒、抗旱。

16. 滨库

美国品种。果个大，平均单果重 7.2 g。果实心脏形。梗洼宽、深，果顶平，近梗洼处缝合线侧有短深沟，果梗粗短。果皮浓红色至紫红色，外形美观，果皮厚。果肉粉红，质地脆硬，汁中多，淡红色，酸甜适度，品质上。半离核，核小。成熟期较红灯晚 10 天至半月。树势强健，树姿较开张，枝条粗壮、直立，树冠大，以花束状果枝和短果枝结果为主。丰产、稳产性好，耐储运，采前遇雨有裂果现象。适应性较强。

17. 斯坦勒

又名斯坦拉，加拿大品种。果个大或中大，平均单果重 7.1～9 g，最大可达 10 g 以上。果实心脏形，果梗细长。果皮深红色，厚而韧，不易裂果。果肉淡红色，肉质硬而细密，果汁中多，酸甜适口，风味较佳，较耐储运。核中大，卵圆形。树势强健，树姿开张。早果丰产性好。自花结实力强，花粉量大，是优良的授粉品种。本品种抗寒性稍差。

18. 拉宾斯

加拿大以先锋×斯坦勒杂交育成的晚熟品种。果个大，平均单果重 8 g。果实近圆形或卵圆形，紫红色，有光泽，外观美丽。果皮厚而韧，裂果轻。果肉肥厚，质脆而较硬，果汁多，风味较佳，品质上。树势强健，树姿较直立，自花结实，早果丰产。耐寒。

19. 佳红

大连农业科学研究所培育的品种，亲本为滨库×香蕉。大小整齐，平均单果重 10 g 左右，最大可达 15 g。果实宽心脏形。果皮底色浅黄，向阳面着鲜红色彩霞，外观色彩艳丽，有光泽，极美丽。果肉浅黄白色，质地较脆，肥厚多汁。黏核。鲜食品质极佳，较耐储运。成熟期比红灯晚 1 周左右。树势强健，枝条横生或下垂，树冠开张，萌芽率高，成枝力强，早果丰产。

20. 友谊

乌克兰品种。果个大，平均单果重 12 g。果实圆形至心脏形，大小整齐一致。果皮深红色。果肉红色，细腻多汁，肉质较硬，耐运输，鲜食品质极佳。核小。果皮韧性强，不裂果。成熟期比红灯晚 20～30 天。果实成熟后可挂树延迟采收，挂树时间可达 20 天以上，果实不软、不烂、不裂、不落，品质不变。

21. 奇好

乌克兰用庄园和乌梅极早杂交育成的晚熟品种。果个大，平均单果重 8～9 g，最大可达 15 g 以上。果实圆形至心脏形。果皮深红色。果肉红色，细腻多汁，酸甜可口，肉质较硬，鲜食品质极佳，耐运输。成熟期较红灯晚 20 天以上，果实成熟后可挂树延迟采收近 1 个月而不落、不裂、不烂，品质不变。树体较大，树姿开展而速生，分枝多，以花束状果枝和一年生果枝结果为主。耐旱，耐寒。

（二）酸樱桃品种

1. 顽童

果个大，整齐一致，单果重 5.5 g。果实扁圆形。果皮浓紫红色或近黑色。果肉紫红色，细嫩多汁，酸甜爽口，鲜食品质佳。花后果实 50～55 天成熟。果实亦适宜加工。植株健壮，早果丰产，抗寒、抗旱，抗细菌病害，适应性强。

2. 相约

果个特大，单果重 8～9 g。果实扁圆形。果皮紫红色。果肉红色，细嫩多汁，肉质软，酸甜适口，果汁红色，鲜食品质极佳。花后 50～60 天果实成熟，适宜加工。植株长势中庸偏弱，部分自花结实。结果早，较丰产，抗旱、抗寒力中等。

3. 美味

果个大，整齐，单果重 6～8 g。果实圆形。果皮红色。果肉玫瑰红色，细嫩柔软，具葡萄甜味，汁液玫瑰红色，鲜食品质极佳。花后 60～65 天果实成熟，适于加工。植株健壮，抗寒、抗旱力中等，对细菌性病害、褐腐病抗性中等。

4. 毛把酸

果个小，平均果重 2.5～2.9 g。果实圆球形或扁圆形。果皮浓紫红色，具有蜡状光泽。果肉柔嫩多汁，酸甜，品质中上。核小，离核。果柄基部常有苞片或小叶状，为其典型特征。适应性强，抗寒、抗旱，耐瘠薄。

5. 斯塔克

树冠比普通型蒙特莫伦斯略小，适于机械采收。早熟性、丰产性均比蒙特莫伦斯好，其他特点与其相似，自花结果。不带樱桃黄矮病毒和环斑坏死病毒。

第三节　樱桃的生物学特性

一、生长习性

（一）根系生长特性

樱桃的根按它们的发生部位可分为主根、侧根和不定根。主根是砧木种子的胚根发育而成，从主根上长出的根称为侧根，从茎基部长出的根称为不定根，这些根构成了植株的根系。樱桃的根系主根不发达，主要由侧根向斜侧方向伸展，一般根系较浅，须根较多，但不同种类有一定差别。

樱桃的根系呼吸强度较大，在土壤中分布较浅，多数根系分布在 50～60 cm 的土层中，最深达 1.8 m；水平扩展范围约为树冠范围的 2.5 倍，但主根不发达。樱桃根系的发育程度和分布决定着树体的生长势和固地能力，不同的砧木类型、土壤质地和耕作方法对根系的发育和分布有很大的影响。我国普遍用中国樱桃（也称小樱桃、草樱桃）作樱桃的砧木，中国樱桃砧木的根系水平扩展的范围广，但骨干根和须根分布较浅，主要集中在 10～35 cm 的表层土壤，所以其固地性较差。国内外近年推广的樱桃半矮化砧 ZY-1 和考特（Colt），根系发达，固地能力强。用种子繁殖的砧木，垂直向下的主根较发达，根系分布较深；扦插或压条繁殖的砧木水平根系发育较强，垂直向下的根系较少，根系分布较浅。中国樱桃、酸樱桃根系由于呼吸强度较大，分布较浅，所以耐水性较弱，对积水非常敏感，在雨季如果发生土壤内渍水，可导致根系缺氧而腐烂死亡，同样的原因使其也不耐干旱。

樱桃树根系易发生根蘖苗，常围绕树干丛生出大量根蘖苗。

（二）枝芽特性

樱桃芽的种类按其着生位置，可分为顶芽、侧芽（腋芽）；按其性质可分为花芽和叶芽两类。甜樱桃的顶芽全是叶芽；侧芽为叶芽或花芽。长中果枝及混合枝的中上部侧芽均是叶芽；中、短果枝的下部 5～10 个芽多为花芽，上部侧芽多为叶芽。樱桃的潜伏芽是由副芽或芽鳞、过渡叶叶腋中的瘦芽发育而来，是侧芽的一种。

樱桃的萌芽力较强，不同种和品种之间的成枝力有所不同。中国樱桃和酸樱桃成枝力较强；甜樱桃成枝力较弱，一般在剪口下抽生 3～5 个中、长发育枝，其余的芽抽生短枝或叶丛枝，基部极少数的芽不萌发而变成潜伏芽（隐芽）。甜樱桃的萌芽力较强，一年生枝上的芽，除基部几个发育程度较差外几乎全部萌发，易形成一串短枝，是结果的基础。樱桃枝条如果不短截，其顶芽延长生长，不易形成生长强的分枝，故幼树需通过冬季短截来培养骨干枝和增加枝量。

樱桃的花芽为纯花芽，每个花芽萌发后可开 1～5 朵花，个别品种甚至可达 6～7 朵。开花结果后着生花芽的节位会光秃，不再抽生枝条。所以在先端叶芽抽枝延伸生长过程中，枝条后部和树冠内膛容易发生光秃，造成结果部位外移，尤其生长强旺、拉枝不到位的树更是如此。

樱桃潜伏芽的寿命较长。中国樱桃 70～80 年生的大树，当主干或大枝受损或受到刺激后，潜伏芽便可萌发枝条更新原来的大枝或主干。甜樱桃 20 ～30 年生的大树其主枝也很容易更新。潜伏芽抽生的枝条多生长强旺，呈徒长状态，可用于骨干枝和树冠更新。

樱桃的枝条按其性质可分为营养枝（也称发育枝或生长枝）和结果枝两类。营养枝顶芽和侧芽都是叶芽。幼龄树和生长旺盛的树一般都形成发育枝，叶芽萌发后抽枝展叶，是形成骨干枝，扩大树冠的基础。进入盛果期和树势较弱的树；抽生发育枝的能力越来越小，使发育枝基部一部分侧芽也变成花芽，发育枝本身成了既是发育枝，又是结果枝的混合枝。幼树上发育枝较多，其前端叶芽延伸生长，扩大树冠，下部腋芽抽生结果枝。进入结果期后，大部分一年生枝顶芽为叶芽外，腋芽多为花芽，称为结果枝。樱桃的结果枝按其长短和特点分为混合枝、长果枝、中果枝、短果枝和花束状果枝 5 种类型（图 8-1）。

图 8-1 樱桃生长期的各类结果枝（高新一和王玉英，1999）

1. 混合枝；2. 长果枝；3. 中果枝；4. 短果枝；5. 花束状果枝

1. 混合枝

长度在 20 cm 以上。中上部的侧芽全部是叶芽，枝条基部几个侧芽为花芽。这种枝条既能发枝长叶，扩大树冠，又能开花结果。这种枝条上的花芽发育质量差、坐果率低、果实成熟晚、品质较差。

2. 长果枝

长度为 15～20 cm。除顶芽及其邻近几个侧芽为叶芽外，其余侧芽均为花芽。结果后中下部光秃，只有顶部几个芽继续抽生出长度不同的果枝。初期结果的树上，这类果枝占有一定的比例，进入盛果期后，长果枝比例减少。

3. 中果枝

长度为 5～15 cm。除顶芽为叶芽外，侧芽全部为花芽。一般分布在 2 年生枝的中上部，数量不多，也不是主要的果枝类型。

4. 短果枝

长度在 5 cm 以下。除顶芽为叶芽外，其余芽全部为花芽。通常分布在 2 年生枝中下部或 3 年生枝条的上部，数量较多。短果枝上的花芽，一般发育质量较好，坐果率也高，是樱桃的主要果枝类型之一。

5. 花束状果枝

一种极短的结果枝，年生长量很小，仅 1～2 cm，节间很短，除顶芽为叶芽外，其余均为花芽，围绕在叶芽的周围。花芽紧密成簇，开花时好像花簇一样，故称花束状果枝。这种枝上的花芽质量好，坐果率高，果实品质好，是盛果期樱桃树最主要的果枝类型。花束状果枝的寿命较长，一般可达 7～10 年，那翁品种甚至长达 20 年。一般壮树壮枝上的花束状果枝花芽数量多，坐果率也高，弱树、弱枝则相反。由于这类枝条每年只延长一小段，结果部位外移很缓慢，产量高而稳定。

从结果能力看，长果枝坐果力较差，一般在 40%左右；中果枝结果能力因品种而不同；短果枝坐果率高，果实品质亦佳；花束状果枝是盛果期旺树上的主要结果枝，坐果率能达 80%左右，果实品质最佳，而且寿命长，可连续结果 10～20 年。中国樱桃、酸樱桃在初果期，长、中果枝的比例大，而在盛果期则以短果枝和花束状果枝为主。甜樱桃在盛果期初期有些品种以短果枝结果为主，如大紫、红蜜、红艳等品种，有些品种以花束状果枝结果为主，如那翁、宾库、雷尼、红灯等。

（三）樱桃叶片的生长发育

樱桃叶为卵圆形，倒卵形或椭圆形。先端渐尖，基部有腺体 1～3 个，颜色与果实颜色相关。一般中国樱桃树叶较小而甜樱桃叶较大，另外中国樱桃叶缘锯齿多尖锐，甜樱桃叶缘锯齿比较圆钝。叶的大小、形状及颜色，不同品种有一定差异。

随着春季温度的升高，樱桃萌芽后，叶片逐渐展开，同一片叶从伸出芽外至展至最大约需 7 天。叶片展到最大以后功能并未达到最强，此时从叶片外观上看比较柔嫩、叶片薄，色嫩绿至浅绿，叶肉结构尚不完善，叶绿素含量低。再经过 5～7 天的时间，叶片内部结构进一步完善，叶绿素含量增加，叶表的角质层和蜡质层也发育完善，此时叶片从外观上看颜色变深绿而富有光泽、较厚、有弹性，功能达到最强，称为“亮叶期”或“转色期”。之后叶片的功能可保持较高的稳定水平直至落叶。新梢先端 1～3 片叶转色快、叶厚而亮、弹性好，说明植株养分供应充足而均衡。甜樱桃丰产园的叶面积指数在 2～2.6 为宜。

（四）樱桃枝条的生长发育特性

甜樱桃叶芽萌动一般比花芽晚 5～7 天，叶芽萌发后，有一短暂的新梢生长期，历时约 1 周，展叶 4～5 片，形成一莲座状叶片密集的短节间新梢。进入花期以后，新梢生长极为缓慢，短果枝和花束状果枝此期即封顶，不再生长。花期以后新梢进入旺盛的春梢生长阶段。在甜樱桃幼旺树上，春梢生长一直延续至 6 月底 7 月初。7 月中旬前后，秋梢开始生长。幼旺树剪口芽当年抽生新梢可达 2.5 m 以上。

二、结果习性

（一）花和花芽分化

1. 樱桃的花

樱桃的花是果实质量和产量的保障。樱桃为伞形花序，花朵为子房下位花。樱桃大部分属于异花授粉，种植时需要配置授粉树。

花是由花柄、花萼、雌蕊、雄蕊和花瓣组成。雄蕊是由花药和花丝组成；雌蕊是由柱头、花柱和子房组成。花萼会在子房附近形成花蜜，诱导蜜蜂在采蜜的时候，尽可能的附着更多的花粉，同时触碰柱头，完成授粉受精的过程。花萼也是保护花器官的重要组成部分。使用辅助坐果药剂不当时，会出现花萼和柱头不掉的现象。开花后2～4天，柱头的黏性最强，为最佳授粉时期。亲和性良好的花粉，授粉受精后，子房膨大，将会发育成果实。当外界环境降到4℃以下时，授粉受精的过程会受到影响，因此花期的夜间温度要保持在5℃以上。温室花期白天温度过高，柱头会失水，影响授粉效果。

甜樱桃从萌芽到开花，需要经历20～30天，需要经过吐绿、分露、吐白、开花、落瓣等时期。甜樱桃的花大部分在夜间开放，当日平均气温达到15℃时开花，花期可持续1～2周。因甜樱桃花期早和有在夜间开放的习性，所以易遭晚霜伤害。

2. 樱桃的花芽分化

樱桃花芽分化的特点是分化时间早、分化时期集中、分化速度快。包括生理分化期和形态分化期两个阶段，生理分化期大致在硬核期，形态分化期一般在采果后10天左右开始，整个形态分化期需40～45天。分化时期的早晚与果枝类型、树龄、品种等有关。花束状果枝和短果枝比长果枝和混合枝早；成龄树比生长旺盛的幼树早；早熟品种比晚熟品种早。在进行摘心、剪梢处理的树上，二次枝基部有时亦可分化花芽，形成一条枝上两段成花的现象。花束状果枝和短果枝上的花芽在硬核期就开始分化，果实采收后10天左右，花芽开始大量分化。叶芽萌动后，长成具有6～7片叶簇的新梢的基部各节，其腋芽多能分化成花芽，第二年结果。而开花后长出的新梢顶部各节，一般不能成花。

甜樱桃当年生新梢基部1～5芽或1～7芽容易形成腋花芽，对形成早期产量非常有益，一年生枝条甩放后，顶端易萌发“五叉头”式的多个新梢，根据“新梢基部易形成腋花芽”的特点，留一旺梢继续向外延伸，对于其他新梢，采取多次摘心的方式，控制生长，促进成花。一年生枝条甩放后，除背上萌生少数旺梢外，其他芽眼萌生叶丛枝；部分叶丛枝当年能形成花芽，其成花规律是从甩放枝顶端向枝条基部的顺序成花，即枝条中上部（或中前端）的叶丛枝易形成死枝（芽），形成局部光秃带。根据这一特点，栽培者在整形修剪中必须采取相应的措施，防止光秃带形成。

（二）开花坐果

当日平均气温达到10℃左右时，花芽便开始萌动。日平均温度达到15℃左右时便开始开花，花期7～14天，长时20天，品种间相差5天。中国樱桃比甜樱桃早25天左右，常在花期遇到晚霜危害，严重时绝产。

不同樱桃种类之间自花结实能力差别很大。中国樱桃自花结实，欧洲樱桃多自交不亲和，但酸樱桃和甜樱桃中都有自交亲和的品种，如甜樱桃中的Stella、Compact stella、Sunburst；酸樱桃中的Meteor、Montmorenly、Favorit、Surefiredeng等。樱桃的自交不亲和属于配子体自交不亲和，花粉管的生长在花柱中受抑制而不能到达胚珠。因此，在建立甜樱桃园时要特别注意搭配有亲和力的授粉品种，并进行花期放蜂或人工授粉。

（三）果实发育

樱桃果实的生长发育期较短。中国樱桃从开花到果实成熟 40～50 天；甜樱桃早熟品种 30～40 天，中熟品种 50 天左右，晚熟品种 60 天左右。樱桃的果实生长曲线为双 S 形。欧洲甜樱桃果实发育期短，一般 30～80 天。果实发育过程可划分为三个时期：第一次速长期、硬核和胚发育期、第二次速长期。

第一次速长期，从谢花后开始至硬核前。主要特点是子房细胞分裂旺盛，果柄维管束发育完善，该期结束时果核生长至果实成熟时大小，呈白色，未木质化。胚乳也迅速发育。这一时期为 10～15 天，如拉宾斯、先锋、斯得拉为 11 天，斯帕克里为 15 天。这一时期果实大小为采收时果实大小的 10%～25%，如斯得拉 25.51%、先锋 9%、拉宾斯 14.19%。这一时期果实的生长表现为纵径增长量大于横径增长量。

硬核和胚发育期的主要特点是，果实纵径、横径增长缓慢，果核由白色逐渐木质化为褐色并硬化，胚乳逐渐为胚的发育吸收消耗。这一时期需 8～20 天，如斯得拉 17 天、先锋 12 天、拉宾斯 13 天。这段时间单果重的实际增长量，是采收时果实大小的 10%以下，如斯得拉 9.76%、先锋 6.94%、拉宾斯 6.5%。此期要保证水分的平稳供应，干旱、水涝均易引起大量幼果黄落。此期的长短是决定果实成熟早晚的关键时期，早、中、晚熟品种的果实发育期长短也主要决定于此期。即使同一品种，不同年份间果实发育期长短不同，其差别也主要在此期。

第二次果实速长期，即果实迅速膨大期，自硬核后至果实成熟。主要特点是果实迅速膨大，横径增长量大于纵径增长量。此期的长短大约为 3 周，如斯得拉 20 天，先锋 21 天、拉宾斯 21 天、若待果实变为紫红色，需更长天数。此期果实的增长量占采收时果实大小的 70%～90%，如斯得拉 72.6%、先锋 90.6%、拉宾斯 74.8%。此期充足的水肥供应，较冷凉的气候条件，可使果实充分膨大。此期，若天气高温（25℃左右），会降低果实的膨大量，提早成熟。果实颜色转白至完全着色成熟期间，膨大尤为明显，但此时遇大雨或灌大水，极易引起裂果。所以，此期既要保证充足的水分供应，又要保持土壤湿度不大起大落，还要增施速效性肥料樱桃果实在发育的后期易裂果，甜樱桃、酸樱桃更是如此。

三、对环境条件的要求

（一）温度

樱桃从落叶开始，应该有 1400 多个小时的休眠期，此时的相宜温度是 7℃以下。樱桃是喜温而不耐寒的落叶果树，中国樱桃原产于我国长江流域，适应温暖湿润的天气，耐寒力较弱，故长江流域及北方小气候比较温暖地区栽培较多。甜樱桃和酸樱桃原产于西亚和欧洲等地，适应比较凉爽干燥的气候，在我国华北、西北及东北南部栽培较适宜。但夏季高温干燥对甜樱桃生长不利。

樱桃为喜光树种，不耐寒，不耐旱，适于在年平均气温 10～15℃的地区栽培。一年中日平均温度高于 10℃的天数至少在 150～200 天。欧洲甜樱桃越冬休眠期的临界低温不得低于是–20℃。当气温达到–20℃以下时就发生冻害。欧洲甜樱桃发芽期适宜的温度为 10℃，开花期适宜温度为 15℃，欧洲甜樱桃显蕾后抗寒力降低，花蕾期发生冻害的临界温度为 1.7℃，在–3℃下 4 h 花蕾会 100%受冻。花期霜冻是欧洲甜樱桃最主要的低温伤害。7.2℃以下低温 900～1400 小时可完成冬季休眠。果实发育到成熟期适宜温度为 20℃。

（二）水分

中国樱桃的栽培区，除南方雨水充沛外，北方多选择山坡沟谷小气候较湿润的地区栽培。我国甜樱桃的主要栽培区，目前多分布在渤海湾的山东烟台、辽宁大连等地，这两地靠近海，年降雨量为 600～900 mm，空气也比较湿润。降雨量少的地域种植甜樱桃，这些地域如温度相宜，光照充足，有浇灌前提，也适于甜樱桃生长，并且优质高产。

樱桃对水分状况很敏感，既不抗旱，也不耐涝。欧洲甜樱桃根系分布比较深，抗旱能力差，但其叶片大，蒸腾作用强，所以需要较多的水分供应，故有“樱桃不离水”的俗语。一般地说欧洲甜樱桃适于年降水量 600～800 mm 的地区生长。有灌溉设施的不受年降水量影响。如果土壤含水量下降到 11%～12%时就会引起大量落果；下降到 10%左右时地上部分就停止生气；下降到 7%时，叶片发生萎蔫。

欧洲甜樱桃的根系要求良好的通透条件，果园积水时，土壤的含氧量减少，就会引起根系窒息而引起烂根、流胶，甚至引起整树死亡。所以欧洲甜樱桃园要建在排水良好的地方，园内要起垅栽种，以便随时排除园内的渍水。

（三）光照

樱桃是喜光树种，尤其是甜樱桃，其次是酸樱桃和毛樱桃，中国樱桃比较耐荫。光饱和点为（40～60）×103 lx，光补偿点 400 lx 左右。在良好的光照条件下，树体健壮，果枝寿命长，花芽充实，坐果率高，果实成熟早，品质好。

（四）土壤

欧洲甜樱桃适宜在土层深厚，质地疏松、肥力较高的砾质壤土、沙壤土、壤土或轻黏土壤上栽培，根分布较深，根系发达，生长健壮。在黏重土壤上，根系发育不良，导致植株生长不良。当土壤有机质含量达到 12%时，大樱桃栽后 2 年就开始结果，4 年就可丰产，最高亩产可达 2000 kg 以上，优质果品率高。当土壤有机质含量低于 1%时，果个小、味道差、产量低，很难生产出优质果品。

欧洲甜樱桃要求土壤为接近中性的土壤。欧洲甜樱桃对盐碱地比较敏感，在这种土壤上轻者生长不良，易感缺素症，重者死亡，适宜的土壤 pH 为 5.6～7。

樱桃很容易患根癌病，土壤中有根癌病菌及线虫则容易传染根癌病。种植樱桃、桃、李、杏的老果园，土壤中根癌病菌多，不宜栽植樱桃树，更不宜作为发展樱桃的苗圃。如果树苗有根癌病，将引起更严重的后果。

（五）风

樱桃的根系一般比较浅，抗风能力差。严冬早春大风易造成枝条抽干，花芽受冻；花期大风易吹干柱头黏液，影响昆虫授粉；夏秋季台风，会造成枝折树倒，造成更大的损失。因此，在有大风侵袭的地区，一定要营造防风林，或选择小环境良好的地区建园。

第四节　设施樱桃综合管理

一、嫁接育苗

中国樱桃的枝条容易产生由不定根发育而来的茎源根，利用这一特点，多采用分株、压条、扦插等营养繁殖法繁殖苗木。甜樱桃的枝条一般不易发生不定根，生产上多用嫁接繁殖。

（一）砧木

砧木对欧洲甜樱桃品种的影响是多方面的，既影响其早果性、丰产性、果实大小、果实品质等生长发育特性，又影响其抗逆性和树体寿命，生产上存在的一些流胶、生长不整齐等问题也与砧木品种有相当大的关系。了解欧洲甜樱桃砧木资源的特征特性，正确选择适于当地自然条件、与嫁接品种亲和性好、高产、优质的砧木品种，为提早结果、提早丰产奠定基础。

长期以来，我国的欧洲甜樱桃砧木主要以中国樱桃中的大叶草樱桃为主；自 20 世纪 80 年代山东临朐引进英国东茂林实验站的品种考特（Colt），并通过扦插繁殖用于苗木培养，才开始了国外砧木引进和国内选育的进程。随着生产的发展，砧木越来越受到重视。除中国樱桃、山樱桃等作砧木外，我国已广泛引进和培育了大量的优良砧木。吉塞拉系列砧木品种（系）共同的特点是：与欧洲甜樱桃品种嫁接亲和性强；对土壤适应性广，且非常适于黏重土壤栽培；这些砧木品种（系）的抗寒性都优于马扎德 F12/1 和考特；对根癌病有较好的抗性，其中吉塞拉 5 号、6 号、12 还耐多种病毒病和细菌性溃疡病。吉塞拉系列在国外种植最广泛，我国已引进推广的主要为吉塞拉 5 号和 6 号。

（二）圃地选择

适宜繁育欧洲甜樱桃优新品种的苗圃地，最好选择背风向阳、土质肥沃、不重茬、不积涝、排水良好，又有水浇条件的中性壤土或沙壤土。

整理育苗圃地，要在冬前按 5000～6000 g/hm^2 撒施基肥，施后深刨。翌春育苗前，再耕翻一遍，耙平整细，作畦。

（三）砧木苗培育

根据樱桃砧木繁殖方式不同，可分为实生砧培育和营养系砧（或无性系砧）培育。

1. 实生砧木苗培育

采用中国草樱、马哈利樱桃作砧木时多用实生播种法繁育砧木苗。实生播种法繁育出的苗木具有根系发达，成本低，繁殖系数高等优点，其培育过程如下。

（1）种子采集及沙藏

当果实充分成熟时采集种子。果实采回后立即浸入水中搓洗，弃去果肉和漂浮在水面的秕种子，将沉入水底的饱满种子清洗干净后备用。

沙藏时将纯净的种子按 1 份种子与 3～4 份湿河沙的比例混匀，贮于阴凉不积水处，不可干放。本溪山樱的种子可先阴干 1 个月，再混入湿沙储藏，则发芽更整齐。在冬季来临之前取出种子进行层积。置于 0～4℃的环境中，160～180 天即可完成后熟。

（2）播种

通过层积的种子，可在春天进行播种。播种方式可分为大田直播、畦床播种、穴盘和营养钵播种。

（3）播后管理

播种后要随时注意土壤湿度变化，提倡播后覆盖稻草，幼苗出土时撤去。这期间除非特别干旱，一般不需浇水。土壤过干时，可用细眼喷壶喷水，保持表土湿润、松软，切忌大水漫灌，以免表土板结，影响幼苗出土。幼苗出土后要及时松土、除草。幼苗大部分长至 4～5 片真叶时，及时间苗、定苗、移栽。幼苗移栽时必须带土坨，否则成活率低，缓苗时间长。幼苗生长过程中保证水肥供应，促其旺长。

2. 营养系砧木苗的培育

采用考特、吉塞拉、大青叶等作为砧木时均是采取营养系繁育苗。这类苗的共同特点是变异小，整齐度高，但根系分布浅，抗性差，寿命短。营养系苗的繁育方法有扦插、压条、分株、组织培养等。

（1）扦插育苗

扦插育苗有两种。一种是硬枝扦插，即利用 1～2 年生的休眠枝在春季扦插；另一种是嫩枝扦插，是利用半木质化带叶的新梢进行扦插。对于容易生根的种类可以硬枝扦插；生根较困难的种类，可以进行嫩枝扦插。

（2）压条和分株育苗

各类樱桃砧木在母树基部靠近地面处都能萌发出很多萌蘖苗，可以将这些苗进行压条。方法是在 6 月根际苗长到 50 cm 左右高时，在根际苗周围放射状开沟，将萌条压倒在沟内，上面培土，前面保留 30 cm，使顶芽和叶片继续生长。一般到翌年春季芽萌发前刨出，集中栽于苗圃地培养。

（3）组织培养育苗

樱桃组织培养技术始于 20 世纪 70 年代，经过 20 多年的发展，利用樱桃的茎尖、茎段、子叶、叶、根尖、种子和花器官等外植体都可以诱导出植株，同时对胚培养、细胞悬浮培养和胚状体的诱导也进行了初步研究。

（四）嫁接

一年中，甜樱桃适宜嫁接的时期有三次。第一次在春季的 3 月下旬前后，时间半个月左右，此期多采用板片梭形芽接、单芽切腹接或劈接法；第二次在 6 月下旬至 7 月上旬，时间 15～20 天，此期主要采用板片条状芽接或丁字形芽接；第三次在 9 月中下旬以至 10 月上旬，此期一般采用板片条状芽接。

二、建园技术

（一）园地选择

欧洲甜樱桃对水分状况敏感，既不抗旱，也不耐涝。樱桃适宜土层深厚、土质疏松透气性好、保水力较强的沙壤土。欧洲甜樱桃和中国樱桃的耐盐碱力差，适宜微酸性和中性土壤。

（二）栽植密度

栽植密度依品种特性、立地条件、效益目标及管理技术而定。设施栽培密度要远大于露地栽培密度。吉塞拉矮化砧木的大樱桃，株行距 2 m×3 m。大青叶砧木的大樱桃一般多采用 2.5 m×3.5 m。甜樱桃树体高大，结果晚，栽植密度宜小。一般先在选址建设的空地上按株行距（2.0～2.5）m×（3～3.5）m，多采用 2 m×3 m，每亩栽植甜樱桃 111 株，进行建园。培养 2～4 年后，建造设施进行栽培。

也有直接在设施内按 2 m × 3 m 的株行距定植樱桃，樱桃的行间和株间栽植桃树。每亩栽樱桃 111 株，桃树 334 株。前期主要靠桃结果增加收入，当樱桃结果后，产量逐渐增加，树冠逐渐扩大，到适当时期将桃树挖出。

（三）授粉树配置

虽然中国樱桃可以自花结实，但目前生产上应用的甜樱桃品种只有斯坦勒、拉宾斯、意大利早红等少数品种可以自花结实，其他大多数品种自花不实，必须配置授粉树。即使可以自花结实的品种，配置授粉树后，也可明显提高产量和果实品质。

生产上可将几个品种混栽，互为授粉树。互为授粉树的几个品种间必须花期一致、花粉量大且生命力强、互相授粉亲和性强。栽植时不宜采取中心式，最好 2～3 个品种间隔栽种，每 2～3 行一个品种。同一品种不宜连栽 3 行以上，否则易导致授粉不充分。甜樱桃主要品种的适宜授粉品种见表 8-1。

表 8-1　甜樱桃授粉品种配置

主栽品种	适宜授粉品种	主栽品种	适宜授粉品种
那翁	大紫、水晶、巨红、滨库、雷尼尔、先锋	沙蜜脱	大紫、友谊、宇宙、奇好、佐藤锦、南阳
大紫	水晶、那翁、滨库、芝罘红、红丰、巨红、黄玉、红灯	早红宝石	抉择、乌梅极早、那翁、早大果、红灯
滨库	大紫、养老、水晶、巨红、红灯、斯坦勒、雷尼尔、先锋	抉择	早大果、早红宝石、红灯、那翁、先锋
雷尼尔	那翁、滨库、巨红、红蜜	早大果	早红宝石、抉择、胜利、先锋

续表

主栽品种	适宜授粉品种	主栽品种	适宜授粉品种
佳红	巨红、雷尼尔、先锋	胜利	早大果、雷尼尔、先锋、那翁、红灯
美早	先锋、红灯、红艳、拉宾斯、沙蜜脱	友谊	胜利、早大果、雷尼尔、先锋、红灯
红灯	红蜜、滨库、大紫、佳红、巨红、红艳	宇宙	友谊、奇好、沙蜜脱、胜利、那翁、先锋
红艳	红灯、红蜜、巨红	奇好	宇宙、友谊、沙蜜脱、先锋
先锋	滨库、雷尼尔、早大果、胜利、友谊、宇宙	芝罘红	水晶、大紫、那翁、滨库、红灯、红丰

（四）栽植方式

樱桃设施栽植，一般采用行距宽、株距小的长方形，南北行栽植方式，这样不仅光照条件好，有利于樱桃的生长发育，而且行距大，行间暂时还可以加密栽植桃树、草莓等结果早、效益高的果树，以增加前期的经济效益。

在温室中栽植欧洲甜樱桃应该起垄或高台进行根系限制栽植，这样既有利于增加地温，也有利于降低湿度，垄或台高应在 40～50 cm。起垄时按预定的行距挖深 0.6 m，宽 0.8 m 的定植沟，按要求回填后，用行间表土和有机肥混匀后筑起高 30～35 cm，宽 1.5～2 m 的垄，欧洲甜樱桃按要求栽在垄上。起垄栽培可避免涝害，又有利于土壤管理，促进花芽形成和提前结果。

（五）栽植技术

1. 苗木选择

合格的樱桃苗应具有根系完整，须根发达，粗度 5 mm 以上的大根 6 条以上，长度 20 cm 以上，不劈、不裂、不干缩失水，无病虫害。枝条粗壮，节间较短而均匀，芽眼饱满，不破皮掉芽，皮色光亮，具有本品种典型色泽，嫁接口愈合良好。

2. 栽植时间

设施欧洲甜樱桃栽植的时期应该在落叶后、发芽前进行移栽。在华北地区，提倡尽早春栽，除冬季严寒易抽条外，还因为樱桃萌芽早，根系活动较慢，如果延误栽植时间，会使树冠上部的需水量大大超过根系的供应量，从而使正在萌发或已萌发的苗木抽干，树皮皱缩，甚至植株死亡。

欧洲甜樱桃幼树移栽后第 3 年才能进入结果期，投资回报期较晚。目前，生产上为了尽早获得经济效益，多采用栽植 4～5 年生已形成大量花芽的大苗，大苗移栽成活后的翌年 1 月即可加温进行生产。

3. 栽植技术

可采用传统的挖沟、挖坑栽植方法，也可采用平面台式栽植方法。其具体做法是：栽前按要求整地，撒施入充足土杂肥后旋耕 20 cm 深即可。栽植时，每株树的位置先放少量复合肥，约 50 g，上盖一锹土，将苗轻轻放在上面，扶正，将行间表土填在根部，踏实即可。栽好后将行间的表土沿行向培成台，台上宽 60 cm，下宽 100～120 cm，高

40～60 cm。沿每行铺设一条滴灌管，盖黑地膜防草，充分灌足水，然后每 10～15 天施一次水肥，施用量以浸湿台即可，每次每亩用复合肥 4～5 kg。栽后立即定干，并套 40 cm 长的地膜筒保湿、增温、防害虫。

三、土肥水管理

樱桃是浅根性果树，大部分根系分布在土壤表层，对环境条件适应能力较差，对土肥水要求较高。土、肥、水管理的任务就是培肥地力，提高土壤的肥沃度，为壮树、高产、优质奠定基础。

（一）土壤管理

1. 深翻扩穴

深翻扩穴的目的：一是加深土层，深翻时可以适当断根，使欧洲甜樱桃根系向更深层土壤伸展，从而能更好地固定树体，长势茂盛，优质丰产；二是可以保持土壤的疏松透气，改善土壤的透水性和保水性，有利于根系生长，有利于土壤微生物的活动。欧洲甜樱桃园的土壤深刨，要从幼树期开始，坚持年年进行。

深翻深度达到 60 cm 以上，并施入充足的有机肥，使粪土混匀，以加速土壤熟化过程。对先栽植后深翻的园，深翻时注意保护根系，因为樱桃树根粗，伤根后恢复慢，容易感染根头癌肿病。不要损伤较粗大的根，露出的根系，随时培土。深翻只宜在幼园进行，进入盛果期的樱桃园一般不宜深翻。

2. 中耕松土

欧洲甜樱桃对土壤水分敏感，根系要求有较好的土壤透气条件。中耕松土，一般是在灌水或雨后进行。特别在进入雨季之后，欧洲甜樱桃的白色吸收根往往向土壤表层生长。欧洲甜樱桃产区，把这种习性叫作“雨季泛根”。降雨多时，土壤氧气含量下降，杂草易滋生蔓延。因此，进入雨季后，更要勤松土。一则，可以切断土壤毛细管，保蓄土壤水分；二则，可以灭除杂草，改善土壤通气状况。

中耕松土的深度，以 5～10 cm 为宜。中耕松土的次数，则要视降雨、灌水，以及杂草的生长情况确定，以没有杂草为度。中耕时，也要注意适当加高树盘土壤，以防积水。

3. 地面覆盖

樱桃园的地面覆盖，主要有覆草和覆膜等两种方法。

（1）树盘覆草

树盘覆草能使表层土壤温度相对稳定，保持土壤湿度，提高有机质含量，增加团粒结构。覆草还可促进根系生长，特别有利于表层细根的生长，促进树体健壮生长，有利于花芽分化，提高坐果率，增加产量，改善品质。覆草的种类有麦秸、豆秸、玉米秸、稻草等多种秸秆。数量一般为每亩 2000～2500 kg 麦秸，若草源不足，应主要覆盖树盘，覆草厚度为 15～20 cm。覆盖前，要把草切成 5 cm 左右，撒上尿素或鲜尿堆成垛进行初步腐熟后再覆盖效果更好。覆草时，先浅翻树盘。覆草后用土压住四周，以防被风吹散。

（2）地膜覆盖

樱桃园覆盖塑料薄膜时，宜选用厚度为 0.07 mm 的聚乙烯薄膜。覆膜前，先整好树盘，灌水后，将聚乙烯薄膜覆盖在整好的树盘土面上，四周用土压实。覆膜后，不再灌水和中耕除草。一年后薄膜老化破裂时，可更换薄膜，继续覆盖。

（二）施肥管理

1. 施肥原则

樱桃树生长迅速，发育阶段性明显且集中。樱桃从展叶、抽梢、开花和果实发育到成熟都集中在生长季的前半期，从开花到果实成熟仅需要 45 天左右的时间，而花芽分化又在果实采收后的 1～2 个月基本完成，因此樱桃具有生长发育迅速、需肥集中的特点。枝叶的生长和开花坐果都集中在生长季节的前半期，花芽分化多在采果后的短时间内完成。这一时期果树既要生长又要结果，营养损耗大，为此，要根据樱桃的特性，抓好秋施基肥、花果期追肥及果后补肥的时机。总体上氮肥的用量宜少，磷肥、钾肥的比例要大，有机肥要多。一年中从展叶到果实成熟前需肥量大，采果后花芽分化盛期需肥量次之，其余时间需肥量较少。在生产中必须抓好冬前、花期及采果后施肥，这是提高产量、改善品质的重要措施。

樱桃对氮、钾的需求量最大，而且数量相近，对磷的需求量要低得多。另外，樱桃对中量元素钙、镁、硫的需求比例为（1.4～2.4）：（0.3～0.8）：（0.2～0.4）。这些元素对提高果实品质有着重要的作用，尤其是钙元素对防止大樱桃裂果，提高果实硬度，延长供货期，减少储藏期生理病害，增加果实和树体的抗逆性，减轻花期冻害作用较大。

而果实所需养分含量，可通过研究数据来证明，据研究测定每生产 100 kg 果实，约需吸收纯氮 1.04 kg、纯磷 0.14 kg、纯钾 1.37 kg，加上根系、枝叶生长需要、雨水淋失和土壤固定，土壤肥力中等的樱桃园，每年的施肥量应为果实产量的 2～3 倍。

2. 施肥时期

秋季、花前及采收后是甜樱桃施肥的三个重要时期。

秋施基肥主要是为树体储存养分，这时候果树已经停止生长，它所储存的养分是为来年开花结果打下坚实基础。基肥秋季要早施，一般在 9～10 月进行，以早施为好，可尽早发挥肥效，有利于树体储藏养分的积累。这是由于果树有两次根系高发期，第一次在春季清明前后，第二次在 8 月底～10 月。圈肥、人畜粪尿、土杂肥都可施用。一般幼树和初果期的树株施入人畜粪尿 30～60 kg 或圈肥 100 kg；成龄树株施人畜粪尿 60～80 kg 或圈肥 200 kg。

基肥的施用方法主要有辐射沟法和环状沟法。辐射沟法是在距树干 50 cm 处向外开挖，辐射沟要里窄外宽，里浅外深，靠近树干一端的宽度及深度为 30 cm 左右，远离树干一端为 40～50 cm，沟长在树冠投影以外约 20 cm 处，沟的数量为 4～6 条。环状沟是在树冠投影处开挖长度为 50 cm，深度 40～50 cm 的环沟，施肥沟要每年变换位置，交替进行。

根据樱桃的需肥规律，追肥可分 3 次进行：一是花前肥，以氮肥、磷肥为主，及时补充树体营养，促进花芽萌发和春梢生长；二是壮果肥，以氮肥、钾肥为主，配施磷肥，促进果实膨大，减少生理落果，提高果品质量，同时补充树体营养；三是果实着色前追肥，以速效钾肥为主，于采收前 20～25 天施入；四是采果后补肥，以速效肥料为主，最好是复合肥。

叶面喷肥则应该在整个生长季根据需要随时进行。

3. 施肥方法

樱桃园施肥包括土壤施肥和叶面喷肥。

（1）土壤施肥

土壤施肥的深度原则上应是甜樱桃根系的集中分布层，一般在 40 cm 以内，这一土层也是微生物活动最旺盛的土层，肥料施入后容易充分发挥作用。施肥过深，细根少，土壤微生物少，透气性差，养分释放慢，根系吸收差，肥料起不到应有的作用；施肥过浅，诱导根系上返，易受旱害、冻害。有机肥可适当深施，以增加深层土的通透性，促使根系下扎。深层土中根系的良好发育有利于增加树体抗旱、抗寒性及植株对土壤天然养分的利用。

（2）叶面喷肥

樱桃叶片大而密集，极适合进行叶面喷肥。叶面喷肥肥效发挥快，有些养分喷后 15 min 即可进入叶片。而且，肥料进入叶片后可以均衡分配，不受生长旺盛部位调运影响，有利于缓和树势。因此，叶面喷肥可促壮生长弱势部位，尤其对提高短枝功能作用巨大。叶面喷肥效果可持续 10～15 天，所以，叶面喷肥应每 10～15 天一次。

（三）水分管理

樱桃对水分和土壤通气状况的要求较为严格，正常生长发育不仅需要一定的大气湿度，还需要适宜的土壤湿度。因此，灌水时应本着少量多次、稳定供应的原则进行。既要防止大水漫灌导致土壤通气状况急剧恶化，也要防止干旱导致根系功能下降。果实发育期更要注意水分稳定供应，严防过干、过湿造成大量裂果。

1. 适时浇水

樱桃的浇水可根据其生长发育中需水的特点和降雨情况进行，一般每年要浇水 5 次。

（1）花前水

在发芽后开花前进行，主要是为了满足发芽、展叶、开花对水分的需求。

（2）硬核水

这一时期正值果实迅速膨大，果核迅速增长至果实成熟时的大小，胚乳也迅速发育，对水分的供应最敏感。此期若土壤含水量不足，幼果则发育不良，易早衰脱落。因此，这一时期的灌水要勤，一般 2 次，量要足。

（3）采前水

采收前 10～15 天是樱桃果实膨大最快的时期，此时若土壤干旱缺水，则果实发育不良，采前灌水有增大果个，增加果实可溶性固形物（大紫比不浇水提高 2.8 度）含量和提高品质的重要作用。但若在长期干旱后突然在采前浇大水，易引起裂果。因此，此期浇水采取少量多次的原则。

（4）采后水

果实采收以后，正是树体恢复和花芽分化的关键时期，要结合施肥进行充分灌水。

（5）封冻水

落叶后至封冻前要浇一遍封冻水，这对樱桃安全越冬、减少花芽冻害及促进树体健壮生长均十分有利。

2. 雨季排水

樱桃树是最不抗涝的树种之一。因此，樱桃园排水必须通畅，要求建园时必须设计排水体系，保证雨后在 2 h 内将园中水排净，绝对不能出现园内积水现象。

四、整形修剪

（一）与修剪有关的特性

与其他树种相比，樱桃生长发育有其独有的特点，了解并掌握这些特性，对于合理运用各种树形和修剪方法很有必要。

1. 萌芽率高，而成枝力相对较低

一年生枝除了基部几个瘪芽外，大部分可萌发。在自然甩放的情况下，一般只有先端 1～4 个芽可抽生中长枝。幼树期间，量大，成形快，有利于早结果，早丰产。整形修剪要充分利用这些特性，采用轻剪为主，促控结合，迅速扩大树冠，促进花芽形成，及早投产。

2. 芽具早熟性

背上新梢留 5～10 cm 反复摘心或进行扭梢处理，当年即可成花。在欧洲甜樱桃整形过程中，要积极运用夏剪措施，提早成形，促进花芽分化和结果枝组的培养。

3. 顶端优势明显

枝条顶端及其附近的芽萌发力强，易抽生多个长枝，而其下端绝大多数为短枝，很少抽生中枝。在自然生长的情况下树冠层性非常明显，任其生长，外围枝条生长强旺，二、三年生枝段上的短枝会衰亡枯死。在整形修剪过程中，幼旺树多采用拉枝、刻芽等技术，平衡树势，抑前促后，促发中短枝。盛果期树要减少外围枝拉力，促进内膛枝的发育。

4. 伤口愈合能力较弱

整形过程中造成的剪锯口极易流胶，严重削弱树势。因此，冬季修剪时要少做伤口，尤其是大伤口，必须去掉的大枝，最好在采果后的生长季节进行。

5. 枝条分枝角度小，易形成“夹皮枝”

随着枝龄的增长，夹皮处形成一些死组织，引起流胶，在人工整形时，此处极易劈裂。在修剪时，可采用极重短截清除同龄枝，或抹去剪口下 2～4 个芽的做法消除夹皮枝的出现。

（二）常用树形

1. 丛状形

丛状形多用于中国樱桃。没有主干和中心干，由地面直接分生出 3～5 个主枝，主枝上分生 6～7 个侧枝，侧枝开张角度 50°～60°。主侧枝上着生结果枝组和结果枝。这种树形整形容易，结果早，早期丰产，树体矮小，适合密植。

2. 自然开心形

中国樱桃和甜樱桃都可用此树形。自然开心形主干高 20～40 cm，没有中心干，主干上着生 4～5 个长势均衡的主枝，主枝角度 30°～45°，主枝在整个树冠所占空间均匀分布。每个主枝上分生 6～7 个侧枝，分为 4～5 层，侧枝着生角度为 50°～60°。侧枝上及主枝上配备各类结果枝组。主枝数较少时，可在第 1～3 个侧枝上配副枝，以弥补空缺。

3. 小冠疏层形

甜樱桃可用此树形。小冠疏层形主干高 50～60 cm，具中心干，中心干上着生 5～6 个主枝，分作 2 层，第一层主枝 3 个，第二层主枝 2～3 个。第一层主枝各配备 2 个侧枝，第二层主枝为 2 个时各配 1 个侧枝，为 3 个时不配侧枝。主枝角度 45°～60°，侧枝角度 60°～80°。树高 3～3.5 m。小冠疏层形较适于土壤肥沃、水肥条件较好的平地采用。

4. 自由纺锤形

甜樱桃可用此树形，适合于密植甜樱桃园和设施栽培。自由纺锤形的主干高 50～60 cm，中心干直立挺拔，生长势力较强，其上分层或不分层着生 10～15 个单轴延伸的主枝；主枝角度大，在 80°～120°，下层为 80°～90°，上层 90°～120°。下部主枝较长，通常在 2～2.5 m，向上逐渐变短，最上部下垂状的主枝长在 1.5 m 左右。成型后树高在 2.5～3 m。

5. “Y”形

“Y”形行向南北、每株两个主枝对称在两边，整形期间需要设支撑架固定绑缚。此树形通风透光好，开花结果容易，适宜密植，管理方便，果实质量好。

6. UFO 树形

又称为直立主干形，是适合甜樱桃矮砧密植栽培的新树形，树体结构级次少，主枝 6～12 个，呈篱壁式着生在拉平的中干上，间距 15～20 cm，直立生长，成形后树高 2.8～

3 m，整个树形呈“一面墙”式结构。

7. KGB 树形

西班牙丛状形的改良树形，树高 2.5 m 左右，全树 15～25 个主枝，无主无侧，全部直立生长，无永久枝。

8. 篱壁形

树高 2.5 m 左右，50 cm 左右定干，每隔 50 cm 培养一层 2 个沿行向的主枝，共 5 层。主枝上发出的新梢一律夏季摘心，培育结果枝组。

（三）修剪技术

1. 休眠期修剪

幼树中心干延长头、各级枝头需要中截促发分枝时，在一年生枝中上部饱满芽处中截，剪口下留好芽，促发分枝，形成骨干。对于连续缓放形成的串花枝、冗长细弱枝和其他需要回缩复壮的枝，以及衰老树、弱树更新复壮时也需在休眠季进行修剪。

休眠季修剪时间越晚越好，以接近萌芽时进行为宜。否则因甜樱桃枝条组织疏松，导管粗大，剪口极易失水形成干桩，并影响剪口枝芽的生长发育。生产上经常发现短截后剪口下第二芽长势强于第一芽，甚至有时第一芽根本不能萌发或仅发一个短枝的现象。

2. 夏季修剪

夏季修剪可缓和树的长势，促发中短枝，有利于花芽的形成，这些作用是冬季修剪不能代替的。

（1）刻芽

刻芽能提高侧芽的萌发质量，增加中、长枝的比例，其应用主要是形成树形和弥补冠内的空缺。对甜樱桃刻芽必须严格掌握刻芽时间，要在芽顶变绿尚未萌发时进行，秋季和芽未萌动以前不可刻芽，以免引起流胶。

（2）摘心

早期摘心一般在花后 7～10 天进行，对幼嫩新梢保留 10 cm 左右摘心。这样摘心以后，除顶端发生一条中枝以外，其余各芽均可形成短枝。此期摘心的主要目的在于控制树冠和培养小型结果枝组，也可用于早期整形。

生长旺季摘心是在 5 月下旬至 7 月中旬进行。对旺长枝保留 30～40 cm 将顶端摘除，用以增加枝量。在幼龄期连续摘心 2～3 次能促进短枝形成，提早结果。

（3）扭梢

扭梢后的枝长势缓和、养分积累增多，有利于花芽分化。扭梢必须在半木质化时进行，以免过早、过晚扭断新梢。将直立枝、竞争枝及内向的临时性枝条，在距枝条基部 5 厘米左右处，轻轻扭转 180°，有利于形成花芽。

（4）拿枝

拿枝在 5～8 月均可进行。拿枝有较好的缓势促花作用，还可用于调整 2～3 年生幼树骨干枝的方位和角度。

（5）开张角度

甜樱桃幼树生长旺盛，主枝基角小，树姿直立，不甚开张，必须进行人工开张主枝基角。开张角度的方法有拉枝、拿枝、坠枝、撑枝、别枝等，最常用的方法是拉枝。拉枝的目的是开张枝条或主枝角度和方向，有利于扩大树冠，加速成形，改善通风透光条件，调节养分和内源激素种类，运输和分配，缓和树势或枝势，促进成花，提早结果。

拉枝在全年都可进行，通常在春季与秋季进行。春季由于枝条较脆，很容易劈裂，造成伤口，引起流胶，所以应在树液开始流动之后进行（3 月末至 4 月初），春季拉枝宜晚不宜早；秋季拉枝应在新梢生长缓慢后进行（9 月），此时拉枝，延长头不容易上翘，枝条柔软，可塑性强，有利于调整主枝及分枝的角度和方向，改善通风透光条件，有利花芽分化形成。对于小树来讲，结合拿枝效果更好，同时，减少春季用工量，秋季拉枝宜早不宜晚。

不同的树形及树龄，要求不同的拉枝角度，通常拉枝角度在 90°，把枝条拉平即可。具体方法采取“一推二揉三压四定位”的方法。一推，是指手握枝条向上反复推动，由于甜樱桃分枝角度较小，拉枝容易劈裂，拉枝前用手摇晃大枝基部使之软化。二揉，是将枝条左右上下反复揉软，对茎粗 8 cm（参考）以下的枝，用左手握住枝梢处，右手握住枝基部，逐渐用力向左右扭 70°～90°，再向上、向下弯曲几次，或向上、右、下、左反复做小幅度的圆周转动 3～4 次，再拉到要开张的角度即可。三压，是在揉枝的基础上，将枝条逐渐压至所要的角度。四定位，即用鱼绳或布条等将枝条固定好。先挖好埋桩坑，填土，踩实，也可以采用铁丝、沙袋及石头等作为固定物，固定好绳索。对过大、过粗的骨干枝，可在背下部采用基部连三锯的方法，连三锯时应在基部选择枝皮光滑处进行，间隔 3 cm，然后拉至适宜角度。

五、花果管理

（一）人工授粉

1. 采花取粉

设施栽培人工授粉用樱桃花粉，是在露地栽培的樱桃园中采集的。采花宜在铃铛花期进行。以与主栽品种授粉亲和力高的品种为主，其他品种为辅，采集制成混合花粉。

2. 授粉时间和次数

人工授粉宜在樱桃盛花初期开始，连续授粉 2～3 次。

3. 授粉方法

人工授粉可用毛笔或橡皮头蘸取花粉，点授到花朵柱头上，进行点授；也可用授粉器授粉。人工点授，以开花的第一、第二天效果最好。授粉器分两种，一种球式授粉器，即在木棒或竹竿顶端绑一直径 5～6 cm 泡沫塑料球或洁净纱布球；二是棍式授粉器，即于木棍或竹竿顶端，绑一长 50 cm 泡塑料，外包一层洁净纱布。接触不同花朵，即可达到授粉目的。

（二）访花昆虫授粉

1. 蜜蜂授粉

樱桃花期，每放养一箱蜜蜂传粉，坐果率可提高 10%～20%。

2. 壁蜂授粉

用角壁蜂授粉时，蜂巢宜放置在距地面 1 m 处，每巢内 250～300 支巢筒。巢筒长 15～20 cm，壁径 5～6 mm。在樱桃初花期释放，红灯品种的花朵坐果率可达 27.9%～31.2%，比自然授粉提高 16.0%～19.6%。

（三）疏花疏果

1. 疏花

樱桃的花量大，果实小，疏花疏果不能像苹果、梨一样进行，应提前进行疏花芽和花蕾。花芽疏除时间适宜在花芽膨大时进行。疏除生长势弱、过多、过挤的短果枝上的全部花芽，让其继续抽生健壮短果枝，翌年结果。疏花芽枝量以控制在短果枝数量的 20%为宜。疏花蕾适宜时期为大蕾期，将弱枝、过密枝、畸形、较小的疏除。可以将一些弱花枝、过密花枝上的花蕾全部疏除；也可以对每个花枝进行疏蕾，每花芽留 1～3 朵健壮花。若结合采花粉进行疏蕾，则应在花开放 50%左右时进行。

2. 疏果

一般在樱桃生理落果后进行。佐藤锦和那翁等品种未受精果脱落晚，要待已确认受精状况时，再行疏果。疏果程度要根据树体长势和坐果情况确定。一般 1 个花束状果枝留 3～4 个果即可，最多 4～5 个。叶片数不足 5 片的弱花束状果枝，一般不宜保留果实。疏果时，要把小果、畸形果和着色不良的下垂果疏除。

（四）促进坐果

1. 坐果率低的原因

设施樱桃常因为棚内温度不适、营养不良、授粉树搭配不合理、花后棚内湿度过大、树体管理不科学等原因而造成坐果率偏低，影响樱桃产量和效益。

（1）缺少授粉品种或授粉品种不当

甜樱桃多数品种自花传粉不结实，需要异花授粉，因此栽植时品种不能单一，需要配置授粉品种；同时部分品种花期不遇、异花传粉不亲和，必须配置花期一致、异花传粉亲和的品种作为授粉品种。

（2）花期晚霜冻害

樱桃容易遭受不良气候，如冻害、冷害、干热风、花期高温、连阴雨等恶劣天气危害。北方果园主要是低温伤害，特别是开花坐果期冻害，冻花冻果，坐果率低，减产严重。一般的，花芽发育后期比早期更易遭受低温伤害，花芽休眠期抗低温伤害的能力最强。

（3）管理粗放

甜樱桃前期不结果，一般 4～5 年开始结果，进入结果期晚，6～8 年进入盛果期，所以，许多种植者在栽后 4～5 年认为不结果就失去信心，开始放弃管理甚至刨树毁园，造成损失。

（4）果园郁闭

由于栽培方式不当，尤其栽植株行距太小，造成果园郁闭，如 3 m×4 m 乔砧大树，进入盛果期后，果园郁闭，通风透光条件差，树体储藏营养少，开花多，长枝展叶与开花坐果引起养分竞争，坐果率低。

（5）树势过强或过弱

浇水施肥过多过勤，树势营养生长旺盛，修剪不当，特别是大枝角度没有开张，导致成花少，坐果也少，表现不坐果；相反，土肥水条件差，土层仅有 20～30 cm，土质差，砂性土壤，底层为不透气不透水的黏质层，透气性差，排水不良，土壤微生物活力差，有机质含量不足 0.5%，很少施肥灌水，不能供给树体足够的营养，导致树势衰弱，成花过多，开花但坐果率低，也坐不住果。

（6）落花落果严重

一般盛花后 1 周左右，大量落花，脱落花中的子房尚未膨大，而不脱落的子房已明显膨大，造成落花的原因主要是授粉不良，另外，雌蕊退化、柱头显著萎缩或无雌蕊的花也脱落，不能结果。

（7）病虫毒害引起坐果率低

病虫害造成落叶严重，营养积累少。流胶病、根瘤病严重，造成树势弱，坐果率低。部分病毒病树体开花延迟或只开花不坐果。

2. 解决措施

（1）科学调控棚内温度

调节好气温，测试设施温度时应将温度表挂在树冠中上部，根据其指示数值，适时适量地开、关棚顶部的通风缝（口），控制萌芽期温度在 10～18℃，花期温度在 18～20℃，最高不超过 22℃；果实发育第二时期的温度（花后 10～15 天）在 18～22℃。

采取有效措施迅速提升前期地温，使地温与气温同步提升，具体措施有：起垄栽培，垄高 40 cm 左右；地膜覆盖，浇水松土后覆盖黑色或银黑色复合膜；挖防寒沟保温，在大棚四周挖宽 30～40 cm、深 40～50 cm 的沟，沟内填满杂草或果树秸秆、马粪等，既可防止土壤传导失热，同时沟中杂物又能酿热增温，促进根系生长；增施优质有机肥、生物有机肥或沟埋玉米秸等。

（2）适时补肥，平衡供应营养

秋季施足有机肥，一般亩施土杂肥 4000～5000 kg 或施生物有机肥 900～1000 kg，并加入适量的中微量元素。花前 7～10 天追 1 次三元复合肥。花后 10 天左右开始结合喷药，每 10～15 天喷 1 次叶面肥，直到采收后 1 个月左右。根据树势及不同物候期可选用营养型或复合型叶面肥。盛花期前后相隔 10 天，各喷一次 0.3%尿素加 0.3%硼砂或 600 倍磷酸二氢钾溶液，或盛花期喷施 50×10^6 倍赤霉素或 300 倍稀土微肥液，可明显提高樱桃坐果率。同时要做好采收后的追肥，以补充营养，恢复树势，为来年丰产奠定基础。

（3）合理搭配授粉树

授粉树应选 2 个以上与主栽品种花期相近、需冷量一致、不含有相同的 *S* 基因的品质、产量高的品种，比例要达到 30%左右，距离主栽品种不能超过 5 m。实践证明，雷尼、红艳、佐藤锦、宾库、拉宾斯都可作为大多数主栽品种的授粉品种。同时，要及时做好花期放蜂、喷硼肥或人工辅助授粉等工作，以确保坐果率的提高。

（4）适时适量浇水，保持设施内适宜湿度

樱桃对水分很敏感，不抗旱、不耐涝，应根据其需水特点适时适量浇水。一般在扣棚覆膜前、开花前、谢花后及果实采收前浇水。尤其要注意，谢花后 10～15 天与采收前 10～15 天的水分供应。前者 10～30 cm 深的土壤田间持水量不能低于 60%；后者要在前几次连续浇水的基础上，少量多次、一流而过。同时，也要警惕长期干旱突然大水漫灌引起裂果的发生。

浇水要在晴天上午地温与水温接近时进行，以免降低地温。提倡膜下暗灌或膜下滴灌，坚决杜绝阴雨（雪）天浇水或不分情况的大水漫灌。不宜全园覆膜，提倡在行间留有 70～80 cm 的无膜区（可覆草），以免土壤湿度过大引起缺素、烂根、流胶导致树体死亡。同时，要调节好棚内空气湿度，使萌芽期相对湿度达 70%～80%，花期到果实成熟期为 50%～60%。

（5）采收后及时去膜

采收后去棚膜应先通风锻炼不少于 15 天。先去掉大棚四周的薄膜，隔 5～7 天后再分 2～3 次分期分批揭去棚顶膜。每次间隔 5 天左右，使树体逐渐适应由棚内到棚外的环境变化。不可一次去掉所有棚膜，以防因环境骤变引起叶灼，甚至干枯落叶。

（6）科学管理树体

1）合理整形修剪　樱桃树剪口易流胶，顶端优势明显，枝条木质松软，修剪时间性强。因此，必须因地因树（枝）制宜，抓住适当时机，综合运用短截、甩放、拉枝、摘心、刻芽、扭梢等多种方法，及早建成低干矮冠、骨干枝级次少、结果枝组多而且分布合理、主枝角度大、树冠开张、风光通达的丰产树形。要抓住樱桃谢花后 10～15 天与采收后 10 天左右的新梢生长旺长期，调整枝量，培育树形。

2）适时扣棚　多年的实践证明，当外界第一次出现 0℃或 0℃以下的气温时正是樱桃扣棚的最佳时间。河北中南部一般是 12 月下旬或翌年 1 月上旬，每年因温度变化相差不到 3～5 天。

3）及早彻底清理病毒树　对救治无望的病毒树无论树龄多长、树势多壮必须及早彻底清除，并认真清理穴中根系。不能改接换头，更不能采集其花粉进行授粉。否则，蔓延迅速，祸及全园，后患无穷。

（五）促进果实着色

设施条件下，光照差、湿度大、产量过高等因素常导致樱桃含糖量降低、风味变淡、着色差，但生育期长、昼夜温差大、管理水平高又是提高樱桃品质的有利条件。如能扬长避短，则可以生产出品质优于露天栽培的反季节樱桃。促进着色、提高果实品质的管理措施如下。

1. 叶面喷肥

花后脱萼前，叶面喷施氨基酸复合微肥或稀土微肥等可提高叶片质量，提高光合效率，促进樱桃红色发育和果粒重。

2. 摘叶

在合理整形修剪、改善冠内通风透光条件的基础上，在樱桃着色期，将遮挡樱桃受光的叶片摘除。但摘叶程度不宜过重，以免影响花芽分化和发育。

3. 铺设反光膜

在樱桃采前 10～15 天树冠下铺设反光膜，增加树冠下光线反射，促进樱桃上色。樱桃着色期，如已过晚霜，可考虑撤掉顶部薄膜，改善光照，促进着色。

4. 清洁棚膜

增加透光率，果实膨大期适当晚揭帘早放帘，延长光照时间，促进果实着色。

（六）防止裂果

裂果主要在下雨的时候发生，但干旱的情况下也会发生裂果，因此有一种新的观点，认为裂果的发生并不是单纯由果实的膨胀引起的，主要是由果实收缩导致。因为在晴天时候，果实表面的温度会很高，甚至超过 40℃，可以高于气温 12℃以上。这个时候伴随着热量向果核内部传递，果实的体积增大，但是表皮和果肉的膨胀率不一致。果实表皮高温会导致表皮松弛，并且超过果肉的膨胀，因此要避免对表面造成任何压力。而降雨会导致过热的果实表面降温幅度达 10℃以上，由于热传导较慢，果肉的降温迟于果皮。在果实表面瞬间收缩的同时，果肉依然保持膨胀不变，导致果皮受到的果肉迅速膨胀产生的压力过大，产生裂果。

1. 裂果原因

（1）品种生理特性引发裂果

裂果与品种的生理特性和品种遗传特性关系密切，品种的果型大小、果皮厚度、果实含水量、细胞紧密度、需肥规律、含糖量及含酸量、果皮发育质量都会影响到果实裂果。

有的品种裂果重，部分品种在果实发育后期，因果实迅速膨大而造成一定的膨胀压，从而导致裂果。乌克兰系列品种裂果严重，如早大果、抉择等，裂果率在 40%以上。果肉弹性好的品种裂果轻，果肉硬的裂果重，如红艳、红蜜裂果轻，布鲁克斯、红灯裂果重。坐果率高的裂果轻，坐果率低的裂果重，结实率高的树供给平均每个果实的水分、营养相对较少，果实膨胀率减慢，裂果较轻，这也是坐果率高的果实成熟晚的原因之一，如拉宾斯、先锋、佐藤锦裂果轻，雷尼等裂果重。

（2）植物内源激素失衡引起裂果

植物内源激素比例的变化会影响到果皮和果肉生长的速度，当二者生长速度失衡时就会形成裂果。在实际生产中，果实发育中后期，因激素失衡造成裂果的现象较为常见。同时，激素类植物生长调节剂的滥用是造成裂果的原因之一。

（3）水分急剧变化引起裂果

果实近成熟期遇雨或大水漫灌，造成土壤湿度急剧变化，水分通过根系运输到果实，使果肉细胞迅速膨大，果实中的膨胀压增大，撑破果皮，造成裂果。空气中水分含量的急剧变化，也造成裂果，如果实成熟期因阴天或下雨，造成大棚内空气湿度增大（80%以上），晴天后或突然放风造成棚内湿度急剧变小，也会造成大量裂果。

（4）营养失衡造成裂果

果肉中的矿质元素及其营养平衡对裂果有显著影响，树体养分不平衡会加剧果实裂果。果实生长期间磷、钾、钙对果实裂果影响最大，其次为镁、硼、锌、铁、铜、锰。实际生产中，在果树生长后期，因钙缺乏、钾超量造成裂果现象十分常见。目前，土壤酸化问题日益突出，由此引起的中微量元素缺乏或失调现象十分普遍，加剧了裂果的发生程度。

（5）栽培管理措施造成裂果

树势弱、光照差、通风不良及偏施氮肥的果园裂果严重；负载量大，叶果比小的果蔬易诱发裂果；土壤排水不良、严重板结、通透性差、土壤酸化的果园裂果严重；病虫防治差的果园裂果较为严重；大量使用乙烯利、赤霉素、2,4-D 的果园裂果量明显上升。

2. 预防措施

（1）品种选择

大棚甜樱桃的栽植，一要选择在棚内坐果率高、自花结实率高的品种，如先锋、拉宾斯，这两个品种也是很好的授粉树；二要选择裂果轻的品种，如黑珍珠、美早、砂蜜豆等，乌克兰系列品种裂果重，最好不要在大棚内栽植，红灯果个大并且成熟早，虽然裂果较重，但采取预防措施，可以减轻裂果，仍然是大棚甜樱桃的首选品种；三要选择花粉量大、品质好的品种作授粉树，如雷尼、佐藤锦等。红艳、红蜜在露地坐果好，在棚内坐果率较低，所以尽量不在棚内栽植。

（2）改良土壤结构，提高土壤保水能力

在建园时及建园后 3～5 年，及时对全园进行深翻改土，增施有机肥，用石灰调节土壤的酸碱度，改善土壤理化性质，提高土壤肥力，诱导根系深入土壤，增加土壤保水、保肥能力，起到缓解水分急剧变化及达到减少裂果的作用。深翻改土方式可用扩穴深翻，隔行隔株深翻等。深翻时期一般在秋季 9～10 月果树根系第三次生长高峰来临前结合秋施基肥进行效果好，每年由定植穴向四周扩坑改土，挖长 100～120 cm、宽 80 cm、深 60 cm 的坑，下层放绿肥 30～50 kg，撒上适量速效肥和钙肥，中层用表土与粪肥 25～50 kg 加磷肥 1～2 kg 拌匀施入，上层用新土起高出地面 20 cm 与扩坑同大小的土墩。

（3）合理灌溉，防止土壤水分急剧变化

在建棚时，充分考虑灌溉条件，搞好果园水利设施，保证大棚甜樱桃能及时均衡供水。由于樱桃树怕涝，在雨季雨水过多时要及时排水，否则，不仅造成大量裂果发生，还会严重损伤根系。尤其是在樱桃第二次迅速膨大期和成熟期应保持土壤适度湿润，要小水勤浇，棚内可以设置滴灌或采用小沟灌溉的方式，防止过干过湿而造成裂果。

（4）物理方法防治裂果

通过物理措施防止树冠、果实、根系等直接接触雨水。例如，利用聚乙烯薄膜或者其他材料搭建避雨棚，虽然不能完全解决裂果问题，但是可以明显降低裂果的发生。

（5）合理施肥和喷叶面肥

当樱桃树前期施用氮肥过多，树体钾、钙不足时，极易造成裂果。秋季结合秋施基肥施入一定量的钙肥，施肥时要求氮磷钾合理搭配，在果实硬核期及果实膨大期前 1 周，施入的速效性肥料应以钾肥为主，少施磷肥，氮肥根据树势少施或慎施。生长期喷叶面肥，适当增施钙、硼、锌等微肥，能有效减轻裂果。叶面肥常用 3%草木灰浸出液或 1%～2%氨基酸钙、2%过磷酸钙、0.2%～0.3%磷酸二氢钾。喷钙肥对防止裂果有重要作用，能减少裂果 10%左右。

（6）平衡设施内湿度

设施内湿度变化大是造成裂果的重要原因，因此应在果实近成熟期平衡大棚内湿度。湿度大的设施，在设施内放置生石灰等吸湿剂，放风时要循序渐进，不能放风太急，以免造成设施内湿度急剧变化，中午温度高时，棚内湿度很小，可以适当喷水增加湿度，减少裂果。

（七）预防鸟害

鸟对樱桃的产量危害较大，而且较难防治。国外预防鸟害的方法较多，如美国大田樱桃园采取的措施有：采收前 7 天在树上喷杀虫剂，使害鸟忌避；用扩音器播出录有害鸟惨叫声的录音磁带，把害鸟吓跑；用高频警报装置干扰鸟类的听觉系统。庭院樱桃采用的措施有：在树的前后左右悬挂黑线，鸟因不能看黑线，接触时便受惊飞去；悬挂稻草人；把发光的马口铁或锡箔放在树上随风摇曳，惊吓害鸟。但这些办法，时间长了，效果受影响。

防鸟网是防治鸟害最有效的方法。对树体较矮的果园，于樱桃发黄前在果园上方 0.75～1.0 m 处搭建由 8～10 号铁丝纵横交织的网架，网架上铺设用尼龙或塑料丝制作的专用防鸟网。网的两边垂至地面并用土压实。也可在树冠的两侧斜拉尼龙网；果实采收后将防护网撤除。此外，防鸟网还可以与防雨棚、防雹网等设施相结合，起到多重效果，减少设施的单项投入。

我国有鸟害的大樱桃产区，目前尚无更有效的防治方法，今后如能与各种类型的设施栽培相结合，当可收到良好的预防效果。

第五节 设施樱桃栽培周年管理

我国目前栽培面积比较大、设施栽培效果好的甜樱桃品种有红灯、芝罘红、先锋、拉宾斯、佳红、意大利早红、雷尼、芝罡红等品种，此外，抉择、早红大果、早红宝石等品种也适宜在设施内栽培。栽培中要重点确定适宜升温时期和调控休眠的有效方法。

一、萌芽前管理

（一）休眠期保温处理

日光温室促成栽培甜樱桃，多数情况下覆盖（但不升温）提前到上年落叶期，当夜间温度降到 0℃左右时，选择暖和、无风天气覆盖塑料薄膜，然后立即加盖一层草帘进行降温处理。其管理为日出后封闭温室的通风口放下草帘，防止白天阳光照射到温室内使温度升高；日落后卷起草帘，打开通风口，降低温室内的温度。当日光温室内白天最高温度保持在 9.5℃以下时，夜间不再卷起草帘降温，进行 24 h 闷棚处理，从而使棚内温度保持在最有利于解除果树休眠的温度范围内（2.4～9.5℃），使果树及早满足需冷量，为其提前结束休眠创造条件。

保温处理前期，白天温室棚面覆盖保温材料，防止阳光照射到温室内，温室内气温、树体温度明显低于对照；保温处理中后期由于温室的保温作用，使温室内的气温、树体温度稳定在最有利于解除果树休眠的温度范围内（2.4～9.5℃），同时保证地温不致过分降低，为下段温室开始升温后，甜樱桃树体地上部与地下部的协调生长奠定基础。保温处理的时间一般为 35 天左右，保温处理温室的冷温单位累积值比对照温室高 42%，这样有利于果树提早解除休眠，且升温后开花较早，开花整齐，果实成熟期比对照早 8～10 天。另外，此时气温尚高，有利于覆膜操作，因为在气温较高的情况下，塑料薄膜较柔软，不易扯破。

（二）温度管理

1. 升温时期

自然条件下，大多数甜樱桃品种落叶后 45～50 天即可满足低温需冷量，即 12 月底至翌年 1 月上旬即可度过自然休眠期。

2. 温度管理

棚膜覆盖提温后，温室的气温升高很快，地温则升高较慢。因此，在升温前 10 天左右，温室地面用透明无滴薄膜进行地面覆盖，以使地温和气温同步上升，使枝芽活动与根系活动协调一致。株间、行间全部覆盖地膜，能抑制土壤水分蒸发，这样不但提高了土壤的温度，更重要的是减少了温室热量损耗，提高和稳定土温与室温。此时室温逐渐提高，避免升温过急。覆盖后一周内，夜温保持在 1～3℃，白天温度 9～12℃；第二周，夜温逐步提高至 3～5℃，白天温度控制在 12～16℃；第三周，夜温逐步提高至 5～7℃，白天温度控制在 18～20℃；设施增温：关闭通风口，夜间覆盖保温被、草帘等都有利于设施的增温；有的温室内，配备暖风炉或电暖、气暖等取暖设备；施用酿热物（如马粪）提高地温，进而提高气温。大棚地温调控：在设施栽培条件下，最适地温用一经验数字表示，即棚中昼夜平均气温。此期，前期最适地温保持5～8℃，中后期11～13℃。

提高地温采取的措施如下。

1）高垄栽培、地膜覆盖学方式。在大棚和温室内进行高垄栽培可增加土壤的表面积，有利于多吸收热量、提高地温。

2）挖防寒沟。为减少室内外土壤热量的交换，在温室边缘挖防寒沟。防寒沟的深度为当地冻土层的厚度，宽度相当于冻土层厚度的一半，内填杂草、马粪等绝热材料，上覆塑料薄膜和土。

3）在大棚、温室内增施有机肥。这些有机肥分解后释放出的生物热可提高地温。同时，土壤有机物的增加也可提高土壤的吸热保温能力。

4）保持土壤湿度。土壤含的水分多则呈暗色，可以提高土壤的吸热能力。水的热容量大也可增加土壤的保温能力。

5）提早扣棚。提早扣棚盖膜，增加土壤的热量贮存，保温处理是防止升温前期土壤温度过低的一项有效手段。

（三）湿度管理

在这段时间内，适宜的棚内空气湿度75%～80%，土壤含水量维持在最大持水量的60%左右。调节空气湿度，当大棚或温室内湿度过大时，采用通风降湿方法，但应保证设施内温度在适宜范围之内。还结合温度调节进行湿度调节，一般温度升高，则相对湿度降低。通过灌水调节，灌水少时空气湿度小，灌水多时，空气湿度大。另外，向树体喷水，如果设施内湿度低时，用弥雾喷水的办法增加空气湿度，不过多数情况下是湿度偏高。土壤湿度主要通过灌溉次数、灌溉量和灌溉方法调节。设施内采用滴灌的方法，对空气湿度和土壤温度影响不大，是比较理想的灌溉方法。株间、行间全部覆盖地膜，土壤水分蒸发受到抑制，其空气的相对湿度一般比不覆盖的低10%～15%，效果显著。

（四）光照管理

这段时期，甜樱桃树尚未萌芽、展叶，对光照条件的要求不甚严格；同时外界温度尚低，所以保温、增温是主要矛盾。对光照的调节（揭、盖帘时间）应服从于温度的调节。早上略晚揭帘，下午盖帘略早，这样有利于保温。

（五）单氰胺的使用

单氰胺是一种植物休眠终止剂，它可以有效地抑制植物体内过氧化氢酶的活性，加速植物体内氧化磷酸戊糖循环，从而加速植物体内基础性物质的生成，刺激植物生长，终止休眠。

1%单氰胺处理对甜樱桃提前结束休眠、提前萌芽开花和促进果实早熟均有明显效果，萌芽期提前10～15天，花期提前10～16天，果实成熟期提前7～11天；上述三个单氰胺处理对红灯甜樱桃坐果率、单果重、可溶性固形物的含量均无不良影响。果实提前 7～11 天成熟上市，市场售价和经济效益显著提高。

二、萌芽至开花终期的管理

（一）温度管理

萌芽到始花期保持白天 18～20℃，夜间 4～6℃；在开花盛期，保持白天 20～22℃，夜间 5～7℃；在落花期，保持白天 20～22℃，夜间 7～8℃。

（二）湿度管理

萌芽到始花期空气湿度保持 70%左右，初花期到谢花期保持 50%～60%。

（三）光照管理

此期揭盖帘的时间仍应适当晚揭早盖，即在日出后和日落前进行，以免使室内温度降低过多。

（四）土肥水管理

通过中耕、松土、覆地膜等措施，使 10 cm 左右的土层透气性良好，地温前期在 11～13℃，后期在 14～15℃。花前追肥可以促进萌芽开花整齐，结果量 30 kg 的盛果期树，每株施含氮磷为主的复合肥 1～1.5 kg，追肥后应根据土壤湿度情况浇水，此期由于水温尚低，容易降低地温，对根系生长发育非常不利，一般此期灌水指标为 10～15 mm，使 20～40 cm 耕层的内的土壤手握成团，一压即散为宜。

（五）花果管理

此期的花果管理，主要任务是疏花疏果、授粉保果。

1. 疏蕾

疏蕾是在花开之前，将弱小及发育不良的花蕾摘去，每个花束状短果枝留 8～10 个花蕾，通过疏蕾，可以改善保留花的养分供应，提高樱桃单果重，增加销售收入，分散劳动时间，减少采收用工。

2. 疏花

疏花是疏晚开花、弱小花、混合枝基部的花，留下早开的花、健全花和中短果枝及花束状果枝上的花。一般每个花束状果枝上留 6～8 朵花即可。

3. 授粉

大部分甜樱桃品种自花结实率较低，为了确保结果，除了建园时配置好授粉树以外，做好人工授粉及利用访花昆虫辅助授粉。在开花期应认真仔细地进行人工授粉，才能确保坐果良好。方法是用鸡毛掸子在不同品种树的花序之间，轻轻接触擦花，达到一边采粉一边授粉的目的。自初花期开始，进行 3～5 次授粉，以保证开花期不同的花朵均能充分及时授粉，在开花两天以内授粉效果最好。也可以在上一年结合疏花收集花粉，储藏在–20℃的低温（冷冻箱）干燥条件下，第 2 年从冰箱中取出，在室温条件下放置 4 h 左右后进行授粉。还可在棚内用蜜蜂或壁蜂进行辅助授粉，在始花期开始放蜂，每 1000 m^2 设施内放 450 只即可。

4. 叶面喷肥

花期叶面喷布 0.2%～0.3%硼砂，可提高坐果率 13%左右；喷布 0.3%～0.5%尿素加 0.3%硼砂可提高坐果率 15%左右；花后 5～10 天喷布 10 mg/L 赤霉素，促进坐果，提高产量。

三、落花后至果实着色期管理

这一时期是新梢生长、幼果膨大、花芽分化的重要时期。

（一）温度和湿度管理

在刚谢花后，温度不宜过高，白天维持在 20～22℃，夜间在 7～8℃，有利于幼果细胞旺盛分裂。在后期的果实膨大期，白天维持在 22～25℃，夜间在 10～12℃有利于果实膨大。此期空气湿度以 60%左右为宜。

（二）光照管理

由于叶幕形成，气温升高，所以此期是光合积累的重要时候，设法改善设施内光照条件，在树下地面铺设反光膜，将太阳直射到树冠下的光反射到树冠下部和中部的叶片上及适当提早揭帘时间和推迟盖帘时间，增加光照，提高光合效率，增加产量，改善果实品质。还采用人工光源补光，效果较理想的光源是卤化金属灯（光波范围 540～600 nm），另外还有白炽灯、荧光灯、水银灯和钠蒸气灯等数种。

（三）气体管理

为了保温，设施内的气体很少与外界交换。随着光合作用的进行，设施内二氧化碳浓度逐渐降低，氧气浓度逐渐增高，所以增加设施内二氧化碳浓度，有利于提高光合效率，增加营养积累。主要措施是施用固体二氧化碳肥料，每公顷施入 600 kg，有效期可达 90 天左右，可以在地下开 2 cm 深的沟或直接施入地膜下。使用二氧化碳发生器，在设施内顺着设施的走向每隔 7 m 左右在棚架上吊挂一个塑料桶，桶口稍高于树冠，桶内先装入 1 kg 稀硫酸（稀硫酸的配置方法为：按照浓硫酸∶水为 1∶3 的比例，在桶内先放入适量水，边搅拌边把浓硫酸缓缓倒入水中），每天日出后 1 h 左右向桶内加 80 g 碳酸氢铵，可连续加 5 天。如发现加碳酸氢铵后无气泡产生，说明稀硫酸已反应完毕，应将残渣倒掉，重新加入稀硫酸。多施有机肥，通风换气，也有利设施内甜樱桃对二氧化碳的需要。

（四）肥水管理

甜樱桃花芽分化期也正是幼果膨大期，花芽的生理分化与幼果生长同步，采收后一个月左右基本结束，所需的养分时期集中，需求量大。因此，抓好花果期追肥和叶面喷肥十分重要，谢花后每株施磷钾复合肥 0.7～1 kg。于花后 7 天至采收前 20 天，每隔 7～10 天叶面喷施一次复合型叶面肥，共喷 2～3 次，对甜樱桃的生长发育有良好的作用。水分管理：调查发现灌水时间过早灌水量过大是引起落果的主要原因。大棚内浇水，要本着少量多次稳定供应的原则，发芽前要开沟浇水，防止地温下降。花后灌水不可早于硬核前，应在落花 20 天后采取小水漫灌、滴灌或树盘挖沟（坑）浇水。

（五）疏果

设施栽培的甜樱桃如果坐果过多，会出现果小，着色不良，收获期推迟的情况。一般在花后 14 天，生理落果之后进行疏果，疏除小果、畸形果和病虫果。疏果时，根据不同树势确定留果标准，每个花束状果枝留 3～4 个果为宜。果实之间不要互相接触，以免着色不良，降低商品价值。通过疏果，可进一步调整植株的负载量，促进果实增大，提高果实含糖量。

（六）夏季修剪

从萌芽展叶到新梢迅速生长期，认真做好摘心、除萌、疏枝等项工作。摘心是甜樱桃夏剪中应用最多的一项技术，方法是当新梢长到 15 cm 左右时，及时摘心，控制枝条旺长，增加枝条分枝级次和枝量，促进枝类转化，缓解新梢与果实的养分竞争，减少生理落果，提高坐果率，促进果实膨大。除萌从春季至初夏将无用的萌芽、萌枝除去，节省养分并防止枝条密生郁闭，影响光照和通风条件。尽早疏掉直立旺枝、交叉枝、重叠枝、密生枝，改善树冠内膛通风透光条件，均衡树势。

四、果实着色至成熟期管理

（一）温度和湿度管理

此期白天适宜温度仍为 22～25℃，夜间适宜温度为 12～15℃；适宜湿度为 50%左右。

（二）光照管理

光照管理除增加叶片光合积累外，还可以促进果实着色。每年换用新的塑料薄膜可以提高棚内光照强度，旧的薄膜透光率低不连续使用。在着色期间如果气温很高，则白天尽量多打开窗户及薄膜连接处，使太阳直接照射进去。采用铺、挂银色反光薄膜等措施。反光膜铺设在行间，或将条状反光膜挂设在行间和株间，以增加反光量。覆膜升温晚的设施，果实着色期如已过晚霜期，采用撤掉顶部薄膜，改善光照，促进着色。

（三）肥水管理

谢花后至采收前 20 天喷施欧甘等有机腐殖酸液肥，促进果实着色和提高果实质量。果实接近成熟期，土壤管理也需像其他时期一样，坚持中耕、除草，使土壤通气良好，此期不必再追施或喷施肥料。土壤水分急剧变化易引起裂果，土壤水分过多引起裂果，收获前连续降雨、通过伸出设施的根吸水有时也引起裂果；但土壤过于干燥，会使叶片萎蔫，果实着色推迟。色泽发育不良，易长出小果，因此应根据情况，适当灌水，坚持少量多次的原则，每次灌水量 10 mm 以下为宜。

（四）修剪

此期继续进行疏枝、摘心等工作。对过密的枝条适当疏除，对生长势过旺的枝条及时摘心。

（五）适时采收与分级包装

根据用途确定采收期，当地销售的果实，充分成熟后采收；外销的果实在充分成熟前采收，一般比当地销售果提早 3～5 天。根据成熟情况，进行分批采收。根据果实的大小、果形、色泽、果梗、机械伤等进行分级包装，包装多采用安全无污染的纸箱、纸盒、塑料箱等。

五、采收后至落叶期管理

（一）采收撤膜

在采收前 3～5 天，逐渐延长通风换气时间，减少设施内外的温湿差，增进果实品质并提高树体对外界的适应性，避免引起叶片受害造成二次开花。采果后每 2～3 天将膜接口扒宽 0.5 m，15～20 天后外界温度不低于 15℃时，选择多云无风或阴天无风时撤膜。

（二）防止花芽发育过度或老化

设施较露地栽培，树体提早发育 2～3 个月，生育期的延长和在经历夏季高温和干燥天气后，发生后期分化（后期发育）过度或老化，秋季时表现花芽外部的鳞片干枯、花芽膨大而未开；升温后开花不整齐、花柄短、柱头先伸出花蕾等症状，导致开花多而坐果少。为防止花芽发育过度或老化，揭膜后继续加强管理，一方面叶面喷施欧甘或光合微肥等加 500 倍尿素 2～3 次，并注意及时浇水防止过度干旱。目的是延长叶片寿命，防止叶片早落，增加光合积累，促进花芽分化，为下一年丰产奠定基础。另一方面，结合土壤耕翻，进行采后施肥，果实采收后，气温尚高，日照时间长，采后施肥能明显促进光合作用，增加储藏营养，促进花芽分化，提高花芽质量，并可提高越冬性。可以每株施腐熟有机肥 10～20 kg，另加氮磷钾复合肥 0.5 kg 左右，施肥后应根据墒情灌足水。

（三）修剪

此期修剪的目的是控制枝梢旺长，使树冠通风透光。采取拉枝、疏枝等措施，把直立枝、生长过旺枝拉成接近水平，过密枝条适当疏间。

六、病虫害综合防治

危害设施甜樱桃的主要病害有早期落叶病、干腐病、穿孔病、花腐病、褐腐病、流胶病等；主要害虫有桑白蚧、红白蜘蛛、白粉虱等，生产中以农业防治、物理防治、生物防治为主，结合化学防治，既降低病虫危害程度，又使所甜樱桃果实达到绿色产品标准。

（一）扣棚前

扣棚前将园内枯枝落叶、僵果及杂草清理干净，并刮除老枝皮，减少病虫害寄生场所。

（二）扣棚后至发芽前

扣棚后，甜樱桃发芽前，喷5°石硫合剂或99.1%敌死虫300倍液，消灭残留在树体及园内的干腐病、桑白蚧、红白蜘蛛等病虫，降低病虫源。

（三）开花前

喷10%的水剂杀菌优800倍液加48%的乐斯本1200倍液或10%吡虫啉3000倍液防治花腐病、穿孔病及绿盲蝽等病虫害。

（四）落花后至采果前20天

喷1～2次1.5%多抗霉素400倍液或10%的水剂杀菌优800倍液或70%甲基托布津700倍液加10% 浏阳霉素1000倍液或0.3%绿晶印楝素800倍液加48%的乐斯本1200倍液，分别防治褐腐病、穿孔病、早期落叶病、流胶病及红白蜘蛛和桑白蚧、白粉虱等病虫害。

（五）采收后

喷布1～2次20% 杀铃脲悬浮剂5000倍液加500～600倍70%的代森锰锌或800倍的80%喷克加52%农地乐1200倍液，交替喷布2～3次200～240倍的等量式波尔多液，防治潜叶蛾、梨网蝽、毛虫类、刺蛾类等害虫及落叶病、穿孔病等病害。

第九章　盆栽果树

第一节　盆栽果树概述

凡是用盆、缸、桶、箱、篮等容器栽植果树的方法，均称之为盆栽果树。最初用以观赏，属盆栽一类。20世纪以来，利用阳台、窗台、走廊、屋顶平台等处所，放置盆或箱，用来栽种果树，或利用金属圆筒，筒壁处向不同方向开口，制成浅盘，盛土来栽种草莓，使之立体结果。既充分利用空间，又具有观赏及经济效益。盆栽果树已成为果树生产栽培的一个组成部分。

盆栽果树是高超的果树栽培技术与精湛的盆栽工艺相结合的完美之作，盆栽不仅造型典雅，有观赏价值，还有实用价值，赏心悦目之余有佳果可食。盆栽果树不仅作为装饰用艺术品被人们用来装饰环境，改变生活空间的气氛、格调，还可以满足人们追求环境美，回归自然，足不出户领略田园风光的心理需求。不仅可以在家里的阳台上观花观果，尽情享受田园风光，而且还可以随时采摘、品尝自己生产的新鲜果品。因此盆栽果树正在受到广大城乡消费者青睐，并逐渐成为居家生活的新时尚。

适于盆栽的果树，以葡萄、草莓为最普遍，石榴、金橘、矮生苹果及矮生桃等树种，也可盆栽；中国北方盆栽柑橘，目的在于观赏。果树盆栽后，根系受容器的限制，地上部生长也相应受抑。因此，客观上协调了在大田中果树栽培中常出现的前期生长过旺与开花结实的矛盾，使之提早开花结果，尽快形成既有观赏价值又有经济收益的效果。

因盆栽果树较田间种植的果树根系量减少、树体矮化、土少根多、吸收氮肥量大等生长发育特点，栽培上与田间大不一样。

一、盆栽果树的价值

盆栽果树有食用果实、观赏枝叶或造景的不同目的，一般是二者兼有之，而观赏的目的更主要些，只有极少数作为盆栽栽培。

（一）观赏

观赏是目前的主要消费方向。盆栽果树作为装饰类艺术品，已被广大消费者用来装饰环境，改变生活空间的气氛、格调。盆栽主要起装饰作用，是被欣赏的主体。盆栽果树花果期长、造型美，既能起到绿化的效果，又比绿化更添情趣，摆在室内，能够在较长的时间内欣赏到果蔬开花结果的全过程。

（二）食用

食用是“盆栽果树”的一个发展方向。因为盆栽果树全部在盆内培育，完全可以做到果品的工厂化和无公害化生产，还可控制果实的品质和元素含量，是生产绿色果品的理想方式。还可控制果实的品质和元素含量，是生产绿色果品的理想方式。特别是盆栽果品的生产与观赏盆栽生产并不矛盾，二者结合会拓宽盆栽的出路、降低风险、创造更大的经济效益，很有发展潜力。

（三）教育

盆栽果树的教育性是指公益单位或家庭以教育为目的的消费。公益单位，如植物园、公园等，每年节日期间进行租摆和日常的植物展示，特别是不适于果树自然生长的地区，园内盆栽展示是一种有效的教育和科普措施。将其摆放在阳台上、庭院中、窗台前、廊道边，观花、品绿、赏果、尝鲜，常年四季情趣盎然，令人赏心悦目。

盆栽果树盆栽果树作为家居摆放盆栽可观赏可食用更是果树不适于自然生长地区家庭教育、科普教育、儿童自然教育必不可少的活教材。

作为基地种植，可以种植无公害果品出售，也可在种植鲜果的同时培育盆栽。盆栽可租可售，真正做到一盆三收入。

二、盆栽果树的特点

（一）占地较少，增添乐趣

盆栽果树极度矮化，占地面积较小，因此，人们可根据自己的意愿，把盆放在不同的地方，如阳台、庭院、道路两旁、楼顶、会议室、各大宾馆、城市公园、小型社区等均可摆放。甚至在餐桌上替代果盘，直接采摘鲜果食用，给人以心旷神怡，美不胜收的感觉。这样既可观赏各种优美造型，又能品尝到新鲜美味的果实。

盆栽果树的根、干、枝、叶、花、果、型组成了观赏的整体。尤其近年发展起来的北方果树盆栽，它春花玲珑，婀娜多姿；秋果累累，色彩斑斓；冬季则疏枝硬骨，挺秀苍劲；而夏季恰值果实发育，枝繁叶茂的时期，青枝碧果，旬日之间又换新颜，极富生活情趣和自然气息。

（二）适材广泛，便于生产

我国拥有丰富的果树资源，包括寒带果树、温带果树和热带果树三大类型。无论是果树生产中的砧木和苗木，还是生长多年的老树和根蘖等，均可进行盆栽。尤其是山野之中的野生果树，其果实形态、个体大小、外表色泽和树体的天然造型各不相同，具有很高的观赏性。因此进行盆栽果树生产，可就地取材、因地制宜地进行栽培和管理。

果树的种类和品种较多，不同树种和品种间果实的形态、大小、色泽、成熟期均不一致，可适合多种造型。由于就地取材，各树种均适应当地的生态条件，无须特殊的养护设施，且管理简例，便于生产，无须多大投资即可进入事业。

（三）观赏性强，增加收益

盆栽果树与一般的花卉盆栽不同。它除了讲究造型以外，还需注重培养花、果，最后还可以品尝果实。既有观赏性，又有可食性。因此，它的培养需要具有一定生长势的枝条和一定的叶面积，也就是需要有一定的营养条件。盆栽果树春华秋实，远胜于塑料及蜡质仿制果树，市场前景看好。因此，可批量培植出售，增加经济收益。

盆栽果树等于造型加硕果，就是说，它既要具有根、桩、形、神等造型艺术，又必须兼有足够数量的果实，二者缺一不可。在果树盆栽中，果是型的重要组成部分，果的多少、布局、大小、色彩是构成小型果树盆栽艺术的重要组成部分。尤其近年发展的大果型盆栽，如苹果、梨、桃、柿、山楂及地方果树中的柑橘等，以型载果，以果成型，型果兼备，妙趣横生。

（四）摆放方便，有利科研

盆栽果树生长在盆内，根系与地面不接触，因此，人们可随意移动，这就为一些由于特殊环境造成不能栽培果树的地区提供了方便条件。例如，在我国北方一些地区，由于秋季霜害时间到来的早，一些果树果实不能成熟而失去应用价值。而种植在盆里，可在有霜的白天将盆栽放到阳光下，晚上搬入室内，使果实达到成熟。相反，在南方一些地区，由于雨水多，温度高、湿度大，果树的病虫害严重，果实品质严重下降，而栽在盆内后，可在降雨或高温时移入室内或通风冷凉处，使果实品质不受到影响。可以打破地区界限，使南方的柑橘在北方结实。盆栽果树的微域环境容易控制，教学、科研部门早已把盆栽用于科学研究，同时可为教学提供直观教材。

（五）技术独特

果树盆栽是果树园艺和盆栽艺术的完美结合，既不同于一般观叶类盆栽，又不同于一般果树栽培技术。从原理上，它是二者的融合，从技艺上，它是二者的发展。

盆栽果树以北方落叶果树葡萄、苹果、山楂、柿子、石榴、梨、桃等为主要素材，把现代果树栽培技术与传统盆栽造型技艺融为一体，将高达数米的果树缩小到数十厘米，栽植于长不盈尺、高不过数寸的浅盆之中，并能开花结果、生长正常，从而达到了“以小见大”“缩龙成寸”的艺术效果。不同的树种均有其自身生长发育规律。在果树盆栽技术中，高龄果树（桩）移栽上盆提高成培技术，越冬技术及通过营养管理等综合措施进行生长发育的促控，通过嫁接、修剪等措施提早成型结果，通过环境因子的控制扩大栽培地域等，都大大丰富了果树栽培和传统盆栽艺术的内容（王兆毅和陈段芬，1999）。

三、盆栽果树的发展

据考证，在东汉时期的墓穴壁画中，就有盆栽万年青类植物的形象。现认为盆栽起源于东汉（公元 25～220 年），形成于唐（公元 618～907 年），兴盛于明清（公元 1368～1911 年）。而观果盆栽应当与盆栽起源于同一时期，是由一般盆栽植物中易于结果的种类，逐步发展演化而成。

盆栽果树的发展由于受到技术限制，经历了一个漫长的过程。树种局限于一些易于自花结果的种类上，培育造型技术依附于一般观叶类盆栽，长期以来并未取得突破性进展。自20世纪80年代以来，盆栽果树开始成为业内关注的重点，逐渐发展成为果树栽培的一个新的分支，并以其色彩斑斓、婀娜多姿、春夏枝叶青翠欲滴、金秋硕果五色缤纷、令人陶醉的独特魅力受到人们的喜爱，也因其“新、奇、妙、绝”融为一体，多次出现在国内博览会、展览厅。盆栽果树盆栽属高技术产品，盆栽培育周期较长，使其产业化进程缓慢，致使果树盆栽生产规模小、品种少、价格高，这是目前果树盆栽发展中存在的突出问题；另外部分消费者担心管理难度大，自己不会培育花果也一定程度影响消费。

生活水平的提高带动了思想观念的转变，追求生活多元化、新鲜化和高品位成为潮流。追求环境美，渴望回归自然成为生活时尚，为盆栽果树走进千家万户奠定了基础，使人们足不出户就能领略田园风光，饱尝大自然给人们带来的欢乐。

盆栽果树是高产值产品，是农村种植结构调整的发展方向果树盆栽所用成本材料本身价值较低，但加工成成品以后却有较高的附加价值。北京花卉市场上3 尺高“探海”苹果盆栽市场售价35 000元，2尺高“新红星”苹果盆栽市场售价3500元。

在盆栽培育各个环节，需要大量的不可替代的人工劳动，适合我国人力资源丰富的基本国情。因此，发展果树盆栽是转移农村剩余劳动力的好出路。果树盆栽适合“公司+农户”模式进行生产果树盆栽是高技术产品，但在果类盆栽生产前期，技术要求相对粗放，可由一般农户完成，后期技术要求严格可由公司专业人员完成生产。这样既可富裕农户，又可降低生产成本，提高产品竞争力，加快盆栽生产的商品化、产业化进程。

第二节　盆栽果树关键技术

一、盆栽果树的适宜树种、品种

盆栽果树比起庭院果树来，观赏性的要求更高一些。盆栽果树多摆设在阳台或楼顶平台上，对观花、观果或观赏全株的要求更高一些，就是观花的树种和品种花要更鲜艳、更大型、花期应当较长；观果的树种和品种应具有好看好吃的果实等；无论观花或观果，果树都应较耐阴，容易管理。盆栽果树需要进行矮化栽培，所以选用矮化砧木是必要的。但是由于盆栽本身已经是矮化的一个因子，故选用的砧木种类，可以不必极矮化或矮化的，以半矮化的为好。

栽植的果树树种、品种应满足矮化、根壮、叶小、果大色艳、晚熟、早花早果、坐果率高、抗病性强、适应盆栽环境能力强、树体矮小、自然形态较好或具有成熟晚、观赏期长、便于管理、矮化措施简单等特点。目前，果树生产中栽培的大部分落叶果树都可进行盆栽，如苹果、梨、桃、杏、李、樱桃、枣、葡萄、石榴、山楂等，但最好选择树体紧凑，树姿开张、特异，花量大，色美，果大，色艳，自花结实率高的树种和品种。例如，苹果中的短枝型品种，梨中的红果品种，桃中的重瓣花品种，枣中的龙爪枣、葫芦枣、茶壶枣等品种，都是一些较为理想的盆栽品种。另外，最好利用矮化砧木培育苗木进行盆栽，如桃、杏、李可以用毛樱桃、郁李作砧木，苹果利用 M26 等矮化砧木。

目前，常用的盆栽树种、品种有：苹果（芭蕾苹果、短枝红富士、玫瑰红、乙女、冬红果等）、梨（鸭梨、雪花梨、矮香梨、红茄梨、红安久等）、桃（雪桃、油桃、水蜜桃、寿星桃、蟠桃等）、李（大石早生、莫尔特尼、黑宝石、紫琥珀等）、杏（太阳、红丰、新世纪、凯特等）、银杏（黄叶银杏、塔形银杏、裂叶银杏、垂枝银杏、斑叶银杏等）、樱桃（红灯、拉宾斯、佳红、意大利早红等）、葡萄（巨峰、玫瑰香、晚红、红富士、京亚、黑奥林等）、石榴（胭脂红石榴、四季石榴、花石榴等）、山楂（大金星、京短山楂等）、枣（曲枣、龙枣、冬枣、雪枣、辣椒枣、葫芦枣、秤砣枣、茶壶枣等）、柑橘（代代果、天草等）、无花果（日本紫果、波姬红、布兰瑞克等）、草莓（早、中、晚熟及四季草莓都适合盆栽）、枸杞、吉庆果、核桃、木瓜、树莓等。

盆栽品种主要以树型矮化、粗壮、枝短、成花容易、结果早、抗病能力强和适宜盆栽环境的品种最为理想。

二、盆栽用容器

盆栽果树选用的容器多借用花卉或观赏树木盆栽所用的容器。除了栽草莓的盆可以小些以外，一般木本果树的盆栽容器，都要高大一些。常用的容器有瓦盆、陶盆、釉盆、木桶、木箱、塑料箱、塑料桶等（图 9-1）。这些容器有大有小，有方有圆，大小各异，形状不一，可根据环境条件、主要用途、树体大小和结果多少加以选择。选择的原则应当既适合生长，又要求美观坚固，就地取材，价格便宜。无论哪种容器，底部都必须留有排水孔，便于排水和水分渗透。透气、渗水、轻便是选择盆最基本的要求。

考虑到移动方便，常用的果树盆栽用盆应为直径 30 cm 或 50 cm 的盆。最好是瓦质或木质，若为了美观，可在搬入室内观赏或展览时可以外套上好看的塑料盆。

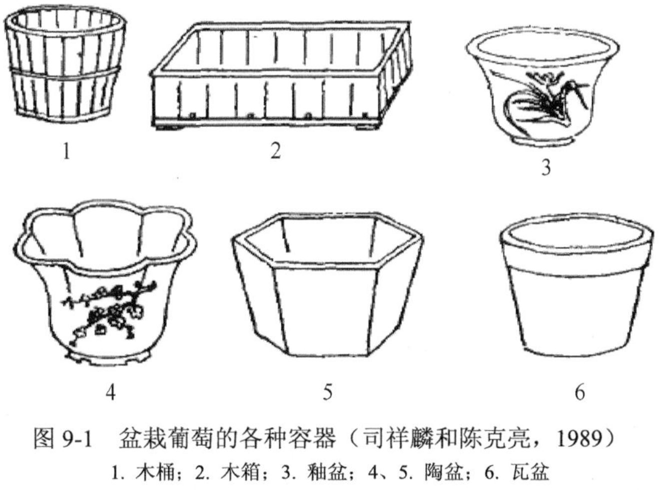

图 9-1 盆栽葡萄的各种容器（司祥麟和陈克亮，1989）
1. 木桶；2. 木箱；3. 釉盆；4、5. 陶盆；6. 瓦盆

理想的盆应具有：质料轻，搬运方便；经久耐用，不易破碎；色彩、造型、厚薄、大小能适用花木生长的需要，且要有多种规格型号；价格低廉等条件。现在的花盆按制作材料的不同，可分为以下几种。

（一）瓦盆

瓦盆不仅经济实用，而且因盆壁上有许多细微孔隙，透气渗水性能都很理想，这对盆土中的肥料分解，根系的呼吸和生长都有好处。缺点是色彩单调，造型不美，表面粗糙，规格不多和易破碎等。通常新盆比旧盆好。新盆不仅透水耐涝，能够缓和肥效，而且吸热快，散热也快，昼夜温差大，这样有利于土壤中有机肥料的分解。青色的和红色的瓦盆都一样使用，但要注意瓦盆的质量。一般土坯细腻，火候合适，声音清脆，表面略有光泽的较好，这种瓦盆坚固耐用。质量差的瓦盆，外形不正，火候不够，色泽不匀，声音发闷，经不住水肥侵蚀，很快就会起皮酥裂。盆孔向内凸和盆底不平的，容易造成窝水，对养树不利。

（二）陶盆

陶盆色彩、造型精致美观，又有微弱的通气渗水性能，用来栽培花木，也较理想，尤其栽培兰花或树桩盆栽，能大大提高它们的观赏效果。它的种类规格多，有方形、圆形、矩形、椭圆形、多边形、盘形、舟形和签筒形等。最大口径达 30 cm，最小口径只有 3 cm，浅的不满 3.3 cm，深的超过 33 cm。盆底下有脚，便于排水，还增添了盆体的空间感。盆壁上有各种图案、绘画和书法，增添了美感。盆色丰富，有米黄、赭红、灰紫和深浅不同等多种颜色。由于价格昂贵，且质量重、易破碎等原因，除栽名贵的茶花木外，一般多不用。选用时，盆的形状、大小、色泽等与培育的植株要协调。通常赢干、双干一本多干的盆栽，宜使用长方形或椭圆形盆，悬崖式宜选圆形或方形深筒盆。

（三）塑料盆

质料轻巧，使用方便，不易破碎，经久耐用，盆壁内外光洁，不仅换盆换土容易，也易于洗涤和消毒。但不透气渗水，只适栽种较喜湿的树种等。

（四）瓷盆、釉盆

用上釉的花盆栽植花木，盆外壁涂有色釉，不透气渗水，不易掌握盆土干湿情况，尤其在冬季休眠时，常因浇水过多，而使花木烂根死亡。因此，不适于栽植花木。由于瓷盆外表美观，外形多样，一般可作花木陈列的套盆用。盆栽用盆通常为宜兴紫砂盆，其次是釉盆、瓷盆和石盆等。

（五）木桶

在北方用来代替大缸栽种大型花木，它比大缸轻便，又不易破碎，但市场上没有现货供应，只有定做。适合制作木桶盆的木料以柏木、杉木为好，经久耐用，不怕水湿，不易腐烂。木桶盆的规格从 50 cm 口径开始，每加大 5 cm 为一型号，最大口径为 100 cm。桶壁厚度应不小于 2 cm，75 cm 以上的大口径，桶壁厚度应加到 3 cm 左右，才能承受住土壤压力。桶底厚度为 3 cm 以上，底应钻 4～5 个排水孔，孔径为 3 cm 左右。桶壁外应加 2～3 道铁箍和 2 个或 4 个铁提环。桶壁最好涂成绿色，铁箍、铁提环最好刷上金粉或银粉。

具体用多大的盆，应根据植株的高矮、冠幅的大小、根系的深浅来选用。小苗栽大盆，盆土水分不易渗干，使根系呼吸困难，易烂根死亡。大苗栽小盆，营养不足，盆土易干，影响根系发育，对生长不利。要考虑植株种类、大小，选择深浅大小适当的盆。大盆养小苗容易水涝，小盆养大苗容易摇倒和缺水。一般 1～2 年生小苗，苗高 10 cm 以下者，用口径 7～9 cm 的盆；3～4 年生苗，苗高 20 cm 左右的果树，用口径 14～16 cm 的盆；5 年生以上的大苗，苗高 40 cm 左右的果树，用口径 20 cm 以上的大盆。对于根系较深的花木，选用盆径与盆高比例为 1∶2 以上的深盆。

新容器多数干燥，不利于苗木生长，应在上盆前放在水中浸泡一昼夜进行“退火”，去其燥性，刷洗、晾干后再使用。新容器浸水晾干后盆边泛出的白色物质即为盐碱，这种新容器要反复多浸几次去其碱性，用 1%的漂白粉溶液浸泡 5 min 消毒后晾干备用。用过的旧容器带有病菌、虫卵，容易传播病虫害，上盆使用前必须喷药消毒杀菌，放在阳光下曝晒杀菌后再用。

三、盆栽用土

盆土通常由园土、沙、腐叶土、泥炭、松针土、谷糠及蛭石、珍珠岩、腐熟的木屑等材料按一定比例配制而成。培养土的酸碱度和含盐量要满足花卉的需求，同时培养土中不能含有害微生物和其他有毒的物质。

（一）常见培养土的组分

1. 园土

园土是果园、菜园、花园等的表层活土，具有较高的肥力及团粒结构，常作为多数培养土的基本材料。但因其透气性差，干时板结，湿时为泥状，故不能直接拿来装盆，必须配合其他透气性强的基质使用。

2. 厩肥土

厩肥土由马、牛、羊、猪等家畜厩肥发酵沤制，其主要成分是腐殖质，质轻、肥沃，呈酸性，须经暴晒过筛后使用。

3. 沙和细沙土

沙通常指建筑用沙，粒径在 0.1 mm 左右。用作扦插基质的沙，粒径应在 0.2 mm 左右较好。素沙指淘洗干净的粗沙。细沙土又称沙土、黄沙土、面土等，沙的颗粒较粗，排水较好，但与腐叶土、泥炭土相比较，透气、透水性能差，保水持肥能力低，质量重，不宜单独作为培养土。

4. 腐叶土

腐叶土由树木落叶堆积腐熟而成，土质疏松，有机质含量高，是配制培养土最重要的基质之一。腐叶土养分丰富，腐殖质含量高，透气透水性能好，一般呈酸性（pH 为 4.6～5.2），是优良的盆栽用土。腐叶土可以人工堆制，亦可在天然森林的低洼处或沟内采集。

5. 堆肥土

堆肥土由植物的残枝落叶、旧盆土、垃圾废物等堆积，经发酵腐熟而成。堆肥土富含腐殖质和矿物质，一般呈中性或碱性（pH 为 6.5～7.4）。

6. 塘泥和山泥

在广东地区用塘泥块栽种盆花已有悠久历史，到现在仍大量使用。塘泥是指沉积在池塘底的一层泥土，挖出晒干，使用时破碎成直径为 0.3～1.5 cm 的颗粒。这种材料遇水不易破碎，排水和透气性比较好，也比较肥沃，适合华南多雨地区作为盆栽土，缺点是比较重。一般使用 2～3 年后颗粒变碎，土质变黏，不能透水，需更换新土。山泥是江苏、浙江等地山区出产的天然腐殖土，呈酸性，疏松、肥沃、可蓄水，是栽培喜酸性土壤植物的良好基质。

7. 泥炭土

泥炭土分为褐泥炭和黑泥炭，褐泥炭呈浅黄色至褐色，含有机质多，呈酸性，pH 为 6.0～6.5，是酸性植物培养土的重要成分，也可以掺入 1/3 的河沙作为扦插用土，既有防腐作用，又能刺激插穗生根。黑泥炭炭化年代久远，呈黑色，矿物质较多，有机质较少，pH 为 6.5～7.4。

8. 松针土

松针土由山区松林下的松针腐熟而成，呈强酸性，是栽培强酸性植物的主要基质。

9. 草皮土

取草地或牧场上的表土，厚度为 5～8 cm，连草及草根一起掘取，将草根向上堆积起来，经一年腐熟即可应用。草皮土含较多的矿物质，腐殖质含量较少，堆积年数越多质量越好，因为土中的矿物质能得到较充分的风化。草皮土呈中性至碱性，pH 为 6.5～8.0。

10. 沼泽土

沼泽土主要由水中苔藓和水草等腐熟而成，取自沼泽边缘或干涸沼泽表层约 10 cm 的土壤。其含较多腐殖质，呈黑色，强酸性 pH 为 3.5～4.0。我国北方地区的沼泽土多为水草腐熟而成，一般为中性或微酸性。

11. 锯木屑

用锯木屑堆制发酵后，与土壤配制，使培养土疏松，保水性能良好，是近些年来新发展的培养土材料。锯木屑具备盆栽土壤要求的全部条件，可单独使用。但单独使用时不能固定植物，因此多和其他材料混合使用，以增加其排水和透气性能。普通锯木屑呈中性，松木和杉木的木屑带酸性。经过发酵的木屑可制成培养土，办法是将其装入木桶或塑料袋中，浇足水，密闭置于高温环境下，经过 50～60 天将底部倒上来，再放一段时间，锯木屑就会变成黑褐色的培养土。用这种培养土栽植花卉，保水、保肥、透气性好，是代替盆土的好材料，使用时最好在已发酵的锯木屑中加入其重量 5%的人畜肥或饼肥，可成为很好的盆栽花卉培养土。

盆栽除了用以土壤为基础的培养土外，还可用人工配制的无土混合基质，如珍珠岩、蛭石、砻糠灰、泥炭、木屑或树皮、椰糠、造纸废料、有机废物等，一种或数种按一定比例混合使用。由于无土混合基质有质地均匀、重量轻、便利、通气透水等优点，在盆栽生产中越来越受重视，尤其是一些规模化、现代化的生产基地，盆栽基质大部分采用无土基质。

（二）盆土配制与消毒

1. 盆土配制

盆土是盆栽植物生长发育的物质基础，它能供给植物所需的水分、养分和空气，并起着固定植株的作用。多数盆栽植物受盆钵所限，盆土薄且量少，这时盆土质量提出了更高的要求，良好的盆土是保证盆栽植物正常生长发育的先决条件。一般来说，良好的盆土应具备以下条件：土质疏松、富含腐殖质、养分丰富全面、排水透气性好、保水保肥力强、酸碱性适合所栽植物要求、无病虫及有害物质。

盆栽果树由于容器的容积有限，根系受制约的程度较大，因此必须使有限的盆土肥力比自然土肥力高得多，才能维持盆栽植的正常生命活动。供盆栽用的土壤为营养土，生产上常将营养土的原料分成以下三类：壤土类，如田园表层土、山泥土、草皮土等，此类原料可因地制宜，但以中性的沙壤土为佳；堆肥类，如腐叶堆肥、厩肥、饼肥等，此类可视实际情况随意选择，但需注意要充分腐熟和肥力的不同；砂、炉渣（灰）、蛭石等矿物质为一类，其主要作用是增加土壤的通透性。生产上常将壤土、腐叶堆肥、沙按照 4∶4∶2 的比例进行混配。

营养土的配制还应视树种不同、用盆不同和养护环境的不同而适当调节比例和增加其他原材料。盆土需疏松、通气性良好，而釉盆和紫砂盆的盆壁通气性差，采用一般营养土则难以满足根系呼吸的需要，可在一般营养土中增添 10%至 20%的粗粒过筛炉渣以增加其通透性。

对盆土的要求，以果树种类品种而异。一般要求理化性质好，pH 要适宜，保肥保水透气渗水。目前常用的盆土，一是天然的营养土，如取自森林中阔叶树下的腐叶土；二是人工配制的营养土，可以就地取材，如煤渣、腐熟的木屑、腐叶土、蛭石、泥炭土及当地肥沃的园土等。具体配制的比例和方法各地可以根据具体情况而定，大致配方如下。

1）煤渣 5 份，腐叶土 3 份，厩肥 2 份。

2）木屑 5 份，园土 2 份，厩肥 3 份。

3）园土 1 份，糠灰 0.5 份，厩肥 0.5 份。

4）园土 1 份，泥炭 1 份，糠灰 1 分。

5）腐熟马粪 3 份，肥沃田土 3 份，矿土 3 份。

6）烂树叶 3 份，厩肥 2 份，黑土 5 份。

7）草灰 5 份，田土 2 份，砂土 3 份。

小型盆栽果树在家庭养护时，极易因用盆较小、盆土保水时间短、浇水不及时、周围环境空气较干燥等原因造成叶片焦枯，果实萎蔫脱落，甚至发生枝枯、树死现象。可以通过调整营养土配比，并在每盆土壤中混入 0.1 kg 保水颗粒剂来解决这些问题。保水颗粒剂无毒无害，不污染环境，它的吸水能力是其自身体积的 400 倍左右，一次施入有效期达三年之久，使盆树在家庭室内环境中由原来的一天浇水 1～2 次，延长到 3～4 天浇水一次，保水能力显著提高。

2. 调整土壤酸碱度

土壤的酸碱度（pH）对植株生长影响很大，酸碱度不合适会严重阻碍植株的生长发育，影响养分吸收，甚至会引起病害的发生。

大多数植物在中性至偏酸性（pH 5.5～7）土壤中生长良好，高于或低于这一界限，有些营养元素即处于不可吸收状态，从而导致某些植株发生营养缺乏症。因此，在用培养土栽培时，应根据不同植株的需求，把酸碱度做适当调整，如酸性过高时，可在盆土中适当掺入一些石灰粉或草木灰；降低碱性可加入适量的硫磺、腐殖质肥、硫酸亚铁等，施入硫磺粉调整 pH 见效很快，但作用时间短，需每隔 7～10 天施一次。

3. 盆土消毒

配制盆土的材料常含有对植物有害的病菌及虫卵，培养土的各种成分混拌均匀后，进行消毒，消灭土壤中的病虫（如苹果的根腐病菌、蛴螬）和杂草种子等。

1）蒸煮消毒法　把已配制好的培养土，放入适当的容器中隔水在锅中蒸煮消毒。这种方法只限于小规模栽培少量用土时应用。此外，也可将蒸汽通入土壤进行消毒，要求蒸汽温度在 100～120℃，消毒时间 40～60 min。

2）福尔马林消毒法　用福尔马林对培养土整体消毒，其方法是用福尔马林（40%甲醛）200～300 ml，兑水 25～30 kg，喷洒在 1000 kg 培养土中，充分拌匀后堆置，堆上覆盖塑料薄膜等物，堆闷 48～72 h，以达到彻底杀菌的效果。然后揭开塑料薄膜等覆盖物，经 1～2 周后，把土弄松散些，待土壤中药味散发后使用。

3）二硫化碳消毒法　把培养土堆积后，在土堆的上方穿几个孔，每 100 m^2 土壤注入 350 g 二硫化碳，注入后在孔穴开口处用草秆等盖严，经过 48～72 h 的堆闷，除去草盖，摊开土堆，使二硫化碳全部散失即可。

4）日光曝晒法　日光曝晒就是在太阳光下曝晒，并经常翻动研碎，充分受到紫外线的照射消毒灭菌。

此外，也可将土放在铁锅中加热，不断翻炒以达到消毒目的。

四、上盆与换盆

（一）上盆

将植物最初种植于盆中的过程叫上盆。上盆时首先在盆底排水孔处垫置碎瓦片或窗纱以防盆土漏出并利于排水。先将花盆底部的排水孔用一块碎瓦片盖上一半，再用另一块碎瓦片斜搭在前一片的上部，呈“人”字形，使排水孔达到“盖而不堵，挡而不死”，避免盆内积水影响花卉生长。浅盆宜用窗纱，较深盆可用碎瓦片将盆下层垫空。用浅盆栽种较大树木时，需用金属丝将树木与盆底扎牢，可在填堵盆底排水孔之前在盆底放一铁棒，使金属丝穿过盆孔扎住铁棒以固定金属丝，再用金属丝另一端绑扎根部以固定树木。

栽种时先在盆底加少量营养土，将植物根系展开放于土上并固定在适当位置，然后再加其余营养土，边加土边用竹签将土与根贴实。并不断提根，覆土至根颈处，用手将土轻轻压实，使根与土密接，土面与盆沿应留空 3～5 cm。加土至接近盆口时，可稍留一点水口以利浇水。如系浅盆，则不留水口，有时还要堆土栽种。植物栽种深浅也要根据造型需要，一般将根部稍隆出土面。

栽种完毕要立即浇水，浇水最好用喷壶细喷。第一次浇水必须浇足，而后置于无风半阴处并注意天天喷水，一般半月后可生新根，转入正常管理。

各种苗木都可以盆栽，如一年生苗、当年生苗，盆体较大的栽多年生苗也行。在盆中直接播种、不移栽也可以，但到达结果的年限长、管理时间长。栽树入盆的时间，一年四季均可，大量栽以春季较好。栽前盆底要垫好，既要能排水，又不要冲走盆土。栽上果树后覆土要紧实，及时浇透水，置盆于遮阴处，不直接晒太阳，但温度不可太低，缓苗时以 20～25℃最好。缓苗期一过，搬到太阳充足的地方。

（二）换盆

1. 换盆的目的

盆栽果树，以下情况时需要及时换盆。

1）植株大，原有的盆土已不适合植株生长的要求，必须扩大盆土容积，提高根系吸水面积，需要换上较大的盆。

2）多年生植物在盆中生长，年龄较老，根系在盆内交叉生长，互相拥挤，盘根错节，影响新根生长，吸收养分的能力显著减弱，这时需进行换盆，加上适当的肥培管理，根系作适当修剪，起到根系复壮更新，增强树体生长结果。

3）原有盆土经植株长期选择，吸收矿质养分后，使植株呈现缺素症状，根系密布全盆并形成老化的根团，同时盆土养分消耗殆尽土壤板结，此时，必须通过翻盆来更新盆土，或盆土物理性质变劣，通气性变坏，植株生长不良，则可利用原盆更换培养土。

4）发现根系部分有病虫害时，进行根系修整，结合防治病虫进行换盆。

5）提高盆栽观赏价值。当盆栽用于陈设展览时，必须将原有的瓦盆换为紫砂盆、采由陶盆等高档盆钵以提高供观赏价值。此外，根据造型需要，有时需把深盆换成浅盆，或改变植物种植的位置或姿势，此时也需要翻盆。

2. 换盆年限

应根据树种、树龄、盆栽规格及生长状况而定。

1）树种：花果类盆栽，消耗养分多，最好每年换盆一次。

2）树龄：幼树生长快，应 1～2 年换盆一次，已成形的成年树可 2～3 年换盆一次，老树可 3～5 年换盆一次。

3）规格：小型盆栽盆土体积小，宜 1～2 年换盆一次，中型盆栽可 2～3 年换盆一次，大型盆栽盆土体积大，可 3～5 年换盆一次。

4）生长状况：一般来说，当根系已布满全盆，有根自排水孔伸出或自边缘向上生长时，就需要换盆。

3. 换盆时间

春季、秋季均可进行。秋季应在盆栽果树秋梢停长以后，根系出现第三次生长高峰之前进行。春季，落叶果树在根系第一次开始生长前进行，常绿果树一般在梅雨期进行。如果换盆只是小盆换大盆，不弄破土坨，则一年四季都可进行。

为保证果树每年都有较高的欣赏价值，需合理选择换盆频率和换盆时机。若换盆频率过大，会使树枝生长旺盛，导致当年的果实形成较少；如果换盆频率过小，会使盆土营养耗尽，并且老化的根系会降低对水分和养分的吸收能力，使果树失去生气，降低欣赏价值。通常情况下，果树每隔两年换一次盆比较合适。为避免冬季冻伤及春末花芽营养不良，果树盆栽的最佳换盆时机通常是在春季冰冻期结束、花芽还未萌生时，此时换盆可为新根的生长争取时间。

4. 换盆方法

应以不伤根或少伤根为原则。具体操作方法以盆大小而定，盆径小于 40 cm 的，换土时可用左手握住植株基部，右手轻拍盆壁，然后将盆脱开，双手将植株连盆土拔起；如果容器较大，或木桶栽植，为防止土球散落，最好在 2 天前浇透水，然后用绳束缚树冠，小心颠倒容器，轻拍容器壁，使盆土与盆壁分离。然后一人用双手紧握盆口，另一人用力拔出植株。

修根：盆栽果树生长几年后，根系老化，密集拥挤，为了保持旺盛生长，每隔 1～2 年结合换盆进行修根。先清理土球，可用竹片轻轻剔除周围旧盆土，然后剪除沿盆壁生长的卷曲根，换上培养土，以复壮根系。要修剪掉老化的粗根和毛细根，避免损伤适中根的根尖，因为根尖是吸收养分和水分最重要的部位；大型种植箱一般不换盆，结合秋施基肥，切断部分根系，以利来年新根大量发生。

在对树根进行修整时新盆底部应均匀铺上营养土，然后再将土球缓慢放入；在使用培养土对盆中剩余空间进行填充时，应采用分步填土、水渗填充的方法，避免外力挤压导致根系的破坏。

倒盆换土或施底肥，或修剪根系时，按栽苗的办法，留缓苗期。尽量在休眠期实施以上的措施。大树栽植，特别注意根的保护，尽量多带土，可用草绳固定足够的土壤在根周围，带草绳一起移入盆中；若是生长季带叶移栽，适量剪除一些枝叶有利于缓苗。

5. 换土方法

换土前一两天应停止浇水，使盆土干燥。把树连同土球一块挖出，除去大部分根上旧土，剪除老根、腐根、枯根，剪短粗长根（为以后能栽入正式的盆栽盆内打好基础）。盆内的排水孔处一定要用小瓦片拱形朝上垫好，这个细节很重要，以利排水，防止植物烂根。把新土铲入盆内，应掌握盆底的颗粒土最粗，盆中层是细土，盆上层土较细的原则。把树栽回盆内后，轻轻向上提一提，让根须舒展，不要用力按压表土，轻微按实即可，再浇淋一遍透水。

五、盆栽果树的肥水管理

（一）施肥

1. 施肥原则

盆栽果树的树体生长、开花结果及果实发育需要较多的营养供应，但盆土体积小、土壤养分储备少，且易随水流失，仅靠有限的盆土内养分远远不能满足。因此，为使盆栽果树能够保持旺盛生长和正常的开花结果，就要在生长季内及时追施多种营养元素，但应避免因施肥过多而发生肥害，所以要遵循“薄肥勤施”的原则。

在生产养护过程中，为达到合理施肥的目的，必须做到适树、适肥、适时、适量，因地制宜，灵活掌握，耐肥量较强，生长，结果量较大的树种，如苹果、梨、桃等应多施肥；耐肥性较差的树种，如柿子、石榴等应少施肥。结果少而生长势旺的盆栽果树应少施肥，特别是含氮较高的肥料；结果多、长势偏弱的盆栽果树应多施肥。春季旺长期和秋季养分积累期应多施肥；夏季高温季节为防止营养生长过旺应少施肥；休眠季节不施肥。盆土理化性状好，含营养元素全面而充足的刚上盆栽果树暂不施肥；但含肥量较贫乏或长时间未倒盆换土的盆栽果树应多施肥。追肥宜在晴天温度较低时进行，以免引起肥害或养分流失。

2. 肥料种类

施肥的种类有：以农家肥为主，化肥为辅。农家肥（羊粪、鸡粪、猪粪等）是一种全肥，富含氮、磷、钾、钙、镁和多种微量元素，不致造成缺素症；农家肥有利于活化土壤结构，保持养、气、水、温、化 5 项协调，平稳地力；农家肥肥效缓慢而持久，可在全年或几年内源源不断地释放供应。而化肥（尿素、二铵、磷酸二氢钾等速效肥）只是单种元素短期、速效的救急之策。

常用的肥料有发酵后的花生饼、芝麻饼、大豆饼、菜籽饼等。方法是先加少量水和干肥在容器内充分发酵，而后稀释浇灌。使用浓度为 100 倍，即 1 kg 干饼肥浸泡 100 kg 水。在华北碱性土壤地区或盆内种植为喜微酸性果树时，可在发酵过程中加入相当于干肥量十分之一的硫酸亚铁，即制成微酸性的营养液肥。

无机化肥应少施，尿素、磷二胺、磷酸二氢钾、过磷酸钙、硫酸亚铁等可与上述有机肥混合施用。每次施肥的间隔时间，春季萌芽后 1～2 周，以施氮肥为主；夏季 1 周左右，氮肥加磷钾肥；入秋，采果后施肥多些，以利于恢复树势，隔 2～3 周施一次，施磷钾钙肥，不施或少施氮肥；休眠期可以不施肥。

3. 施肥的位置

不要围绕根颈施肥。果树根系吸收肥料最活跃的部位是根尖的速长区和新生毛根。在根颈施肥，一方面不利于肥料吸收，另一方面又容易烧伤果树根颈，使树叶渐渐变黄脱落，影响正常生长，甚至造成果树死亡。

施基肥主要是把农家肥等肥料均匀撒在盆的表面，上面覆一层表土。随着每次浇水，肥料营养随水分运动到植株的根系而被吸收，是一个长期的肥效过程。

根际追肥是在基肥的基础上进行分期供肥措施，主要以化肥为主。将无机肥料的水溶液或无机肥施在盆边的土中，随水分进入根系。追肥的时期：萌芽前追肥（以氮肥为主）、亮叶肥（以氮磷钾复合肥为好）、果实膨大期追肥（以钾肥为主，少量施磷、氮）具体应根据树种、长势、生长期、盆土和天气情况灵活掌握。一般葡萄、桃、苹果、梨等耐肥性较强、生长量较大的树种可多施，反之可少施；结果少而生长过旺的树应少施，尤其要控制氮肥，反之多施；春季旺长和秋季养分积累期可多施，夏季防止徒长少施，冬季休眠不施；含肥量丰富的新土少施，多年未换盆的旧盆土多施。追肥应在晴天进行，雨季追肥易造成肥料流失和肥害。

盆栽果树也应叶面补肥，喷施尿素、磷酸二氢钾等易溶性肥料，对营养叶片、增加枝叶的观赏性，很有好处，这可以和平时清洁植株结合起来。这些年市场上有各种各样的叶面专用肥，有的还添加了生长调节剂。

4. 注意无机肥的施肥浓度及施肥量

盆栽果树根系集中于盆里，如果施肥浓度过大，或一次施肥量过多，会造成根系出现反渗透现象，甚至造成根系腐烂，果树植株死亡。施肥应掌握“勤施薄施、少量多次施肥”的原则。施用尿素、复合肥水容液的浓度控制在 0.2%～0.5%，每盆用量控制在 1～2 g 为宜。

有机肥的施用一定充分腐熟，否则在盆中发酵产生高温会伤害根系。通常情况下一般不采用有机肥作追肥使用，宜在种植前配。

全年总施肥数量的分配量是，氮肥占基肥的 50%，3 次追肥数量分别为 20%、20%、10%。

5. 叶面喷肥

能溶于水，对叶片及新梢不产生肥害的肥料均可用于页面喷肥，如尿素、过磷酸钙、硫酸钾、磷酸二氢钾、草木灰的上清液等。此外，在盆栽果树发生缺素症时，经常通过叶面喷微量元素来纠正，如发生叶片黄化现象的原因，多数是由于缺铁导致的，因此，喷施 0.3%～0.5%浓度的硫酸亚铁补充铁离子的不足；还有，一般在花期及幼果期喷硼肥 1～2 次，浓度为 0.1%～0.3%，提高坐果率，同时防止因缺硼引起的果实凸凹不平、果肉变褐、木栓化等症状，失去观赏价值。由于缺锌引起的小叶病的盆栽果树，应及时喷施 0.5%的硫酸锌，加一定浓度的石灰。一般每 7～10 天喷施一次，营养直接通过叶片吸收。

（二）水分管理

水是盆栽果树生长的“命”，如不及时灌水，果树就不能开花、结果，甚至枯死。盆栽果树的浇水技术很重要，特别是小盆时，水不光是树体所必需，而且水对土温的调节有无可替代的作用。浇水应根据果树盆栽的种类和生育期、花盆和盆土类型，以及所处外界环境条件灵活掌握。一般喜湿的树种或品种应多浇（如葡萄），反之应少浇；夏季旺长期应多浇，秋季停止生长后及冬季休眠期少浇；用盆较小或盆壁通透性较强（如素烧盆）多浇水，反之（如釉盆、瓷盆、塑料盆）少浇水；盆土较疏松，透水性好应多浇，较黏重的应少浇；天气晴朗干燥、多风时应多浇，阴、雨、雾日少浇或不浇；周围环境干燥多风（如楼房阳台）应多浇，较阴湿则少浇水。

夏季浇水一般应在 10:00 前或 16:00 后进行，冬季或早春应在午后气温较高时进行，以避免盆土温度发生剧烈变化。用水最好为软水，也可用雨水、雪水和河湖水，井水或自来水应贮存一段时间再用。浇水时水温与土温应接近，一般水土温差不应超过 5℃，水温以冬季稍高，夏季稍低为宜。一般夏季晴天每天浇水 2 次，春、秋季每天浇 1 次，早春、秋后根据盆土情况 2～3 天甚至 4～5 天浇 1 次，冬季根据越冬环境 10～15 天检查浇水 1 次。春旱和夏日高温季节，除盆内浇水外，还应向叶面及地面适当喷水，以提高空气湿度，促进生长发育。对抗旱能力较差的南方果树在北方盆栽和在阳台等特别干燥的场所养护，更应及时喷水。

1. 盆栽果树浇水

要掌握“见干见湿、浇则浇透”的原则，也就是看盆土发干变白时浇水，浇至水从盆底渗出为止。因为盆内土壤既要含有树体生长所需的养分和水分，又要含有根系呼吸所需的空气。若经常浇水过多或每次浇水间隔时间过短，土壤的孔隙长时间被水分充塞，空气大量地被排出土外，将会严重影响根系的呼吸和生长，盆土长时间处在过湿缺氧状态下容易发生涝害，甚至烂根死亡。相反，若每次浇水时不浇透，只是盆土的上半部分浇到，而下半部分还是干的，呈“半截水”状，下半部盆土经常不见水变得干硬，其内的根系干枯死亡，则造成树体衰弱。表现为植株生长较弱，托盆检查时，上半部分土与下半部分土自然分离。因此，浇水后要检查盆树，待其盆底孔有少量水渗出时为宜，即“浇则浇透”，保持盆土上下湿度一致，其相对含水量一般在 50%至 90%。

2. 涝害处理

盆栽果树一旦发生涝害，叶片会发黄、发淡，暗而无光泽，下垂；幼枝嫩叶即使没见强光也会萎蔫；观察根系，很少有白色新根产生，大量根系腐烂变褐。出现这种情况，要及时将树体整坨从盆中拔出，放在荫凉通风处，让土坨内的水分快点散发，同时向叶片喷水，防止叶片缺水脱落。清理盆孔，待土坨变干，新根发生时重新上盆，仍放在遮阴处，多喷水少浇水。当叶片恢复即说明新的吸收根已大量发生，方可正常浇水。

3. “半截水”状盆土处理

盆栽果树一旦发生“半截水”现象，盆土要及时将树体带坨拔出，把下边的干硬土清理干净，重新换土上盆。

六、树体矮化技术

果树盆栽是将大田果树栽植到盆器中而形成的微观果园，因此，在果树盆栽制作过程中，为有效抑制枝条生长、促进树体矮化、保持健壮树势和优良树形，常需要采用一定的措施来抑制地上部分的旺盛生长，达到缩龙成寸的艺术效果（王兆毅和陈段芬，2000a）。

（一）选用矮化性能强的砧木

可利用大田果树生产中广泛应用的矮化砧木进行嫁接，使嫁接树达到矮化和提早成花结果的效果。所用矮砧的矮化程度不一，有些矮砧可使所嫁接品种树体仅为原树体的2/3，甚至1/2。例如，梨的矮化砧榅桲、柑橘的矮化砧构橘、李的矮化砧毛樱桃、桃的矮化砧寿星桃等。

（二）选用短枝型接穗品种

在大田果树生产中，由于在自然界受物理或化学等环境因素的多重影响，产生较多的芽、枝基因变异，通过观察选育出许多矮生类型品种（又称短枝型）。这种果树的共同特点是树体矮小、枝条紧凑、节间较短、枝条粗壮、加长生长量很小（年加长生长量是乔化树的 1/3～1/2）、叶片稠密而肥厚，如苹果中的首红、烟富六、烟青等，梨中的窝梨、矮香梨，桃中的大果寿星桃等。

采用生长发育成熟的枝条做接穗在生长、结果良好的大田果树上剪取 2 年至 3 年生结果枝组，用该结果枝组作接穗嫁接盆树，这不仅可有效抑制盆树旺盛生长，还是促进果树盆栽快速生产的捷径。因为这种枝组上有结果枝、更新枝、营养枝和中间枝。嫁接成活后，结果枝组即在原有基础上生长发育、开花结果，这种发育阶段上的不可逆性使其不会再返回旺盛的营养生长阶段。

（三）利用整形修剪技术

“冬季修剪长树，夏季修剪结果”，这是对果树树体管理的经验性总结，可以借鉴并用于指导果树盆栽与盆栽的生产。由于夏季修剪疏剪掉树冠外围过密的部分营养枝，这对盆栽果树整体来说起到了抑制作用。同时，在生长季对新梢的多次摘心，既抑制了营养生长、减少了营养消耗，又改善了盆栽果树通风透光条件，并对树冠内部枝条的花芽形成和提早结果有利。

（四）喷施植物生长调节剂矮化树体

可在盆栽果树上应用的生长抑制剂种类较多，如比久、多效唑、矮壮素、PBO 等。由于盆栽果树的幼嫩组织对这类物质吸收较多，因此只有在盆栽果树幼嫩组织上使用后，矮化效果才会比较明显。一般在盆树新梢长到 15 cm 左右时喷洒第 1 次，间隔 20～30 天再喷洒 1 次，就可以明显控制新梢加长生长，促进树体矮化，增加花芽数量。

（五）通过根域限制控制树体

根域限制是直接调控根系生长发育的一项栽培技术，利用果树地上部分和地下部分生长的相关性，人为地把植物根系限制在一定介质或空间中，控制根系体积和数量，改变根系分布与结构，优化根系功能，通过根系调节整个植株生长发育，从而实现高产高效优质的一项栽培技术。在果树盆栽与盆栽生产实践中，有意对一些生长势比较旺盛的树种和品种，采用较小或较浅的花盆栽植，以制约根系的活动范围，从而达到抑制地上部分旺盛生长的目的，这是控制盆栽果树树体行之有效的手段之一。

七、控冠造型

根据果树生长结果习性及观赏要求，按树种、品种的直立性、下垂性等不同要求，整成单干式、双干式、斜干式等造型，或塑造具有丰富想象力的树形（如双枝鹿角形、三枝杯状形、独枝悬崖形等）；为增强苍老性，可用嫁接刀在树干上刻几条曲线；生长季用铁丝缠在果树枝条上，采用蟠扎、牵拉等方式，固定出所需树形。修剪手段有缩、疏、截等。修剪时间以花芽认准时下剪为好，即花芽初露，齐花下剪，留出头与型。夏季通过喷多效唑、维生素 B_9，除萌、摘心、扭梢、环刻和根系修剪等，协调新梢与果实的养分供应，促其花芽分化，控制树冠，达到缩龙成寸、早果丰产的目的（王兆毅和陈段芬，2000b）。

果树盆栽应根据品种砧木特性、生长发育规律、结果习性，因势利导，不拘一格，以自然型和规律型各种形态造型制作。目前常见的果树盆栽造型有自然圆头形、塔形、独枝悬崖形、双枝鹿角形、三枝杯状形、垂柳形、龙曲形等，既有利于结果又具美学效果，提高其观赏价值。

（一）修剪

生长季应注意摘心，当新梢生长到 20 cm 左右时，留 10 片叶摘心，对摘心后顶芽再次萌发的新梢保留 3～4 片叶摘心，以控制树体，节约养分，便于造型。

果树盆栽对枝的加工要求并不像观叶类盆栽那样细致、严格，其原因首先是大多数当年生枝条必须进行冬季修剪，通过修剪进行局部整形；其次，为保证果实发育必须保留足够数量的叶片，而且许多树种其结果部位多在枝条的顶端，处理不当会影响当年及翌年的结果；另外，结果后，尤其大果型树种的果实，常使枝条压弯甚至下垂而改变原有形态。因此，果树盆栽对枝的造型，主要是根据整形的需要，在主要分枝的布局和形态上下功夫。对局部小枝，除对影响树形的及时处理外，多数结合促花保果和维持树型作较粗犷处理。当然小型盆栽对枝的加工十分严格，因为其枝条很少，对观赏的要求很高。

主枝的选留：主枝的选留应服从整体造型的需要，一般选留 2～3 个，着重考虑其形态、方位、层次及与整体的配合。既要层次清晰，伸展有序，又应避免多、乱、密、繁。对那些平行枝、交叉枝、反向枝、直立枝、对生枝、轮生枝等均应去除或短截。

（二）拿枝

为提高果树盆栽的观赏性，对于初上盆的果树，首要任务是进行造型，而不要急于让其结果。在生长季节将主干或需要造型的枝条拿弯做形，使其灵活多变，宛如游龙，达到柔中见刚的盆栽观赏效果。

枝的弯曲主要通过修剪和蟠扎来实现。修剪法，主要是利用芽的方向性来调成枝方向，经多次修剪后即成苍劲有力的扭曲状。如需变化的用度较大，可用培养后部枝，回缩前部的方法修剪。

（三）截干

在收集和采集树体时，有些盆栽果树的材料基部树形较好而其上部枝和干长且直，不适合做弯造型，此时，可采用截干法保留优美的树体基部，重新培养主干和树冠。

另外，通过采用蟠扎、选择适当部分嫁接枝组、提根、圈枝等技术手段，使果树盆栽达到观赏、结果的双重效果。

蟠扎常用硬丝（金属丝）和软丝棕丝、塑料绳进行。金属丝蟠扎简便易行，伸屈自如，但拆除时稍麻烦。使用的铅丝型号，应根据枝条粗度灵活掌握。蟠扎时，先把金属丝的一端固定在枝干的基部或交叉处，然后贴紧树皮缠绕。缠绕时要使金属丝疏密适度，与枝角成 45°。枝条扭转的方向应与金属丝缠绕的方向相一致，边缠绕边扭旋才不易断折。缠绕后的枝条经一年生长即可姿态固定，应及时拆除金属丝。

利用棕丝或塑料绳蟠扎时，先将拉绳拴在被拉枝的下端，将枝干徐徐弯曲至所需角度，再收紧绳固定上端即可。操作的关键是选好着力点，可先用手将枝条按设计要求的方向、角度固定，再选择下棕丝打结的位置。有些果树年生长量较大，需及时解除拉绳，避免拉绳深陷皮层内木质部而造成折枝。

八、盆栽果树的整形修剪

整形与修剪是调节盆栽果树生长和结果的重要技术措施，也是创作和维持果树盆栽造型的重要手段，运用得当可以起到良好的效果。但因其方法很多，效果各异，在实际操作中需综合运用，才能达到预期的效果。

（一）整形

果树盆栽的整形修剪要结合造型进行。根据个人爱好及品种特点，采用抹芽、摘心、拿枝、曲枝、环割、回缩、拉枝等方法，开张枝条角度，缓和生长势，利于形成花芽；也可以通过疏剪徒长枝、密生枝、无效枝等方法增强光照，将果树盆栽整理出理想的造型。

整形是将盆中果树按照人们的观赏要求和有利于树体控制管理，而将其整成各种形状和姿态，既增加美感，又能正常生长和结果。通常多用弯干、弯枝、圈枝、垂枝、缚枝等方法，整成扇形、圆形、斜干形、双干形、垂枝式、主干多弯形及其他多种形状。整形可有效控制枝条生长，也可采用补接枝条的方法，造成特异的形状和利用下面接花枝，削弱树冠上部长势，使树冠紧凑，成立体结果。

1. 盆栽果树常用的树形

盆栽果树栽培中，为了提高其观赏价值，并有利于开花结果，健壮生长，达到连年稳产、丰产和优质的栽培效果，盆栽果树栽培中根据各树种的生长习性，常采用的树形有主干形、自然开心形、丛状形、小冠疏层形等。

（1）主干形

有明显的主干，可以是直干、弯干或斜干，主枝直接着生在主干上，不分层。苹果、梨、枣树、山楂、柿子等干性明显的果树多采用此树形。

（2）自然开心形

主干矮或无主干，3 个主枝错开排列，每个主枝配备 2 个侧枝，在主枝和外侧枝上培养大、中、小型结果枝组。桃树等核果类果树由于具有中心干容易衰弱且喜光生长特性的特性，因此桃、樱桃、杏等核果类果树多用此树形。

（3）丛状形

无主干或主干很短，无主干丛状形一般有 4～5 个主枝，以 40°～60°角向上斜伸，每个主枝上留侧枝 3 个左右，按 70°角向外侧延伸，构成丛状形。几个主枝呈丛状直立生长，树冠呈圆头形。石榴、无花果等多用此形，桃树等核果类果树也可采用多主枝丛状形树形。

（4）小冠疏层形

对于干性不强的果树树种或品种，可以采用小冠疏层形。小冠疏层形第 1 层 3 个主枝，第 2 层 2 个主枝。第 1 层每个主枝上有 2 个侧枝，侧枝在主枝上的着生点要略偏背下。第 2 层的主枝根据需要和可能而安排，其上无侧枝，直接着生枝组。苹果、梨、桃树、枣树等树种也可整成此形。

盆栽果树中采用哪种树形是可以根据自己的喜好并结合果树的生长结果习性灵活调整的，如苹果树既可以采用主干形也可以采用小冠疏层形；桃树既可以采用开心形也可以采用小冠疏层形。在所有的盆栽果树中以葡萄的整形最为容易，由于葡萄枝蔓柔软，树形变化也多，常见的有丛状形、螺旋形、扇面形、披散形等，均可予以支架、引缚。

（二）修剪

修剪是维持果树盆栽造型、调节生长结果、促使盆树长势均衡的重要手段。由于盆栽果树在有限的生长空间内既要健壮生长，又要开花结果，因此盆栽果树的整形修剪要根据不同果树特有的生长结果习性，以更高要求的人工整形修剪技术，使盆栽果树在盆栽的条件下能够健壮生长、开花结果，兼具造型美和果实美的欣赏价值。主要考虑以下几个方面。

1. 调节长势强弱

冬剪稍重有利于加强来年的长势，夏季重剪可缓和、减弱枝条当年的长势。轻剪多留枝有利于整体生长，短剪少留枝可削弱整体生长。在中部壮芽处剪截易发壮枝，而在基部瘪芽处和先端不饱满芽处剪截则抽生弱短枝。去弱枝、留壮枝壮芽有利生长，去强枝、留弱枝弱芽、多留果枝，可缓和、削弱生长。

2. 调节枝条角度

为加强生长，可多利用直立枝、斜生枝，也可向上拉枝、选留背上壮芽，使分枝角度变小，待势力加强后再行控制。相反，可利用背后枝、向下拉枝等开张角度。

3. 调节枝条密度

为增加枝条密度，可多截枝、少疏枝，促进下部发枝，也可采用弯干、环割、刻伤、摘心等增加发枝数量。减少枝条密度则应以疏枝为主，配合少短截；加大分枝角度也可减少局部枝条密度。

4. 调节花芽数量

为增加花芽数量，可在生长的中后期采用加大枝条角度、环剥、环割、扭梢、摘心等延缓营养生长的措施，促进花芽分化。为减少花芽量，则应及时疏剪果枝，破花芽、疏花芽，以加强树势和枝势。

5. 调节留果数量

果树盆栽留果量要适中，否则会对当年的生长和养分积蓄以至来年的生长和结果产生不利影响。留果多少要看树势和其负担能力，以利当年枝叶生长和花芽的形成为原则。如果结果过多，应适当疏掉一部分幼果，多留内部和中下部果，少留上部和外围果；如果结果很少，生长势强，则尽量保留果实。

九、促花保果技术

花果是果树盆栽造型的重要组成部分，也是人们观赏的主要对象，如何使果树盆栽早日开花结果是制作和养护的中心任务之一（王兆毅和陈段芬，2000c）。

（一）促花技术

促花就是在盆栽果树花芽分化的关键时期，通过调控影响成花的各种因素（除树种、品种等遗传因素外，主要指树体营养，植物激素和光照、水分、温度等外界条件），促使果树形成数量较多、质量较好的花芽。大多数果树花芽分化具有稳定的开始期和集中期，如苹果在花后2～6周、桃在6月底至7月初、山楂在7月，这就是花芽分化的关键时期，许多促花措施都是围绕这一时期进行的。也有一些果树花芽分化具有多次性和长期性，如葡萄、金橘、柠檬等，应根据这些特点制定相应的促花措施。常用促花措施如下。

1. 调节营养供应，控制旺长、徒长

土壤中过多的氮肥容易造成旺长，影响成花，因此，对过旺生长树应控制氮肥，增加磷钾肥的供应。

2. 控制水分，促进成花

在花芽分化关键时期进行干旱处理，使盆栽果树处于水分胁迫状态，可有效地控制营养生长，调节激素平衡，促进营养积累和花芽分化，如对柑橘、桃、苹果、梨等进行该处理，其花芽数量可显著增加。

3. 改善光照条件

果树盆栽应摆放在背风向阳的场所进行日常养护，尤其花芽分化前更需要满足其对光照的要求。避免在过于隐蔽的环境摆放，否则会使花芽数量明显减少或质量不高。

4. 利用生长季拉枝、摘心、扭梢等夏剪技术措施

这些措施可控制生长势，改变内源激素的分布与平衡，提高养分积累，促进花芽分化。

5. 短期干扰输导系统

利用环割、环剥、绞缢等措施，使输导组织受到暂时损伤和短期干扰，阻碍水分和养分的输送，抑制损伤部位以上部分的生长，从而积累大量营养，促进花芽分化。

6. 合理调节留果量

过多留果会大量消耗树体营养，同时种子中形成大量赤霉素，抑制花芽形成适量结果则可使营养生长缓和。有利于当年花芽的形成。应根据“树体小，留果少；树体大，留果多；旺树多留，弱树少留”的原则，调节树势与果量平衡。

7. 应用植物生长调节剂

有些植物生长调节剂可显著调控果树的生长与结果，促进花芽形成，如比久可使苹果、梨等新梢缩短，枝条增粗，叶片增绿、增厚，促进花芽形成。一般于旺梢长度 10 cm 以下或花芽分化关键期喷施 2～3 次，使用浓度为 2～3 g/L，喷后 1～2 周即可见效，且持效期长。矮壮素喷后枝梢节数不变，但节间变短，生长粗壮，叶片浓绿宽厚，可抑制葡萄副梢萌发和枝蔓生长。多效唑具有控制生长、促生短枝作用，而且持效期长。在桃上应用，可明显抑制枝梢生长，促进成花，提高树体抗寒力；在苹果上应用，可明显矮化树体，促生短枝和花芽。使用时可叶面喷施也可浇灌，浓度为 1～2 g/L，切忌浓度过高或连续施用，否则会造成叶片变形、发枝困难。

8. 控制根系的范围

在相同的管理条件下，大盆小树往往造成盆树生长过旺，延迟成花。选盆适当，缩小根系范围，可减弱地上部分的生长势，有利于成花。

（二）保果技术

各种果树均经过开花、授粉、坐果、发育、成熟等过程，每一过程中，生理变化和对营养、外界条件的要求均不相同，保果措施必须根据不同树种、不同时期、不同环境条件而使用。常用技术如下。

1. 人工授粉

苹果、梨等树种的大部分品种都具有自花不实性，需异花授粉才能结果。在种植数量少，品种单一或品种间花期不遇的情况下，必须进行人工授粉。少量培育时，可采集不同品种的花朵，用“对花”的方式授粉。家庭少量养护时，为避免采集花粉的麻烦，可事先采集授粉用的花枝，插入瓶内水养，与盆树放在一起，既可授粉，又可观赏。

2. 加强营养和水分管理

秋季加强肥水管理，保护叶片，控制旺长，可提高树体储藏营养水平，有利于来年开花、授粉及幼果前期发育。届时，在萌芽期和花期追施以氨肥为主的液肥或速效化肥，花期喷施氮、磷、钾等多种营养元素，也可满足盆树营养需求。水分供应不足，时旱时涝影响果实发育，严重时可造成果实失水皱缩甚至脱落。在盆内水分绝对含量不低于13.5%时，果实发育迅速，其果个、果重常高于大田果，此要注意水分供应。

3. 合理修剪

在花期及生理落果期环剥、环割和摘心，可调节养分分配方向，促进坐果，如苹果、山楂壮树在盛花期对其基部进行双圈环割，割距 1cm，可显著提高着果率。

4. 生长调节剂

花期及幼果期喷硼、磷酸二氢钾及植物生长调节剂如对苹果在花期喷浓度为 0.2%的硼砂和磷酸二氢钾，对山楂在盛花期喷 30 mg/L 的赤霉素均可明显提高着果率。

5. 合理留果

及时疏除过多的花、果，可减少养分消耗，保持树势，减少落果。疏果应在生理落果后进行，留果量根据树种、树势、果实大小等灵活掌握，如对苹果中的大果型品种，冠幅 50 cm 的盆树，留果不宜超过 10 个，冠幅 80～100 cm，可留果 20 个左右；而对小型品种的留果量可加大。对梨树而言，6 月落果后，一般每序留 1 个单果。

6. 抑制离层发生，延长观果期

随果实的成熟，果柄与果实之间或果柄与果台之间将会产生离层，导致果实脱落产生离层是成熟期的果肉细胞产生大量乙烯，并向果柄扩散。使用萘乙酸、赤霉素或 2, 4-D 等生长素类物质可有效拮抗乙烯的产生，抑制离层的发生，从而延长观果期。例如，在果实成熟前 1 个月，全株喷施 30～50 mg/L 的次萘乙酸钠盐，间隔 10 天，连喷 2 次或用上述药液多次涂抹果柄离层部位，均可延迟离层的发生。此外，病虫害也可使果实产生大量乙烯，从而导致果实自行脱落，应加强对病虫害的防治。

十、病虫害防治

病虫害防治也是果树盆栽养护中的一项关键工作。由于果树盆栽的常规管理比较精细，所以病虫害发生较少，程度也较轻。但是，盆钵营养面积毕竟有限，树桩年龄较高，抗逆能力减弱，也会发生一些病虫害，影响生长发育，从而降低观赏价值。因此，也应采取以防为主的综合防治措施。

（一）人工防治

生长期一旦发生病虫害要及时摘除病枝、病果病叶、刮除病斑、人工捕捉害虫。要结合冬季修剪剪除干枯枝、病虫枝摘除病僵果并集中烧毁深埋，以减少多种病害的枯枝侵染源和虫口数量。对修剪所造成的伤口必须涂波尔多液、843 康复剂和腐必清液加以保护。

（二）药物防治

在生长季节需每隔 20～30 天喷施 70%的甲基托布津可湿性粉剂 80 倍液或 65%代森锰锌可湿性粉剂 50 倍液防病；可用 25 %扑虱芽 180 倍液、20 %白螨朴 200 倍液喷施，防治盆栽果树的蚜虫、红蜘蛛等害虫。

十一、防寒越冬

（一）埋土防寒

埋土防寒适于华北地区数量较大且埋土方便的果树盆栽园。越冬场地应选择避风向阳、排水良好、南向无遮蔽物的地方。入冬前挖好东西向的防寒沟，宽度以并排放两排盆树为宜，深度一般与盆高相同。较冷地区应深埋，保持一半根系处在冻土层以下为安全。将盆入沟后，要将盆内和沟内浇足水，而后在盆面上覆草、掩埋。在寒冷地区，可用剩余的土在防寒沟的北侧东西向堆一土岗，或在北侧设立风障，改善沟内小气候。

早春随着气温的上升和地表解冻。要及时清除盆上的覆盖物，并及早出盆，促使盆土升温。出土后，要检查墒情并及时补水。

（二）室内越冬

室内越冬的温度一般保持在 0～7℃，以满足果树经冬季低温的需要温度。温度过高，既不利于北方果树休眠，还会造成南方果树冬季生长，过多消耗养分而影响翌年结果。南方果树在室内越冬时，应有一定的光照，应放置在见光较好的南向窗口附近，室内越冬时，盆体裸露，水分散失较多，需定期检查墒情，补充水分。

（三）阳台越冬

家庭养护少数果树盆栽时，可利用阳台、屋顶等条件。将花盆用草绳、报纸、牛皮纸等防寒物包裹严实，外层再包塑料布。如果防寒前浇透水，冬季一般不需再补水；如对上部枝干同样包裹，更有利于安全越冬。不包塑料布时，应随时检查墒情，防止失水抽条。

（四）地窖越冬

地窖越冬适用于较寒冷地区的北方落叶果树和特别寒冷的地区。入窖前可将盆树用旧报纸、牛皮纸、稻草、泡沫、塑料等包裹。也可在窖内用沙土将盆掩埋，盆内不必经常补水早春要防止在窖内发芽。并掌握好时机及时出窖。

（五）覆草越冬

覆草越冬适用于华北南部栽培数量较大的果树盆栽园，入冬前，挖一东西向的防寒沟，将起出的土放在沟的北侧将盆放入沟内。上覆树叶、稻草等御寒物，冬季要随时检查墒情，补充水分。

第十章　设施果树立体栽培和异地栽培

第一节　立 体 栽 培

立体栽培是果树复合群体在时空上的充分利用。根据不同果树的不同特性，如高与矮、喜光与耐荫、早熟与晚熟、深根与浅根，利用它们在生长过程中的时空差，合理地实行科学的间种、套种、混种、复种、轮种等配套种植，形成多种果树、多层次、多时序的立体交叉种植结构。

一、立体栽培概述

立体栽培也叫垂直栽培，是立体化的无土栽培，这种栽培是在不影响平面栽培的条件下，通过四周竖立起来的栽培柱或者其他形式作为植物生长的载体向空间发展，能充分利用设施空间和太阳能，可提高土地利用率3～5培，并提高单位面积产量2～3倍。

立体高效栽培是目前设施栽培的一个重要方向，通过充分利用温室土地、光能、水源和热量等自然资源，对设施地面及上层空间进行合理利用，以获取更高的经济效益。这种栽培方式能够合理有效地利用有限空间，提高土地和设施的利用率，显著提高产量和效益。采用草莓和葡萄的套作栽培，打破了传统单一的设施栽培模式。在北方由于温度的限制，设施栽培的成本较高，因此，如何有效利用有限空间，来提高经济效益，成为当前设施栽培的主题。

20世纪60年代，立体无土栽培在发达国家首先发展起来，美国、日本、西班牙、意大利等国研究开发了不同形式的立体无土栽培，如多层式、悬垂式、香肠式、单元叠加式等。我国自20世纪90年代起开始研究推广此项技术，立柱式无土栽培因其高科技、新颖、美观等特点而成为休闲农业的首选项目，近年来在北京、上海、东北、河北、江苏等地区有所采用。

近几年，我国技术人员在日光温室葡萄、草莓立体栽培方面作了大量的研究工作，成果显著，如温室棚架葡萄与韭菜、小萝卜、莜麦菜、芹菜、菠菜、荠菜等蔬菜的立体栽培，温室草莓与西瓜套作，温室草莓与番茄间作，温室篱架葡萄与草莓间作等。

二、立体栽培类型

设施果树的立体栽培模式，通常有果树与果树、果树与食用菌、果树与蔬菜等相互搭配的地面立体种植，以及利用设施结构的床式、立柱、多层空间立体栽培。

（一）地面立体栽培

地面立体栽培最大的特点是利用间套作技术，建立合理的群体结构。间套作技术是运用生物间的互利共生机制、生态位原理和物种多样化原理，组成合理的群体结构，增加复种指数，提高单位面积产量，有利于产品的周年均衡供应和品种多样化。

1. 同种果树高、矮、密立体栽培

利用早熟品种与晚熟品种搭配，前期进行加行密植和强化整枝的措施进行立体栽培。

2. 不同种类果树间套作立体栽培

根据不同种类果树的外部形态和对温度、光照等的要求不同，把高矮不同、喜光耐阴不同种类搭配。

3. 菌果间套作立体栽培

利用食用菌在生长过程中需要散射光环境，可释放出二氧化碳，而一般蔬菜、果树需要强光照和二氧化碳才能发育的特点来进行立体栽培，如葡萄架下栽培平菇、鸡腿菇、姬菇等。

4. 果菜、果果立体栽培

以葡萄为主体的立体模式较多，如葡萄间套作番茄、芹菜、甘蓝、生菜及葡萄间作草莓。

随着设施果树栽培的发展，果、菜立体栽培及果树与草莓的立体栽培也迅速发展。在杏、李、桃树幼树期，由于树冠较小，可在行间合理利用间种菠菜、香菜、茼蒿、生菜、苦菜等矮生、耐阴蔬菜，也可间种草莓。既合理利用土地，增加了前期收入，达到以短养长的目的，又减少土壤水分蒸发，便于田间管理，可谓一举多得。

（二）空间立体栽培

空间立体栽培不仅可以通过一定设施的利用，扩大土地的栽培面积，充分利用空间，提高单位面积产量。而且，大多空间立体栽培都是采用无土栽培技术，由于无土栽培技术便于立体栽培，并且便于导入各种高新技术。因此，空间立体栽培可以增加产量，提高品质等许多优点。

由于空间立体栽培采用一定的设施及利用无土栽培技术，因此，一次性投资大，对管理人员的技术要求较高。

1. 床式两层立体栽培

床上栽培喜光果树，床下栽培耐阴作物，如食用菌、蒜苗、韭黄等。对栽培床下的环境条件进行观测，结果表明，只要果树搭配合理，管理周到，分层立体栽培是可行的。这种模式结合了床式两层立体栽培和地面间套作的原理，栽培果树种类多，管理较复杂。

2. 吊挂式两层立体栽培

在设施内设立支架，在支架上吊挂塑料编织袋或花盆等进行黄瓜、草莓等的栽培，下层栽培各种蔬菜。

3. 阶梯式栽培

在设施内设阶梯式模式架，在架上种果树，还可以进行工厂化育苗。

三、草莓立体栽培

草莓设施栽培具有周期短、见效快、效益高、采摘期长、品质好等特点。但当前生产中主要以薄膜覆盖的设施内地面起垄栽种为主，长期连作容易造成各种病原菌的累积和土壤的次生盐渍化，产生的土传病害严重制约草莓的产量和品质，影响经济效益。另外，草莓种植需工量大，除种植之前的翻地整地外，育苗、小苗定植、摘除老叶、疏花疏果、采摘果实等都需人工弯腰曲背操作，劳动强度非常大，1 hm^2 的草莓生产面积需要 20 000～20 500 h 的劳动时间。

设施立体栽培正是为缓解连作障碍，实现草莓省力化栽培和清洁生产而产生的一种栽培方法，即通过人为作用改进自然环境和生产条件，利用和发挥整合效应，扩大资源，有效利用空间和时间，提高单位面积和单位时间资源的利用率，发挥有限地面的生产潜力，从而获得显著的成效。

（一）草莓立体栽培的优点

1. 节约土地，使用范围广

从单位面积栽培量来看，传统栽培模式草莓的栽植密度为 8 000～10 000 株/亩，改用立体无土栽培模式后，种植株数可提高 20%～30%，每亩的栽培总量可达 11 000～13 000 株。

就土壤条件来讲，草莓对水肥条件要求较高，用传统方法栽培时宜选择土壤肥沃的地块。而改用立体无土方法栽培时，由于营养基质可按要求任意选配，基本不受土壤条件的限制。不管土壤肥沃与否，甚至在荒坡、荒滩或者水泥地上也能发展，只要营养基质符合要求，就能保证草莓正常生长。

2. 改善植株发育，有效提高品质

草莓生长对水肥条件要求较高，常发生连作障碍。由于立体栽培采用的基质是泥炭土、木屑等，除了能高产、高效，还可重茬式补充营养，从而有效地解决草莓栽培中的重茬难题。棚架采用“品”字形骨架，每层之间互不遮挡，使每棵草莓都能沐浴到阳光，这样不仅有利于草莓对营养的吸收，而且果实着色也均匀，商品果率可达 93%以上。

同时，将草莓种植在距地面 80 cm 高的栽培槽中进行无土栽培，不用弯腰便可以摘到草莓，与常规方法种植的草莓相比较，颜色鲜亮、口感好，而且洁净卫生，更适合观光农业的发展需要。

3. 随时控制草莓生长环境

立体种植草莓在其生长过程中，可以根据草莓的生理特点和各阶段对水肥的需求，利用设施设备对草莓光照、通风、热能、湿度等生长环境进行控制，使草莓生长发育始终处于最佳状态。

（二）设施草莓立体无土栽培主要模式

当前生产上主要应用的模式，按栽培基质成分可分为有机质为主、无机质为主、有机质+无机质等类型；按栽培槽结构主要分为塑料泡沫槽、无纺布+ 防水膜袋、塑料栽培槽（花盆式、长槽式等）、PVC 管式栽培槽、栽培袋等类型；按营养液供给方式可分为循环式、非循环封闭型和非循环开放式等类型；按加温方式不同，可分为无加温、温水循环加温、暖风加温、基质电热线加温等类型；按栽培床种植列数及挂果方向可分为双列内置、双列外挂、四列并排等类型；按立体种植方式可分为立体套种、间种等类型。

目前，常见的设施草莓立体无土栽培模式主要有以下几种。

1. 吊柱式栽培

吊柱式栽培的主要原理就是依托焊接有镀锌管的金属架，通过钢丝绳将其固定在温室上方的拱架上，外接旋转环，主要目的是为了更加方便地转动栽培柱，保证草莓植株在各个方向上都能够整齐地生长。

需要注意的是，栽培柱上端要通过滴灌的方式供给营养液，这样的话不仅能够提供足够的营养液保证草莓的正常生长，同时又有助于多于营养液的能够有效提升肥水的利用率，在栽培柱内，苗根部相对集中，可提高肥水利用率，同时各栽培柱间相互独立，还可以减少病虫害的传播，但越冬管理及装基质相对比较困难。

2. 高架式栽培

高架式栽培有两种：单一型与复合型。

单一型高架栽培就是只有 1 条或者是 2 条并靠在同一平面的类型，最为显著的特点就是良好的通透性，便于管理，劣势在于要想保证单位面积的草莓产量，就要增加栽培床的数量，这样就增加了栽培的成本。

复合型高架栽培就是 1 个支架上有 1 个以上的栽培床，而且每一个栽培床又可以形成高低床，当然并不在一个平面上。正是因为如此，复合型高架栽培有多种类型，如固定式的和移动式的。

根据栽培架不同固定式又划分不同类型。

（1）“A”形或“X”形栽培架

“A”形或“X”形栽培架主体框架为钢结构（为降低成本，在保证承载力的情况下，也可用其他材料代替），左右两侧栽培架各安装 3～4 排栽培槽，层间距 40 cm，最下层距地面 45 cm 左右，最高处 1.2～1.3 m，栽培架宽 1.2 m 左右；栽培槽一般用 PVC 材料制作，也可加焊支撑条用无纺布加防水膜制成，槽直径为 15～20 cm，槽内装栽培基质，配备供液装置，可确保养分、水分和氧气的均衡供应；立架南北向放置，各排栽培架间距为 60～70 cm。

（2）“品”字形栽培架

“品”字形栽培架的栽培床有左右对称的 2 条和中间 1 条共 3 条栽培槽，栽培床南北走向。左右对称的栽培槽槽面高 90 cm、宽 25 cm，中间槽高度为 130 cm，呈高低两级状。基质容器采用无纺布加 1 层导水膜构制，栽培床距 60～70 cm，这样的设计使得每座“品”字形栽培架可种植 6 条，以 8 m 单栋大棚计，每个大棚可放置 4 座“品”字形栽培架，种植条数可达 24 条，较传统种植方式的 16 条增加了 8 条，种植密度提高 50%，充分利用了设施空间。

（3）移动式栽培架

移动式立体栽培装置主要包括栽培架、栽培槽、导轨、两端带有滚轮的支撑轴和传动机构。栽培支架采用 600 mm×400 mm 的方钢焊接而成，为矩形，每个栽培架上安装 2～4 排栽培槽，槽直径为 25 cm。两根导轨固定在温室地面上，两根支撑轴安装在栽培架下方，滚轮与导轨配合并在导轨上运动，传动机构驱动支撑轴转动。通过滑轮使栽培架进行左右平行移动，空出人行通道。采用该装置不仅可以使草莓植株充分地接受阳光，提高果实品质，还可以使温室空间得以充分利用，大大提高单位面积产量，但制作成本也较高。

3. 叠盒式栽培

叠盒式栽培常见的有圆形栽培和方形栽培两种。圆形塔常用的材料是薄铁皮，而方形塔既可以采用木板，也可以采用薄铁皮。塔的大小根据占地面积、材料及秧苗数决定。若要栽 1 m^2 的方形塔，可栽 3 层草莓苗，以木板为材料，15～20 cm 宽的木板，钉成 3 个大小不同的方框，最下的第 1 个大方框用每边 100 cm 长的木板钉成，第 2 个用每边 60～70 cm 长的木板钉成，第 3 个用每边 30～40 cm 长的木板制成。将第 1 个大方框放在地面，框内垫 1 层薄膜，框底不用垫，框内填满栽培基质后压实，然后在其上正中放上第 2 个框，同样填满基质后压实，以后依次放上方框填基质，形成塔形。草莓在各层面上按 15～20 cm 的株距打孔栽植，管理方法与台床相同。

4. 管道式栽培

草莓管道式栽培就是利用管道作为草莓栽培的载体，利用微控制计算机来实现营养液及温、光、气、热等环境因子的智能化调控，让草莓在管道上正常快速地生长、开花、结果的一种模式。管道通常为 PVC 材质（直径 20 cm 左右），也有竹质材料，长 3～6 m，每隔 20 cm 打孔，孔径大小 6～10 cm。将打好孔的管道放到高约 1.5 m 的直角三角形结构的木制架上，每层管道相距 30 cm，可放 3～4 排。每个种植孔用滴灌供给营养液，多余的营养液经管末端的回液管进行回收利用。管道式栽培与其他立体形式栽培相比，优点是它是立体无土栽培形式中最具有观赏性的一种栽培方式，缺点是它不适合大面积生产型使用，同时植物残留在管道内的毛根不方便清理。

5. 地面立体栽培模式

草莓与菌菇类间套作这种模式主要利用食用菌在生长过程中需要散射光环境，可释放出二氧化碳，而草莓需要强光照和二氧化碳才能更好发育的特点来进行立体栽培，如草莓与草菇、蘑菇等套作或草莓高架下种植平菇，可以达到菌莓轮作换茬或立体互补的目的，提高设施生产效益。草莓与果蔬套间作这种模式主要利用草莓与套间种果树之间的时间差、空间差进行优化组配种植，可以充分利用光、热、水、肥、土资源，增加产出率。例如，温室葡萄、草莓立体栽培模式，可产葡萄 2.4 万 kg/hm^2，收入 24 万元/hm^2；在葡萄行间套种草莓，产草莓 1.8 万 kg /hm^2，收入 18 万元/hm^2，两项合计产值 42 万元/hm^2，纯收入 30 万元/hm^2 左右。又如，温室草莓套种油桃、小型西瓜、番茄，间作厚皮甜瓜等模式，均可充分利用温室空间，大幅度提高经济效益。

草莓立体栽培模式因具有空间利用率高、果实产量高、品质优、收益好、能有效防治病虫害、降低劳动力强度等特点而被广泛推广与应用，适合规模化生产。立体栽培由于形式高科技、新颖、美观且采摘方便从而成为观光农业的首选项目，近年来在北京、上海、东北、河北、江苏等地区有所采用。随着我国经济的发展，人们消费能力的增强，品质优、食用安全的立体栽培草莓将会有广阔的市场前景。立体栽培形式和栽培装置仍然需要不断地探索与研究，确定既符合草莓植株生长又方便管理、设备简单可靠的方式，逐步实现草莓立体栽培机械化、标准化生产。

四、葡萄立体栽培

近年来，随着设施葡萄栽培技术的长远发展，设施葡萄栽培研究不仅仅局限于实现葡萄高产为目的栽培技术，更多学者及经营者不断拓展思路，向设施葡萄优质化、集约化、高效化方向发展。在此基础上，以立体农业理念为导向，发展出设施葡萄立体栽培新模式。

（一）葡萄立体栽培模式

我国葡萄立体栽培开始于 20 世纪 90 年代。近年来，我国农业科技人员在设施葡萄立体栽培方面做了大量的研究工作，他们结合区域农业生产特点，因地制宜地发展多种葡萄立体栽培模式，如设施葡萄与草莓、番茄错峰生产的立体栽培模式，葡萄与韭菜、萝卜、白菜、菠菜等冬季蔬菜类错峰生产的立体栽培模式，葡萄与猕猴桃立体栽培模式，葡萄下套种耐阴中草药立体栽培模式及葡萄下套种食用菌立体栽培模式等。

1.“葡萄-草莓”立体栽培模式

“葡萄-草莓”立体栽培模式是当前推广较多、技术较成熟的一种葡萄立体栽培模式。该技术模式综合利用了葡萄和草莓两者根系深浅不同、吸收肥层次不同和生育期不同等特点，进行错峰生产，在保证葡萄和草产量和品质的同时，充分利用有效空间内的自然资源，提高单位面积产量，获得最佳经济效益。“葡萄-草莓”立体栽培模式主要有：①葡萄和草莓 1∶1 的栽培方式，即葡萄栽 1 垄，行距 1.8 m，株距 1 m，在 2 行葡萄种植畦之间套种 1 垄草莓，畦宽 60 cm，畦高 0.4 m，草莓株行距 25 cm×20 cm；②葡萄和草莓 1∶4 的栽培方式，即葡萄栽 1 垄，草莓栽 4 垄。这种模式将葡萄种植的行距从 1 m 拉宽为 5 m，株距还为 1.0 m。草莓定植于葡萄行间，采用高畦双行栽培，畦高 0.4 m，畦宽 0.6 m，栽植 4 垄。程建军等（2013）对葡萄单作、草莓单作、葡萄和草莓 1∶1 立体种植及葡萄和草莓 1∶4 立体种植的效益进行比较，结果发现葡萄和草莓 1∶1 立体种植模式的经济效益最高。

2. “葡萄-蔬菜”立体栽培模式

“葡萄-蔬菜”立体栽培模式主要是利用葡萄采收至第 2 年坐果之前的空闲期内进行。在此期间内设施大棚内温度较高，且冬季葡萄进入休眠期，叶片凋零，因此设施大棚内光照充足。在设施葡萄架下套种蔬菜类可充分利用光源、水热条件，提高产值。大多冬季叶菜类均可在葡萄架下种植，“葡萄-蔬菜”立体栽培模式目前推广较多的蔬菜有生菜、油菜、菠菜、萝卜等，可在同一大棚内间套种多种蔬菜，提高经济效益，但同一叶菜不可连作，以免影响产量和经济效益。

3. “葡萄-食用菌”立体栽培模式

大多食用菌生产过程需要避光遮阴，因此在葡萄架下栽培食用菌可充分利用葡萄枝叶形成的天然屏障达到避光遮阴的目的。此外，秋末葡萄采收结束后至来年初夏，此时段气温较适宜多种菇类的生长。因此，在这段时间内可在葡萄架下种植食用菌，不仅可以充分利用空间资源，节约土地，食用菌收获后菌渣和菌丝等是一种优质的有机肥，其在土壤里自然腐熟，还能增加土壤有机质含量，增加经济效益。当前，在葡萄架下成功栽培的食用菌有毛木耳、平菇、鸡腿菇、双孢蘑菇、姬菇、金针菇等。

（二）温室葡萄-草莓的立体栽培技术

葡萄与草莓的立体栽培技术是以葡萄为主、草莓为辅。

1. 间作理论依据

1）二者都需要低温休眠才能健壮成长。

2）草莓成熟期早，一般在葡萄结果前可基本结束采收，二者在养分的吸收、光照和空间利用上能够互相取长补短，因此两者之间套种不会出现养分争夺现象，同时又能提高温室利用率，增加用户经济效益。

3）葡萄根系发达，草莓根系浅，共同生长时间 150 天，无水肥矛盾。

4）二者为不同科属，没有共同的病虫害。

5）草莓为多年生草本植物，夏季怕高温暴晒，种在葡萄藤下，遮阴条件理想，既可降低温度还能提高产量和品质；葡萄发芽较晚，不影响草莓通风和透光。

2. 品种选择

葡萄选择早熟，抗病，大粒，耐储运的京秀、夏黑、香妃、维多利亚、京香玉、早黑宝、巨玫瑰、红旗特早玫瑰、碧香无核、粉红亚都蜜、紫珍香、凤凰 51、醉金香、金手指、户太 8 号等。草莓品种可选择丰香、章姬、佐贺清香等丰产、抗病力强、丰产的品种。

3. 定植

（1）葡萄苗定植

南北行向篱架种植，株行距 1 m×1.5 m，每行 6 株，单棚定植 300 株，定植前开挖深 0.8 m，宽 0.6 m 的定植沟，沟底铺垫 20 cm 麦草和有机肥，将腐熟有机肥与土按 1∶10 混匀后回填，浇水沉实。选用脱毒苗于 6 月上旬定植并浇透水。

（2）草莓苗定植

在葡萄行间覆盖地膜，于 8 月底 9 月初，按 20 cm×20 cm 的株行距定植 4 行草莓，棚的南缘东西向定植 2 行，单棚定植草莓 4600～5000 株。

葡萄、草莓全部采用垄作，为了温室作业方便，有利光照，垄作南北向，一般垄高 30～40 cm，垄距 90 cm，垄沟宽度 50 cm。采用 1∶4 栽培方式，即葡萄栽 1 垄，草莓栽 4 垄。

4. 葡萄的整枝方式

单臂水平整枝。葡萄苗萌发后，选留 1 个健壮新梢作为主蔓培养，新梢长到 80 cm 时第 1 次摘心，160 cm 时，第 2 次摘心，摘心后将主蔓 50 cm 以下萌发的副梢全部抹去，50 cm 以上副梢留 2～6 叶摘心。3 次副梢一律抹去，冬剪时主蔓上的副梢全部剪除，只留 160 cm 长的主蔓下年结果。

翌年，将主蔓南北向水平缚在距地面 50 cm 的第 1 道铁丝上，新梢萌发后将 50 cm 以下的萌发芽眼及早抹除，以上每隔 1 节留 1 个果枝，单株留 6～8 个果枝。冬剪时在每个果枝基部留 2 将结果母枝短剪，第 3 年在每个结果母枝上留 1～2 个结果枝结果，冬剪时留 2 个芽的结果母枝短剪，以后按第 3 年的方法继续培养。

若遇缺苗，可以双臂水平整枝弥补架面空缺，方法是选留 2 个健壮新梢分别培养成两侧主蔓。

5. 草莓生长期间的立体栽培技术要点

（1）起垄种植草莓

起垄可以增加草莓根系与葡萄根系之间的间隔，错开吸收营养集中区的土层分布。使用滴灌种植，在垄上分布好滴灌水管，控制好滴水量，使浇的水均匀的渗透在垄上。

（2）草莓的苗期要点及葡萄的后期管理

10 月葡萄叶片逐渐变黄，开始落叶，这时的草莓需要短日照来促进花芽形成，所以葡萄叶片的存在不但不影响草莓的生长，还有利于草莓花芽的分化。10 月下旬和 11 月上旬，结合葡萄的剪枝增加草莓的光照，应剪去主蔓上没有花芽的徒长枝和低弱枝，每平方米大约保留 10～12 个结果母枝，其余的截除，保持最大的透光量，促发草莓的新枝新叶。

早霜来临前，气温逐渐下降，清理干净葡萄的落叶以后，应及时覆膜开始保温，控制棚内温度白天不超过 30℃，11 月初给草莓覆盖地膜。

11 月下旬葡萄逐渐进入休眠期，草莓开始旺盛生长，需水量加大，每 7～10 天施肥一次，浇水之后应随时去除草莓的老叶和匍匐茎，集中养分促生新叶。

（3）草莓的授粉、疏花疏果、肥水管理

12 月，及时清理多余的匍匐茎，同时温室内放蜜蜂，协助草莓授粉，草莓坐果后要注意追肥，为了不影响葡萄休眠，施肥应使用水溶性肥料，通过滴灌水管缓慢施入草莓的根部，每次滴灌 15～20 min，每隔 5～10 天施肥一次。

（4）扣棚加温

12 月下旬～1 月底，当夜间棚内温度低于 5℃时，可在大棚内搭设小拱棚保温，使小拱棚内的温度保持在 7℃以上，防止草莓冻伤，1 月草莓进入果实膨大期，做好疏花疏果，每棵草莓上保留 7～10 个长势接近的草莓，注意给草莓浇水追肥，以提高草莓的御寒能力。

（5）草莓采收及葡萄开始萌动后的管理

1 月中旬，采收第一茬草莓，第一茬草莓的采收期可持续半个月左右。葡萄此时也结束休眠了，这时应提高棚内的温湿度，以满足葡萄的生长需求。

2 月下旬以后，葡萄的新芽新叶开始大量萌发，草莓生长旺盛，叶面水分蒸腾量几乎增加一倍，使温室内湿度陡然增高，由于湿度增大了，就到了草莓灰霉病的高发期，为了防止灰霉病的发生，要加强通风。

6. 葡萄生长期间的立体栽培技术要点

（1）葡萄新梢管理

3 月中旬，葡萄加速生长，叶片越来越大，应在能分辨出强弱和辨认出有无花絮时进行定梢，以免争夺营养和遮挡草莓的光照。4 月底采收结束后将草莓苗移植到露地扩繁，确保下个生产季壮苗定植所需。

（2）果穗管理

5 月中旬，葡萄果实进入膨大期，这时葡萄的需水量加大，使土壤含水量达到 70%～80%，棚内湿度保持 70%左右较好，从果实膨大期开始，每隔 7～10 天随灌水追施水溶肥一次。5 月下旬，从果实着色期开始停止灌水以利于提高果实的含糖量，促进着色和成熟，这时为了防止裂果，棚内的温度应保持在 35℃左右，湿度控制在 60%左右。6 月中旬，葡萄收获以后，整平土地，揭去棚膜。

第二节　南 果 北 种

《晏子春秋内篇杂下》："橘生淮南则为橘，生于淮北则为枳，叶徒相似，其实味不同。所以然者何？水土异也。"但随着现代农业科学技术的进步，尤其是设施农业的快速发展，地域已不再是果树种植的限制因素，随着观光休闲需求的增加和收入水平的提高，农业观光采摘产业发展迅速，原先不能在北方种植的南方果树已成功"南果北种"，南方果树，包括番木瓜、番石榴、番荔枝、火龙果、台湾青枣、杨桃、枇杷、莲雾、香蕉、菠萝、西番莲、沙糖橘和黄皮等在北方种植成功。

通过“南果北种”，果树实现了异地栽培，打破了人们原有的地域生产种植界线、为设施农业提供一条种植特殊果品致富途径、提高农业生产技术水平；它更是一种农业生产理念的创新，今后将会带动更多新、特、优果树在设施中展现，使现代化农业迈上一个新的台阶。

一、南果北种概述

把在我国南方（热带、亚热带）生长、生产的果树品种引进北方进行设施种植的统称。这些品种只能在北方设施内种植才能安全越冬、正常生长和开花结果。南果北种是指将我国南方热带、亚热带果树引至北方地区，通过一定的设施进行栽培，使之能够正常的生长发育并形成产量。

热带、亚热带果树大部分喜炎热气候，对积温和最低温度限制要求较高，可以说温度是其生长发育的决定性因子。北方温室大棚冬季最低温可保证 15℃以上，能满足大部分南方水果生长发育的要求。

农业科学技术的进步使南果北种在设施中变得可行。比如通过品种改良和矮化砧木的嫁接手段，原来 10 多米高的果树品种一般可控制在 2～3 m，有些更矮，使之适于温室大棚种植。此外，北方的年光照时数与南方的年光照时数相近（北京地区光照时数为 2600 h 左右，海南地区为 2400～2700 h），这也为南果北种提供了可能性。

热带水果在北方进行设施栽培，不但果品采收成熟度、品质提高，而且可利用南北方的地区差异、价格差异、成熟期差异，其发展前景是广阔的。因此，南果北种既满足了人们对部分热带水果的需求，又为北方的设施栽培提供了新的发展方向。

（一）南果北种的优势

1. 植株无自然休眠期

热带果树无自然休眠，北方日光温室栽培，只需创造适宜的环境条件，无须打破休眠的措施，因而便于人工调控其生长发育，减少了技术环节。

2. 植株生长健壮、花芽分化良好

热带果树花芽分化为不定期多次分化型，只要环境适宜，管理得当，能不断进行分化，受季节限制很少。同时由于北方光照充足，空气干爽，植株生长健壮，不易徒长，只要加强当年管理，花芽分化容易且分化质量好。

3. 果实品质好、经济价值高

南方果树在北方的日光温室栽培，由于热带果树花芽是多次陆续分批分化，花朵分批开放，果实分批成熟，且果实挂树期长，不易脱落，这样大大延长了水果供应期，有利于安排销售，而且果实成熟期正值国庆、元旦、春节消费旺季，又属珍稀特色水果，营养价值和医疗保健价值高，风味独特，成熟度好，因而经济价值高。同时，由于北方

光照充足，昼夜温差大，干物质积累多，再加上成熟好，上市供应及时风味好，口感佳，果实品质超过南方生产的同类水果。另外，由于实现了南方果树北方栽培，成熟后就地上市，解决了南方水果供应北方市场中存在的成熟度差、风味不佳、不耐储藏运输和运输距离远、损耗大、成本高等一系列问题。

4. 真正实现绿色果品生产

热带果树引入北方日光温室栽培，病虫害少，同时由于北方光照充足，空气干燥，植株生长健壮，寿命长，加之温室封闭，外界病虫害难以传播蔓延。只要加强预防，完全可以不用或少用农药，具备了生产绿色果品或有机果品的有利条件，管理容易、省工，既降低了生产成本又减少了果实及环境污染，非常符合今后健康消费的需求，市场潜力巨大。

5. 扩大栽植区、避免自然灾害影响

由于设施的保护，南方果树在北方日光温室条件下栽培，可避免风、雨、雪、霜和雹等自然灾害的影响，生产稳定。还可通过人工调控改变植株生长进程，进行错季生产，使不适合南方果树生长的地方，能够生产南方水果，从而扩大了栽植区域。同时由于设施的保护，使果树花期环境优越，授粉受精良好，实现丰产优质的栽培目的。

6. 适宜多元化开发增值

南方果树除适宜水果鲜食生产外，还非常适宜制酒、制汁、制清凉复合饮料、果酱、果脯、保健品、菜用等，市场需求量大。此外，因其独特的株型和特征，又是制作盆栽、花卉的好材料，具有很高的观赏价值，是北方农业观光园不可多得的优良观赏树种。

（二）南果北种的效益

与传统的北方果树及蔬菜等果树的观光采摘相比，温室种植南方水果具有景观效果好、采摘期限长、经济效益高等优势，具体表现如下。

1. 果实品质好

北方温室产出的南方水果可溶性固形物等品质指标明显高于产自南方运输到北方的同品种水果，口感普遍好于市场产品。

2. 采摘期限长

设施南方果树品种与北方落叶果树不同，大多数的品种都具有多次开花结果的特性，花果期长，特别适合观光采摘。例如，火龙果的采摘期从每年的 7 月开始到 11 月；番石榴、番荔枝可从每年的 10 月到翌年的 2 月；枇杷采摘是在北京水果生产淡季的 3、4 月；番木瓜更是可周年采摘。

3. 观赏价值高

极具热带、亚热带特色的香蕉林、木瓜林及形如释迦牟尼头型的台湾特色水果番荔枝、状似红色吊钟的莲雾果等热带水果，在为市民提供美味水果的同时，创造了别具特色的休闲场所。

二、香蕉的设施栽培

香蕉是芭蕉科芭蕉属植物，为多年生大型常绿草本果树，香蕉是热带、亚热带名果，是我国南方四大水果之一，其色、香、味俱全，营养丰富。原产于亚洲东南部的东南亚各国及我国南部。我国台湾、广东、广西、福建、四川、云南和贵州等地均有栽培，以台湾、广东最多。欧洲人因它能解除忧郁而称它为“快乐水果”。

香蕉是人们喜爱的水果，香蕉树形美观，极具热带特色香蕉植株高大，生育期长，喜高温多湿，不耐霜冻，所以常规栽培一直局限在我国福建以南的亚热带、热带地区的露天栽培。随着温室设施的不断升级，高大连栋温室的普及推广，香蕉在北京九月大苗定植能在春节前后“吐穗”结香蕉，正常膨大并成熟，是近年来北方休闲观光温室和生态餐厅种植热带果树的首选，是农业生态观光旅游的一个新的亮点。温室栽培每株可产香蕉 20～40 kg，效益可观。

（一）香蕉设施栽培的优势分析

1. 温度和光照要求不高

香蕉其生长和吐穗结蕉时，只要温度不低于 15℃，光照强度不低于 6000 lx，即可正常结蕉。但是，要想获得高产，增大蕉穗和蕉果，还是光照强一些比较好。内空高度 4 m 以上的阳光板温室、薄膜温室、玻璃温室都能适合香蕉对高度和光照的要求。

2. 湿度容易控制

香蕉叶片宽大，需水较多，对土壤和空气湿度要求比较高，一般对空气湿度的要求是 60%～85%，土壤含水量以 60%～80% 为宜。对于北方的露天来说，季节性的空气干燥非常明显，但温室栽培具有温室的良好保护作用，湿度容易控制和保持。一般空气湿度不要低于 50%，土壤湿度不低于 65% 即可满足香蕉对水分的需求。

3. 能保持叶片完好

南方露天栽培，香蕉经常遭受“风害”而至叶片碎裂，遇台风时更是由于其叶片宽大招风，茎杆脆嫩而容易受折，造成减产和绝收。温室栽培的香蕉叶片可以始终保持完好状态，对保持旺盛的光合作用能力和延长叶片的功能期具有重要的意义，也许这是温室栽培香蕉容易取得成功的最有利因素。

4. 病虫害少

在北方温室设施栽培香蕉，只要不直接从南方香蕉产区引进成苗，而引进组培脱毒苗在本地培养，就可以避免从产区带进病虫害，当然，要注意商品香蕉果实的贩运而将产地病虫害带进新区。各地温室栽培的实践基本没有发生严重病虫害问题，只是偶尔受本地红蜘蛛的侵害。

5. 高产高效

香蕉是一种高产果树，生长发育快，生育期 350～400 天，采取中、大苗定植可以避开冬季低温，当年完成生长周期而获得高产。单株平均结蕉可达 3 0～50 kg，按每亩栽培 150 株计，产量可达 4500～6000 kg，产值可达 3 万元，观光采摘园的产值则更高。

（二）设施与品种选择

香蕉树体高大、直立且不耐低温。香蕉的茎为球茎，但由于球茎上长出叶的覆瓦状叶鞘紧抱而成的圆柱状假茎及叶片高大，一般株高 2.5～3.8 m，最低温度要求在 10℃以上，因此，北方种植香蕉要选择高度 4 m 以上、有加温设施的现代化连栋温室。在单栋日光温室（冬暖式大棚），有较高的空间种植香蕉，前部较低的部分宜种植其他较矮的果树或蔬菜，作业道可设在前部，以扩大种植面积。

品种应选择在南方产区主栽的优良品种，如大种高把和齐尾。大种高把为高干型香蕉，植株高大健壮，高 2.6～3.6 m、冠径 0.85～0.95 m，一般单株产量 20～25 kg，最高 60 kg，产量高、品质好，耐旱和耐寒能力都较强，受寒害后恢复生长快；齐尾为高干型香蕉，植株高 3～3.6 m、冠径 0.65～0.8 m，单株产量 25～30 kg，最高 50 kg，产量高、果指长，抗寒和抗病能力弱，对水肥条件要求较高。

（三）育苗与定植

香蕉是无性繁殖的果树，主要采用吸芽分株法繁殖。所谓吸芽是由地下球茎叶腋间形成的芽，1 个球茎一般抽生 7～10 个吸芽。香蕉果实成熟采摘后，把植株砍掉，保留球茎吸芽发出的幼苗继续生产，或将健壮的幼苗挖出重新栽植。叶片浓绿、根系发达、高草莓 15～20 cm、具有 5～6 片新叶及无病虫害的吸芽苗，一般多为入冬前和春季形成的吸芽长成的苗。球茎表面萌发的大叶芽不能做种苗。从南方引进苗木宜在清明节前后，此时南方和北方温度都还不高，是调运苗木和栽植的好时机，苗木要随起随运，根系要蘸泥浆处理。

在北方温室，只要温度适宜，香蕉一年四季均可种植，但一般多在春季种植。香蕉对土壤要求不太严，但高产栽培应选择土层深厚、疏松通气、肥沃、排水良好的壤土或沙壤土，尤以冲积土壤或腐殖质壤土为适，呈微酸性，pH 在 5.5～6.5。当 pH 达不到时，可每亩施硫磺粉 15～20 kg，可使土壤 pH 降低 1～1.5，且能维持 2～3 年。每亩施优质腐熟的有机肥 5000 kg、三元复合肥 100 kg，深翻 50～60 cm，使肥料与土壤拌匀，翻后灌水沉实。挖坑定植，株行距为（1～2）m×（2～2.5）m，深度和分苗前种植的深度相当，将苗放入定植坑，填土踩实，起垄成畦，浇水沉实。

（四）栽培管理措施

1. 施肥

香蕉生长快，产量高，在北方温室栽培时，只要温度和湿度满足要求，全年可不间断地生长和结果，所以需肥量大。香蕉需钾最多，氮、钙、镁次之，磷较少。氮、钾能促进早期开花，增产效果显著。缺氮则叶色淡绿、无光泽，叶薄而细，产量低；缺钾植株软弱易折、品质差、产量下降、抗寒力减弱；缺钙果实品质差、成熟时果皮易开裂。1 株香蕉 1 年施肥量约为氮 500 g、磷 150 g、钾 750 g。

香蕉周年都需要充足的养分供应，温度高、生长快时多施肥；温度低、生长慢时少施。香蕉根系较弱、分布较浅，根系集中分布在地面至 40 cm 土层，对肥料特别敏感，应勤施薄肥，并与叶面喷肥相结合。前期营养生长以氮肥为主，配施钾肥；花芽分化期增施钾肥，配施复合肥；结果期增施钙肥，配施复合肥。一般幼苗期每月施肥 2 次，每次施高氮三元复合肥 50～100 g/株；旺盛生长期每月施肥 1 次，有机肥 3～5 kg/株或高钾三元复合肥 250 g。此外，还要注意钙、镁等元素的补充，抽蕾前 60 天左右施花芽分化肥，约占总施肥量的 40%；抽蕾和断蕾时各施肥 1 次，施优质腐熟有机肥 5 kg/株，配合 200 kg/株三元复合肥。

2. 浇水

香蕉植株水分含量高、叶大，因而蒸腾量大，故整个生育期需要较多的水分，要保持全生育期土壤湿润，但不同生育期稍有差异。香蕉根系浅、好气性强，土壤含水量过高会造成氧气缺乏，影响根系生长，甚至烂根，所以，香蕉既不耐旱，又忌浸水。水分的控制至关重要，一般根据苗期润、中期湿、后期润的原则进行浇水。土壤施肥后要结合浇水，一般每月浇水 2 次，旺盛生长期间要勤浇水，但不要积水。

3. 花果管理

（1）香蕉开花结果特性

香蕉的生长周期为 12～14 个月，叶片达到 22 片叶以上时现蕾。香蕉花序顶生，由球茎向上抽生直至假茎顶端，香蕉花序为无限佛焰花序，花轴分为若干段，每段着生小花 10～20 朵，分 2 层排列，称为一疏。花轴基部各段为雌花，中间为中性花，先端为雄花。只有雌花能结成果实，但 3 种类型的花可以互相转化，主要取决于花芽分化前的营养条件，营养充足形成雌花数多，所以花芽分化前的管理非常重要。

（2）校蕾、断蕾和留梳

香蕉抽蕾时，如遇叶梢支撑花蕾使其无法自然下垂，须人工辅助扶校，让花蕾从叶间自然垂下；断蕾须待中性花苞叶全部脱落，雄性花开始开放的晴天进行，要用利刀切断尾蕾；一般留 8 梳，头 1～2 梳留果指 20 条左右，最后一梳留蕉指 1 条。

在抽蕾和果实成长过程中，及时移开或切去妨碍抽蕾、蕉穗下垂和幼果生长的叶片，防止出现畸形果梳或擦伤果皮。

通常花轴基部的雌花先开，开花后子房膨大发育为果实。而后雄花依次开放，所以香蕉结实不用授粉。

当花蕾开至中性花或雄性花后，将花轴先端部分割去，以减少养分消耗，称为断蕾。从现蕾到断蕾，夏季需 15 天左右，冬季需 20 天以上。断蕾要在晴天午后进行，不宜在雨天或露水未干时进行，并对切断处进行消毒。

（3）套袋护果

香蕉断蕾后，果指往上翘时，用艾美乐 3000 倍液或世高 800 倍液和 0.12 %磷酸二氢钾喷 1～2 次后进行套袋。果袋内层为珍珠绵，外层为蓝色塑料，规格为 1.13 m×0.18 m。夏天将袋的孔口敞开，冬天将袋的孔口扎起。

抽蕾 7～10 天进行套袋，袋用蓝色膜制成，套时将上端袋口扎紧，可防病虫、日灼和机械伤，以提高果实质量。抽蕾后套袋前以托布津、多菌灵等杀菌剂喷施花朵。结果后若果穗过大过重，会导致树体不能承受，可在果轴处缠绕上塑料薄膜或宽布条等物，将其轻轻吊起。吊时不可用力过猛，以免造成香蕉脱落，只将果穗轻轻托起即可。

清除不留用的吸芽，以集中养分供给果实生长。

（4）立桩撑蕉

在抽蕾前加上竹木护桩并用纤维绳索将桩和假茎绑实，防止蕉株倒伏。支撑方式有单株立桩、纵行搭架和拉网 3 种。

4. 温度与湿度管理

（1）温度管理

香蕉属热带果树，对温度要求较高。在温度为 15～35℃的地区均可种植，以 24～32℃最适宜，超过 35℃不利香蕉生长发育，37℃以上叶片和果实会出现灼伤；10℃以下地上部几乎停止生长，根系生长缓慢；5℃以下叶片受害，12℃果实受害，0℃植株死亡。

北方温室栽培香蕉，最低温度降至 15℃以下就要考虑罩棚，如山东潍坊在 9 月中旬，撤膜需在 5 月下旬。温室内温度保持在夜间不低于 13℃，白天不高于 30℃，根据温度的变化进行增温和降温调节。增温保温的措施有加温、温室后墙设反光膜、加盖覆盖材料、地膜覆盖及降温前灌水等。降温的措施有喷水、通风等，夏季覆膜的温室特别要注意通风降温，当温度达到 35℃时要利用水帘和风机降温。

（2）湿度管理

香蕉原产地高温多湿，对空气湿度要求较高，尤其开花阶段湿度过低会影响穗轴和果实的发育，造成结果少、果实畸形的恶果。

定植初期可向树上喷水，增加空气湿度。一般空气湿度以保持在 50%～60%为宜，增加湿度可灌溉或喷水，降低湿度可通风。温室通风口、出入通道等部位要注意保温保湿。

5. 病虫害防治

香蕉主要病虫有束顶病、象鼻虫、蚜虫、叶斑病和黑星病等，防治方法是以防为主、综合防治。选用无病虫害苗木，及时清理病苗，防止病源的扩散；加强肥水管理，保持通风透光，促进植株健壮生长，提高抗病虫害的能力；果实套袋可减轻植保压力和提高果实外观品质；夏季保留设施棚膜，揭开通风口实行避雨栽培，可减少病害传播蔓延，还可减轻强光直射和果树日灼等；象鼻虫等需做好卫生清理和人工捕杀；药剂防治病虫害要根据其发生种类用北方果园常用的药剂对症防治。

6. 采收与储藏

香蕉采收时间根据果实成熟度和上市时间来决定，北方采收供应当地市场，宜在成熟度九成时采收，观光采摘要完全成熟。香蕉果穗自断蕾开始，果实开始长大，果实棱角变钝，果身变圆，果皮逐渐变为淡绿色，果实棱角明显，但果身已近圆满，成熟度为七成；果身圆满，但尚见棱成熟度为八成；果实棱角模糊，果身圆满，成熟度为九成；果身圆满无棱成熟度为九成以上。

储藏香蕉的最适温度为 13℃，低于 12℃易使香蕉发生冻伤、品质下降；高于 15℃，香蕉会逐渐转黄绿、变软成熟。

三、火龙果的设施栽培

火龙果别名红龙果、仙蜜果等，为仙人掌科三角柱属（又称量天尺属）植物三角柱的果用栽培品种。火龙果的茎深绿色，粗壮，三棱状，棱边缘有刺座，花大型，浆果长圆形，原产于巴西、墨西哥等中美洲热带沙漠地区，在热带美洲、西印度群岛及其他热带地区均有分布。火龙果在我国台湾、海南、广西、广东、福建等地栽培较多，是热带、亚热带的名优水果之一。火龙果还具有很高的经济价值，它集水果、花卉、蔬菜、保健、医药为一体，不仅可食用、药用，而且茎、花也有利用价值。

华北、东北地区开始在日光温室条件下进行设施栽培，并获得成功。例如，辽宁省辽中县、北京市密云县、河北省滦平县先后在日光温室中引种成功，产量比南方露地种植高，品质风味也超过南方露地种植，而且管理更简易，实现南方水果在北方成熟上市供应，经济效益显著。

（一）设施选择

火龙果北方栽培普遍采用日光温室，在我国中东部生产也可采用复合式大棚（即内外两层棚膜结构）。需要注意的是：一是温棚的高度，由于火龙果树高一般在 1.5～1.8 m，因此设施高至少不能低于 2.5 m；二是温室棚面薄膜透光性要好，并保持干净无污物，以免遮光。

（二）品种选择

设施栽培一般以鲜食为主，应选择果型大，含糖量高，口感好的优良品种，并以白、红、黄肉 3 种类型合理搭配，以白、红肉两种类型为主。目前，白肉型选择以白玉龙品种为佳，红肉类型品种选择以珠龙或新火龙果为好。最好一个设施内红、白两种类型合理搭配，以提高授粉率、产量和品质。

（三）适时培育壮苗

火龙果苗木繁殖主要采取无性繁殖，可用扦插、嫁接、组织培养等多种方式育苗。北方设施温室内扦插可随时进行，一般在每年 5～9 月进行，但要在霜降前及早移入温室内。在适宜的栽培季节，也可按照栽培技术要求，直接将剪好的火龙果插穗栽植到整治好的田块上，省去育苗环节。

插穗选择：选择 3 年以上生长结果率高的母株，从母株上密枝部位割取健壮无病虫害，芽节饱满的壮枝。剪成 15 cm 长的小段插穗，在日光下晒 3～5 h 后，再在下端约 2 cm 处除去茎肉，削成似三棱锥的斜面，留出中间硬的髓心部分，待伤口风干后，扦插到苗床上。

用偏沙性表土与草炭按 1∶1 的比例配制混合均匀，做成育苗床；剪取 30 cm 长的火龙果枝条放置阴凉处，6～7 天伤口愈合后进行扦插；把插穗按株行距 5 cm，深度 4～5 cm，插于苗床，浇透水，并喷洒 500 倍多菌灵 1 次，扦插密度以 10 cm×20 cm 为好。扦插后苗床宜保持干燥，扦插 10 天后可进行第一次浇水，生根后保持床土湿润。

（四）种植方式

火龙果的种植方式多种多样，一是爬墙种植，二是搭棚种植，三是柱式栽培，其中以柱式栽培最为普遍，其优点是生产成本低、土地利用率高。所谓柱式栽培，就是立一根水泥柱或木柱，在柱的周围种植 3～4 株火龙果苗，让火龙果植株沿着立柱向上生长的栽培方式。目前在北方柱式栽培又分为 3 种栽植方法。

1）搭架法：先立柱，顺棚搭架，每柱 4 株。

2）横杆下垂法：两端用立柱，中间是横杆，苗栽在横杆下，引上横杆后两侧垂下，这种方法便于采摘和管理。有利于枝条吸收地下湿度和水分，又可高产，增加收益。

3）柱式栽培法：适合于复式大棚栽培，使用简便，有利于枝条下垂，使之形成一个有序的并与主茎相隔开的下垂枝条立体生长空间结构，提高了通风透光水平，栽培密度也比较合理，管理也方便。柱式栽培法是在棚内按一定距离埋立柱支撑，木柱上方扣一圆盘（也称支撑圈），柱行距为 2.0 m×2.5 m，立柱顶端（圆盘）距离地面 1.5～1.8 m，圆盘直径 60 cm，立柱长×宽×高为 10 cm×10 cm×200 cm，内置钢筋水泥预制，从而保证立柱埋入土中 50 cm，距离地面 150 cm；圆盘可设置成“X”形，外圆边宽度 10 cm，内置钢筋水泥预制。火龙果苗沿着立柱的四周各种一棵，使之攀缘根攀附在柱子上，并带领枝条向上生长至圆盘，当枝条生长超过圆盘 30 cm 高时打顶，促使枝条顶端萌芽，并引导侧枝沿着圆盘外边缘下垂生长。

材料选用：由于火龙果立地生长时间长（20 年以上），棚内湿度又大，一般选用坚固、耐腐蚀的水泥预制件，不宜使用易腐烂的木桩、竹竿之类材料，也不宜单纯使用钢材，因为炎热夏季钢材本身易形成高温，这样会对支撑的茎干产生灼伤危害。

（五）栽培管理技术

1. 整地施肥

定植前对温棚内土壤要进行深翻整地，并施足底肥，创造透气性好、pH 适宜，肥力均匀的土壤环境条件。底肥每亩施入尿素 50 kg、复合肥 100 kg，磷肥 100 kg、优质腐熟有机肥 3000～3500 kg。化肥可以配合耕翻整地时施入，并与耕作层混合均匀；有机肥可分两次施入，2/3 配合整地和化肥一道施入，1/3 待土壤整好后，再在土壤表层均匀撒施一层，并充分混匀，从而达到疏松表层土壤的目的。

2. 定植

火龙果一年四季均可种植，以春季 4～5 月和秋季 9～10 月种植最好。柱式栽培可在靠近每条柱四周种植 4 株火龙果苗。火龙果根系主要分布在表土层，应该浅栽，不可深植，种植深度宜 3～5 cm 为好。种植后要淋定根水，覆土踏实，以保证植株成活。种植初期管理主要措施是保持土壤湿润，成活率可达 100%。

3. 水分管理

田间浇水次数与多少依不同生长季节和土壤墒情而定。一般春天地温低蒸发量小，植株生长缓慢，水分消耗少应少浇水；春夏交错季节，光照充足，蒸发量大，此时应适当多浇些水；在盛夏阳光强烈，气温过高，植株会出现短时休眠，应少浇水，同时加盖遮阳网降温，并注意排涝防汛，田间忌积水，避免烂根；秋天来临，气温适宜，加之昼夜温差大，植株生长快，应适当多浇水；冬季植株休眠，气温较低，大棚湿度较大，这时只要不过分干旱，可以不浇或少浇水，增强植株抗寒能力。植株生长旺季适宜小水勤浇，挂果期以土壤不湿不干为宜，采果前 5 天应停止浇水，以利糖分的积累，特别注意的是：在每批花现蕾前 10 天及开花授粉之后的 5 天内要适当控制水分，以便促进花芽分化和开花结实，水大易造成落花落果现象。浇水方法：以撒浇为好，不宜大水漫灌，有条件的地方应发展滴灌，这样不仅省工，而且均匀，水分也易控制。天气炎热、气温高的季节浇水以早晨或傍晚为好。

4. 肥料管理

（1）施肥原则

根据生长季节：春秋两季的旺长期，每隔 15 天施 1 次以氮素为主的复合肥，夏季高温期植株进入半休眠状态，应暂停施肥，秋后天气转凉，植株生理活动缓慢，仅可施以稀薄肥水，冬季植株处于半休眠状态要停止施化肥，增施有机肥。根据植株生长状态，定植至开花结果约需 15 个月的苗期生长时间，施肥的主要目的促进叶芽分化和枝条生长，以氮肥为主；转入开花结果期，要把握好 5 月的催花肥、7 月的壮果肥和 12 月的越冬肥施用，增施磷钾肥、镁肥和一些富含多种微量元素的肥料，以促进花芽分化和果实糖分积累，提高品质和产量。

（2）施肥方法

追肥以腐熟有机肥和三元复合肥为主，每月可以 1 次，施肥浓度应掌握薄肥勤施，一般每次每柱周围追施复合肥 100 g 左右，只能撒施，切不可开沟穴施，以免伤害根系。施肥时间应选择晴天早晨或傍晚进行，以浇水后施肥效果最好。冬季应在畦面铺施 1 次腐熟有机肥，每亩撒施 2500 kg 左右，增强植株保温抗寒能力，并达到疏松土壤和保墒目的。

5. 中耕除草

火龙果生长期间，棚内土壤不必中耕，如有杂草可随时剪除，也可用宽口锄头顺土壤表皮刮锄即可，切不可深翻。将剪下的草进行整理并覆盖在泥土上，有利于生物循环再用。

（六）整形修剪

火龙果种苗定植后，在环境条件适宜的情况下，生长非常迅速，甚至一天可以生长 2 cm 以上。在生长过程中会滋生很多苞芽，形成杂乱无序的侧枝，如不及时修剪，就会影响植株的正常生长和结果。幼苗期只留一个主干，其余侧枝全部剪除，将主干固定在支柱上；或用布条及时引绑上架，待主茎长到 1.3 m 左右（苗高超过柱子或接近上层杆高时）掐尖封顶，促其滋生侧枝，选留 3～4 条一级分枝使其均匀分布，形成结果枝，每一枝条可形成花芽 3～7 个，根据营养状况能形成花蕾 2～5 个，抹去多余的幼芽，以免过多消耗养分，形成的花蕾一般结果率达 85%，一年结果 4～5 次。结果期后，剪去产果老枝，促发新枝的生长。

整枝是火龙果栽培管理中技术性最强的一件工作。首先，火龙果整枝时主干上只保留 2～3 个生长健壮的侧枝。其他侧枝应全部剪掉，以保证水分和养分的充分供应，使其快速健康的生长，剪枝时应从侧枝基部剪去。不要伤及主枝。种植户应注意，即便火龙果长势再好也不能多过 3 条侧枝。否则火龙果结果数量少，果形小，品质也较低。其次，整枝时应及时去掉侧枝上的，所有的枝条。也就是“枝上枝”，应及时剪去。枝上枝不仅消耗营养，而且没有结果能力。任其生长还会影响侧枝上的结果数量。再次，因为火龙果主干上节位低于 30 cm 的侧枝不能开花结果，所以种植户应将节位低于 30 cm 的侧枝全部去掉，以减少没必要的消耗。最后，火龙果主干上的向下侧枝基本不会开花结果，没有保留的必要，应及时除去。

整枝工作应从定植以后就开始进行，因为各个火龙果生长速度不一致，所以在日常管理中应每 10～15 天修剪一次。以确保火龙果的高产稳产。

（七）设施管理

首先要做好温室内的温度调控。火龙果喜高温、怕低温，其最适宜的生长温度为 20～30℃。冬季夜间设施内温度不低于 8℃。夏季当室外最低温度稳定在 20℃以上时，可以撤除棚膜，使火龙果进入露地生长阶段，也可保留棚膜，但必须将底边裙膜卷到距离地面 1.5 m 高处，温室后窗全部打开，保持良好的通风条件。进入秋季后，随着气温的下降，可于 9 月下旬进行盖膜。当夜晚外界气温低于 0℃时，棚膜上应加盖草苫或保温被，以保证棚内的温度不低于 0℃要求。如果遇到长时间有可能低于 0℃的低温危害，只要在日光温室大棚内每 100 m^2 放置一取暖煤炉升温即可，不需要其他特殊措施。

其次是保持良好的透光条件。火龙果属喜光植物，合理的光照时间和强度有利于开花结果。棚膜上的灰尘要及时清洗，如果是双层膜覆盖，进入 4 月后要撤去里层薄膜，10 月再扣上，当外界温度条件适宜时撤去薄膜对增加光照是有利的。在炎热夏季的高温季节，植株生长进入休眠期，对于比较老熟的枝条，集中高强度日光照射，如果时间太长，积累的温度得不到散发，可能会导致灼伤，因此采用透光率50%的遮阳网覆盖是必要的。

（八）病虫害防治

火龙果在原产地为野生型，抵御病虫害的能力很强，一般无虫害发生，但偶有根部线虫，茎叶红蜘蛛和蚂蚁危害，可用锌硫磷拌麸皮或稻糠加水1000倍浇根，或800倍敌百虫药液喷根。在高温高湿情况下易感染病害，出现枝条部分坏死及霉斑，常用的杀菌剂有代森锌（浓度0.15%～0.35%）、多菌灵或托布津（浓度为0.1%）、粉锈宁、强力氧化铜等防治，效果良好。

农艺防治最根本的办法应从改善栽培条件入手，人为地创造洁净、通风、光照充足、温湿度适宜的环境使植株健康生长，提高抗病虫能力。要注意加强科学管理，不施未腐熟的有机肥，施肥宁稀勿浓，防止田间积水。

（九）采收

火龙果从开花至成熟，一般需35～45天，北方日光温室栽培火龙果果实成熟上市期一般在7～12月，有4～5批果成熟，成熟的果实应该分批及早采收。当果实果皮变红，具有光泽，单果重0.5～0.75 kg时，就可以采收。火龙果采收应该选择在温度较低的晴天早晨、露水干后进行，大风大雨后应隔2～3天采收。若晴天高温期采收，则果实温度过高，呼吸作用旺盛，降低储运效果和品质，采收时用手旋转火龙果果实，就可以使火龙果和植株脱离了。

过早过晚采收均有不良影响，采收过早，果实内营养成分还未能转化完全，直接影响产量和品质。采收过迟，则果质变软，容易出现裂果，甚至脱落，风味变淡，品质下降。这里应注意，火龙果的产量主要由挂果期长短，挂果数量，果实大小构成，由于火龙果单果发育期短，而全树生殖生长期长，一个植株上甚至一个枝条上，大果小果、红果绿果、大花小花共存，因此营养竞争矛盾突出，平衡营养生长与生殖生长的矛盾，合理调节产期产量，形成足够的营养面积，保持中庸健壮树势是获得高产优质的关键。通常火龙果树每株只能保留2～3个侧枝，以满足均衡正常的挂果需要。如果种植得当，定植当年亩产量可以达到400 kg。以后每年单株产量可以达到3～5 kg，每亩产量可以达到1200～2000 kg。火龙果采收基本在每年的12月中下旬结束。

第三节　北 果 南 种

北方果树在热带、亚热带地区的成功栽培是20世纪果树栽培在传统理论观念、产业技术、生态地理区域和市场格局上的重要变革。热带、亚热带地区发展北方水果不但能减少对这些水果的进口，而且还能利用热源上的优势使果实早成熟、早上市，甚至一年多熟来调节市场。随着栽培技术的不断发展，北方葡萄、枣树在热带、亚热带地区的种植前景看好。生产实践证明，在热带、亚热带地区温带落叶果树不仅能进行高产栽培，而且具有产量高、鲜果供应期长（有的甚至可周年供应）、果实早熟、经济效益好等优势。北果南种相对于南果北种的实践来讲要少，夏树让（2009，2010）系统的总结归纳了北果南种的一些栽培原理和技术，以下内容主要来自于夏树让（2009a，2009b，2010）的相关总结。

一、北果南种在热带、亚热带地区的栽培现状

随着园艺栽培技术的进步，葡萄、桃、枣、李、梅、柿和杏等北方水果近 20 年来在热带、亚热带发展迅速，产量迅速增长。近年来，南美各国温带水果产量稳步上升，不少原来进口温带水果的国家，如委内瑞拉、厄瓜多尔、哥伦比亚、玻利维亚和巴拉圭等都利用高山地区来发展温带果树。在秘鲁，苹果主栽在安第斯山脉西坡的沿海山谷和平原地带，多数果园一年收获两次，有的甚至达 3 次。泰国在北纬 180°、海拔 1400 m 的 Angkhang 研究站试种日本杏、桃、亚洲梨、红枣和柿等多种温带果树取得成功，而鲜食葡萄已成功种植多年，并育出一年两熟的品种。

从生态地理上看，世界多种温带果树栽培已不断向低纬度地区扩展，如苹果的栽培已从传统主产区所在北纬 35 °以北的湿带地区迅速扩展到低纬度的亚热带、热带直至赤道，在亚洲、中南美洲、非洲、大洋洲的 20 多个热带、亚热带国家和地区有经济栽培。中国海南、云南、四川、湖南近 30 年来大量引种葡萄、红枣均告成功（夏树让，2009，2010）。

二、北果南种的生态适应性及理论基础

对果树生存起决定作用的环境因素是温度。为了解除芽的休眠，温带果树在自然情况下必须经过一定时间的低温才能使芽发生质变进行萌芽，进入新的枝梢生长和开花结果。果树需冷量具有遗传性，不同树种、品种的需冷量存在差异，同一树种、品种在年际间也存在差异，不同纬度地区之间差异更大。随着现代温带果树的栽培区域从温带推移到热带、亚热带生态区，不同品种需冷量的生态适应性潜在基因作用得以表达或发生适应性变化。

研究表明，事实上果树生长发育自身并不绝对需要低温，如果在低温地区的生态环境下为适应低温而进入休眠，就需要一定的冷温时数（CH）来解除休眠，特别是需冷量强的品种则更需要较高的冷温时数。如果在没有低温的生态环境下，植株无需用休眠来适应环境，仍能正常生长发育。各种逆境胁迫（如低温、高温、干旱、冷害、去叶等）可代替或降低低温需求量而解除芽的休眠。

（一）休眠的机制

传统理论认为，若温带落叶果树在热带、亚热带地区栽培的需冷量不足，则不能打破树体的休眠，表现为：叶芽萌发延迟、雄蕊和雌蕊不能进行正常分化、授粉受精不良、大量落花落芽、开花期参差不齐、果实成熟期延迟等不良现象，这大大制约了“北果南种”。

对休眠的划分是人为的，休眠并非必需，如桃树、苹果、葡萄在低纬度地区保持常绿并可常年结果。通常认为，休眠由激素控制，休眠的起始、终止和调控，以及休眠各阶段的转变受激素调节，环境因素也是通过影响激素的合成与运输来影响休眠。但是，休眠现象或休眠解除与激素平衡有关，而不是某一类激素单独起作用。

短日照诱导休眠、抑制生长，而长日照可解除休眠、促进生长，由于热带亚热带地区具有相对较长的日照长度，因而不会完全抑制树体的生长而进入休眠。研究发现，高温也能打破树体休眠，即热激效应。若平均最低温度不低于 20℃，则葡萄芽几乎不进入休眠，即使进入也极浅，在热带低纬度地区因气温较高葡萄保持常绿并可常年结果。苹果的芽 8 月开始进入休眠期，气温若过高（43℃）可打破休眠，把桃、苹果休眠短枝浸泡于 45℃水浴中可解除休眠，把葡萄枝条于 50℃热水中放 30 min 也具破眠效果。可见在赤道低纬度地区的高温国不仅不是温带果树休眠的障碍，反而有利于其解除休眠。如果在没有低温的生态环境下，植株无需用休眠来适应环境，仍能正常生长发育。

（二）花芽分化理论

果树花芽分化是一个高度复杂的生理生化和形态发生过程。花芽分化是果树开花结果的重要基础，温带落叶果树在热带、亚热带地区进行正常的花芽分化是其能在该地区进行经济栽培的必需条件。现代研究和生产实践证明：花芽分化与体内各种激素、多胺类生理活性物质的含量及其比例有关，是各类激素在时间，空间上的相互作用产生的综合结果，而与低温几乎无直接关系。很多温带果树的花芽分化都在夏秋季节，正值全年温度相对较高的时期，在热带、亚热带地区由于光、温、水资源丰富，树体光合作用旺盛，根系活动剧烈，碳水化合物积累多，苹果、葡萄等一年可进行多次花芽分化，可见花芽分化不一定需要低温休眠。

据果树休眠和花芽分化的理论可知：果树休眠主要是对低温等不良条件的生态适应，就果树的根、枝、叶、芽、花和果等器官生长发育的生理所需来看，却是以较高的温度为适宜。例如，红枣、梨等的新梢生长、花芽分化、果实发育成熟等皆大体与年周期中的高温生长季相一致，萌芽开花也要求达到一定的有效积温。温带果树在热带、亚热带地区的栽培正是适应当地的生态气候条件，充分利用该地区丰富的光温水资源，打破了休眠对低温的绝对需求，并充分积累光和产物，顺利进行花芽分化而开花结果。

三、北枣南种

在自然条件下，鲜枣通过自然休眠后，由于北方外界环境不适宜于其生长发育而处于被迫休眠状态。

（一）设施枣树品种选择原则

设施红枣品种选择的正确与否直接关系着设施栽培的成败，品种选择在设施栽培中尤为重要，在品种选择上要坚持以下原则：①早熟栽培，应选择极早熟、早熟和中熟品种，如桂台 1 号、金丝 1 号、16 绿系列，以利提早上市；延迟栽培则应选择晚熟品种或易多次结果的品种；②选择自然休眠期短、需冷量低、易人工打破休眠的品种，以进行早期或超早期保护生产；③选择花芽形成快、促花容易、自花结实率高、易高产的 16 绿品种；④以鲜食为主，选个大、色艳、酸甜适口、商品性强、品质优的品种；⑤选择适应性强，尤其是对环境条件适应范围较广、耐弱光且抗病性强的新品种；⑥选择树体紧凑矮化、易开花、结果早的金丝系列品种。同时，为服务观光农业，可种植一批工艺枣，如葫芦枣、磨盘枣、大瓜枣、龙枣、三变色等。

（二）设施枣树需冷量及破眠技术

从环境上讲，设施枣树促成栽培，扣棚时间越早，成熟上市时间越提前，效益越高。但设施栽培中扣棚时间是有限制的，并不是无限提前和随意定的。因为，枣树都有自然休眠习性，如果低温积累量不够，达不到枣树需冷量，没有通过自然休眠，即使扣棚保温，给予生长发育适宜的环境条件，枣树也不会萌芽开花，有时尽管萌芽开花，但开花不整齐，生产周期长，坐果率低。因此，需冷量是决定扣棚时间的首要依据。满足枣树的需冷量，使其通过自然休眠后扣棚是设施栽培获得成功的基础，只有这样才能使红枣在设施条件下加快生长发育。枣树通过自然休眠的有效温度是 0～7.2℃的低温积累小时数（需冷量），而 10℃以上或 0℃以下的温度对低温累积小时数基本无效。一般来讲，需冷量在 800～1 200 h 或在 500～900 h。

生产实践中，采用人工低温集中处理法来打破枣树休眠，即当外界平均温度低于 10℃（一般在 7～8℃）时，开始扣棚保温，覆盖薄膜并加盖草苫，只是草苫的揭放与正常保护时正好相反，夜晚揭开草苫，打开风口作低温处理，白天盖上草苫并关闭风口，保持夜晚低温。大多数枣树按此种方法集中处理 15～20 天，便可顺利通过自然休眠，以后进行设施栽培即可。广西南宁、云南楚雄、湖南常德等地均已成功。山东、河北、河南等北方地区枣树供苗时间多在 10 月底～11 月初，正是适宜海南栽入大棚的时间。

目前，生产中红枣设施栽培多使用石灰氮来打破休眠。红枣经石灰氮处理后，可比未处理提前 25 天发芽且发芽整齐。每 1 kg 石灰氮需加 40～50℃的温水 5 kg，使用时，将石灰氮和温水放入桶或盆中，不停地搅拌，充分浸泡 2 h 以上使其均匀呈糊状，并加入适量展着剂，然后小毛刷蘸取适量，均匀涂抹在红枣结果枝上部和两侧芽眼处。

（三）设施枣树的环境调控

设施枣树栽培要为植株生长创造特殊的、可控的小区环境，而不是对自然环境的简单模仿和移植。因此，不同地域、不同树种、品种的最适环境模型不相同，应根据当地条件区别对待，灵活调控。影响红枣设施环境的因素主要是光照、温度、湿度。

1. 光照调控

针对棚内光照强度弱、光谱质量差、光照时间短的特点，在光的调控上有以下具体措施。①选择透光率高的覆盖材料。常用的有普通、无滴、漫反射、符合功能棚膜等，可根据经济状况选用。②设施结构要合理。设施结构在保证环境条件便于调控、坚固耐用、抗性较强的基础上，要适当降低棚体高度，以增加枣树下部光照，尽量避免支柱、立架、墙体等附属物遮光。③铺设反光膜。在棚内地面铺设镀铝膜，利用其反射光增强光照。④人工补光。常用光源有 4～100 W 的荧光灯、350 W 的水银灯、400 W 的齿化金属灯、350 W 的钠蒸气灯。⑤选择适宜的树体结构。⑥加强对树体的综合管理。

2. 温度调控

棚内初期升温一定要逐步进行，忌升温过猛、过快，并注意在扣棚前 10～15 天先覆盖地膜，增加地温，保证根系提早活动，向上供应水分。温度升降主要是靠揭放草苫、通风来控制。冬季气温低，以后随物候期推进气温逐渐升高。1 天当中的气温变化，晴天时较有规律，午夜至凌晨日出前气温最低；日出后随着太阳的辐射，温室效应加强，气温上升，最高气温发生在 11:00～13:00；14:00 以后气温又开始下降。棚内温度变化，晴天时变化非常明显、剧烈，设施栽培应根据需要及时进行降温、保温的调节。在阴天太阳辐射弱的情况下，气温变化相对平缓。棚内温度应与品种、发育物候期、设施结构相结合进行适当地调控。如花期前后白天温度不能过高，一般不超过 25℃，如果超过 25℃，在几个小时内便严重影响授粉受精，降低坐果率。但花期夜间温度不能太低，一般不能低于 5℃，否则会发生低温伤害。其他如幼果发育期、成熟期等均有不同的温度要求。

3. 湿度调控

设施内空气湿度的调控仍较传统，湿度过高时可通过通风降湿来调控，而湿度低、空气太干燥时，主要通过地面浇灌和空间喷雾来调控。土壤湿度的调控主要通过控制浇水次数和每次浇水量来实现。

（四）设施枣树的控长技术

1. 限根生长

根系是决定枣树生长发育的重要器官，通过调节设施枣树根系的分布、类型和生长节奏，可以较好地控制地上部的生长发育。限根主要是限制垂直根、水平根的数量。引导根系向水平方向生长，促进吸收根的发生。限根的方法如下。①枣树浅栽。在栽植时，枣树根茎要高于地面 2～3 cm。②起垄。起垄是限根生长较为方便有效的方法，起垄栽植，不仅有利于提高地温，促进吸收根大量发生，使垂直根分布浅，水平根分布范围广，而且有利于树体矮化紧凑，易开花，结果早，同时还有利于枣园管理和更新。③容器限根。容器限根是把枣树植株栽于单个容器中，然后建棚进行设施栽培。常见的有陶盆（30 cm×40 cm 或 40 cm×40 cm）、袋式（塑料编织袋）、箱式（耐腐的塑料箱）3 种类型。其他的限根方法还有底层限根、根系修剪等。

2. 喷施生长调节剂

目前，生产中常在揭棚后，经过修剪整形促使枣树生长，为控制其生长促进花芽形成而喷施生长调节剂。使用较多的是向树冠连续喷施 2～3 次 15% 的多效唑 100～200 倍液、天达 2116 药剂 800 倍液等，或用多效唑 50 倍液涂抹果树新梢，控制旺长，达到控冠促花的目的。

（五）提高设施枣树坐果率措施

1. 养根壮树

提高营养储藏水平特别是在建园时，必须进带状（80 cm×80 cm）或穴状（80 cm×80 cm×80 cm）的改土培肥。有机肥要一年一次集中施入，保证养分的均衡供应，这是鲜枣栽培连续挂果，当年高产的基础。

2. 适时扣棚

勿超年生产、超早扣棚加温，枣树没有通过自然休眠，经保温后，花勉强开放，但开花不整齐，尤其是花粉活力大幅降低。因此，设施枣树栽培，枣树必须通过自然休眠后，才能进行设施生产，才能正常开花结果，实现高产。

3. 人工授粉

栽植时要配置授粉树，与主栽品种可隔行定植，一般主栽品种与授粉树的比例为 4∶1。花期用“鸡毛掸子”滚动授粉或人工点授，有条件的地方可建立“花粉贮备制度”，就是将先期采集的露天自然条件下的花粉，贮存在–20℃的低温处，待棚内枣树开花时采用人工点授、喷粉等方法授粉，产量高。

4. 棚内放蜂

花期应在棚内放蜜蜂或壁蜂进行辅助授粉。目前，利用壁蜂授粉效果较好，饲养管理简单，值得大力推广。一般每棚放 1～2 箱蜜蜂。

5. 叶面喷肥

在花期喷施天达 2116 叶面肥 800 倍液、0.2%的尿素或 0.2%的磷酸二氢钾或稀土微肥 300 倍液 2～3 次，可显著提高坐果率。

（六）设施枣树树体综合管理

同露地栽培相比，设施枣树在树体综合管理技术上应注意以下几点。

1. 提高地温

使地上、地下生长发育协调一致扣棚前 30～40 天棚内地面全部覆盖地膜。

2. 扣棚至开花前管理

向枝梢喷天达 2116+天达有机硅和红糖，促进花芽发育。

3. 合理选择树形

应根据树体、品种特性及定植密度，采用合理树形。枣树采用“Y”形、开心形、纺锤形。最好是篱架式，达到高度密植。

4. 正确采用修剪技术

冬剪以疏为主，主要疏除挡光大枝、外围竞争枝和弱枝，多留中短枝，及时回缩复壮结果枝。增加棚内修剪次数，及时抹除萌芽，进行反复摘心，疏除稠密的副侧枝和无果枝，以节省养分，还要通过矮化、拉枝改善通风透光条件，促使主干多萌芽。

5. 人工授粉

一般在花期要采用滚动授粉或人工点授的方法授粉 2～3 遍，以提高坐果率。

6. 适时疏果

设施枣树留果必须坚持留壮枝果的原则，疏去过晚花。花后 21 天疏除畸形果、小果、双果的应去 1 个，一般长枝果留 2～4 个，中短枝果留 1～2 个，尽量留侧面果，少留背上果和背下果，留果间距 15 cm 左右，果实分布要均匀。

7. 加强叶面喷肥

坐果后，每 7～10 天喷施天达 2116 营养液 1 次，前期以氮肥（0.2%的尿素）为主，后期以磷、钾肥（0.3%的磷酸二氢钾）为主。

8. 肥水管理

秋施有机肥，施肥量较露地栽培增加 30%，以利改土和养根壮树，增加养分储备量；适当减少和控制无机肥的使用量，无机肥使用量为露地栽培的 1/3～1/2。由于棚内自然蒸发量减少，应减少浇水次数和数量，避免大水漫灌。

参 考 文 献

白永富. 2012. 提高设施果树栽培光照效果的树形. 现代农业, 5: 20.

柴全喜, 宋素智. 2011. 设施果树栽培如何施用二氧化碳气肥. 果农之友, (2): 39.

柴全喜, 宋素智. 2015-1-17. 设施桃树常用的几种树形, 河北科技报, 7 版.

柴全喜, 宋素智, 张彦武. 2003. 设施果树栽培土壤盐渍化的原因、危害及防治. 果农之友, (1): 36.

晁无疾. 2016. 中国葡萄品牌建设现状及发展展望. 中外葡萄与葡萄酒, (5): 135-140.

陈海江, 邵建柱, 张殿生. 2005. 桃高效栽培教材. 北京：金盾出版社.

陈克亮, 司祥麟. 1993. 葡萄丰产栽培图说. 北京：中国林业出版社.

褚方钢. 2010. 如何确定果树大棚的扣棚时间. 果农之友, (12): 47.

丛祥安, 李鑫, 杨晓波. 2007. 节能型日光温室的结构设计及建造技术. 现代农业, (4): 12-13.

代保平, 翟庆慧. 2016. 设施葡萄病虫害零化学农药使用防控技术. 现代农业科技, (9): 135-136.

樊巍, 王齐瑞, 刘唤晨. 1998. 果树设施栽培技术. 河南农业科学, 2: 38-39.

樊巍, 王志强, 周可义. 2001. 设施果树栽培原理. 郑州: 黄河水利出版社.

范兰礼. 2011. 草莓丰产栽培新技术. 北京: 中国农业科学技术出版社.

范仲林. 2008. 温室大棚推广滴灌技术的实践. 农业科技与信息, (23): 57-59.

冯小鹿. 2011. 设施果树限根生产技术与根系修剪. 农家顾问, (4): 38-39.

冯孝严. 2010. 桃高产优质栽培技术. 沈阳: 辽宁科学技术出版社.

付立中, 申海林, 邹利人, 等. 2014. 落叶果树自然休眠研究进展. 北方果树, (4): 1-3.

高东升. 2016. 中国设施果树栽培的现状与发展趋势. 落叶果树, 48(1): 1-4.

高新一, 王玉英. 1999. 樱桃丰产栽培图说. 北京: 中国林业出版社.

戈建军, 楚燕杰. 2006. 设施葡萄病虫害发生特点与防治对策. 河北果树, (2): 19-20.

戈建军, 楚燕杰. 2012. 设施葡萄病虫害发生特点与防治. 农药市场信息, (4): 47.

葛世康. 2006. 设施果树树体结构调整的修剪. 河北果树, (6): 38-39.

葛世康. 2007. 设施栽培果树土壤盐渍化的调控. 果农之友, (3): 30.

葛世康. 2008. 设施栽培果树树体结构调整的修剪. 北京农业, (1): 28.

耿以工, 王景怀, 邓永卓, 等. 2012. 天津地区火龙果设施栽培技术. 天津农林科技, (2): 16-18.

宫栋平. 2012. 樱桃的利用价值与栽培环境要求. 农技服务, (8): 930.

谷业理. 2013. 火龙果日光温室栽培管理的关键技术. 东南园艺, (6): 47-52.

谷业理. 2014. 火龙果日光温室栽培管理的关键技术. 果农之友, (3): 21-22.

郭举国, 仇小宝, 马金洲. 2008. 二氧化碳施肥在设施果树栽培中的应用以及有害气体的调节控制. 甘肃林业, (5): 32-33.

郭晓成, 严潇. 2006. 桃安全优质高效生产配套技术. 北京: 中国农业出版社.

郭艳丽. 2010. 竹木塑料大棚建造技术. 现代农村科技, 17: 51.

韩爱民. 2014. 北方塑料大棚设计、建造与安装技术. 农业科技与装备, 10: 57-58.

何任红, 郭正兵. 2004. 保护地葡萄栽培技术图解. 北京: 中国农业出版社.

侯修胜. 2003. 果树日光温室栽培中气体成分调控技术. 林业科技开发, 6: 57.

黄国辉. 2010. 草莓高产优质栽培. 沈阳: 辽宁科学技术出版社.

黄卫东. 2004. 草莓反季节栽培. 北京: 中国农业出版社.

黄以华, 周春江, 张加勇, 等. 2006. 京郊南果北种的现状与发展思路. 北京农业, 12: 27-28.

吉沐祥, 姚克兵, 王建华, 等. 2016. 设施草莓病虫害全程绿色防控技术模式. 江苏农业科学, 44(9): 148-151.

纪开燕，郭成宝，童晓利，等. 2013. 设施草莓立体无土栽培的主要模式与发展对策. 江苏农业科学, 6: 136-138.
贾克功. 2005. 我国设施果树栽培的历史、现状与发展方向. 农村实用工程技术(温室园艺), 1: 46-49.
姜全，郭继英，赵剑波. 2003. 桃生产技术大全. 北京：中国农业出版社.
姜卫兵，韩浩章，汪良驹，等. 2003. 落叶果树需冷量及其机理研究进展. 果树学报, 5: 364-368.
金晓明. 2016. 设施果树花果管理技术. 河北果树, 2: 39-40.
李春彦，赵金辉. 2010. 设施果树有害气体的危害及对策. 河北果树, 6: 32-33.
李芳，李子华，李英. 2015. 浅谈对栽培设施果树关键技术的探索. 农技服务, 12: 244-245.
李和，张成，廖爱萍，等. 2015. 盆栽果树整形修剪技术. 现代农业科技, 2: 180, 198.
李林英. 2008. 我国果树盆栽发展现状及前景分析. 河北农业科学, 4: 29-30.
李红阳，陈志谊，周步海，等. 2013. 设施葡萄病虫害防治规程. 江苏农业科学, 41(2): 129-130.
李琴义，王利晓. 2011. 葡萄冬剪有讲究. 果农之友, 1: 43.
李世一，张广华，王金春. 1994.草莓丰产栽培图说. 北京：中国林业出版社.
李淑珍，吴国兴，徐贵轩. 2000. 图说保护地桃、葡萄栽培技术. 北京：中国农业出版社.
李素华. 2014. 温室葡萄草莓立体栽培技术. 河北果树, 6: 35-36, 42.
李霞. 2016. 设施草莓连作障碍的成因及防治对策. 种子科技, 9: 100-101.
李正军. 2007. 设施果树采后管理技术. 中国果菜, 6: 19.
梁浩. 2007. 落叶果树需冷量研究进展. 中国南方果树, 2: 74-76.
梁玉文. 2010. 设施果树生产技术大全. 银川：宁夏人民出版社.
刘崇怀. 2004. 葡萄早熟栽培技术手册. 北京：中国农业出版社.
刘坤，许宏艳. 2011. 我国甜樱桃设施栽培发展现状. 北方果树, 2: 47-49.
刘雷，唐为华，凌培杰，等. 2016. 设施草莓立体无土栽培的主要模式与发展对策. 农业开发与装备, 8: 130.
刘晓菊. 2009. 设施果树栽培中气体的补充与控制. 西北园艺(果树专刊), 1: 43-44.
刘兴中. 2013. 果树地膜覆盖技术. 甘肃林业, 3: 38.
刘志杰，郑文刚，胡清华，等. 2007. 中国日光温室结构优化研究现状及发展趋势. 中国农学通报, 2: 449-453.
鲁会玲，尤海波，王喜庆. 2006. 滴灌技术在农业设施化生产中的应用. 黑龙江水利科技, 2: 142-143.
鲁守强. 2014. 设施草莓连作障碍防除技术研究及应用. 蔬菜, 9: 79-80.
马红军. 2014. 葡萄延迟栽培研究. 宁夏农林科技, 9: 14-15, 40.
聂和民. 1990. 我国北方日光温室的结构与建造. 农村实用工程技术, 4: 2-3, 14.
邱春莲，齐国辉. 2004. 植物生长调节剂在果树生产中的应用. 河北果树, 4: 1-3, 35.
沈建生. 2009. 日本桃树两主枝自然开心形修剪模式. 中国南方果树, 4: 62-65.
沈威，梁丹，王冰. 2015.设施果树栽培概况及问题分析. 防护林, 8: 86-87.
沈玉英，顾立明，金建芳. 2011. 桃安全优质高效栽培技术. 北京：中国农业出版社.
史德民，苏茂盛. 2003. 葡萄一年多次结果增效技术. 中国农业信息, 9: 32.
司祥麟，陈克亮. 1989. 葡萄栽培图解. 山西果树, 1: 63-68.
宋素智. 2012. 设施果树生产技术. 石家庄：河北科学技术出版社.
宋素智，柴全喜. 2009. 二氧化碳气肥在设施果树栽培中的应用. 烟台果树, 1: 55-56.
宋晓蕾，杨红玉，曾黎琼，等. 2009. 植物遮荫效应的研究进展. 北方园艺, 5: 129-133.
孙利鑫，张亚红. 2016. 落叶果树休眠期解除界定的研究进展. 中国果树, 2: 55-59.
孙培博，江峰，王志鹏. 2007. 设施果树如何提高设施内空气的二氧化碳含量与科学施肥. 果农之友, 10: 25.
孙玉刚，李芳东，魏国芹，等. 2013. 樱桃设施栽培现状与发展建议//中国园艺学会设施园艺分会学术年会. 蔬菜优质安全生产技术研讨会暨现场观摩会论文摘要集.
唐梁楠, 杨秀瑗. 2013. 草莓优质高产新技术. 北京: 金盾出版社.
汪晓云, 魏灵玲, 段家福, 等. 2005. 南果北种专题系列(一) 香蕉的设施栽培技术. 农村实用工程技术(温室园艺), 12: 48-49.
汪晓云, 段家福, 魏灵玲, 等. 2006. 南果北种专题系列(三) 火龙果的设施栽培技术. 农业工程技术(温室园艺), 2: 56-57.
王琛, 王健. 2016. 设施果树栽培现状及主要技术概述. 中国林业产业, 5: 121.
王成业, 李梅, 韩秀云. 2006. 设施果树整形技术. 北京农业, 3: 25-26.
王殿友. 2012. 我国塑料大棚的类型及特点. 农业科技和装备, 8: 49-50.
王海波, 王孝娣, 郝志强, 等. 2012. 低碳、高效、节能新型日光温室建造参数. 中外葡萄与葡萄酒, 6: 29-32, 35.
王海波, 王孝娣, 刘凤之, 等. 2007. 落叶果树无休眠栽培的原理与技术体系. 果树学报, 2: 210-214.
王海波, 王孝娣, 王宝亮, 等. 2008. 葡萄延迟栽培的研究进展. 中外葡萄与葡萄酒, 1: 47-51.
王海波, 刘凤之, 王宝亮, 等. 2009a. 落叶果树的需冷量和需热量. 中国果树, 2: 50-53.
王海波, 王孝娣, 王宝亮, 等. 2009b. 中国设施果树栽培的现状、问题及发展对策. 农业工程技术(温室园艺), 8: 39-42.
王力荣. 2000. 桃保护地优质高效栽培. 郑州：中原农民出版社.
王琼. 2011. 塑料大棚建造技术. 农业科技与信息, 13: 27.
王淑春, 周竹英, 任瑞. 2002. 设施果树栽培塑料大棚设计. 河北林业, 1: 19-20.
王兆毅, 陈段芬. 1999. 果树盆栽的制作与养护技术 第一讲 果树盆栽的制作(一). 西南园艺, 4: 43-45.
王兆毅, 陈段芬. 2000a. 果树盆栽的制作与养护技术 第二讲 果树盆栽的制作(二). 西南园艺, 1: 38-40.
王兆毅, 陈段芬. 2000b. 果树盆栽的制作与养护技术 第三讲 果树盆栽的养护(一). 西南园艺, 2: 49-51.
王兆毅, 陈段芬. 2000c. 果树盆栽的制作与养护技术 第四讲 果树盆栽的养护. 西南园艺, 3: 43-46.
王志强, 樊巍. 1999. 油桃保护地栽培整形修剪方式研究. 果树科学, 16(3): 185-191.
王中林, 王爱丽, 徐晓凤, 等. 2009. 果树盆栽应注意的问题与对策. 烟台果树, 3: 9-10.
魏国增, 赵海亮, 王振家. 2009. 葡萄延迟栽培几个调控因素的总结. 中国南方果树, 2: 27-28.
吴金山, 高豪杰, 揭进, 等. 2016. 设施果树栽培研究现状及存在问题. 中国热带农业, 2: 81-84.
吴晓云, 程建军, 高照全. 2014. 日光温室棚架葡萄与草莓立体栽培关键技术. 农业工程技术(温室园艺), 2: 44-46, 48, 50.
夏树让. 2009a. “北果南种”在热带、亚热带地区栽培的生态适应性新理论探讨. 中国果菜, 1: 6-7.
夏树让. 2009b. 海南发展“北果南种”的特殊意义及设施红枣在海南的高产栽培技术. 热带农业科学, 9: 74-78.
夏树让. 2010. 温带果树在热带、亚热带地区栽培的生态适应性及理论根据. 技术与市场, 10: 153-155.
夏树让, 陈康平. 2009. “北果南种”的生态适应性及理论根据与栽培技术. 热带农业科学, 9: 70-73.
夏树让, 张吉孝. 2009. “北枣南种”速生高产新技术. 山东农业科学, 10: 114-115.
谢玉瑞. 2016. 北方设施果树栽培现状及发展对策. 现代农业科技, 13: 134, 136.
邢文鑫, 赵永志, 曲明山, 等. 2011. 草莓立体栽培概况. 河北农业科学, 7: 4-7.
薛晓敏, 王金政, 王贵平, 等. 2016. 老龄苹果园提质增效花果管理技术. 落叶果树, 2: 44-46.
薛义霞. 2005. 设施园艺果树的立体栽培模式. 内蒙古农业科技, 6: 30-32.
薛正标, 丁超. 2009. 图文精讲反季节草莓栽培技术. 南京: 江苏科学技术出版社: 12.
闫爱玲, 张国军, 徐海英. 2008. 设施葡萄产期调节技术研究进展. 北方园艺, 11: 67-70.
严大义. 1997. 葡萄优质丰产栽培新技术. 北京: 中国农业出版社.
严大义. 1999. 大棚葡萄. 北京: 中国农业科学技术出版社.
严大义. 2011. 红地球葡萄. 北京:中国农业出版社.

阎永齐, 赵亚夫. 2006. 桃树栽培技术图说(第五版). 南京: 江苏科学技术出版社.
杨恒, 魏安智, 杨途熙, 等. 2003. 设施果树栽培的特点、现状及发展趋势. 陕西林业科技, 2: 74-77.
杨力, 张民, 万连步. 2006. 草莓优质高效栽培. 济南: 山东科学技术出版社.
杨庆山. 2000. 葡萄生产技术图说. 郑州: 河南科学技术出版社.
于千桂. 2008. 说说果树盆栽. 农民科技培训, 3: 29.
岳广旭, 庞占荣, 孙洪强. 2008. 石灰氮的作用机理及功效. 农家之友(理论版), 11: 12, 20.
翟广华. 2014. 盆栽果树的水分管理. 落叶果树, 6: 12.
张安宁. 2010. 设施果树栽培温湿度调控标准及措施. 科技致富向导, 34: 28-29.
张成, 李和, 任娜, 等. 2015. 果树盆栽制作关键技术. 中国园艺文摘, 4: 163-164.
张娟, 张朝川. 2004. 设施果树栽培土壤盐渍化问题及解决途径. 山西果树, 4: 29-32.
张立君. 2010. 塑料大棚性能分析与建造技术. 河北农业, 6: 22-24.
张敏. 2006. 冬暖式塑料大棚的建造技术. 现代农业科技, 9: 67.
张清华, 郝树池, 唐亚军, 等. 2009. 北方温室香蕉栽培技术. 北方果树, 1: 29-30.
张淑珍, 田福龙, 袁乃功. 2006. 设施果树栽培中二氧化碳的施用. 果农之友, 2: 50.
张晓东. 2014. 设施果树苗木分步栽植技术. 现代园艺, 14: 44.
张兴旺. 2005.葡萄避雨栽培的好处和方法. 农村实用技术, 4:20-21.
张义勇, 刘全国, 魏奎. 2004. 火龙果北方日光温室栽培技术. 河北林果研究, 3: 249-251, 265.
张英杰, 焦雪辉, 王舒藜, 等. 2010. 中国设施果树区域发展. 农业工程技术(温室园艺), 8: 94-100.
张运涛. 1997. 解除落叶果树休眠的方法. 世界农业, 4: 28-29.
张占军, 赵晓玲. 2009. 果树设施栽培学. 杨凌: 西北农林科技大学出版社.
张志宏, 杜国栋, 张馨宇. 2009. 图说草莓设施高效栽培关键技术. 北京: 金盾出版社.
赵海亮, 赵文东, 高东升, 等. 2007. 落叶果树需冷量及其估算模型研究进展. 北方果树, 6: 1-3.
赵海亮, 赵文东, 孙凌俊, 等. 2011. 葡萄延迟栽培研究进展. 北方果树, 4: 3-5.
庄维兵, 章镇, 侍婷, 等. 2012. 落叶果树需冷量及其估算模型研究进展. 果树学报, 3: 447-453.
Bellini E, Musso O. 1986. Peach meadow orchard in protected culture in Sicily: results after three years. XXII International Horticultural Congress, (ISHS-ASHS), Davis-Ca.